高等职业教育农业农村部“十三五”规划教材

养殖场环境控制与污物治理技术

YANGZHICHANG HUANJING KONGZHI YU WUWU ZHILI JISHU

李 义 主编

中国农业出版社
北 京

编 审 人 员

主 编 李 义

副主编 余亮彬 王恩玲 杨 敏

编 者 （以姓氏笔画为序）

王国信 王恩玲 朱爱文

李 义 杨 敏 邱彦国

余亮彬 曹国弟

主 审 林建坤

前言

高等职业教育人才培养改革的宗旨是以生产一线岗位需求为导向，坚持“育人为本、德育为先”的原则，以素质教育为本位，以职业资格标准和行业企业技术标准为依据，以能力培养为核心，以解决生产实际问题为目标，突出实践技能和职业道德的培养，满足高素质技能型人才培养的需要。为此，必须实行教学模式和课程体系的改革，以满足高职教育培养人才的需要。

本教材在编写过程中，彻底打破原来的知识体系，坚持工学结合、知行合一，注重教学与生产实践相结合，引入行业、企业标准，吸收畜禽生产的新技术、新经验，充分调动学生学习的积极性与主动性，突出做中学、做中教，强化教学实践性和职业性，做到学以致用、用以促学、学用相长，培养学生观察、分析和解决生产实际问题的能力，实现“教、学、做”一体化。力求做到内容设置与岗位实现良好对接，有效引导教师采用灵活高效的项目教学方法、角色扮演法、小组讨论法等，选择恰当的教学手段，充分利用学校实训基地或合作企业资源，科学设计教学场景，实行一体化教学，最大限度地提高教学质量。

本教材从畜禽生产过程开始，以畜禽生产流程为主线设计编写内容，包括养殖场总体设计，养殖场建筑设计，畜禽舍的环境控制，养殖场环境管理、监测与评价，养殖场污物处理技术5个学习项目，共23个工作任务，每个工作任务均为独立的技术操作过程。本教材语言表述清晰，文字精练，任务描述准确，图文并茂。在教学实施过程中，各校应根据地域经济的特点和毕业生应职岗位的特殊性，对教材内容进行重构，以符合人才培养规划需要。

本教材由山东畜牧兽医职业学院的李义老师任主编，负责全书的编写提纲设计和统稿，同时编写前言、项目1养殖场总体设计中的任务1、3，项目3畜禽舍的环境控制中的任务4、5，项目5养殖场污物治理技术；山东畜牧兽医职业学院的王恩玲老师编写项目1中的任务2；江苏农牧科技职业学院的朱爱文老师编写项目2养殖场建筑设计；贵州农业职业学院的杨敏老师编写项目3畜禽舍的环境控制中的任务1；山东省昌乐畜牧业发展中心王国信高级兽医师编写项目3畜禽舍的环境控制中的任务2；山东得和明兴生物科技有限公司邱彦国经理编写项目3畜禽舍的环境控制中的任务3；广东轻工职业技术学院的余亮彬老师编写项目3

畜禽舍环境控制中的任务 6；朔州职业技术学院的曹国弟老师编写项目 4 养殖场环境管理、监测与评价。

教材编写中得到了部分高职学校的大力支持，山东畜牧兽医职业学院林建坤教授对本教材进行了审定，提出很多意见和建议，在此一并表示感谢！

由于编写人员水平所限，书中不当之处在所难免，敬请读者批评指正。

编　者

2018 年 12 月

目 录

项目1 养殖场总体设计

任务1 养殖场场址选择

知识目标

1. 熟悉养殖场场址选择的原则。
2. 熟悉选择养殖场场址应考虑的自然因素。
3. 熟悉土壤理化、生物学特性对畜禽生产的影响。
4. 熟知养殖场场址选择对水源的要求。
5. 明确养殖场场址选择对社会条件的要求。

能力目标

1. 能根据养殖场对自然条件和社会条件的要求，确定场址或对现有的养殖场场址进行科学的评价。
2. 能根据饲养畜禽品种及规模确定合理的场地面积。

一、场址选择原则

养殖场是集中组织畜禽生产和经营活动的场所，规划与设计的优劣，直接关系到养殖场的生产效率、畜禽健康和未来可持续发展。场址选择不当，可导致整个养殖场在运营过程中得不到理想的经济效益，还会影响畜禽的生存。如果养殖场建设不合理、管理不善，对人和畜禽来说，便成了污染源。为避免这一现象的发生，畜牧生产科技人员需掌握畜禽生产工艺设计和了解养殖场规划设计的主要程序、内容和方法，并能运用文字和绘图技术来表达养殖场规划建设的思想，为建设部门提供全面、详尽而可靠的设计依据。场址选择原则如下：

（1）场址选择应符合国家或地方畜禽生产管理部门对区域规划发展的相关规定。

（2）具有较好的小气候条件，有利于畜禽舍内空气环境的控制和改善。

(3) 便于执行各项卫生防疫制度和措施，利于畜禽健康。

(4) 便于合理组织生产、提高设备利用率和工作人员的劳动生产效率。

(5) 场区面积要够用，且为今后规模扩建留有余地，减少土地使用浪费。

养殖场的场址选择是畜牧生产的开始。不仅要根据养殖场的经营方式（单一经营或综合经济）、生产特点（种畜场或商品场）、饲养管理方式（舍饲或放牧）及生产集约化程度等基本特点，而且要与畜牧生产的区域性、地方发展的方向及资源利用等情况相结合。对地形、地势、水源、土壤、地方性气候等自然条件，以及饲料和能源供应、交通运输、与工厂和居民点的相对位置、产品的就近销售、养殖场废弃物的就地处理等社会条件进行全面考虑。

二、自然条件

（一）地势、地形

1. 地势 指场地的高低起伏状况。养殖场场地要求地势高燥、平坦、有缓坡。如在坡地建场，要求背风向阳，坡度一般以1%～3%为宜，最大不超过25%。地势低洼的场地容易积水而潮湿泥泞，夏季通风不良，空气闷热，有利于蚊蝇和微生物的滋生，而冬季则阴冷。场地高燥有利于排水，至少要高出当地历史洪水线以上，地下水位要求距地表面2m以下。如果场地不平坦和坑洼、土堆太多，不但积水，而且增加基建投资，有缓坡的场地便于排水。

2. 地形 指场地形状、大小和地物（场地上的房屋、树林、河流、沟坎等）情况。作为养殖场场地，要求地形整齐、开阔、有足够面积。地形整齐，便于合理布置养殖场建筑和各种设施，并有利于充分利用场地。狭长的地形往往影响建筑物合理布局，拉长了生产作业线，并给场内运输和管理造成不便。地形不规则或边角太多，使建筑物布局零乱，且边角部分无法利用。场地面积应根据畜禽种类、饲养管理方式、集约化程度和饲料供应情况等因素确定（表1-1-1）。此外，还应根据发展，留有余地。

表1-1-1 土地征用面积估算表

场 别	饲养规模	占地面积（m^2/头）
奶牛场	100～400头成年奶牛	160～180
肉牛场	年出栏育肥牛1万头	16～20
种猪场	200～600头基础母猪	75～100
商品猪场	600～3 000头基础母猪	5～6
绵羊场	200～500只母羊	10～15
奶山羊场	200只母羊	15～20
种鸡场	1万～5万只种鸡	0.6～1.0
蛋鸡场	10万～20万只产蛋鸡	0.5～0.8
肉鸡场	年出栏肉鸡100万只	0.2～0.3

（二）土壤质地

养殖场的土壤情况对畜禽影响很大。透气性和渗水性差的土壤，一般持水力强，降水后易潮湿、泥泞，场区空气湿度较大。如果污染物通过水的流动和渗滤，又会污染地面水和浅层地下水。此外，潮湿的土壤易造成各种微生物、寄生虫、蚊蝇滋生，并使建筑物受潮，降低保温隔热性能和使用年限。透气性和渗水性好的土壤，持水力差，降水后不易潮湿、易干燥，场区空气卫生状况较好，抗压能力较大，不易冻胀，建筑物也不易受潮。在沙土、黏土和壤土 3 种类型土壤中，以壤土最为理想。

1. 沙土类　沙土及沙石土的透气、透水性好，易干燥，受有机物污染后自净能力强，场区空气卫生状况好，抗压能力一般较强，不易冻胀；但其热容量小，场区昼夜温差大，不利于畜禽健康和绿化种植。

2. 黏土类　黏土透气性和透水性差、吸湿性大，毛细管作用强，降水后易潮湿、泥泞，若受粪尿等有机物污染以后，进行厌氧分解而产生有害气体，使场区空气受到污染。此外，土壤中的污染物还易通过土壤孔隙或毛细管而被带到浅层地下水中，或被降水冲刷到地面水源中，从而使水源受到污染。此外，黏土的抗压性低，易使建筑物的基础变形，缩短建筑物的使用寿命。

3. 壤土　其特性介于沙土和黏土之间，兼具沙土和黏土的优点。既克服了沙土导热性强、热容量小的缺点，又弥补了黏土透气透水性差、吸湿性强的不足。壤土抗压性较好，膨胀性小，自净能力强，是建设养殖场和放牧地最理想的土壤。

但在一定地区内，由于客观条件的限制，选择最理想的土壤是不容易的。不宜过分强调土壤种类和物理特性，应着重化学和生物学特性，注意地方病和疫情的调查。这就需要在畜禽舍的设计、施工、使用和其他日常管理上，设法弥补当地土壤缺陷。

（三）水源水质

在生产过程中，需用大量的水，主要包括生活用水和生产用水。人的生活用水一般可按每人每日 40～60L 计算。生产用水，如畜禽的饮用水，饲料的清洗与调剂，畜禽舍和用具的洗涤，畜体的洗刷等，都需使用大量的水，而水质好坏直接影响人畜健康和畜产品质量。因此，养殖场必须有一个可靠的水源，其应具备的条件：①水量充足，满足场内各项用水（各种畜禽的每日需水量参见表 1-1-2）；②水质良好，符合生活饮用水水质标准（表 1-1-3）；③便于防护，不易受污染，保证水源水质处于良好的状态；④取用方便，处理技术简单易行。

表 1-1-2　各种畜禽的每日需水量（L/头）

畜禽类别	需水量	畜禽类别	需水量
牛		羊	
泌乳牛	80～100	成年羊	10
公牛及后备牛	40～60	羔羊	3
犊牛	20～30	鸡	
肉牛	45	成年鸡	1
猪		雏鸡	0.5
哺乳母猪	30～60	火鸡	1
公猪、空怀及妊娠母猪	20～30	鸭	1.25
断乳仔猪	5	鹅	1.25
育成育肥猪	10～15	兔	3

表 1-1-3 生活饮用水的水质标准

编号	项目	标准
	感观性状指标	
1	色	色度不超过 15°，并不得呈现其他异色
2	混浊度	不超过 5°
3	臭和味	不得有异臭、异味
4	肉眼可见物	不得含有
	化学指标	
5	pH	6.8～8.5
6	总硬度（以 CaO 计）	不超过 250mg/L
7	铁	不超过 0.3mg/L
8	锰	不超过 0.1mg/L
9	铜	不超过 1.0mg/L
10	锌	不超过 1.0mg/L
11	挥发酚类	不超过 0.002mg/L
12	阴离子合成洗涤剂	不超过 0.3mg/L
	毒理学指标	
13	氟化物	不超过 1.0mg/L，适宜浓度 0.5～1.0mg/L
14	氰化物	不超过 0.05mg/L
15	砷	不超过 0.04mg/L
16	硒	不超过 0.01mg/L
17	汞	不超过 0.001mg/L
18	镉	不超过 0.01mg/L
19	铬（六价）	不超过 0.05mg/L
20	铅	不超过 0.1mg/L
	细菌学指标	
21	细菌总数	1mL 水中不超过 100 个
22	大肠菌群	1L 水中不超过 3 个
23	游离性余氯	在接触 30min 后应不低于 0.3mg/L，集中式给水除出厂水应符合上述要求外，管网末梢水不低于 0.05mg/L

（四）气候因素

气候状况不仅影响建筑规划、布局和设计，还会影响畜禽舍朝向、防寒与遮阳设施的设置，与生产中防寒保暖和防暑降温等日常安排都十分密切。因此，场址选择时，要收集拟建地区气候气象资料和常年气象变化、灾害性天气情况等，例如平均气温，气温年较差、气温日较差，土壤冻结深度，降水量与积雪深度，最大风力，常年主导风向、风向频率，日照情况等。这些资料也可为选址后场内建筑物的分布提供重要的参考。

三、社会条件

1. 地理位置　养殖场场址必须遵循社会公共卫生准则，使养殖场不能成为周围社会的污染源，同时也要注意不受周围环境所污染。因此，养殖场的位置应选在居民点的下风处，地势低于居民点；但要避开居民点污水排出口，也不应该选在化工厂、屠宰场、皮革厂等容易造成环境污染企业的下风处或附近。养殖场与居民点之间应保持适当的卫生间距，一般养殖场200m以上，鸡、兔和羊场500m以上；大型养殖场（万头猪场、10万只以上鸡场、千头奶牛场等）应不少于1 000m。与其他养殖场之间也应有一定卫生间距，一般养殖场之间应不少于300m（禽、兔等小畜禽之间距离宜大些），大型养殖场之间应不少于1 500m，见图1-1-1。

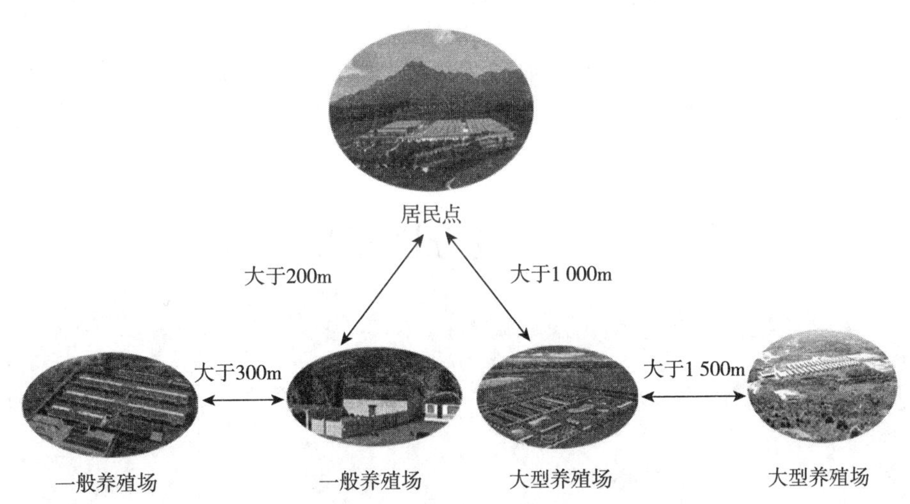

图1-1-1　养殖场与居民区之间及养殖场之间的距离

2. 交通条件　养殖场要求交通便捷，特别是大型集约化的商品养殖场，饲料、产品、粪尿废弃物运输量很大，故应保证交通方便。但交通干线又往往是疫病传播的途径，因此选择场址时，既要考虑到交通方便，又要使养殖场与交通干线保持适当的距离。距一、二级公路和铁路不少于500m，距三级公路（省内公路）不少于300m，距四级公路（县级和地方公路）不少于100m。养殖场要修建专用道路与主要公路相通。

3. 供电条件　选择场址时，还应重视供电条件。特别是集约化程度较高的养殖场，必须具备可靠的电力供应。为了保证畜禽生产的正常运行，减少供电投资，应靠近输电线路，尽量缩短新线的铺设距离，配置备用电源。

4. 供料条件　饲料是畜牧生产的物质基础，饲料费一般可占畜产品成本的80%左右。因此，选择场址时还要考虑饲料就近供应，草食畜禽的青饲料尽量由当地供应，或本场计划出饲料地自行种植，以避免因大量饲料长途运输而提高饲养成本。

5. 土地征用需要　场址选择必须符合本地区农牧业生产发展总体规划、土地利用发展规划和城乡建设发展规划的用地要求。必须遵守合理利用土地的原则，不得占用基本农田，尽量利用荒地和劣地建场。大型畜牧企业分期建设时，场址选择应一次完成，分期征地。近期工程应集中布置，征用土地满足本期工程所需面积。

确定场地面积应本着节约用地的原则。我国养殖场建筑物一般采取密集型布置方式，建筑系数一般为20%～35%。建筑系数是指养殖场总建筑面积占场地面积的百分数。远期工程可预留用地，征用土地可按场区总平面设计图计算实际占地面积。

以下地区或地段的土地不宜征用：①规定的自然保护区、风景旅游区；②生活饮用水水源保护区；③受洪水或山洪威胁及泥石流、滑坡等自然灾害多发地带；④自然环境污染严重的地区。

6. 协调周边环境 选择和利用树林或自然山丘作为建筑背景，外加修整良好的草坪和车道，给人以美化环境的感觉。同时，应合理、有效地妥善处理废弃物，真正实现养殖生产生态化、环保化、持续化、和谐化。

养殖场的辅助设施，特别是贮粪池，应尽可能远离周围住宅区，并要采取防范措施，建立良好的邻里关系。最好利用树木等将贮粪池遮挡起来，建设安全护栏，并为贮粪池配备永久性的盖罩。

应仔细核算粪便和污水的排放量，以准确计算贮粪池的贮存能力，并在粪便最易向环境扩散的季节里，贮存好所产生的所有粪便，防止粪便发生流失和扩散。建场的同时，规划好粪便综合处理利用场地、设施，化害为益。

任务 2　养殖场分区规划与布局

知识目标

1. 熟知各功能区的特点。
2. 明确养殖场各区的设置要求。
3. 熟悉净道和污道所承担的运输任务和设计要求。
4. 掌握根据风向和地势，对养殖场各区进行合理的布置。
5. 了解确定畜禽舍间距的要求。

能力目标

1. 能根据生产功能，对养殖场进行合理的分区。
2. 能根据畜禽舍的栋数和养殖场的地形，确定最佳的畜禽舍的排列形式。
3. 能根据养殖场内建筑物之间的功能联系，合理确定建筑的位置。

一、养殖场规划

养殖场场址选定应对场区的建筑物进行规划布局。根据场地规划方案和工艺设计对各种不同建筑物的规定，合理安排每栋畜禽舍和每种设施的位置和朝向，称为养殖场建筑物布局。这一切必须根据场地的地形、地势和当地主风方向，有计划安排养殖场畜禽舍、道路、排水、绿化等位置。同时，场地规划和建筑物布局需结合进行，综合考虑，提出几种方案，反复比较分析，最后确定方案绘出总平面图。场地规划和布局是养殖场总体设计的主要内容，设计时主要考虑不同场区和建筑物之间的功能关系，场区小气候的改善，以及养殖场的卫生防疫和环境保护。

（一）养殖场的分区规划原则

（1）在体现建场方针、任务的前提下，做到节约用地。

（2）全面考虑畜禽粪尿、污水的处理利用。

（3）合理利用地形地势，有效利用原有道路、供水、供电线路及原有建筑物等，以减少投资，降低成本。

（4）为场区今后的发展留有余地。土地征用要满足养殖场所需面积。

（二）养殖场的功能区及其划分

养殖场通常分为管理区、生产区、隔离区3个功能区，在进行场地规划时，主要考虑人、畜禽卫生防疫和工作方便，考虑地势和当地全年主风向，来合理安排各区位置（图1-2-1）。

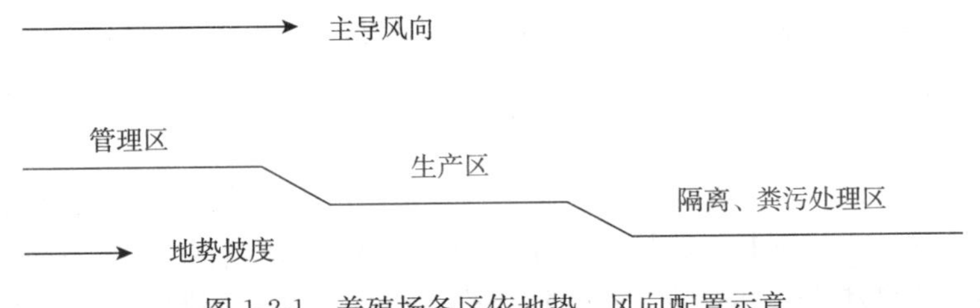

图1-2-1　养殖场各区依地势、风向配置示意

1. 管理区　包括行政和技术办公室、车库、杂品库、更衣消毒和洗澡间、配电室、水塔、宿舍、食堂、娱乐室等。是担负养殖场经营管理和对外联系的区域，应设在与外界联系方便的位置。场大门设于该区，门前设消毒池，两侧设门卫和消毒更衣室。车库、饲料库应设在该区靠围墙处，车辆一律不得进入。亦可将消毒更衣室、饲料库设在该区与生产区隔墙处，场大门只设车辆消毒池，可允许车辆进入管理区。有家属宿舍时，应单设生活区，生活区应设在管理区的上风向、地势较高处。

2. 生产区　包括各种畜禽舍，饲料贮存、加工、调制等建筑物。是养殖场的核心区域，应设于全场的中心地带。规模较小的养殖场，可根据不同畜禽群的特点，统一安排各种畜禽舍。大型的养殖场，则进一步划分种畜禽、幼畜禽、育成畜禽、商品畜禽等小区，以方便管理和有利于防疫。

（1）商品畜禽群。如奶牛群、肉牛群、肉羊群、肥育猪群、蛋鸡群、肉鸡群等。这些畜禽群的产品要及时出场销售，管理多采用高密度方式和较高的机械化水平。这些畜禽群的饲料、产品、粪便的运送量相当大，因而与场外的联系比较频繁。一般将这类畜禽群安排在靠近大门交通比较便捷的地段，以减少外界疫情向场区深处传播的机会。奶牛群为便于青绿多汁饲料的供给，还应使其靠近场内的饲料地。

（2）育成畜禽群。指本场培育的青年畜禽群，包括青年牛、后备猪、育成鸡等。这类畜禽群应该安排在空气新鲜、阳光充足、疫病少的区域。

(3) 种畜禽群。是养殖场中的基础群，应设在防疫比较安全的场区深处，必要时，应与外界隔离。

以鸡场为例，鸡舍的布局应根据主风方向按下列工艺流程顺序配置，即孵化室、幼雏舍、中雏舍、后备鸡舍、成鸡舍。即孵化室在上风向，成鸡舍在下风向，这样能使雏鸡舍得到新鲜的空气，从而减少发病机会，同时，也能避免成鸡舍排出的污染空气造成疫病传播。

不同畜禽群间，彼此应有较大的卫生间距。国外有些场可达200m之远。干草、垫料堆放场，应安排在生产区下风向的空旷地方。注意防止污染，并尽量避免场外运送干草、垫料的车辆进入生产区。

3. 隔离区 包括病畜禽隔离舍、兽医室、尸体剖检和处理设施、粪污处理及贮存设施等。是养殖场病畜禽、污物集中之地，是卫生防疫和环境保护工作的重点，应设在全场下风向和地势最低处。为运输隔离区的粪尿污物出场，宜单设道路通往隔离区。

二、养殖场建筑物的合理布局

养殖场建筑物的合理布局就是确定各种畜禽舍建筑物及设施的排列方式和次序，每栋建筑物和每种设施的位置、朝向和相互之间的间距。布局合理与否，对场区环境状况、卫生防疫条件、畜禽舍小气候状况、生产组织、劳动生产及基础投资等都有直接影响。因此，养殖场建筑物布局必须考虑各建筑物之间的功能关系、小气候的改善、卫生防疫、防火和节约用地等，根据现场条件进行设计布局。为合理布局养殖场的建筑物，需先根据所规定的任务与要求（饲养畜禽的种类、饲养的数量、产品产量），确定饲养管理方式，集约化程度和机械化水平，饲料需要量和饲料供应情况（饲料自产、购入与加工调制等），然后进一步确定各种建筑物的形式、种类、面积和数量。在此基础上综合考虑场地的各种因素，制定最好的布局方案。

（一）建筑物的排列

养殖场建筑物一般横向成排（东西）、纵向成列（南北）。排列的合理与否，关系到场区小气候、畜禽舍的光照、通风、建筑物之间的联系、道路和管线铺设的长短、场地的利用率等。在布局时，应根据当地气候、场地地形地势、建筑物种类和数量，尽量做到合理、整齐、紧凑、美观。

养殖场建筑物的排列可以是单列、双列或多列。如果场地条件允许，应尽量避免建筑物布置成横向狭长或纵向狭长，因为狭长形布置势必造成饲料、粪尿运输距离加大，管理和工作联系不便，道路、管线加长，建场投资增加。如将生产区按方形或近似方形布置，则可避免上述缺点。因此，要根据场地形状、畜禽舍数量和每栋畜禽舍的长度，酌情布置为单列、双列或多列式（图1-2-2）。

1. 单列式 一般来说，畜禽舍在4栋以内，宜呈单列式布置，单列式布置使场区的净道与污道分工明确，但道路和工程管线线路过长。此种布局是小规模和地形狭窄养殖场常采用的一种布置方式，地面宽度足够的大型养殖场不宜采用。

2. 双列式 畜禽舍超过4栋时呈双列布置或多列式布置。双列式布置净道居中，污道在畜禽舍两边，是各种养殖场常使用的最经济的布置方式，优点是既能保证场区净污分流明

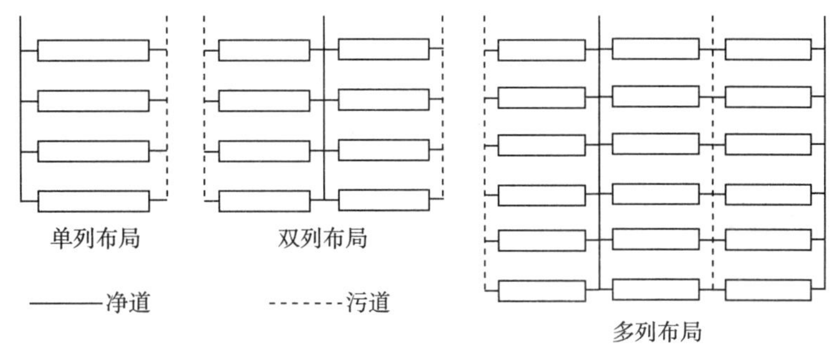

图 1-2-2　养殖场畜禽舍排列布置形式

确，又能缩短道路和工程管线的距离。

3. 多列式　多列式布置常在一些大型养殖场使用，此种布置方式重点解决场区道路的净污分流问题，避免因线路交叉而引起互相污染。

（二）建筑物的分布位置

确定每栋建筑物和每种设施的位置时，主要考虑它们之间的功能关系和卫生防疫及工艺流程的要求。

1. 功能关系　是指建筑物及各种设施之间，在畜牧生产中的相互关系。在安排其位置时，应将联系密切的建筑物和设施相互靠近安置，以便于生产联系（图 1-2-3）。例如，某商品猪场的生产工艺流程是：种猪配种—妊娠—分娩哺乳—保育—育成—育肥—上市，因此，考虑各建筑物和设施的功能联系，应按种公猪舍、配种间、空怀母猪舍、妊娠母猪舍、产房、保育舍、育成猪舍、育肥猪舍、装猪台的顺序相互靠近设置。饲料调制、贮粪场等，与每栋猪舍都有密切联系，其位置的确定应尽量使其至各栋猪舍的线路最短，距离相差不大。同时要考虑净道和污道的分开布置及其他卫生防疫要求。

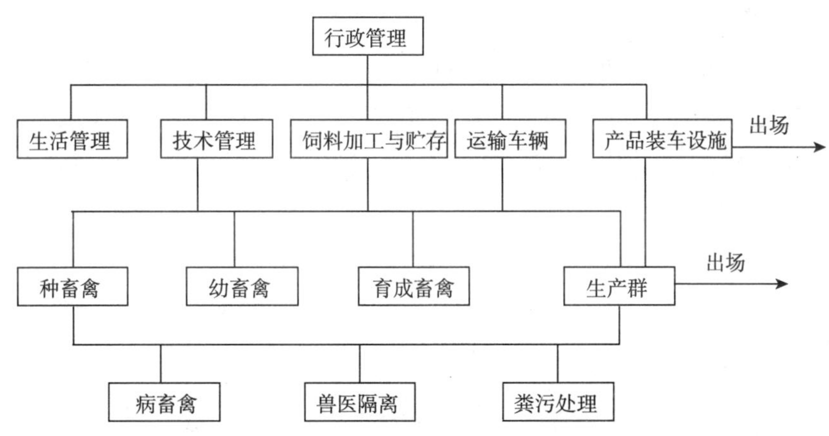

图 1-2-3　养殖场各类建筑物和设施之间功能关系模式示意

2. 卫生防疫　考虑卫生防疫要求，应根据场地地势和当地全年主风向，尽量将办公室和生活用房、种畜禽舍、幼畜禽舍安置在上风向和地势较高处，商品畜禽舍可置于下风向和地势相对较低处，病畜禽舍和粪污处理设施应置于最下风向和地势低处。因此，可利用与主风向垂直的对角线上的两“安全角”，来安置防疫要求较高的建筑物。

（三）建筑物的朝向

确定养殖场内建筑物的朝向时，主要考虑日照和通风效果。由于畜禽舍纵墙面积比山墙（端墙）大得多，畜禽舍的适宜朝向以使纵墙和屋顶在冬季多接受日照，而夏季少接受日照为原则，以改善舍内温度状况，取得冬暖夏凉的效果。此外，由于门窗都设在纵墙上，冬季冷风渗透和夏季舍内通风状况，都取决于纵墙与冬、夏季主风的夹角。因此，畜禽舍的适宜朝向应使冬季冷风渗透少，夏季通风量大而均匀。全国部分地区建筑朝向见表 1-2-1。

表 1-2-1　全国部分地区建筑朝向

地　　区	最佳朝向	适宜朝向	不宜朝向
北京地区	南偏东或西各 30°以内	南偏东或西各 45°以内	北偏西 30°
上海地区	南至南偏东 15°	南偏东 30°，南偏西 15°	北、西北
石家庄地区	南偏东 15°	南至南偏东 30°	西
太原地区	南偏东 15°	南偏东至东	西北
呼和浩特地区	南至南偏东，南至南偏西	东南、西南	北、西北
哈尔滨地区	南偏东 15°～20°	南至南偏东或偏西各 15°	西、西北、北
长春地区	南偏东 30°，南偏西 10°	南偏东或西各 45°	北、东北、西北
沈阳地区	南或南偏东 20°	南偏东至东，南偏西至西	东北、东至西北、西
济南地区	南或南偏东 10°～15°	南偏东 30°	西偏北 5°～10°
南京地区	南偏东 15°	南偏东 25°，南偏西 10°	西、北
合肥地区	南偏东 5°～15°	南偏东 15°，南偏西 5°	西
杭州地区	南偏东 10°～15°	南偏东 20°以内	北、西
福州地区	南、南偏东 5°～10°	南、南偏东 30°	西
郑州地区	南偏东 15°	南偏东 25°	西北
武汉地区	南偏西 15°	南偏东 15°	西、西北
长沙地区	南偏东 9°左右	南	西、西北
广州地区	南偏东 15°，南偏西 5°	南偏东 22°30′，南偏西 5°至西	—
南宁地区	南、南偏东 15°	南、南偏东 15°～25°，南偏西 5°	东、西
西安地区	南偏东 15°	南、南偏西	西、西北
兰州地区	南至南偏东 15°	南、偏东或偏西各 30°	西、西北
银川地区	南至南偏东 23°	南偏东 34°，南偏西 20°	西、北
西宁地区	南至南偏西 30°	南偏东 30°至南偏西 30°	北、西北
乌鲁木齐地区	南偏东 40°，南偏西 30°	东南、东、西	北、西北
成都地区	南偏东 45°至南偏西 15°	南偏东 45°至东偏北 30°	西、北

（续）

地 区	最佳朝向	适宜朝向	不宜朝向
昆明地区	南偏东 25°～56°	南偏东 45°，南偏西 35°	北偏东或西各 35°
拉萨地区	南偏东 10°，南偏西 5°	南偏东 15°、南偏西 10°	东、西
厦门地区	南偏东 5°～10°	南偏东 22°30′，南偏西 10°	南偏西 25°，西偏北 30°
重庆地区	南、南偏东 10°	南偏东 15°，南偏西 5°，北	东、西
青岛地区	南、南偏东 5°～15°	南偏东 15°至南偏西 15°	西、北
大连地区	南、南偏西 15°	南偏东 45°至南偏西、西	北、西北、东北

1. 根据日照来确定畜禽舍朝向时 可向当地气象部门了解本地日辐射总量变化图，结合当地防寒防暑要求，确定日照所需适宜朝向。无论防寒和防暑，畜禽舍朝向均以南向或偏东、偏西 45°以内为宜。这样冬季可使南墙（纵墙）和屋顶接受较多的辐射热，而夏季接受辐射热较多的是东西山墙，故冬暖夏凉；东西向的畜禽舍与此相反，导致冬冷夏热。

2. 考虑畜禽舍通风要求来确定朝向时 可向当地气象部门了解本地风向频率图，结合防寒防暑要求，确定通风所需适宜朝向。

（1）如果畜禽舍纵墙与冬季主风向垂直，则通过门窗缝隙和孔洞进入舍内的冷风渗透量很大，对保温不利；如果纵墙与冬季主风向平行或呈 0°～45°，则冷风渗透量大为减少，从而有利于保温（图 1-2-4）。

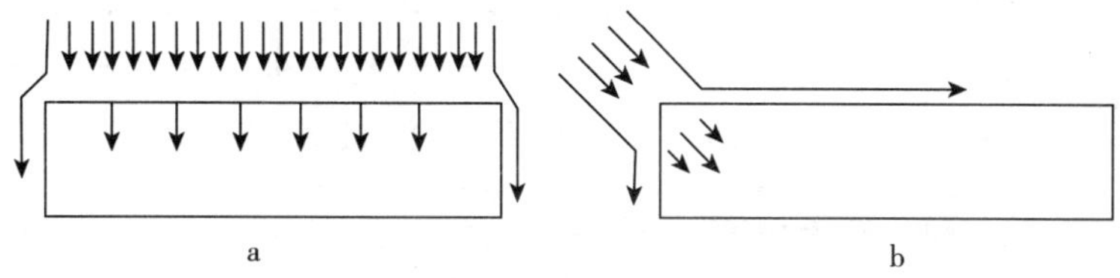

图 1-2-4 畜禽舍朝向与冬季冷风渗透量的关系

a. 主风与纵墙垂直，冷风渗透量大 b. 主风与纵墙呈 0°～45°，冷风渗透量小

（2）如果畜禽舍纵墙与夏季主风向垂直，则畜禽舍通风不均匀，窗墙之间造成的旋涡风区较大；如果纵墙与夏季主风向呈 30°～45°，则旋涡风区减少，通风均匀，有利于夏季防暑，排除污浊空气效果也好（图 1-2-5）。

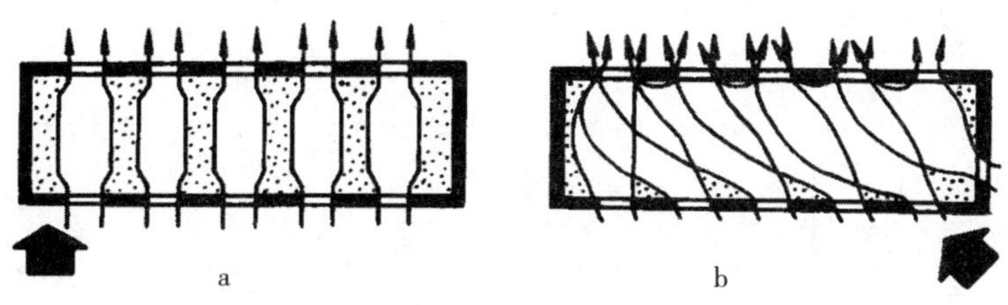

图 1-2-5 畜禽舍朝向与夏季舍内通风效果

a. 主风与纵墙垂直，冷风渗透量大 b. 主风与纵墙呈 0°～45°，冷风渗透量小

(四) 建筑物的间距

两栋相邻建筑物纵墙之间的距离称为间距。确定畜禽舍间距主要从日照、通风、防疫、防火和节约占地面积等多方面综合考虑。间距大，前排畜禽舍不致影响后排采光，并有利于通风排污、防疫和防火，但会增加占地面积；间距小，可节约占地面积，但不利于采光、通风和防疫、防火，影响畜禽舍小气候。

1. 根据日照确定畜禽舍间距 为了使南排畜禽舍在冬季不遮挡北排日照，一般可按一年内太阳高度角最低的冬至日计算，而且应保证冬至 9:00～15:00 6 个小时内畜禽舍南墙满日照，这就要求间距不小于南排畜禽舍的阴影长度，而阴影长度与畜禽舍高度和太阳高度角有关。朝向为南向的畜禽舍，当南排舍高（一般按檐高计算）为 H 时，要满足北排上述日照要求，在北纬 40°（如北京）地区，畜禽舍间距约为 2.5H，北纬 47°地区（齐齐哈尔）则需 3.7H。事实证明，畜禽舍间距保持檐高的 3～4 倍，就可以保证我国绝大部分地区冬至 9:00～15:00 南墙满日照。在北纬 47°～53°的黑龙江和内蒙古地区，畜禽舍间距可酌情加大。

2. 根据通风要求来确定适宜间距 应使下风向的畜禽舍不处于上风向畜禽舍的旋涡风区内，有利于卫生防疫，既不影响下风向畜禽舍的通风，又可免受上风向畜禽舍排出的污浊空气的污染。试验证明，当风向垂直于畜禽舍纵墙时，旋涡风区最大，约为其檐高（H）的 5 倍（图 1-2-6）；当风向与畜禽舍纵墙不垂直时，旋涡风区缩小。事实表明，畜禽舍间距为 3～5 倍的檐高时，即可满足通风排污和卫生防疫要求。

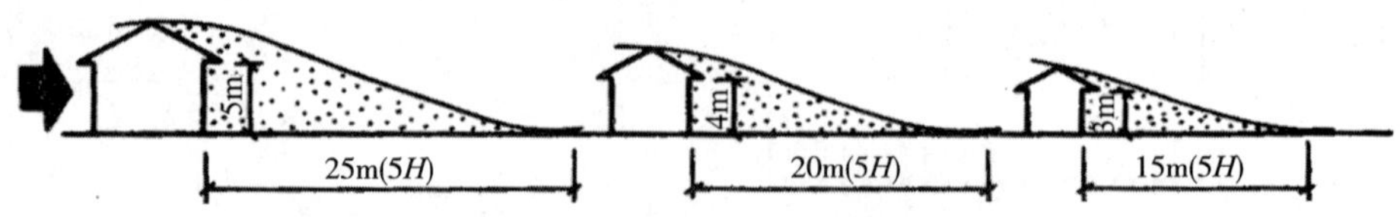

图 1-2-6 风向垂直于纵墙时畜禽舍高度与旋涡风区的关系

3. 根据建筑物的材料、结构和使用特点确定防火间距 畜禽舍建筑一般为砖墙、混凝土屋顶或木质屋顶并做吊顶，耐火等级为二级或三级，防火间距为 6～8m。

综上可知，畜禽舍间距不小于畜禽舍檐高的 3 倍时，基本满足日照、通风、排污、防疫、防火等要求。间距设计可参考表 1-2-2、表 1-2-3。

表 1-2-2 鸡舍防疫间距（m）

类别		同类鸡舍	不同类鸡舍	距孵化场
祖代鸡场	种鸡舍	30～40	40～50	100
	育雏、育成舍	20～30	40～50	50 以上
父母代鸡场	种鸡舍	15～20	30～40	100
	育雏、育成舍	15～20	30～40	50 以上
商品代鸡场	蛋鸡舍	10～15	15～20	300 以上
	肉鸡舍	10～15	15～20	300 以上

表 1-2-3　猪、牛舍防疫间距（m）

类别	同类畜禽舍	不同类畜禽舍
猪场	10～15	15～20
牛场	12～15	15～20

三、养殖场总平面规划实例

（一）奶牛场总平面布置实例

某奶业科技园良种繁育场总平面布置如图 1-2-7 所示，规模是饲养成年奶牛群 500 头，场区占地 80 000m²。有 4 栋成年奶牛舍，2 栋育成牛舍，1 栋干乳牛舍，1 栋产房。挤奶厅中设胚胎生产技术室，主要进行种牛超数排卵、取卵及鲜胚分割等技术处理。

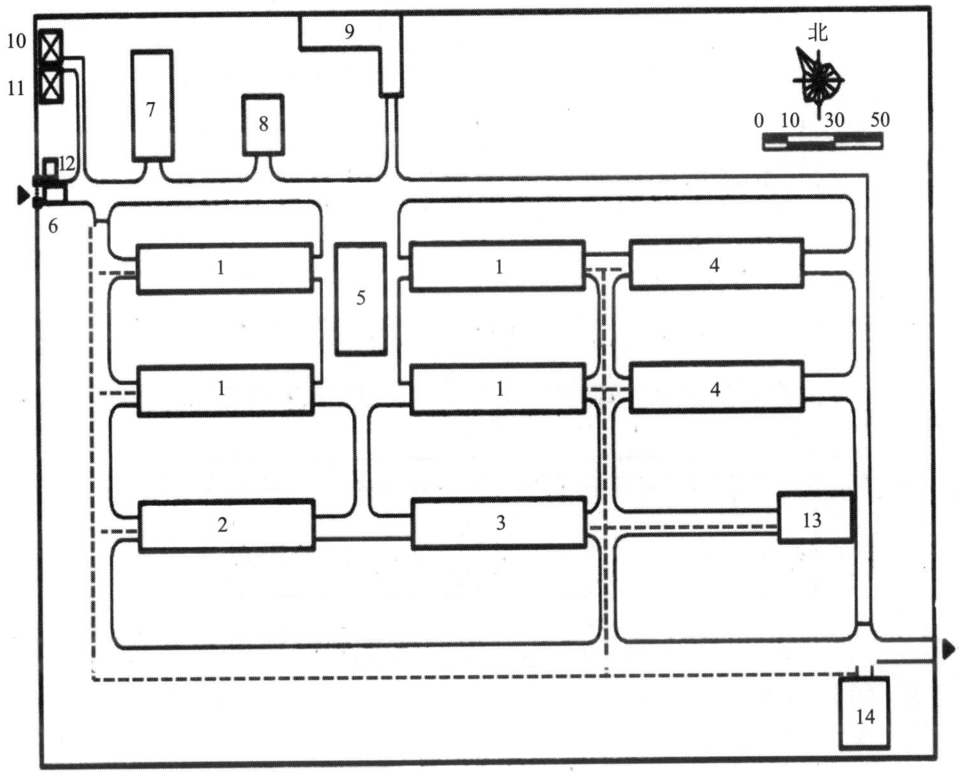

图 1-2-7　某奶业科技园奶牛繁育场总平面图

1. 成年奶牛舍　2. 干乳牛舍　3. 产房　4. 育成牛舍　5. 挤奶厅　6. 消毒池　7. 草料棚　8. 饲料库　9. 办公楼　10. 配电房　11. 水泵房　12. 门卫　13. 兽医室　14. 堆粪场

场区内的道路分净道、污道，为确保消防需要，整个场区道路形成环行通道，平时，采用隔离栏杆保证净污道严格分开，运送饲草饲料、牛奶及其他物品的车辆由与净道相通的西门出入，粪污及牛由与污道相连的东门出入。工作人员则通过办公楼的消毒更衣室进入场区。场区内不设青贮设施和饲料加工厂，所需的青贮饲料由场外配送，精饲料也由场外饲料厂提供成品，场区只设精饲料成品库。

（二）猪场总平面布置实例

某万头猪场平面布置如图 1-2-8 所示。生产规模为年出栏 10 000 头商品肥猪，生产区建筑占地面积 13 529.84m^2。

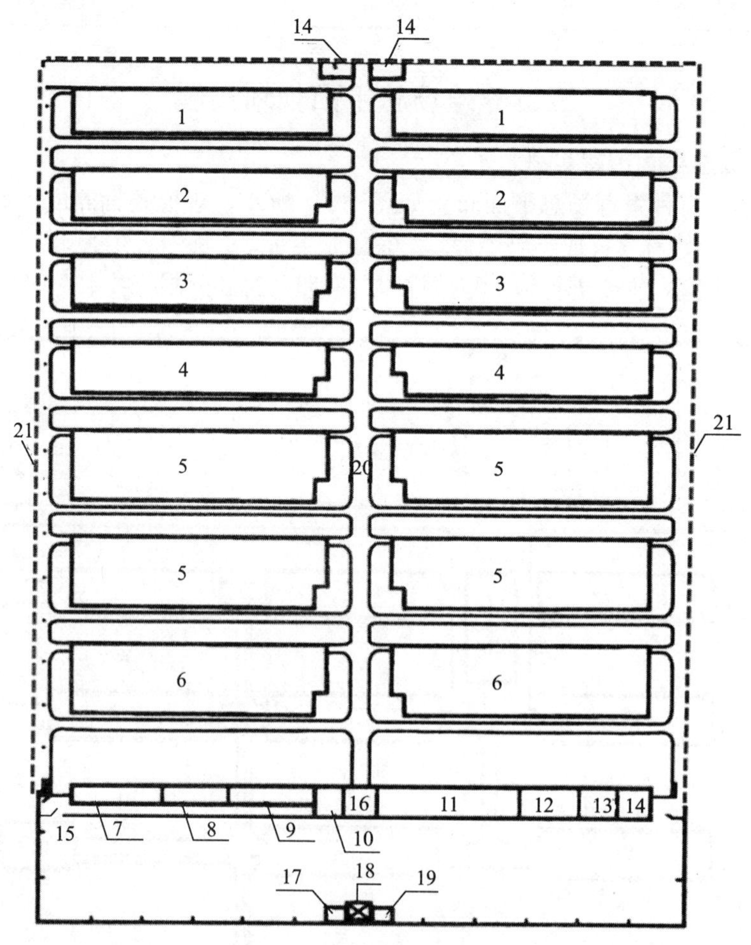

图 1-2-8　某万头猪场总平面图

1. 配种猪舍　2. 妊娠猪舍　3. 产房　4. 保育舍　5. 待售及育肥猪舍　6. 测定猪舍　7. 行政与技术用房　8. 食堂　9. 宿舍　10. 消毒淋浴更衣　11. 饲料库　12. 车库　13. 配电室　14. 厕所　15. 装猪台　16. 进生产区消毒通道　17. 门卫　18. 车辆消毒池　19. 消毒间　20. 净道　21. 污道

场区总体布局是南侧为生活管理与生产辅助区，布置主入口、门卫、办公室和配电室等，其中装猪台位于东南角和西南角，外部选购种猪的人员和车辆不需进入场内；北侧为生产区，猪舍采用双列布置，中间为净道，东西两侧为污道，按生产工艺流程从北往南依次排列：配种猪舍 2 栋、妊娠猪舍 2 栋、产房 2 栋、仔猪保育舍 2 栋、育肥猪舍 4 栋和测定舍 2 栋；堆粪场地另择地点，不在场区内。生产区和生活管理区、辅助生产区之间用围墙和建筑完全分隔。

（三）鸡场总平面布置实例

某原种鸡场规划平面布置如图 1-2-9 所示。全场占地面积 26 700m^2，建筑面积 8 000m^2，其中生产建筑面积 6 400m^2。根据场地地势平整，边缘整齐，南北长、东西短的地形特点，结合该地区夏季主导风向为南风和西南风、冬季主导风向为西北风的气候条件，场区的总体规划布局是北侧为生产区，布置原种鸡舍 4 栋、测定鸡舍 2 栋、育成鸡舍 2 栋、育雏鸡舍单独设置一个区域。鸡舍排列采用单列式，西侧为净道，东侧为污道，最东北端设临时粪污场。育雏鸡舍单独置于生产区西侧，有道路和绿化隔离。南侧为办公与生产辅助区，设置孵化厅、消毒更衣室、办公室、车库房、锅炉房、水泵房等，其中锅炉房位于场区的西南角，对生产区和辅助生产区影响最小。

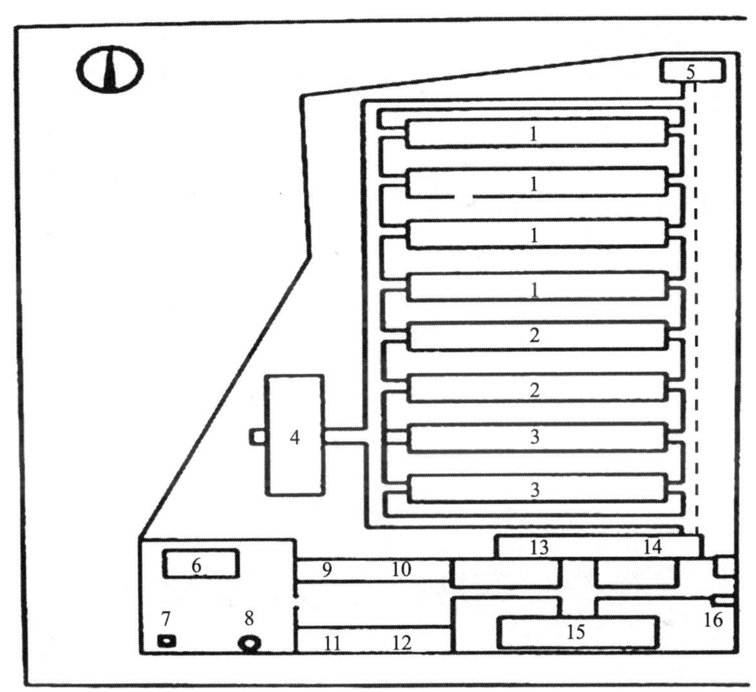

图 1-2-9　某原种鸡场平面图

1. 原种鸡舍　2. 测定鸡舍　3. 育成鸡舍　4. 育雏鸡舍　5. 粪污场　6. 锅炉房　7. 水泵房
8. 水塔　9. 浴室　10. 维修间　11. 车库　12. 食堂　13. 孵化厅　14. 更衣消毒室　15. 办公室　16. 门卫

(四) 孵化场总平面布局

某孵化场总平面布置如图 1-2-10 所示，该场区规划与布局严格遵守孵化场生产工艺流程原则，不能逆转，从接收种蛋到雏鸡出厂，仅一个进口，一个出口，即一边运进种蛋，另一边运出雏鸡，以便做到生产流程一条线，操作方便，工作效率高，交叉污染少。

有些场将孵化室与出雏室放在一起仅一门之隔，若门不密封，出雏室空气很容易污染孵化室；或将出雏设备（出雏车、出雏盘）堆放在孵化室，也很容易导致孵化室被严重污染，从而影响胚胎正常生长发育。一般小型孵化场可采用长条形流程布局；大型场则以孵化室和出雏室为中心，根据流程要求及服务项目加以确定。合理的孵化场布局应满足运输距离短，人员往来少，建筑物利用率高，不妨碍通风换气等要求。

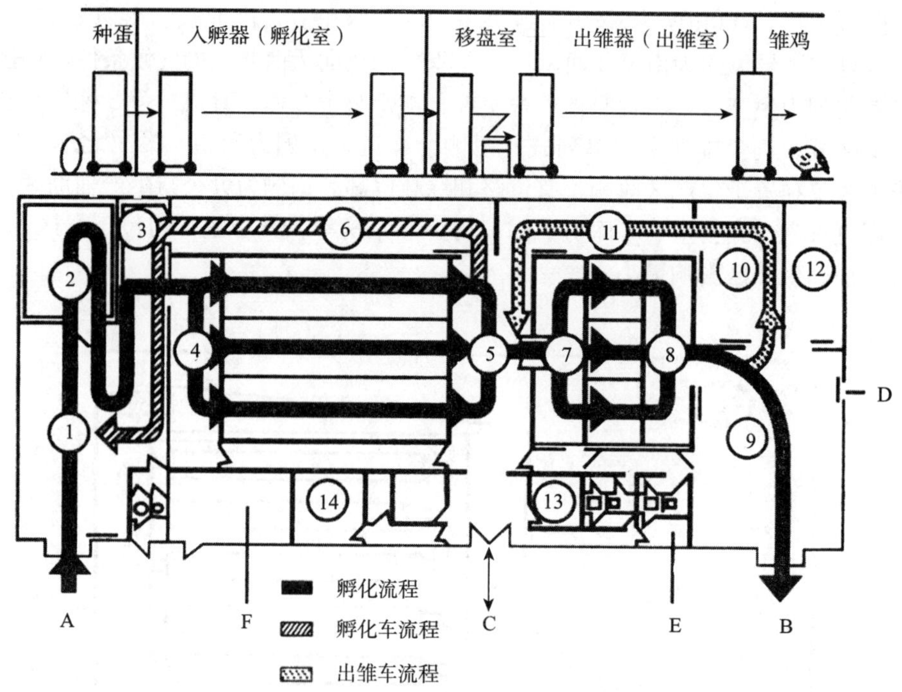

图 1-2-10　孵化场工艺流程及平面布置

1. 种蛋处置室　2. 种蛋贮存室　3. 种蛋消毒室　4. 孵化室入口　5. 移盘室　6. 孵化用具清洗室　7. 出雏室入口　8. 出雏室　9. 雏鸡处置室　10. 洗涤室　11. 出雏设备清洗室　12. 雏盒室　13、14. 办公用房　A. 种蛋入口　B. 雏鸡出口　C. 工作人员入口　D. 废弃物出口　E. 淋浴更衣室　F. 餐厅

任务 3　养殖场配套设施设置

知识目标

1. 掌握养殖场道路的设计标准。
2. 熟悉合理设置养殖场的防护设施。
3. 了解畜禽种类及生产规模，合理规划、设置养殖场配套设施。

能力目标

1. 能根据养殖场需求，对不同区域进行绿化规划。
2. 能根据场内运输及防疫要求，合理规划养殖场的道路。

养殖场配套设施健全、合理的设置，是保证畜禽健康、畜禽生产顺利进行，提高生产效率的重要保障。

（一）场内道路的设置

场内道路是联系饲养工艺过程及场外交通运输的线路，是实现正常生产和组织人流、货流的重要组成部分，同时与卫生防疫密切相关。养殖场道路规划设计原则：净污分道，梳状布置，禁止混用，防止交叉；内外分道，直线布置，防止迂回；场内道路要求直而线短，保证场内各生产环节最方便的联系。

1. 生产区的道路　生产区的道路应区分为净道（运送饲料、产品和用于生产联系的道路）和污道（运送粪污、病畜禽、死畜禽的道路）。净道和污道不得混用或交叉，以保证卫生防疫安全。

2. 管理区和隔离区的道路　管理区和隔离区应分别设与场外相通的道路。场内道路应不透水，路面（向一侧或两侧）有1%～3%的坡度（图1-3-1）。路面材料可根据条件修为柏油路、混凝土、砖、石或焦渣路面。道路宽度根据用途和车宽决定，通行载重汽车并与场外相连的道路需3.5～7m，通行电瓶车、小型车、手推车等场内用车辆的道路需1.5～5m。只考虑单向行驶时，可取其较小值，但需考虑回车道、回车半径及转弯半径。各种道路两侧应植树并设排水沟。

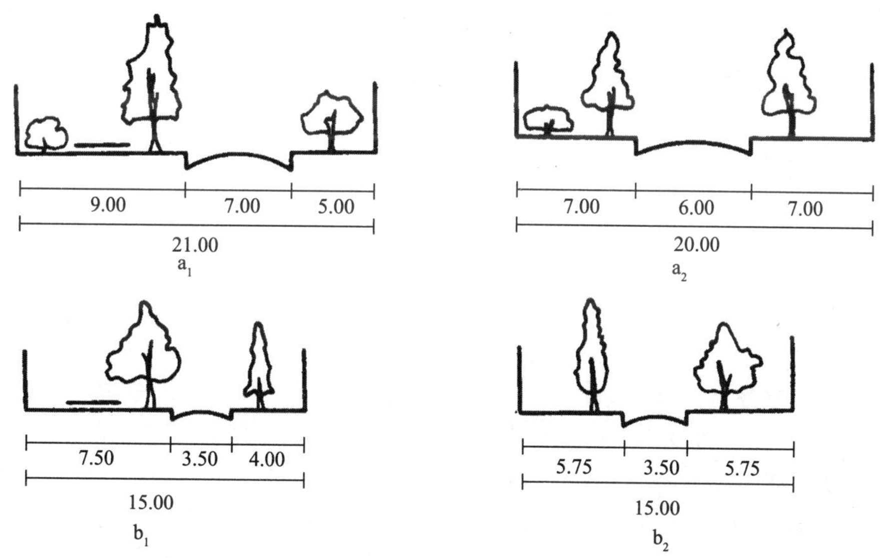

图1-3-1　养殖场内道路剖面示意（m）

a_1、a_2 场内主干道及场外用道剖面（a_1 有人行道）　b_1、b_2 场内支干道剖面（b_1 有人行道）

（二）养殖场防护设施设置

在养殖场大门和各区域及畜禽舍的入口处，应设消毒设施（图1-3-2），如车辆消毒池，人脚踏消毒槽或喷雾消毒室、更衣换鞋间等。车辆消毒池的宽度应大于车的轮距，一般与大门的宽度相同，长度应为通过最大车轮周长的1.5～2倍，深度在20～25cm，最好达1/2车轮；消毒池的进出口处宜用12.5%～20%坡度和地面连接，池底设0.5%的坡度朝向排水孔。消毒池最好要用混凝土浇筑，表面用1∶2的水泥砂浆抹面。进入生产区的消毒通道（消毒室），可安装紫外灭菌灯进行消毒，工作人员必须在此停留3～5min，以保证消毒效果。为此，有些养殖场安装有定时通过指示器装置，消毒时间由铃声提示。外来车辆尽可能禁止入内，必要时，必须严格冲刷消毒，以保证防疫安全。

规模化养殖场为了保证防疫安全，场界必须划分明确。四周应建较高的围墙或坚固的防疫沟，以防场外人员及其他动物进入场区。围墙的高度以1.6～1.8m为宜；防疫沟（图1-3-3）

宽1.3m，深1.7m，为了更有效地切断外界的污染因素，必要时可往沟内放水，但造价较高。应指出，使用铁丝网圈场，由于不能有效阻隔动物的进入，存在防疫安全隐患，不能使用。

图1-3-2 养殖场大门消毒设施

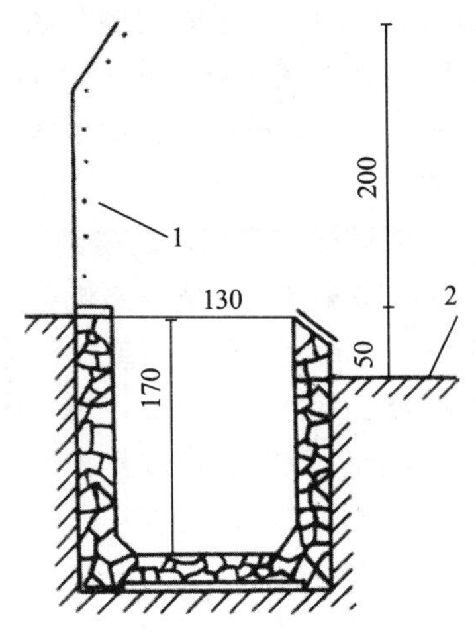

图1-3-3 场外防疫沟剖面图（cm）

1. 铁丝网 2. 场地平地

（三）运动场的设置

畜禽每日定时到舍外运动，能使其全身受到外界气候因素的刺激和锻炼，促进机体各种生理过程的进行，增强体质，提高抗病能力。舍外运动能改善种公畜的精液品质，提高母畜受胎率，促进胎儿正常发育，减少难产。因此，有必要给畜禽设置舍外运动场，特别是种用畜禽。

1. 运动场的位置 舍外运动场应选在背风向阳的地方，一般利用畜禽舍间距，也可在畜禽舍两侧分别设置。如受地形限制，也可在场内比较开阔的地方单设运动场。

2. 运动场的面积及要求 运动场的面积，应能保证畜禽自由活动，又要节约用地，一般畜禽运动场的面积按每头（只）畜禽所占舍内平均面积的3～5倍计算，种鸡则按鸡舍面积的2～3倍计算。畜禽的舍外运动场面积可参考下列数据：成年奶牛20m²/头，青年牛15m²/头，带仔母猪12～15m²/头，种公猪30m²/头，2～6月龄仔猪4～7m²/头，后备猪5m²/头，羊4m²/只。在封闭舍内饲养育肥猪、肉鸡和笼养蛋鸡，一般不设运动场。

运动场要平坦，稍有坡度，便于排水和保持干燥。四周应设围栏或围墙，其高度为：马1.6m，牛1.2m，羊1.1m，猪1.1m，鸡1.8m（为防鸡飞出，上面可加设丝网）。各种公畜禽运动场的围栏高度，可再增加20～30cm，也可应用电围栏。在运动场的两侧及南侧，应设遮阳棚或种植树木，以遮挡夏季烈日。运动场围栏外应设排水沟。

（四）场内的排水设施

场区排水设施是为了排除雨水、雪水，保持场地干燥卫生。为减少投资，一般可在道路一侧或两侧设排水沟，沟壁、沟底可砌砖、石，也可将土夯实做成梯形或三角形剖面。排水沟最深处不应超过30cm，沟底应有1%～2%的坡度，上口宽30～60cm。路旁排水沟见图1-3-4。

小型养殖场有条件时，也可设暗沟排水（地下水沟用砖、石砌筑或用水泥管），但不宜与舍内排水系统的管沟通用，以防泥沙淤塞，影响舍内排污，并防止雨季污水池满溢，污染周围环境。

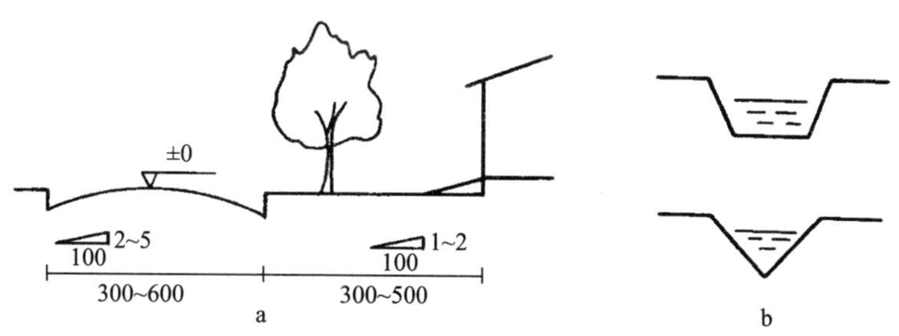

图 1-3-4　路旁排水沟示意（mm）

a. 路旁斜坡或排水沟剖面　b. 明沟排水剖面

（五）养殖场的绿化

绿化是养殖场总体规划的重要的组成部分，要在建设总规划的同时进行绿化规划。要本着统一安排、统一布局的原则进行，规划时既要有长远考虑，又要有近期安排，要与全场的分期建设协调一致。

养殖场植树、种草绿化，对改善场区小气候、防疫、防火具有重要意义。绿化应根据本地区气候、土壤和绿化区域选择适合的树木、花草进行，场区绿化率不低于 20%。在进行场地规划时必须规划出绿化地，其中包括防风林、隔离林、行道绿化、遮阳绿化、绿地等。

1. 防风林　应设在冬季上风向，沿围墙内外设置。最好是落叶树和常绿树搭配，高矮树种搭配，植树密度可稍大些，乔木行株距为 2～3m，灌木绿篱行距为 1～2m，乔木应棋盘式种植，一般种植 3～5 行（图 1-3-5）。

2. 隔离林　主要设在各场区之间及围墙内外，夏季上风向的隔离林，应选择树干高、树冠大的乔木，如北京杨、柳或榆树等，行株距应稍大些，一般植 1～3 行。

3. 行道绿化　指道路两旁和排水沟边的绿化，起路面遮阳和排水沟护坡作用。靠路面可植侧柏、冬青等作为绿篱，其外再植乔木（图 1-3-6），也可在路两侧埋杆搭架，种植藤蔓植物，使上空 3～4m 处形成水平绿化。

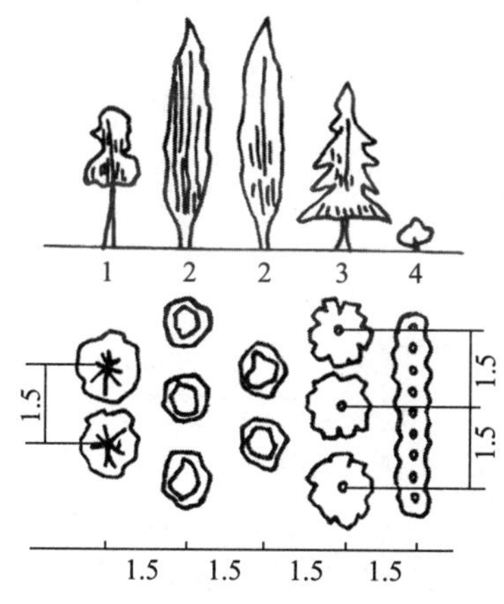

图 1-3-5　养殖场防风林主林带（m）

1. 刺槐　2. 北京杨

3. 油松或落叶松　4. 紫穗槐或醋栗

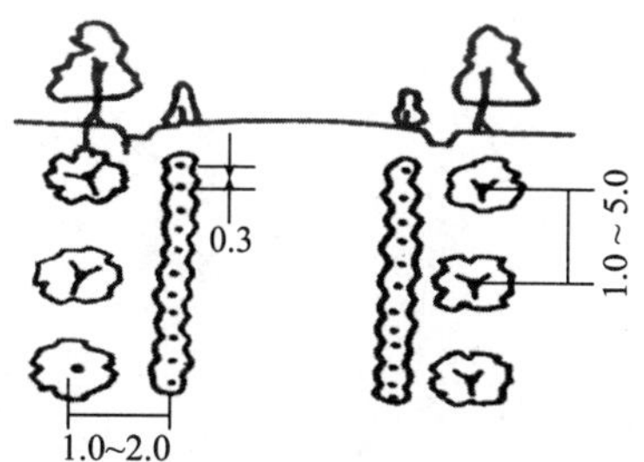

图 1-3-6　场内路旁绿化示意（m）

4. 遮阳绿化 一般设于畜禽舍南侧和西侧，或设于运动场周围和中央，起到为畜禽舍墙、屋顶、门窗或运动场遮阳的作用。遮阳绿化一般应选择树干高而树冠大的落叶乔木，如北京杨、加拿大杨、辽杨、槐、枫等树种，以防夏季阻碍通风和冬季遮挡阳光。遮阳绿化也可以搭架种植藤蔓植物。

5. 场地绿化 是指养殖场内裸露地面的绿化，可植树、种花、种草，也可种植有饲用价值或经济价值的植物，如苜蓿、草坪、果树等。

（六）贮粪池的设置

贮粪池应设在生产区的下风向，与畜禽舍至少保持 100m 的卫生间距（有围墙及防护设备时，可缩小为 50m），并便于粪污运出。

贮粪池一般深 1m，宽 9～10m，长 30～50m。底部做成水泥池底。各种畜禽所需贮粪池的面积，可参考下列数据：牛 2.5m^2/头，马 2m^2/匹，羊 0.4m^2/只，猪 0.4m^2/头。

贮粪设施除了要考虑畜禽的排粪量外，还要考虑不同工艺下生产污水排放量以及生活污水排放量。

贮粪场及其配套的粪污处理设施是规模化养殖场建设必须设置、规划的项目。需要综合考虑养殖场的生产工艺设计、排水设施及废弃物处理及利用等环节。主要包括粪污收集、运输、处理场的选址其及占地面积，粪污处理工艺及配套设施，周边地区对粪肥的消纳能力等。

项目2　养殖场建筑设计

任务1　畜禽舍建筑类型选择

知识目标

1. 掌握畜禽舍外围护结构的基本功能及其建筑要求。
2. 熟练掌握常见的几种畜禽舍类型。
3. 熟练掌握畜禽舍屋顶形式及其优缺点。
4. 了解不同类型畜禽舍的小气候特点及其适用范围。
5. 了解畜禽舍建筑设计总体要求。

能力目标

1. 能够根据地域气候特征选择适合该地区的畜禽舍类型。
2. 能够按照建筑结构要求对畜禽舍的基础、墙壁、屋顶、门窗等进行合理的设计。

一、畜禽舍建筑结构设计

畜禽舍与其他建筑物一样，其建筑结构主要包括地基与基础、墙壁、门窗、地面、屋顶与天棚等。屋顶和外墙组成的舍外围护结构将舍内外空间隔开。畜禽舍小气候环境的调控主要取决于畜禽舍的建筑结构，尤其是外围护结构。建筑设计时，应充分考虑畜禽的生物学特点和行为习性等因素，为给畜禽提供适宜的小气候环境打下良好的物质基础。此外，结构组成与舍内卫生状况关系密切，不同部位卫生要求不同。

（一）基础和地基设计

地基和基础是建筑物的承重构件，为了防止建筑物下沉，引起倾斜和断裂，要求其必须有过硬的强度和稳定性。否则，畜禽舍的整体结构会受到影响。因此，畜禽舍的坚固、耐久和安全性能与之关系密切。

1. 地基　地基可分为天然地基和人工地基，它是支持整个建筑物的土层。小型畜禽舍可以直接修建在天然地基上。天然地基的土层必须坚实，土质致密干燥，有足够的厚度，压缩性小，地下水位要求在 2m 以下。沙砾、碎石、岩性土层及沙质土层质地坚硬，压缩性小且不受地下水冲击，是良好的天然地基。黏土、黄土含水量高，压缩性大，膨胀性很大，不能保持干燥，不宜做天然地基。人工机械的手段，如夯实、重锤、碾压等方法，可使人工地基土层更加坚固，提高地基承载力和平整度。养殖场建设过程中，选好地基是关键，建造畜禽舍之前，应切实掌握有关土层的组成、厚度及地下水位等勘探情况，据此来选择适宜的地基建场。

2. 基础 基础是建筑物深入土层的部分，是墙体的延伸，是畜禽舍自身重量及舍内畜禽、设备等重量的载体。畜禽舍的坚固与稳定取决于基础。因此，要求基础能够坚固耐久、抗震抗冻、防潮防水、抗机械作用。为增强承压能力，一般情况下，基础应比墙壁宽 12cm 左右，通常根据地基的承载力、畜禽舍的总载荷、土层的膨胀性及当地地下水位等情况确定其埋置深度，膨胀性较小的土层埋置深度约为 60cm；北方地区修建畜禽舍时，应将基础埋置在土层最大冻结深度以下，南方注意加强基础的防潮和防水能力。为了提高畜禽舍墙体强度和整体刚度，防止畜禽舍因不均匀沉降，产生墙体裂缝和倾斜，可在基础内设置混凝土圈梁，构造柱与砖砌体形成组合结构。目前，在畜禽舍建造中广泛采用石棉水泥板及钢性泡沫隔热板，以加强基础的防潮和保温。

（二）墙体设计

墙壁在控制畜禽舍内部温度、湿度、气流状况方面起着重要的作用。墙壁是畜禽舍内外部空间隔离护体，是畜禽舍结构的重要组成部分。畜禽舍墙壁应具备坚固耐久、抗震抗冻、防水防潮、结构简单、易于清洁消毒、保温隔热良好的特性。墙壁的保温隔热能力取决于采用建筑材料的特性与厚度，尽量选用隔热性能好的材料，以保证最佳的隔热设计。常用的墙体材料主要有土、砖、石和混凝土等。现代畜禽舍建筑多采用双层金属板中间夹聚苯乙烯泡沫板或岩棉等保温材料的复合板块作为墙体，其使用效果良好。畜禽舍外墙厚度通过冬、夏季建筑热工计算确定，端墙厚度一般应为不小于 37cm 砖墙；隔墙在满足强度前提下，可以适当薄一些，以节约成本。为加强防潮和隔热能力，应用防水效果好且耐久的材料抹面，以保护墙面不受雨雪的侵蚀，沿外墙四周做好散水或排水沟，以减少墙身与基础受到浸泡的可能。在舍内墙的下部设围墙，加强墙的坚固性，防止水汽渗入墙体，对提高墙的保温性有着重要的意义。墙体内表面抹平并粉刷成白色可增强反光能力和保持清洁卫生。

（三）屋顶与天棚设计

1. 天棚 天棚俗称吊顶、天花板。它将畜禽舍与屋顶下空间隔开，在屋顶与天棚间形成一个不流动的空气缓冲层，保温、隔热作用显著。夏季能隔热，冬季能保温，同时也有利于通风换气。研究表明畜禽舍天棚和屋顶的失热最多，主要由于其面积较大，以及舍内热空气在屋顶和天棚处聚集，热量易通过屋顶和天棚散失，研究数据显示，畜禽舍约 40%的热量是通过天棚和屋顶散失的。因此，天棚必须具备保温隔热、不透气透水、坚固耐久、防潮防滑、结构轻便等特点。为加强隔热保温性能，除要求天棚严密不透水、不透气外，还可选用聚苯乙烯泡沫塑料、玻璃棉、珍珠岩等隔热性能好的材料，以提高保温隔热效果。畜禽舍地面到天棚的高度称净高，舍内的高度通常以净高表示。一般净高为 2.0～2.6m 较为适宜，多层笼养的鸡舍，为保证上层笼的通风，顶层笼面与天棚保持约 1.2m 的高度。寒冷地区，可适当降低净高，以有利于保温；炎热地区，可适当增加净高，以有利于加强通风，缓和高温的影响。

2. 屋顶　屋顶由屋架和屋面组成，是畜禽舍上部的外围护结构。其作用是保温隔热和防雨雪。屋顶的构造设计要求防水、保温、不透气透水、结构简单、有一定的坡度，以有利于排除雨雪水，并要求防火安全等。质地要牢靠坚固、耐久使用。生产实践中，畜禽舍屋顶的形式繁多，常见的有以下几种（图 2-1-1）。

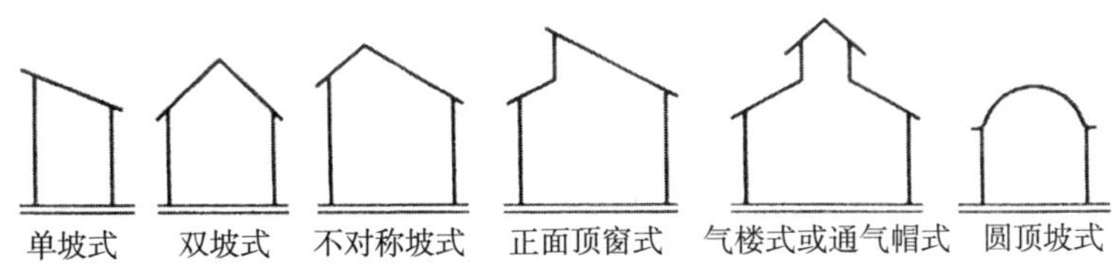

图 2-1-1　几种主要畜禽舍屋顶形式

（1）单坡式。屋顶只有 1 个坡向，南墙高而北墙低，结构简单，造价低廉，有利于采光；跨度较小，净高较低，有利于保温。适用于单列式畜禽舍和较小规模的畜禽群。

（2）双坡式。屋顶有 2 个坡向，是最基本的畜禽舍形式，使用最为广泛。此种形式有利于畜禽舍的保温和通风，易于建造，且比较经济。适用于较大跨度的畜禽舍和各种规模不同的畜禽群。

（3）不对称坡式。前坡短、后坡长的一种屋顶形式。与单坡式畜禽舍相比，采光效果略差，但保温能力较强。适用于跨度较小的畜禽舍和较小规模的畜禽群。

（4）正面顶窗式和气楼式。此形式屋顶设有单侧或双侧天窗，增加了畜禽舍的采光和通风效果。这种屋顶多在跨度较大的畜禽舍采用，若畜禽舍跨度较小，换气、保温效果较差。因此，此种形式屋顶仅适用于气候炎热或温暖地区及耐寒而怕热畜禽的畜禽舍，我国北方寒冷地区不适合使用。

（5）圆顶坡式。又称拱顶式。是一种省钢材、省木料的屋顶，造价较低，缺点是屋顶保温性能较差，且要求较高的施工技术，一般适用于跨度较小的畜禽舍。

（四）门、窗设计

1. 门　畜禽舍的门分为内、外 2 种，舍内分间的门和附属建筑通向舍内的门称内门，通向舍外的门称外门。门的主要作用是保证畜禽的进出以及生产过程（运饲料和运粪）的顺利进行。内门根据需要设置，外门设在两端墙上，每栋至少有 2 个，正对中央通道，以方便畜禽进出，便于饲料运入和粪便的清除，保证机械化作业实施。门的尺寸大小可根据作业特点和机械体积确定。

畜禽舍的外门尺寸由机械作业要求而定，一般为宽 1.5～2.0m（羊舍 2.5～3.0m），高 2.0～2.4m；供牛自动喂车通过的门其高度和宽度为 3.2m 和 4.0m。供畜禽出入的圈栏门高度与隔栏的高度相同，其宽度牛、马为 1.2～1.5m；猪为 0.6～0.8m；小群羊为 0.8～1.2m，大群羊为 2.5～3.0m；鸡为 0.25～0.30m。人行门，宽 0.7m，高 1.8m。寒冷地区，为加强门的保温，缓和舍内热能的外流，通常设门斗以防冷空气的直接侵袭。门斗的宽度应比门宽 1.0～2.0m，其深度不应小于 2.0m。

畜禽舍门外应有一定坡度，为了防止雨雪水倒流舍内，地面应高出舍外地面 20～30cm。

畜禽舍门应向外开启，门上不应有尖锐物、门槛和台阶，以便于家畜及车辆出入畜禽舍。畜禽舍门应坚固耐用、严密良好，保证生产过程（如运饲料、清粪便）的顺利进行。

2. 窗 窗户的主要功能是保证畜禽舍的自然采光和自然通风。可设在墙壁和屋顶上，对舍内的采光和保温隔热有较好的效果。寒冷地区窗户的设置必须兼顾考虑到采光、通风和保温的矛盾，在满足自然采光的前提下，尽量少设，以保证夏季通风和冬季的保温。总面积相同时，大窗户比小窗户有利于采光；墙壁上的窗户应等距离分布，确保畜禽舍采光均匀，同时注意，窗间的距离不应大于窗宽的 2 倍。立式窗户比卧式窗户更有利于采光，但不利于保温。养殖生产过程中，可酌情选用。

（五）地面设计

畜禽舍的地面有别于一般其他建筑，尤其地面平养畜禽舍，畜禽采食、饮水、排泄等活动均在地面进行；畜禽舍地面设计合理与否，与舍内小气候与卫生状况，畜禽产品（牛奶、羊毛）的洁净度关系密切。此外，畜禽舍地面必须耐清洗、冲刷、消毒；畜禽舍地面过硬或湿滑容易造成家畜的蹄部伤病和跌倒等。

畜禽舍地面设计上要求坚实致密、硬度适中、平坦、不湿滑。地面过硬，家畜也易疲劳，易引起膝关节水肿。地面太滑，家畜易滑倒，造成挫伤、骨折、母畜流产。地面不平，易积水，形成坑洼，且不便清扫、消毒，使舍内潮湿，空气污浊。地面设计要注重防水，不透水，以保持畜禽舍干燥。地面隔潮、防水能力差是地面潮湿、舍内空气湿度大的主要原因。地面设计应有适宜的坡度，利于排水。牛、马舍地面的适宜坡度为 1%～1.5%，猪舍为 3%～4%。

目前，畜禽舍地面类型主要可分实体地面和漏缝地板 2 种形式。根据使用材料的差异，实体地面又分为砖地面、素土夯实地面、混凝土地面等。混凝土地面除了保温性能和弹性稍差外，其他性能均较好，且造价相对低廉，所以目前畜禽舍建筑中应用较多。根据材质的差异，漏缝地板有混凝土地板、塑料地板、竹木地板、铸铁地板等。混凝土漏缝地板除保温和弹性差外，在家畜踩踏下缝隙边沿易被破坏，造成局部缝隙增大而伤及畜体的肢蹄；铸铁地板在长期的粪尿环境里易发生锈蚀；高强度的塑料地板各项性能都较好，是我国畜禽舍漏缝地板的主流产品。

二、畜禽舍类型选择

畜禽舍按其四周墙壁的严密程度不同，可分为封闭舍，开敞舍和半开敞舍，棚舍 3 大类型。畜禽舍的类型不同，其小气候特点有很大的差异。畜禽舍小气候是指畜禽舍范围内的气象状况，主要包括舍内的温度、湿度、气流和光照等。因为畜禽的生活和生产活动主要（除放牧及野营饲养外）在舍内进行，所以畜禽舍小气候与畜禽的关系非常密切，而且与大气相比，差异较大。因此，应结合本地区的气候特点及畜禽的类别，采用有利于畜禽生产的畜禽舍形式。

（一）封闭舍

结构特点是四周有墙壁，上有屋顶，通风换气依靠门、窗或通风管道，舍内外空气环境差异较大。优点是具有较好的保温隔热能力，便于人工控制舍内环境和人工管理。缺点是由于墙壁和屋顶等外围护结构而呈封闭形式，舍内的水汽、有害气体浓度较高，若不能有效地通风，易发生呼吸道疾病，尤其是在冬季，通风和保温往往形成矛盾，呼吸道疾病发病率更高。

在冬季，封闭舍内的实际温度状况，主要取决于畜禽舍的外围护结构、天棚及屋顶的形式等。墙壁是外围护结构的重要组成部分，通过它可向外散失大量的热量。散失热量的多少取决于其结构、材料、厚度及门窗情况。地面散失的热量可占舍内总散失热量的12%～15%。因此，地面的材料及结构也应给予足够的重视。畜禽舍外围护结构的保温能力，对舍内温度状况具有决定性的影响。保温能力强，大量热量聚集在舍内，舍内温度较高；反之，保温能力弱则较低。而外围护结构的保温能力，决定于建筑材料的导热性、外围护结构的厚度和建筑方法等许多因素。据测定，畜禽舍中的热量有36%～44%是通过天棚和屋顶散失的。这是因为畜禽呼吸及其散发的热总是向上流动，愈接近顶棚空气温度愈高，而畜禽躺卧的地方，近于地面其温度最低。在无天棚的情况下，通过屋顶散失的热量就更多。此外，畜禽舍的大小、高度及饲养密度也影响着舍内的温度状况。畜禽舍大，则容纳畜禽数量较多，有利于保暖；畜禽舍小则相反。饲养密度大，地面单位面积上产生的热量较多，舍内温度当然较高；饲养密度小则较低。

在夏季，封闭舍的实际温度状况，主要取决于外围护结构的隔热能力、通风状况及饲养密度等因素。如果外围护结构的隔热能力差，强烈的太阳辐射就会直接影响到舍内，使舍内的温度大幅度地上升；如果通风不良，将导致舍内蓄积的热量散失不出去，致使舍内温度急剧上升。为提高封闭舍的防暑能力，应采取的措施是：加强畜禽舍的外围护结构的隔热效能；实行机械通风换气，最大限度地排除舍内的余热；在条件允许的情况下，尽量减少饲养密度；当外界气温超过32℃时，要采取综合降温措施，如窗户上设置遮阳伞、屋顶安装防辐射材料、舍内增湿降温、冰袋制冷等。

总之，封闭舍的气候特点是冬季比较暖，夏季比较热，因而适用于寒冷地区。我国东北、西北和华北各省，应注意冬季的保温；黄河、长江流域以南地区，则应注意加强夏季的隔热防暑。

（二）开敞舍和半开敞舍

开敞舍指上有屋顶，三面有墙，一面（向阳面）无墙的畜禽舍，也称“前敞舍”。半开敞舍指三面有墙，正面有半截墙的畜禽舍形式。优点是有利于采光节能，保持舍内空气清新，管理方便，造价较低。缺点是受外界气候的影响较大，不便于进行环境控制，防寒能力不如封闭舍，而防暑能力又比棚舍差。

由结构特点可知，此种畜禽舍的部分墙壁（向阳面）全部敞开或有半截墙，冬季可保证阳光照入舍内，有墙部分则可起挡风作用。但舍内空气的流动性大，气温随舍外空气温度的升降而变化，实际上同舍外没有很大的差异。在较寒冷地区的冬季，舍内气温常降到0℃以下，防寒能力远不如封闭舍。在夏季，舍内的通风情况比封闭舍强，但又不如棚舍。所以，此种畜禽舍适用于冬季不太冷而夏季不太热的地区。适于养各种成年畜禽，特别是耐寒的牛、绵羊和马等。

生产上为了提高实用效果，开敞部分在冬季可以附设卷帘、塑料薄膜、太阳能板等，使其形成封闭状态，从而改善舍内小气候，增加抗寒能力。在夏季，后墙上开一些窗子，加强空气的对流，以提高防暑能力。

（三）棚舍

棚舍又称敞棚式、凉棚或凉亭式畜禽舍。只有端墙或四周无墙，有棚顶。优点是结构简单，易施工，用材少，造价低，能够保证舍内空气清新，管理方便。缺点是受外界气候的影响较大，不便于进行环境控制，防寒能力较差。

其屋顶可以防止日晒，而四周敞开可使空气流通，是一种防暑的有效形式。试验结果表明，敞棚下的风速与露天基本相同，气温略低于露天。这表明，棚舍在减弱太阳辐射的影响方面有着显著的效果，具有良好的防暑作用。但是，棚舍只能隔绝太阳的直接辐射，却不能使棚下的空气温度进一步降低。为进一步提高棚舍的防暑效果，在棚舍内采用冷水通风装置，利用蒸发冷却效应，并装有其他现代化设备，使外界空气进入棚内时，温度有所下降，可收到良好的防暑效果。因此，棚舍已不再是简单的棚子，而是一种防暑效能很高，设备齐全，可以对各种畜禽（包括笼养畜禽舍）进行科学管理的现代化畜禽舍形式之一。

冬季，由于棚顶隔绝了太阳的直接辐射，棚内得不到外来热量，而四周又是完全敞开，对冷风的侵袭没有什么防御能力，防寒能力低，不能使畜禽免受冻害，我国大多数地区的畜禽不能靠它来过冬。但它至少能避风挡雨，比露天好一些，在我国广大牧区，如能在适当的地点和方位筑起挡风墙或建造棚圈，可减弱雨雪、寒流的侵袭和危害，对保护畜禽安全越冬有一定的作用。但是，种畜禽舍寒冷地区不宜采用棚舍，只适用于炎热地区，或冬季较短、寒流较弱的地区，饲养某些耐寒力较强的畜禽（主要是肉牛）。

为了提高棚舍的使用效果，克服其保温能力较差的弱点，可以在畜禽舍前后设置卷帘，在寒冷季节，用塑料薄膜封闭，利用温室效应，以提高冬季的保温能力。如简易节能开放型禽舍、牛舍、羊舍，都属于此种类型，它在一定程度上控制环境条件，改善了畜禽舍的保温能力，从而满足畜禽的环境需求。

除上述畜禽舍形式外，还有组装式畜禽舍、无窗式畜禽舍、联栋式畜禽舍等多种建筑形式，组装式畜禽舍和无窗式畜禽舍是现代畜禽舍的发展趋势。

（1）组装式畜禽舍。在封闭舍基础之上，畜禽舍的墙壁和门窗是活动的，天热时可以局部或全部取下来，成为半开敞式、开敞式或棚舍；冬季为加强保温可装配起来，成为严密的封闭舍。其优点是适宜不同地区、不同季节，灵活方便，便于对舍内环境因素的调节和控制。缺点是要求畜禽舍结构各部件质量较高，必须坚固轻便、耐用、保温隔热性能好。

（2）无窗式畜禽舍。又称环境控制式畜禽舍，舍内的小气候（如温度、湿度、气流和光照等）完全是人为控制的。优点是生产不受季节的影响，为畜禽创造了一个最佳的环境空间；充分发挥生产潜力，提高了饲料的转化率；便于控制生长、发育和繁殖；有效地控制了疾病的传播；便于实现机械化；减轻了劳动强度，提高了劳动生产率。缺点是建筑物和附属设备要求较高，投资较大，要求保证充足的电力，要求饲养管理水平高，必须供给畜禽全价的营养饲料。采用无窗式畜禽舍，必须有科学的管理手段，周密的生产计划，有效的防疫措施。在生产过程中，要采用全进全出的饲养制度。

（3）联栋式畜禽舍。是一种新形式的畜禽舍形式，优点是减少养殖场的占地面积，降低养殖场建设投资。但要求管理条件高，必须具备良好的环境控制设施，才能使舍内保持良好的小气候环境，满足畜禽的生理、生产的要求。

总之，随着现代化畜牧业的发展，畜禽舍的形式是不断变化的，新材料、新技术不断地应用于畜禽舍，并将温室技术与养殖技术有机结合，在降低建造成本和运行费用的同时，通过环境控制，实现优质、高效和低耗生产，使畜禽舍建筑越来越符合畜禽对环境条件的要求。

三、畜禽舍建筑设计总体要求

畜禽舍设计由建筑设计和技术设计两部分组成，畜禽舍设计必须满足畜禽对环境的要求及饲养管理工作的技术要求等。畜禽舍建筑设计的任务主要是确定畜禽舍的样式、结构类型、各部尺寸、材料性能等。畜禽舍技术设计，包括结构设计及给排水、采暖、通风、电气等的设计，均需按建筑设计要求进行。设计合理的畜禽舍安全牢固和使用年限较长，舍内小气候状况良好。

1. 畜禽舍建筑设计原则　畜禽舍设计必须遵循以下原则：

（1）保证畜禽舍有良好的小气候环境，采光、通风良好，冬季温暖，夏季凉爽，并保持干燥。

（2）畜禽舍内卫生设备完善，饮水充足，生产管理用水及排出污水的设施齐全。

（3）畜禽舍各部结构设计合理，有足以维持正常生活和生产的畜禽所需面积。

（4）适合工厂化生产的需要，满足机械化、自动化所需条件，便于集约化经营管理。

（5）经济适用原则。畜禽舍设计及施工中必须贯彻因地制宜、就地取材的原则，以降低建筑造价。

（6）符合总体规划和建筑审美的需要。建筑设计要充分考虑与周围环境相协调，建筑物简洁、朴素、大方。

2. 畜禽舍建筑设计依据

（1）从事畜禽养殖生产的空间需求。我国各地区地域特征、经济条件存在差异，从事畜禽养殖生产各具特色，随着经济条件的好转，畜禽生产集约化程度越来越高，所以在畜禽舍的设计上，要有前瞻性，为操作方便养殖生产和提高劳动生产效率，人体及机械操作所需要的空间范围是畜禽舍建筑空间设计的重要依据。

（2）畜禽自身生活的空间需求。为了保证畜禽生活、生产和福利的需要，还必须考虑畜禽的体型尺寸和活动空间。

（3）畜禽舍面积标准和设备尺寸。

①畜禽舍面积标准与设备参数。

鸡舍面积标准：因鸡品种、体型以及饲养工艺存在差异的因素，目前我国鸡舍的建筑没有统一标准，养殖生产过程中，鸡舍设计可依据实际情况灵活进行（表 2-1-1）。

表 2-1-1　鸡舍面积标准及设备参数

项　目		参　数	
蛋鸡		轻型	重型
	地面平养建筑面积（m^2/只）	0.12～0.13	0.14～0.24
	笼养建筑面积（m^2/只）	0.02～0.07	0.03～0.09
	饲槽长度（mm/只）	75	100
	饮水槽长度（mm/只）	19	25
	产蛋箱（只/个）	4～5	4～5

（续）

项目		参数		
		0～4周龄	4～10周龄	10～20周龄
肉仔鸡及育成母鸡	开放舍建筑面积（m^2/只）	0.05	0.08	0.19
	密闭舍建筑面积（m^2/只）	0.05	0.07	0.12
	饲槽长度（mm/只）	25	50	100
	饮水槽长度（mm/只）	5	10	25

猪舍面积标准：猪舍的面积可以参照《中、小型集约化养猪场建设》（GB/T 17824.1—1999）进行设计（表2-1-2）。实际养殖生产过程中，猪舍面积因饲养工艺的不同存在差异，故应根据具体情况进行调整。

表2-1-2 各类猪群饲养密度指标

猪群类别	每栏饲养头数（头）	每头占猪栏面积（m^2）
种公猪	1	5.5～7.5
空怀、妊娠母猪	1	1.32～1.5
群饲	4～5	2.0～2.5
后备母猪	5～6	1.0～1.5
哺乳母猪	1	3.7～4.2
断乳仔猪	8～12	0.3～0.5
生长猪	8～10	0.5～0.7
育肥猪	8～10	0.7～1.0
配种栏	1	5.5～7.5

牛舍面积标准：牛的饲养分为散栏饲养和拴系饲养，散栏饲养时，成年奶牛占地面积5～6m^2/头。拴系饲养和散栏饲养时牛床尺寸如表2-1-3所示。拴系饲养时，产房的长度为3.0m，宽度为2.0m，坡度为1%～1.5%。肉牛用饲槽采食宽度设计参数：限制采食时，成年母牛600～760mm，育肥牛56～71mm，犊牛46～56mm；自由采食时，粗饲料槽15～20mm，精饲料槽10～15mm。自动饮水器50～75头/个。

表2-1-3 牛床尺寸参数

牛的类别	拴系饲养			牛的类别	散栏饲养		
	长度（m）	宽度（m）	坡度（%）		长度（m）	宽度（m）	坡度（%）
种公牛	2.2	1.5	1.0～1.5	大型牛	2.1～2.2	1.22～1.27	1.0～4.0
成年奶牛	1.7～1.9	1.1～1.3	1.0～1.5	中型牛	2.0～2.1	1.12～1.22	1.0～4.0
临产牛	2.2	1.5	1.0～1.5	小型牛	1.8～2.0	1.02～1.12	1.0～4.0
青年牛	1.6～1.8	1.0～1.1	1.0～1.5	青年牛	1.8～2.0	1.0～1.15	1.0～4.0
育成牛	1.5～1.6	0.8	1.0～1.5	8～18月龄	1.6～1.8	0.9～1.0	1.0～3.0
犊　牛	1.2～1.5	0.5	1.0～1.5	5～7月龄	0.75	1.5	1.0～2.0
				1.5～4月龄	0.65	1.4	1.0～2.0

②采食和饮水宽度标准。因畜禽品种、体型、年龄以及采食和饮水设备不同，采食宽度和饮水宽度存在差异（表2-1-4）。

表 2-1-4　各类畜禽的采食宽度（cm/头或 cm/只）

畜禽种类	采食宽度	畜禽种类	采食宽度	畜禽种类	采食宽度
牛：		猪：		蛋鸡：	
拴系饲养		30～50kg	22～27	11～20 周龄	7.5～10
3～6 月龄犊牛	30～50	50～100kg	27～35	20 周龄以上	12～14
青年牛	60～100	自动饲槽自由采食群养	10	肉鸡：	
泌乳牛	110～125	成年母猪	35～40	0～3 周龄	3
散放饲养		成年公猪	35～45	3～8 周龄	8
成年乳牛	50～60	蛋鸡：		8～16 周龄	12
猪：		0～4 周龄	2.5	17～22 周龄	15
20～30kg	18～22	5～10 周龄	5		

③通道设置标准。畜禽舍沿长轴纵向布置畜栏时，纵向管理通道宽度可参考表 2-1-5。较长的双列或多列式畜禽舍，每隔 30～40m，沿跨度方向设横向通道，宽度一般为 1.5m，马舍、牛舍为 1.8～2.0m。

表 2-1-5　畜禽舍纵向通道宽度（cm）

畜禽舍种类	通道用途	使用工具及操作特点	宽度
牛舍	饲喂	用手工或推车饲喂精、粗饲料	120～140
	清粪及管理	手推车清粪，放奶桶，放洗乳房的水桶等	140～180
猪舍	饲喂	手推车喂料	100～120
	清粪及管理	清粪（仔猪舍窄、成年猪舍宽）、接产等	100～150
鸡舍	饲喂、捡蛋、清粪、管理	用特制手推车送料、捡蛋时，可采用 1 个通用车盘	笼养 80～90 平养 100～120

④畜禽舍及内部设施高度标准。

畜禽舍高度：畜禽舍的高度是指舍内地平面到屋顶的距离。畜禽舍高度除取决于自然采光和通风设计外，还应考虑当地气候和防寒与防暑要求以及畜禽舍的跨度。寒冷地区畜禽舍高度一般以 2.2～2.7m 为宜，跨度 9.0m 以上时可适当加高；炎热地区为利于通风，畜禽舍高度不宜过低，一般以 2.7～3.3m 为宜。

门、窗高度：门的设计应根据畜禽舍的种类和门的用途等决定其尺寸。窗的设计由畜禽舍的采光与通风设计要求决定其形状、大小、高矮等。

舍内外高差和坡度：畜禽舍室内外地面一般应有 30cm 左右的高差，防止雨水倒灌。场地低洼时应提高到 45～60cm。门前不设台阶，设 10%以下的坡道，方便畜禽或人员进出，舍内地面应有 0.5%～1.0%的坡度。

畜禽舍内部设施高度：饲槽、水槽、饮水器安置高度及畜禽舍隔栏（墙）高度，因畜禽种类、品种、年龄不同而异。鸡饲槽、水槽的设置高度一般应使槽上缘与鸡背同高；猪、牛的饲槽和水槽底可与地面同高或稍高于地面；猪用饮水器距地面的高度，仔猪为 10～15cm，育成猪 25～35cm，育肥猪 30～40cm，成年母猪 45～55cm，成年公猪 50～60cm。如将饮水器装成与水平呈 45°～60°，则距地面高度 10～15cm，即可供各种年龄的猪使用。平养成年鸡舍隔栏高度不应低于 2.5m，用铁丝网或竹竿制作；猪栏高度一般为：哺乳仔猪 0.4～0.5m，育成猪 0.6～0.8m，育肥猪 0.8～1.0m，空怀母猪 1.0～1.1m，妊娠后期及哺乳母猪0.8～1.0m，成年公猪1.3m；成年母牛隔栏高度为1.3～1.5m。

四、各地区畜禽舍建筑设计特点及要求

我国幅员辽阔，不同地域气候差异明显，各地区畜禽舍建筑要结合当地的气候特点进行调整。炎热地区需要通风、遮阳、隔热、降温；寒冷地区需要保温防寒；沿海地区台风强大，多雨潮湿；高原地区日照强烈，气候干燥，所以需要通过建筑设计改善畜禽饲养环境。

1. 南方地区 主要包括华东、华南、中南和西南地区。该区炎热潮湿，畜禽舍的平面、剖面和门窗构造要有利于组织夏季的自然通风。必要时采用机械通风，屋顶应注意隔热设计，西墙也应有隔热措施并少开门窗，以防直接辐射热的作用。如受条件限制不能避免西向时，应采取垂直绿化和遮阳措施，或加厚墙身、筑空心墙，避免太阳辐射侵入舍内而导致舍内过热。

南方地区空气湿润，雨水较多，屋顶需进行防水处理，瓦顶坡度一般不小于25%，并设置防水卷材。本区雨季长、降水量较大，屋顶的排水应满足要求。外墙要能防雨水渗透，外门设雨篷挡雨，墙基需有防潮层，舍内地面需高出舍外地面40cm以上。由于地下水位较高，不宜考虑地下建筑，地下管道也应有较严密的防水措施。

在沿海大风地区，应注意减少建筑物的受风面积，畜禽舍或其他建筑物的短轴与大风垂直，长轴与大风方向平行。对门、窗、天窗或易受风吹折损的舍外部件，在构造上应予以加固。开放式或半开放式畜禽舍或其他生产辅助用房，尤其应注意强大气流的直接冲击或由于强大气流引起吸力的作用，防止舍顶被风掀去。由于本区多雨多雷，畜禽舍还应有防雷设施。

2. 北方地区 主要包括东北、华北、西北地区，该区冬季漫长寒冷，畜禽舍必须考虑防寒和保温问题，在保证舍内空气状况良好的前提下，应适当降低舍内高度。南外墙可采用空心墙、填充墙等保温的墙体结构或用蓄热性能较好的材料和保温砂浆砌筑，以提高保温性能。北外墙直接迎受冬季盛行风的墙面，建议少开门窗，若要开设门窗，可选用双层窗，窗缝必须封闭严密，门需要有防风保温设施，如设门斗或采用双道门，迎受冬季盛行风的墙面一定不能开设为畜禽出入的大门。

该区冻土深度在1m以上，在基础设计上需加注意，一般需增加基础埋深，或采取其他基础防冻措施。外墙、内墙、南墙、北墙附近的土壤冻深各有不同，墙基埋深可结合具体情况分别对待。该区冰冻时期较长，一般冬季不要进行畜禽舍施工，必须施工时，要着重考虑低温条件下的各种技术措施，并注意建筑基地和运输道路上的冰冻和翻浆情况。该区西部春季多风沙，为防止沙尘入舍，外窗窗扇四周加密封条。该区宁夏、甘肃、河南、山东等省份的部分地区多碱土，对畜禽舍墙基有腐蚀作用，应采取措施防御。此外，西北地区渭河河谷及河南的西北部一般为大孔性黄土层，有湿陷性，需加以防范。该区冻土各地差异较大，其幅度为0.2～1.4m，需酌情分别采取措施。

3. 高原地区 主要包括西藏和青海省大部分、四川西北部及新疆南部高原地区。该区为高寒地区，建筑物的围护结构需满足保温要求。面向冬、春季盛行风的外墙，尽可能不开或少开门窗。畜禽舍高度宜稍低，向阳墙面宜开启面积较大的窗户，多争取冬季日照，调整舍内温度。该地区冰冻、降雪期较长，且积雪较深，屋顶构造需有排除积雪的设施，以防雪檐和冰柱产生。该区夏季气温较低，但太阳辐射强烈，舍内常较舍外阴凉，故向阳门窗宜设遮阳设施，在畜禽的日常管理上，也应注意遮阳。该地区大部分地区冬春季节风沙较多，在

门窗构造上应有防御设施，选址和进行建筑设计时应留意。此外，该区局部地区有碱土，注意克服泛碱现象。

技能训练

畜禽舍建筑类型认知

【实训目的】通过养殖场实例（现场参观或视频、图片），了解畜禽舍结构组成和功能，以及几种常见类型畜禽舍的小气候特点、适用范围，并掌握畜禽舍建筑设计总体要求。

【设备与材料】养殖场的视频、规划布局图、平面图、剖面图、立面图。

【方法与步骤】

（1）结合养殖场视频或图纸，指导老师讲解如何进行场址选择。

（2）指导老师讲解养殖场规划布局的基本要求。

（3）指导老师讲解养殖场建筑畜禽舍结构组成部分及功能。

（4）学生根据实习材料复述养殖场建筑畜禽舍结构组成部分、功能及设计要求。

【考核标准】考核标准见表2-1-6。

表2-1-6　畜禽舍建筑类型认识考核标准

序号	考核项目	考核内容	考核标准	参考分值
1	养殖场建筑结构认知	整体规划认知	养殖场功能区布局合理	20
2		功能区布局认知	每个功能区内的各房舍布局	20
3		生产流程认知	畜禽生产工艺流程	20
4	综合素质	实训表现	服从老师安排，实训态度与表现好	20
		答辩	口试	20

任务2　养殖场工艺设计

知识目标

1. 掌握养殖场生产工艺设计的基本原则。
2. 掌握养殖场（猪、牛、鸡）的生产工艺特点和流程。
3. 掌握养殖场生产工艺和工程工艺设计的内容和方法。
4. 掌握养殖场的生产工艺参数和环境参数。

能力目标

1. 能根据猪、牛、鸡的饲养阶段划分，合理确定相应的生产工艺流程。
2. 能根据养殖场的畜禽结构，合理确定畜禽舍栋数。
3. 能根据畜禽的种类、数量及生产需要，科学设计畜禽舍的基本尺寸。

一、养殖场生产工艺设计

（一）确定养殖场性质和规模

1. 养殖场性质 根据畜禽繁育体系，养殖场有原种场、祖代场、父母代场和商品场之分。不同性质的养殖场，畜群组成和周转方式不同，在饲养管理和环境条件的要求方面也有差异。原种场是指以选育优良畜禽品种为目标的养殖场，包括专门化品系的选育、专门化品系的配套杂交、新品种的选育等环节。祖代场是以纯种繁殖优良品种或品系，扩大优良品种或品系规模的养殖场。原种场、祖代场不但畜禽品种、年龄、性别结构复杂，而且建筑物多样化、配套化。父母代场的主要任务是饲养种畜禽，繁殖商品代仔畜、雏禽的养殖场，故又称为繁殖场，所提供的畜禽多为杂交后代。如果本场饲养自繁的商品畜禽，则多为“自繁自养商品场”，多见于猪场。商品场是以为市场生产畜禽产品为主要任务的养殖场，如肥猪饲养场、肉鸡场、蛋鸡场、肉牛场、奶牛场等。这类养殖场一般生产单一，场内畜禽结构不复杂、场内建筑物专业化，畜禽饲养密度大，管理水平要求高，劳动生产率高。

养殖生产过程中，许多祖代场、父母代场和商品场采用一业为主，兼营其他性质的生产活动。商品代猪场为了解决本场所需的种源，往往也饲养相当数量的父母代种猪。祖代鸡场在生产父母代种蛋、种鸡的同时，也可生产一些商品代蛋鸡或鸡蛋供应市场。奶牛场区分不明显，育种的同时可兼顾生产商品奶。

2. 养殖场规模 养殖场规模是指养殖场饲养畜禽的总量，一般用以存栏繁殖母畜禽头数或只数表示，也可以常年存栏畜禽总头数或只数表示。养殖场规模是进行养殖场设计的基本依据。只有确定了养殖场的养殖规模，才可以进行后续的场址选择，各功能区的布置，以及生产区各类型畜禽舍的数量的确定等。当然，养殖场的规模与经营者的经济投入关系密切，经济实力雄厚，规模可以偏大，经济实力薄弱，规模可以适当小些，以期规避经营风险。在实际养殖生产过程中，考虑到畜禽产品的市场需求、生产资金投入、养殖场粪污处理的难度，养殖场规模不宜过大，适度规模的养殖场风险小，效益可观。

根据养殖规模的大小，可将养殖场分为小型场、中型场和大型场。生产上，通常将年出栏商品猪头数小于 5 000 头，年饲养种母猪头数小于 300 头划分为小型猪场；将年出栏商品猪头数 5 000～10 000 头，年饲养种母猪头数 300～600 头划分为中型猪场；将年出栏商品猪头数大于 10 000 头，年饲养种母猪头数大于 600 头划分为大型猪场。奶牛场规模可以用存栏量表示，关于奶牛场规模大小划分目前我国没有明文规定，通常认为存栏数大于 200 头就为规模化养殖场。美国集约化畜禽养殖（CAFO）规定：存栏数 1～199 头为小型奶牛场，存栏数 200～699 头为中型奶牛场；存栏数 700 头以上为大型奶牛场。随着经济条件的提升，饲养规模的扩大，此划分标准可能会有所改变。鸡场规模大小的划分以年出栏数为标准，见表 2-2-1。

表 2-2-1 养鸡场种类及规模划分（万只）

类别			大型场	中型场	小型场
种鸡场	祖代鸡场		≥1.0	＜1.0，≥0.5	＜0.5
	父母代鸡场	蛋鸡场	≥3.0	＜3.0，≥1.0	＜1.0
		肉鸡场	≥5.0	＜5.0，≥1.0	＜1.0

（续）

类　　别	大型场	中型场	小型场
蛋鸡场	≥20.0	<20.0，≥5.0	<5.0
肉鸡场	≥100.0	<100.0，≥50.0	<50.0

养殖场饲养规模越大，占地面积就越多，必然与我国有限的土地资源产生矛盾，所以养殖场建设必须遵守十分珍惜和合理利用土地的原则，不得占用基本农田，尽量利用荒地和劣地建场。符合当地农牧业生产发展总体规划、土地利用发展规划和城乡建设发展规划的用地要求。应本着少占耕地或不占耕地的原则进行建设。猪场和鸡场养殖规模与占用土地面积的比例关系见表 2-2-2、表 2-2-3。

表 2-2-2　养猪场占地面积及建筑面积

建设规模（头/年产）		3 000	5 000	10 000	15 000	20 000	25 000	30 000
占地指标（亩*）		≤22	≤34	≤60	≤90	≤120	≤150	≤180
生产建筑（m^2）		≤3 300	≤5 300	≤10 000	≤14 000	≤18 000	≤22 000	≤26 000
辅助生产建筑（m^2）		≤600	≤700	≤1 100	≤1 450	≤1 450	≤1 600	≤1 700
管理生活建筑	办公（m^2）	≤220	≤280	≤420	≤640	≤760	≤800	≤1 000
	住宅（m^2）	≤270	≤280	≤700	1 050	1 225	1 453	1 725

表 2-2-3　养鸡场场地面积推荐值

类　　别			养鸡场规模（万只）	占地面积（hm^2）	总建筑面积（m^2）	生产建筑面积（m^2）
种鸡场	祖代鸡场		1.0	5.2	6 170	5 370
			0.5	4.5	3 480	3 020
	父母代鸡场	蛋鸡场	3.0	5.5	9 690	8 420
			1.0	2.0	3 340	2 930
			0.5	0.7	1 770	1 550
		肉鸡场	5.0	7.6	17 500	15 240
			1.0	2.0	3 530	3 100
			0.5	0.9	1 890	1 660
蛋鸡场			20.0	10.7	23 590	20 520
			10.0	6.4	10 410	9 050
			5.0	3.1	6 290	5 470
			1.0	0.8	1 340	1 160
肉鸡场			100.0	8.0	21 530	18 720
			50.0	4.2	10 750	9 340
			10.0	0.9	2 150	1 870

* 亩为非法定计量单位，15 亩=1hm^2。

（二）主要生产工艺流程设计

养殖场生产工艺流程的确定，应注意遵循以下重要原则：①符合畜禽养殖生产的技术要求；②满足养殖场卫生防疫的要求；③满足减少畜禽粪污排放和无害化处理的技术要求；④满足节约用水和能源的要求；⑤便于集约化经营，提高养殖生产效率。

1. 鸡场生产工艺流程设计 鸡场生产工艺流程设计的合理性，事关该场养殖生产效率的高低，必须引起足够的重视。生产实践证明，基于全进全出原则下的养殖生产工艺流程，生产效率高、经济效益好。鸡场的生产工艺流程通常是根据鸡的不同饲养阶段确定的，通常一个饲养周期分育雏期、育成期和成年鸡 3 个阶段。如 0～6 周龄为育雏期，7～20 周龄为育成期，21～76 周龄为产蛋期。不同时期鸡的生理状况不同，对养殖环境、养殖设备、饲养管理、技术水平等方面的要求不同。不同性质的鸡场，其工艺流程也有所不同（图 2-2-1）。因此，鸡场应分别建立不同类型的鸡舍，以满足鸡群生理、行为及生产等要求，最大限度地发挥鸡群的生产潜力。

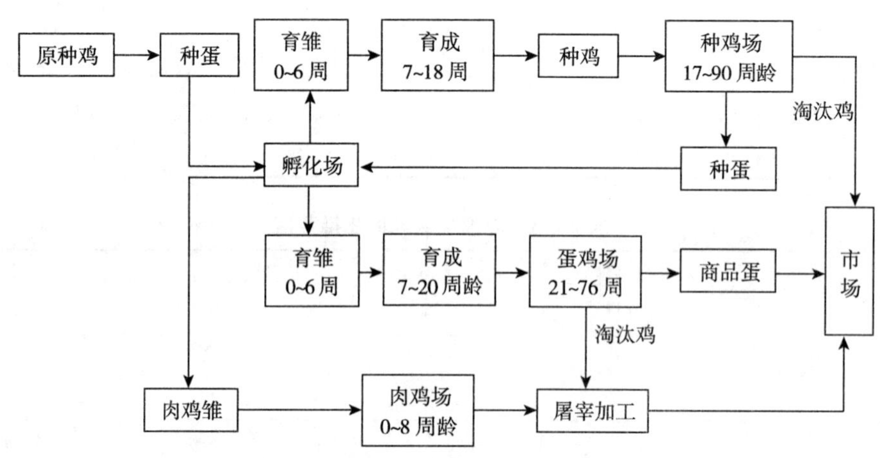

图 2-2-1 鸡场生产工艺流程

2. 猪场生产工艺设计 不同猪场饲养规模、管理水平不同，加之不同的猪群具有不同的生理要求，为提高劳动效率，便于生产和管理，现代化养猪生产一般采用分段式饲养、全进全出的生产工艺，工艺流程主要有二段式、三段式、四段式、五段式等。例如，猪场的五段式饲养工艺流程设计为空怀及妊娠期→哺乳期→仔猪保育期→育成期→肥育期。确定生产工艺后，确定生产节拍。生产节拍是指相邻两群哺乳母猪转群的间隔天数。合理的生产节拍是全进全出工艺的前提，是有计划地利用猪舍和合理组织劳动生产管理，均衡生产商品肉猪的基础。根据猪场规模，结合养殖生产经验，通常年产 5 万～10 万头商品肉猪的大型猪场多实行 1d 或 2d 制，即每 1d 或 2d 有一批母猪配种、产仔、断乳，仔猪保育和肉猪出栏；年产 1 万～3 万头商品肉猪的猪场多实行 7d 制生产节拍便于生产管理。一般情况下，根据猪的繁殖过程，其生产工艺流程为种猪配种→妊娠→分娩哺乳→保育→育成→育肥→上市（图 2-2-2）。当然，饲养阶段的划分是可变的，例如，可将妊娠母猪群细分为妊娠前期和后期，加强饲养管理，提高母猪的分娩率。总而言之，必须根据猪场的性质和规模灵活划分饲养工艺流程中的饲养阶段，以提高养殖生产水平。

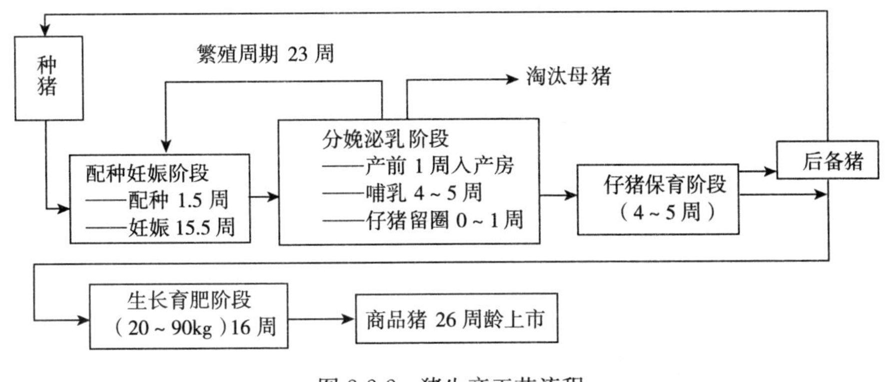

图 2-2-2 猪生产工艺流程

3. 奶牛生产工艺流程设计 奶牛生产工艺流程中，将奶牛划分为犊牛期（0～6 月龄）、青年牛期（7～15 月龄）、育成牛期（16 月龄至第 1 胎产犊前）及成年牛期（第 1 胎至淘汰）。成年牛期又可根据繁殖阶段进一步划分为妊娠期、泌乳期、干乳期。其牛群结构包括犊牛、生长牛、后备牛、成年母牛。

奶牛生产常采用如下工艺流程：成年母牛配种妊娠，经过 10 个月的妊娠期分娩产下犊牛，哺乳 3 个月→断乳，饲养至 6 月龄→青年牛群，饲养至 16 月龄，体重达 350～400kg 时第 1 次配种，确认受孕→育成牛群，妊娠 10 个月（临产前 1 周进入产房）→第一次分娩、泌乳，产后恢复 7～10d→成年牛群，泌乳 10 个月（泌乳 2 个月后，第 2 次配种），妊娠至 8 个月→干乳牛群，干乳期 2 个月→第 2 次分娩、泌乳直至淘汰。奶牛生产工艺流程见图 2-2-3。

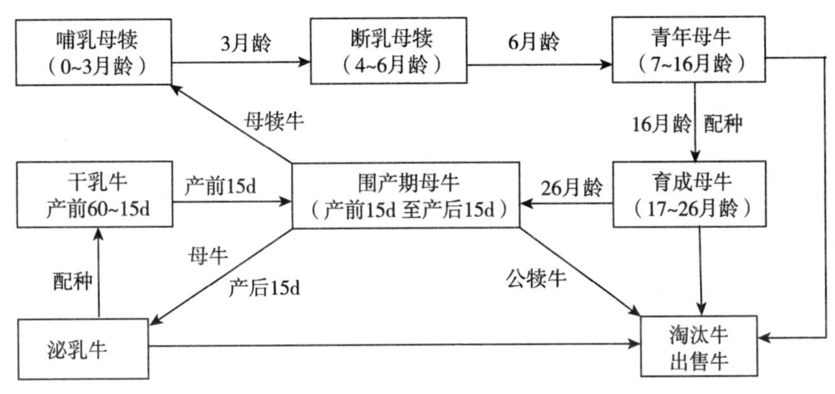

图 2-2-3 奶牛生产工艺流程

4. 羊场生产工艺流程设计 羊场的羊群结构主要包括羔羊、育成羊、种公羊、种母羊和羯羊。羔羊是出生至断乳前的幼龄羊，年龄一般为 0～4 月龄；育成羊是断乳后到第 1 次配种前的公、母羊，年龄一般为 0.5～1.5 岁。种公羊是供配种用的公绵羊和公山羊，年龄为 1.5～2.5 岁，种公羊单独组群，舍饲为主；种母羊是体重已达成年母羊 70%左右而参加配种的母羊，绵羊年龄为 1.5 岁，山羊 10～12 月龄。生产上，种母羊的饲养包括空怀期、妊娠期和哺乳期 3 个阶段；不做种用的公羔去势（阉割），称为羯羊，羯羊性温顺，易管理，生长速度快，省饲料，产毛产肉较经济。羊场生产工艺流程见图 2-2-4。

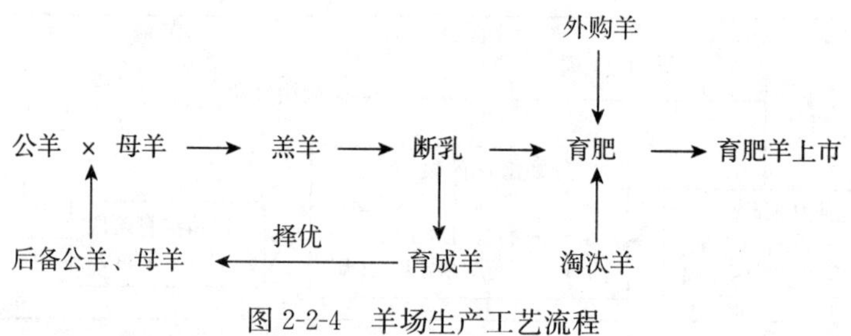

图 2-2-4　羊场生产工艺流程

（三）确定生产工艺技术参数

养殖场生产工艺参数是养殖场投产后的生产指标和定额管理标准。参数是否准确、科学合理，对畜禽舍设计及养殖生产流程影响巨大，必须谨慎确定。养殖场工艺参数包括畜群分类方式、主要生产性能指标、畜禽饲养周期、死亡淘汰率以及劳动定额等。例如，养鸡场主要生产工艺参数是鸡场的种类、鸡的品种、鸡群结构、主要生产性能指标（受精率，孵化率，年产蛋量，各饲养阶段死淘率，耗料量等）及饲养环境管理条件等；商品猪场则主要考虑猪群结构、繁殖周期、生产指标（情期受胎率，年产窝数，窝产活仔数，初生重）和劳动定额等；牛场则根据牛群的划分、饲养日数、利用年限、生产性能指标及饲料定额等加以确定。万头猪场生产工艺参数见表 2-2-4。

表 2-2-4　万头猪场生产工艺参数

项　目	参　数	项　目	参　数
妊娠期（d）	114	每头母猪年产活仔数（头）	
哺乳期（d）	35	出生时	19.8
保育期（d）	28～35	35 日龄	17.8
断乳至受胎时间（d）	7～14	36～70 日龄	16.9
繁殖周期（d）	159～163	71～180 日龄	16.5
母猪年产胎次（胎）	2.24	每头母猪年产肉量（活重）（kg）	1 575.5
母猪窝产仔数（头）	10	每头平均日增重（g）	
窝产活仔数（头）	9	出生至 35 日龄	156
成活率（%）		36～70 日龄	386
哺乳仔猪	90	71～180 日龄	645
断乳仔猪	95	公母猪年更新率（%）	33
生长育肥猪	98	母猪情期受胎率（%）	85
初生至 180 日龄体重（kg/头）		公母比例（本交）	1∶25
初生重	1.2	圈舍消毒空圈时间（d）	7
35 日龄	6.5	繁殖节律（d）	7
70 日龄	20	周配种次数	1.2～1.4
180 日龄	90	母猪临产前进产房时间（d）	7
		母猪配种后原圈观察时间（d）	21

(四)确定各种环境参数

养殖场环境参数主要包括温度、湿度、光照时间、光照度、风速、有害气体质量浓度、微粒、微生物的含量等。养殖场工艺设计中，必须明确各种环境参数及其标准。养殖场(畜禽舍)详细的环境参数要求参见本书其他项目。

(五)确定畜禽群结构及周转方式

在明确养殖场生产性质、规模、生产工艺以及相应的各种参数基础上，可确定各类畜禽群及其占栏天数，将畜禽群划分成若干阶段，然后对每个阶段的存栏数量进行计算，确定畜禽群结构组成。然后根据畜禽组成以及各类畜禽之间的功能关系，可制订出相应的生产计划和周转流程。

1. 猪群结构及其周转 规模化猪场一般以繁殖母猪为核心组群。并按照所确定的饲养工艺中猪的不同饲养阶段确定各类猪群，猪群结构组成见表 2-2-5。规模化猪场的生产节拍大多为 7d，各段饲养期也就形成了若干周数。生产中一般把各饲养群分为若干组，猪多以组为单位由一个饲养阶段转入下一个饲养阶段。当生产节拍为 7d 时，各阶段周转猪组的数目应是这个饲养阶段的饲养周数。每个饲养群各周转猪组数日龄正好相差 1 周。各饲养阶段猪组数保持不变。

表 2-2-5 不同规模猪场猪群结构(按周为节拍组织生产)

猪群种类	存栏头数					
生产母猪	100	200	300	400	500	600
空怀配种母猪	25	50	75	100	125	150
妊娠母猪	51	102	153	204	255	306
哺乳母猪	24	48	72	96	120	144
后备母猪	10	20	26	39	46	52
公猪(含后备公猪)	5	10	15	20	25	30
哺乳仔猪	200	400	600	800	1 000	1 200
保育仔猪	216	438	654	876	1 092	1 308
生长肥育	495	990	1 500	2 010	2 505	3 015
总存栏	1 012	2 058	3 095	4 145	5 168	6 205
全年上市商品猪	1 612	3 432	5 148	6 916	8 632	10 348

2. 鸡群结构及其周转 蛋鸡采用育雏(0~6 或 7 周龄)、育成(7 或 8 周龄至 19 或 20 周龄)、产蛋(20 或 21 周龄至 72 或 76 周龄)三阶段饲养，实行全进全出制的转群制度，每批鸡转出或淘汰后，对鸡舍和设备进行彻底清洗和消毒，空舍一段时间再进新鸡，可防止疾病的交叉感染。各类型鸡舍、配套设施配备合理，以满足全场鸡群周转的需要。蛋鸡场根据成年鸡群规模确定成年鸡舍栋数及饲养密度，再根据成年鸡饲养天数和空舍天数确定占舍天数；根据全进全出、整舍转群的原则及育成期与育雏期的死淘率(分别为 2%和 5%)，确定每栋育成舍与育雏舍的装鸡容量；根据育雏期和育成期的占舍天数与成年鸡占舍天数的比例关系，确定与成年鸡舍的栋数比例。

3. 牛群结构及其周转 合理的牛群结构及其周转计划是完成牛场生产任务的前提，虽然各奶牛场由于生产水平和管理水平有差异，不同牛群结构也不完全相同，但各牛群间都存在一定比例，它是牛场规划、建设和饲养管理的一个基本参数。通常，具一定规模的奶牛场，各类牛群占牛群总数的比例为：成年奶牛 58%～65%，青年牛 16%～18%，育成牛 6%～7%，犊牛 8%～9%。牛群的周转按编制完成的生产周转计划进行，分别按犊牛、青年牛、育成牛和成年奶牛依次周转。

（六）确定管理定额及养殖场人员组成

管理定额是养殖场实施岗位责任制和定额管理的依据，是养殖场及畜禽舍设计的参数。管理定额的确定主要取决于养殖场性质和规模，不同畜禽群的要求，饲养管理方式，生产过程的集约化及机械化程度，生产人员的技术水平和工人工作的熟练程度等。在畜禽舍设计时应按一栋畜禽舍容纳畜禽的头（只）数，恰好为工人劳动定额倍数，以便于分工和管理，提高劳动效率。

猪场、鸡场、牛场的管理定额见表 2-2-6 至表 2-2-8。

表 2-2-6　猪场的劳动定额

工种	劳动定额（头/人）	工作条件	工作内容
空怀及后备母猪	100～150	群养，地面撒喂湿拌料，缝隙地板人工清粪至猪舍墙外	饲养管理、协助配种，观察妊娠情况
公猪	15～20	群养，地面撒喂湿拌料，缝隙地板人工清粪至猪舍墙外	饲养管理、使猪运动、试情、配种
妊娠母猪	200～300	群养，地面撒喂湿拌料，缝隙地板人工清粪至猪舍墙外	饲养管理、使猪运动、试情、配种
哺乳母猪	25～30	网床饲养，人工饲喂及清粪至猪舍墙外	母仔猪饲养管理、接产、仔猪护理
培育仔猪	400～500	网床饲养，人工饲喂及清粪至猪舍墙外，自动饲槽自由采食	饲养管理、仔猪护理
育肥猪	600～800	自动饲槽自由采食，人工清粪至猪舍墙外	饲养管理

表 2-2-7　养鸡场劳动定额

工种	劳动定额（只/人）	工作条件	工作内容
雏鸡	10 000～12 000	机械化笼养或网养	饲养管理，清粪
	5 000～6 000	半机械化笼养或网养	饲养管理，清粪
	2 500	手工笼养	饲养管理，清粪
	2 000～3 000	半机械化地面平养	饲养管理，清粪
	1 500	手工地面平养	饲养管理，清粪
育成鸡	20 000～30 000	机械化笼养或网养	饲养管理，清粪
	10 000	半机械化笼养或网养	饲养管理，清粪
	5 000	手工笼养	饲养管理，清粪
	4 000～6 000	半机械化地面平养	饲养管理，清粪
	3 000	手工地面平养	饲养管理，清粪

（续）

工种	劳动定额（只/人）	工作条件	工作内容
产蛋鸡或种鸡	5 000～6 000	机械化笼养或网养	饲养管理，收蛋
	2 500～3 000	半机械化笼养或网养	饲养管理，收蛋
	1 200～1 500	手工笼养或网养	饲养管理，收蛋
	1 200～1 500	半机械化地面平养	饲养管理，收蛋
	800～1 000	手工地面平养	饲养管理，收蛋

表 2-2-8　牛场劳动定额参考值

工种	劳动定额（头/人）	工作条件	工作内容
泌乳牛	12～24	机械挤奶兼饲养	饲养管理，挤奶
	8～15	人工挤奶兼饲养	饲养管理，挤奶
种公牛	4～6	—	饲养管理
育成牛	30～50	—	饲养管理
育肥牛	20～30	—	饲养管理
犊　牛	40～55	—	饲养管理

（七）畜禽生产工艺模式选择

1. 现代养猪生产工艺模式

（1）集约化饲养。现代猪场采用完全圈养饲养工艺。绝大部分母猪专业场和自繁自养猪场，配种、妊娠期的母猪及分娩期母猪一般都采用单体栏饲养。其主要优点是栏位利用率高，占地面积小。缺点是建设投资大，运行费用高；母猪只能起卧，不能运动，导致体质下降、繁殖障碍增多、肉质降低；漏缝地板易造成猪蹄和乳头损伤。现代母猪产床一般设有仔猪保温设备，哺乳母猪的活动面积约 $2m^2$。

（2）舍饲散养。也称诺廷根暖床养猪工艺，该生产工艺中，舍内猪群有较大的自由活动面积。猪在“暖床”中不受干扰，按群体位次自行排列床位自由躺卧，可获得较为安全且安静的睡眠环境。该养猪新工艺是集猪的生理、生态、行为、习性于一体的全生态型的养猪工程工艺，符合猪的生物学特征以及其生活所需环境要求。其特点是建设成本小，母猪能够自由活动，有利于母猪繁殖机能的改善。

2. 现代养鸡生产工艺模式　肉鸡场通常采用全进全出生产工艺，根据生产情况可以地面饲养，也可网上饲养或笼养。机械自动喂料、自动饮水器供水，全出后空舍消毒，再进新鸡。蛋鸡和种鸡生产通常采用二段或三段生产工艺模式，实行地面饲养或半网上饲养及不同形式的笼养。多数蛋鸡场采用三段饲养，全程笼养，机械或人工喂料，自动饮水器给水，人工或机械集蛋，定期消毒。雏鸡饲养可采用笼养育雏、地面平养育雏和网上平养育雏 3 种方式，饲养方式的选择根据场地情况而定。

3. 现代牛生产工艺模式

（1）拴系式饲养。拴系式饲养是传统的奶牛饲养方式，其特点是用颈枷将奶牛固定在牛舍内，每头奶牛都有固定的牛床，床前设食槽和饮水设备；奶牛采食、休息、挤奶都在牛床上进行，舍外设置运动场。优点是奶牛间相互干扰较小，便于精细化生产管理。缺点是拴系饲养必须辅以手工劳动，机械可操作性差，喂料、挤奶、清粪等日常管理工作需要人工完成，劳动强度大，劳动生产率低；奶牛的休息区与采食区不分，容易造成牛床污染，影响舍内环境；高产奶牛易发生干物质进食不足，从而导致产后失重，恢复期延长。

（2）散放式饲养。散放式饲养，奶牛舍与运动场相连，奶牛自由进出牛舍和运动场。舍内不设固定的卧栏和颈枷，通常牛舍内铺有较多的垫草，平时不清粪，只添加些新垫草，定时用铲车机械清粪。运动场上设有饲槽和饮水槽，奶牛可自由采食和饮水。舍外设有专门的挤奶厅，奶牛定时分批到挤奶厅集中挤奶。采用这种方式，牛奶清洁卫生，质量较高，而且挤奶设备的利用率也较高。散放式饲养的缺点是不便于精细化管理，牛不易吃到均匀的饲料，影响产乳量。

（3）散栏式饲养。散栏式饲养结合拴系式和散放式饲养的优点，此方式已被广泛推广使用。散栏式饲养将奶牛的采食区域和休息区域完全分离，并设立专门的挤奶厅。每头奶牛都有足够的采食位和单独的卧栏，奶牛可在舍内集中的饲槽中采食饲料，饲槽旁有自动饮水器，能自由去运动场采食干草，并按时到挤奶厅进行集中挤奶，采食精饲料。由于考虑了机械送料、清粪，又强调了牛的自由行动，故可以节省劳动力，提高生产力。

二、养殖场工程工艺设计

畜牧工程技术是保证现代畜禽生产正常进行的重要手段。良好的工程配套技术，对充分发挥优良品种的遗传潜力、提高饲料的利用率极为重要；而且可以充分发挥工程防疫的综合防治效果，大大减少疫病的发生率。因此，在进行工程工艺设计时，需根据生产工艺提出的饲养规模、饲养方式、饲养管理定额、环境参数等，对相关的工程设施和设备加以仔细推敲，以确保工程技术的可行性和合理性。在此基础上，来确定各种畜禽舍的种类和数量，选择畜禽舍建筑形式、建设标准和配套设备，确定单体建筑平面图、剖面图的基本尺寸和畜禽舍环境控制工程技术方案。

（一）确定畜禽舍种类、数量和基本尺寸

畜禽舍种类和数量根据生产工艺流程中畜群组成、占栏天数、饲养方式、饲养密度和劳动定额计算确定，并综合考虑场地、设备规格等情况。对畜群的划分方法，因生产工艺而异。

1. 确定畜禽群所需圈栏、笼具数量 圈栏或笼具的需要量，应根据各畜禽群的占栏头（只）数和每栏容纳头（只）数来确定。占栏头（只）数就是指在饲养期和消毒空圈时间内（一般按7d计）圈栏所能容纳畜禽的头（只）数。可按存栏头（只）数的公式计算，根据已确定的工艺，可计算出生产流程中各种畜禽群的存栏数，即确定畜禽群结构。

2. 确定畜禽舍的数量 各类畜禽舍数量的确定，应综合考虑各畜禽群圈栏（笼具）数量、劳动定额及各畜禽舍长度等几方面因素，做到既有利于提高畜禽舍设备利用率和工人劳动生产率，又能在外观上整齐。需在设计时反复斟酌，综合考虑。

3. 畜禽舍平面尺寸的确定 畜禽舍的平面尺寸设计是根据生产设备工艺设计参数，圈栏排列布置方式，喂料通道、粪尿沟、食槽等设备与设施尺寸，来确定畜禽舍跨度和长度。同时兼顾考虑光照、通风透气、建筑结构等方面的要求。以自然采光和自然通风为主的畜禽舍，跨度不宜大于10m，否则通风和采光效果均不好；采用人工照明和机械通风，畜禽舍跨度可以适当加大。确定畜禽舍的长度时，要综合考虑场地的地形地势、场区道路布置和排水

管沟设置、场区绿化等，长度过大时，需考虑纵向通风效果、清粪和排水难度以及建筑物下沉和变形等因素。

（二）设备选型与配套

养殖场设备主要包括畜床笼具、围栏设备、饮水设备、清粪设备、照明设备、通风设备、温热环境自动控制设备等，畜禽舍设备是畜牧工程设计中十分重要的内容，需根据研究确定的定型养殖工程工艺要求，尽可能地做到工程配套。选择设备时要注重如下要求：①设备选型符合畜禽生理特点和生长需要，满足其对环境的要求；②根据畜禽舍的形式特点，合理设置通风、加热、降温、照明等环境调控方式；③根据生产工艺选择与本场饲养、喂料、饮水、清粪等饲养管理方式对应的设备；④根据设备相关参数和设备的性价比，合理选择设备。

（三）畜禽舍建筑类型与形式选择

畜禽舍建筑类型由当地的气候条件、畜禽种类、经济状况及建筑习惯等确定。传统的砖混结构畜禽舍逐步被复合聚苯乙烯泡沫板组装式畜禽舍所代替。此外还衍生出开放型畜禽舍、大棚式畜禽舍、拱板结构畜禽舍等。与传统的畜禽舍相比，这些建筑具有低造价、节能效果显著、基建费用低、建设速度快等优点，对推动现代畜禽生产起到了很好的作用。

（四）工程防疫设施规划

畜禽养殖生产必须落实“预防为主、治疗为辅、防治结合”的方针，严格执行《动物防疫法》。工艺设计时，制定出严格的卫生防疫制度。必须从养殖场场址选择、场区规划、建筑物布局、生产工艺、环境管理、粪污处理利用等方面全面加强卫生防疫。完善卫生防疫工作必备的设施、设备，并制定相应的管理制度，保证实施到位。与卫生防疫有关的设施与设备配置，如车辆消毒池、消毒室、更衣室，隔离舍、兽医室、装卸台等应尽可能科学设置，正常运行。

（五）畜禽舍环境控制技术方案制定

畜禽舍环境控制工程技术方案必须遵循经济、安全、适用的原则，尽可能利用工程技术来满足生产工艺所提出的环境要求，包括场区环境参数和畜禽舍环境影响因子，采光、气流、温度、湿度、有害气体等，积极创造适宜畜禽生长发育的环境条件。畜禽舍环境调控技术主要包括采光方式与光照度的确定，通风形式和通风量大小的确定，保温与隔热材料的选择等。

（六）粪污处理与资源化利用技术选择

畜禽养殖粪污处理遵循减量化、无害化和资源化的原则，以循环经济为理念，以节能减排为途径，重构畜禽养殖与粪污综合利用模式。促使畜禽养殖业由传统养殖方式向生态养殖方式转变，促进生态农业发展。养殖场粪污处理技术选择主要考虑以下几方面：①粪污处理要达到排放标准，以防二次污染；②注重粪污能源化利用，如沼气工程等；③充分考虑经济实用性，包括处理设施的占地面积、运行成本等；④注重生物技术与生态工程原理的应用。

（七）工程设计应遵循的原则

1. 合理利用土地 我国可用耕地资源有限，必须遵守十分珍惜和合理利用土地的原则，不得占用基本农田，尽量利用荒地和山坡地建场。

2. 注重节约能源 现代畜禽生产离不开电力能源，科学合理的设计可大幅度节约电能。集约化养殖场利用自然通风、自然采光的用电量与不利用自然通风、自然采光的相差数十倍。养殖场工程工艺设计中确立节能观点是十分必要的。

3. 注重动物福利 畜禽养殖从生产工艺到设施设备，都应充分考虑动物的生物学特性和行为需要，将动物福利落到实处。

4. 利于清洁生产 畜禽规模化生产必然带来大量的粪便、污水和其他畜产废弃物，从而造成环境污染。因此，在总体规划时，生活区、生产区、污染区必须分开，建场伊始就要处理好环境保护问题，在设计、施工、生产中需要有效的处理和利用方案及相关的配套措施，对粪便废弃物进行无害化处理，使之变废为宝。

5. 满足工作环境需求 工程设计最大限度满足工作人员对工作环境和机器设备要求，从而最大限度发挥其生产力水平，使养殖企业能够获得更好的经济效益。

技能训练

现代养猪场工艺流程设计

【实训目的】 掌握现代猪场工艺流程设计方法。

【设备与材料】 万头商品猪场工艺参照数据（表 2-2-9），万头猪场猪群结构（表 2-2-10），不同规模猪场猪群结构（表 2-2-11），万头猪场各饲养群猪栏配置数量（表 2-2-12）。

表 2-2-9 几种常用养猪工艺流程的转群次数及其特点

	二段式	三段式	四段式	五段式
工艺流程	空怀妊娠、哺乳期→生长育肥期	空怀及妊娠期→哺乳期→生长育肥期	空怀及妊娠期→哺乳期→仔猪保育期→生长育肥期	空怀及妊娠期→哺乳期→仔猪保育期→育成期→育肥期
猪舍类型	育肥、母猪	分娩、育肥、妊娠	分娩、保育育肥、妊娠	分娩、保育、育成、育肥、妊娠
转群次数	无	1 次	2 次	3 次
猪舍及设备利用率	半年 1 周期	一般	高	最高
猪舍及设备合理性	不合理	一般	较合理	合理
操作管理等方面	简单	一般	一般	复杂

表 2-2-10 万头猪场猪群结构

猪群种类	饲养期（周）	组数（组）	每组头数（头）	存栏数（头）	备 注
空怀配种母猪群	5	5	30	150	配种后观察 21d
妊娠母猪群	12	12	24	288	—
泌乳母猪群	6	6	23	138	—
哺乳仔猪群	5	5	230	1 150	按出生头数计算
保育仔猪群	5	5	207	1 035	按转入头数计算
生长育肥猪群	13	13	197	2 561	按转入头数计算
后备母猪群	8	8	8	64	8 个月配种

（续）

猪群种类	饲养期（周）	组数（组）	每组头数（头）	存栏数（头）	备　注
公猪群	52	—	—	23	不转群
后备公猪群	12	—	—	8	9个月配种
总存栏数	—	—	—	5 417	最大存栏头数

表 2-2-11　不同规模猪场猪群结构（参考）

猪群种类	存栏数量（头）					
生产母猪	100	200	300	400	500	600
空怀配种母猪	25	50	75	100	125	150
妊娠母猪	51	102	156	204	252	321
泌乳母猪	24	48	72	96	126	144
后备母猪	10	20	26	39	46	52
公猪（含后备公猪）	5	10	15	20	25	30
哺乳仔猪	200	400	600	800	1 000	1 200
保育仔猪	180	360	540	720	900	1 080
生长育肥猪	445	889	1 334	1 778	2 223	2 668
总存栏	940	1 879	2 818	3 757	4 697	5 645
全年上市商品猪	1 696	3 391	5 086	6 782	8 477	10 173

表 2-2-12　万头猪场各饲养群猪栏配置（参考）

猪群种类	猪群组数（组）	每组头数（头）	每栏饲养量（头）	猪栏组数（组）	每组栏位数（栏）	各栏位数（栏）
空怀配种母猪群	5	30	4～5	6	7	42
妊娠母猪群	12	24	2～5	13	6	78
哺乳母猪群	6	23	1	7	24	168
保育仔猪群	5	207	8～12	6	20	120
生长育肥群	16	196	8～12	17	20	340
公猪群（含后备）	—	—	1	—	—	28
后备母猪群	8	8	4～6	9	2	18

【方法与步骤】

1. 确定生产规模　根据生产需要，确定生产规模。

2. 猪群结构设计　根据目前工厂化养猪能达到的生产指标，计算猪场需要的公猪、后备猪数量，及在一个生产节律内分娩母猪的数量，断乳仔猪数量，转入育成舍的数量，转入肥育猪舍数量及出栏肥育猪数量。例：

（1）五阶段养猪生产工艺流程。空怀配种期→妊娠期→泌乳期→仔猪保育期→生长肥育期。

(2) 生产节律。一般猪场采用7d制生产节律。

(3) 确定工艺参数。为了准确计算猪群结构即各类猪群的存栏数、猪舍及各猪舍所需栏位数、饲料用量和产品数量，必须根据养猪的品种、生产力水平、技术水平、经营管理水平和环境设施等，实事求是地确定生产工艺参数。

①繁殖周期。

繁殖周期=母猪妊娠期（114d）+仔猪哺乳期+母猪断乳至受胎时间

一般采用21～35d断乳；母猪断乳至受胎时间包括两部分：一是断乳至发情时间7～10d；二是配种至受胎时间，取决于情期受胎率和分娩率的高低。假定分娩率为100%，将返情的母猪多养的时间平均分配给每头猪，其时间是21×（1－情期受胎率）d。所以，繁殖周期=114+35+10+21×（1－情期受胎率）。当情期受胎率为70%、75%、80%、85%、90%、95%、100%时，繁殖周期为165d、164d、163d、162d、161d、160d、159d。情期受胎率每增加5%，繁殖周期减少1d。

②母猪年产窝数。

$$母猪年产窝数=\frac{365\times 分娩率}{繁殖周期}=\frac{365\times 分娩率}{114+哺乳期+10+21\times(1-情期受胎率)}$$

3. 猪群结构 根据猪场规模、生产工艺流程和生产条件，将生产过程划分为若干阶段，不同阶段组成不同类型的猪群，计算出每类猪群的存栏量就形成了猪群结构。

以年产万头商品肉猪的猪场为例，介绍一种简便的猪群结构计算方法。

(1) 年产总窝数。

年产总窝数=计划年出栏头数/（窝产仔数×哺乳仔猪成活率×保育成活率×育肥成活率）

=10 000/（10×0.9×0.95×0.95）=1 193（窝/年）

(2) 每个节拍转群头数。以7d为一个节拍。

①产仔窝数=1 193/52=23（头），一年52周，即每周分娩泌乳母猪数为23头。

②妊娠母猪数=23/0.95=24（头），分娩率95%。

③配种母猪数=24/0.80=30（头），情期受胎率80%。

④哺乳仔猪数=23×10×0.9=207（头），成活率90%。保育仔猪数=207×0.95=197（头），成活率95%。生长肥育猪数=197×0.98=193（头），成活率98%。

(3) 各类猪群组数。生产以7d为节拍，即猪群组数等于饲养的周数。

(4) 猪群结构。

各猪群存栏数=每组猪群头数×猪群组数

生产母猪的头数为576头，公猪、后备猪群结构的计算方法为：

公猪数=576/25=23（头），公母比例1∶25。

后备公猪数=23/3=8（头）。若半年一更新，实际养4头即可。

后备母猪数=576/3/52/0.5=8（头/周），选种率50%。

4. 猪栏配备

各饲养群猪栏分组数=猪群组数+消毒空舍时间（d）/生产节拍（7d）

$$每组栏位数=\frac{每组猪群头数}{每栏饲养量}+机动栏位数$$

各饲养群猪栏总数=每组栏位数×猪栏组数

【**考核标准**】考核标准见表 2-2-13。

表 2-2-13 现代养猪场工艺流程设计考核标准

序号	考核项目	考核内容	考核标准	参考分值
1	过程考核	协作意识	有合作精神，积极与小组成员配合，共同完成任务	10
2		生产工艺参数	猪场生产工艺参数计算过程详细、准确	20
3		猪群结构	猪群结构分析合理，存栏量计算正确	20
4		猪栏配备	猪栏总数计算正确	20
5	结果考核	工作记录和总结报告	能完成全部工作任务，工作记录详细、条理清晰，总结报告结果正确，上交及时	30

任务 3 鸡舍建筑设计

知识目标

1. 掌握鸡舍平面图、立面图、剖面图的设计步骤和方法。
2. 掌握孵化场主要建筑物设计方法。
3. 掌握不同类型鸡舍平面布置的形式，平面尺寸的确定方法。
4. 掌握平养鸡舍和笼养鸡舍剖面尺寸的方法。

能力目标

1. 能根据饲养数量、笼具类型、笼具排列、通道尺寸合理进行鸡舍的平面设计。
2. 能够根据通风、采光、保温、清粪、笼具高度等因素进行鸡舍的剖面设计。
3. 能够进行鸡舍的立面设计。

一、鸡舍平面设计

1. 确定鸡舍跨度 鸡舍跨度与生产工艺密切相关，生产工艺设计时，应根据饲养密度和饲养定额确定饲养区面积，依据选择的喂料设备、承载的鸡只数量及设备布置要求确定饲养区宽度和长度。平养鸡舍跨度为饲养区宽度与走道宽度之和。种鸡平养饲养区宽度一般在10m左右，走道宽度一般取 0.6～1.0m。笼养鸡舍跨度为鸡笼架宽度和走道宽度之和。种鸡或蛋鸡养殖中，不同规格的笼架，技术参数不同，应该通过查阅工艺设计中拟选用的设备的详细技术资料来了解其技术参数。

鸡舍的跨度对采光通风影响明显，开敞式鸡舍采用横向通风，跨度在 6m 左右通风效果较好，不宜超过 9m；而从防疫和通风效果看，目前密闭式鸡舍均应采用纵向通风技术，对鸡舍跨度要求并不严格，但应考虑应急状态下应急窗的横向通风，故鸡舍跨度也不能一味扩大。生产中，3 层全阶梯蛋鸡笼架的横向宽度在 2.1～2.2m，走道净距一般不小于 0.6m，若鸡舍跨度 9m，一般可布置三列四走道；跨度 12m 则可布置四列五走道；跨度 15m 时则可布置五列六走道。

2. 确定鸡舍长度 鸡舍长度确定主要考虑以下几个方面：饲养量，跨度，选用的饲喂设备和清粪设备的布置要求及其使用效率，场区的地形条件与总体布置等。大型机械化生产鸡舍较长，过短机械效率较低，房舍利用也不经济，一般为 66m、90m、120m；中小型普通鸡舍为 36m、48m、54m。笼养鸡舍长度，根据所选择笼具容纳鸡的数量，结合笼具尺寸，再适当考虑设备、工作空间等来确定。平养鸡舍长度与饲养量有关，理论上，饲养量越大，长度越长。其实际长度主要由饲养区宽度、走道宽度、工作管理间宽度、墙的厚度等决定。

3. 鸡舍平面布置

（1）笼养鸡舍。笼养鸡舍布置分为无走道式和有走道式两种。无走道式一般用于平置笼养鸡舍，把鸡笼分布在同一个平面上，2 个鸡笼相对布置成 1 组，合用 1 条食槽、水槽和集蛋带。这种布置方式比其他形式节省了走道面积和一些水槽、食槽，但增加了行车等机械，对机械和电力依赖较大。有走道式布置时，鸡笼悬挂在支撑屋架的立柱上，并布置在同一平面上，笼间设走道作为机具给料、人工拣蛋之用。二列三走道仅布置 2 列鸡笼架，靠两侧纵墙和中间共设 3 条走道，适用于阶梯式、叠层式和混合式笼养，虽然走道面积增大，但使用和管理方便，鸡群直接受外界影响较少，有利于鸡群生长发育。三列二走道一般在中间布置 2 列阶梯全笼架，靠墙两侧纵墙布置阶梯式半笼架，由于半笼架几乎紧靠纵墙，因此外侧鸡群受外界条件影响较大，也不利于通风。三列四走道布置 3 列鸡笼架，设 4 条走道，是较为常用的布置方式，建筑跨度适中。此外，还有四列五走道等形式。

（2）平养鸡舍。根据走道与饲养区的布置形式，平养鸡舍分无走道平养和走道平养。走道平养又分为单走道平养和双走道平养。

无走道平养鸡舍，用活动隔网分成若干小区，以便于控制鸡群的活动范围，提高平面利用率。鸡舍一端设置工作间，用于休息更衣、饲料贮藏，放置喂料器传动机构、输送装置及控制台等。饲养区的另一端设出粪和鸡只转运大门。主要缺点是鸡群管理时需要进入饲养区，操作不便，不利于防疫。

单走道单列式平养鸡舍多将走道设在北侧，饲养员不进入鸡栏，在走道集蛋，管理操作方便，有利于防疫。缺点是利用率低，建筑跨度小，适用于种鸡饲养。单走道双列式平养鸡舍的跨度通常较单列式大。平面布置时，将走道设在两列饲养区之间，走道为两列饲养区共用，利用率较高，比较经济。

双走道平养在鸡舍南北两侧各设一走道，配置一套饲喂设备和一套清粪设备即可。走道面积增大，可以根据需要开窗，窗户与饲养区有走道隔开，有利于防寒和防暑。双走道四列式平养鸡舍，适用于大跨度鸡舍，走道利用充分，有效面积利用率高。

二、鸡舍剖面设计

鸡舍剖面设计，包括剖面尺寸大小、形式，窗洞、通风口的形式与设置等，主要解决垂直方向空间处理。

1. 屋顶形式 根据区域气候特征、生产工艺等因素，选择单坡、双坡或其他屋顶形式。

2. 尺寸确定 进行鸡舍剖面设计时，应首先确定鸡舍高度，即从鸡舍舍内地面到屋顶承重结构下表面的距离。一般剖面的高跨比取 1∶（4～5），炎热地区及采用自然通风的鸡舍跨度要求大些，寒冷地区和采用机械通风系统的鸡舍要求小些。

（1）平养鸡舍。平养鸡舍的高度以不影响饲养管理人员的通行和操作为基础，同时考虑通风方式和保温等要求。通常，开敞式平养鸡舍高度取 2.4～2.8m，密闭式平养鸡舍取 1.9～2.4m。对于网上平养鸡舍，网上部分的高度同地面平养，网下部分的高度取决于风机洞口高度和积粪高度。为了使鸡粪表面蒸发的水汽和鸡粪分解产生的有害气体迅速排除，网下高度应为 0.7～0.8m。因此，网上平养鸡舍的高度取值为开敞式鸡舍 3.1～3.6m，密闭式鸡舍 2.6～3.2m。

（2）笼养鸡舍。笼养鸡舍剖面尺寸与设备高度、清粪方式以及环境要求等有关。采用多层笼养可增加到 3m 左右。高床式鸡舍，其高度比一般鸡舍要高出 1.5～2m。通常鸡舍中部的高度不应低于 4.5m。3 层阶梯鸡笼，采用链式喂料器，若人工拣蛋，则可选用低架笼，笼架高度 1.6m；若为机械集蛋，则选用高架笼，笼架高度 1.8m。低床机械牵引式清粪仓深 0.2～0.35m，自走式清粪仓深 0.5～0.7m。高床一般在一个饲养周期结束后清粪 1 次，考虑清除时操作方便，粪仓深度取 1.6～1.8m，较低床增加 1m 左右。采用高床饲养的鸡舍总高度需在 5m 左右。无吊顶时，上层笼顶距屋顶结构下表面不小于 0.4m；有吊顶时则距吊顶不小于 0.8m。低床、中床、半高床剖面尺寸见图 2-3-1 至图 2-3-3。

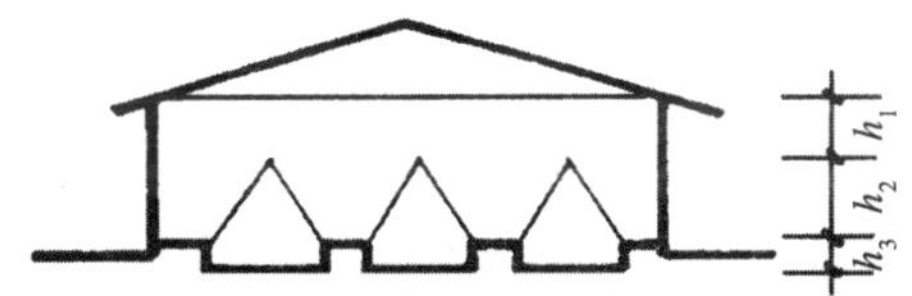

图 2-3-1　低床剖面尺寸

h_1. 笼顶至天棚高度　h_2. 鸡笼架高度　h_3. 粪沟底至地面高度

无吊顶 $h_1 \geqslant 0.4$m，有吊顶 $h_1 \geqslant 0.8$m，

牵引式 $h_3 = 0.2 \sim 0.35$m，自走式 $h_3 = 0.5 \sim 0.7$m

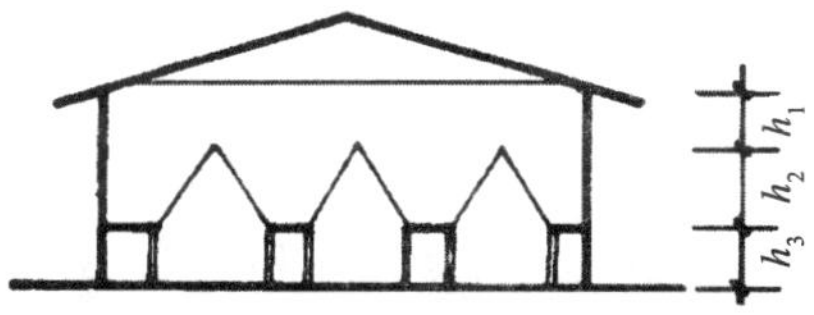

图 2-3-2　中床剖面尺寸

h_1. 笼顶至天棚高度　h_2. 鸡笼架高度

h_3. 粪沟底至地面高度　$h_3 = 1.2$m

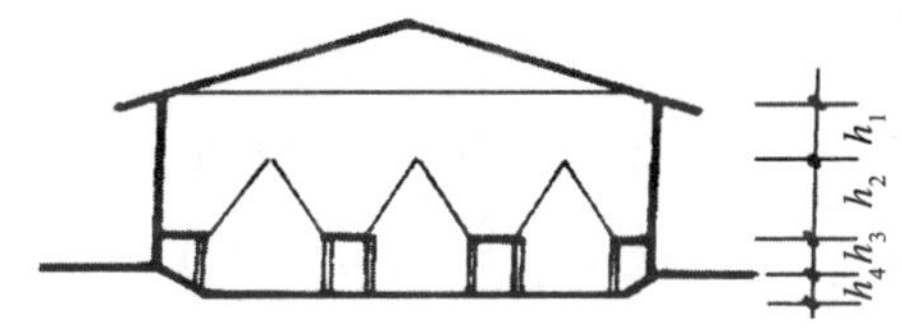

图 2-3-3　半高床坑式剖面尺寸

h_1. 笼顶至天棚高度　h_2. 鸡笼架高度　h_3. 粪沟底至地面高度

h_4. 粪沟底至舍外地面高度

$h_1 + h_2 = 1.2 \sim 1.6$m

3. 窗洞设置　开放式和有窗式鸡舍的窗洞口设置以满足舍内光线均匀为原则。开放舍中设置的采光带，以上下布置 2 条为宜；有窗舍的窗洞开口应每开间设立式窗，或采用上下层卧式窗，这样可获得较好的光照效果。

4. 通风口设置　鸡舍通风洞口设置应使自然气流通过鸡的饲养层面，以利于降低夏季舍温和鸡体感温度。平养鸡舍的进风口下标高应与网面相平或略高于网面，笼养鸡舍为0.3～0.5m，上标高最好高出笼架。

三、鸡舍立面设计

鸡舍的立面设计在平面和剖面的基础上进行。主要是展现鸡舍的正面、背面、侧面的外貌，以及其构配件的高和外墙的表面装饰。包括鸡舍屋顶形式，总高度及门窗、通风孔、台阶、坡道的位置形状、材料、尺寸大小等。在此基础上，鸡舍设计还要考虑朴素简洁、美观大方的整体外观形象。

四、孵化场主要建筑物设计

1. 孵化厅设计 孵化厅设计首先应根据孵化生产工艺流程确定孵化设备型号和数量，结合孵化厅设计的总体思路进行设计。孵化厅设计思路是在考虑种蛋的安全输送基础上考虑各主要功能室：孵化室、出雏室、鉴别室和存放室等。孵化厅的宽度由孵化机型号和排列方式决定，一般情况下孵化室的宽度为：孵化机后壁离墙壁的距离×2＋孵化机宽度×2＋工作通道（约 3m）＋墙壁的厚度×2（图 2-3-4）。孵化厅的长度根据孵化机数量及型号来确定。孵化室的高度应较高，一般为 3.4～3.8m，孵化机上部要有 1.2～1.5m 的空间。

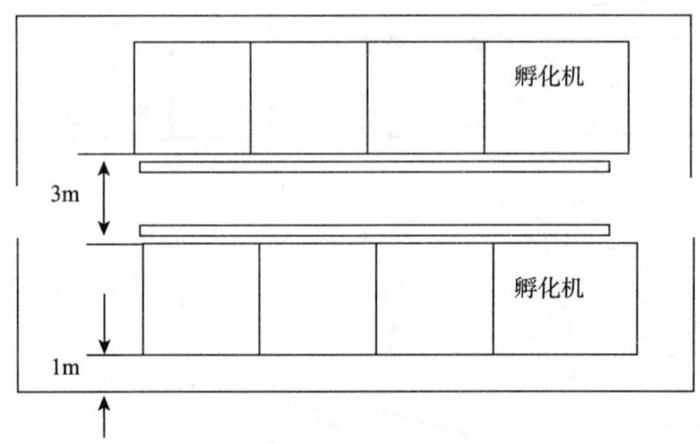

图 2-3-4 孵化室平面布局

2. 出雏室设计 为确保满足生产需要，出雏室尺寸由单次的最大出雏量来确定。相同容量前提下，通常 4～5 台孵化机配套 1 台出雏机。此外，出雏室要留有一定的人工作业面积，方便工作。出雏室可分隔成多个小间，解决一个出雏间边出雏边冲洗，难以保持出雏间的干燥的问题。也可增强消毒效果，以防因落盘时湿度大，温度不能很快达到定值而影响出雏。

3. 鉴别室设计 鉴别室前端与出雏室相邻，后端与存放室相通，以便及时鉴别初生雏性别，然后经免疫及时存放于存放室。鉴别室的设计总体要求：①面积充足。根据鉴别任务的大小而定，每个鉴别员占地面积不少于 $12m^2$。②地面、墙壁要便于清洗。水泥地面平坦无积水，墙壁便于清扫冲洗，用水泥抹平并刷上油漆或防水涂料。③窗户要符合保温、遮光的要求。可在离地 1.7m 以上建若干高 90～100cm 的条形窗，窗户可用黑红布遮光。④通风效果要好。尽管初生雏鸡绒毛短，御寒能力差，需要较高的环境温度，但其密度大时，并且工作人员集中于鉴别室，易造成空气污浊。因此，务必要装换气扇甚至风机，以便及时排出污浊空气及余热。

4. 存放室设计　存放室位于鉴别室后端，是雏鸡暂放待运处，除了要符合鉴别室的基本要求外，还要建高约 1m 的授物窗，并有一暂放的平台，窗前要有宽敞的水泥路面，方便运雏车接运。存放室对外不设门，以减少与外界的接触，与鉴别室相通的门在鉴别后上锁。另设投物孔，废物经此孔抛入室外的废物井中。每 1 000 只雏鸡存放所需要的面积应为 1.12～1.86m^2。

5. 洗涤室设计　洗涤室用于清洗出雏盘等孵化过程中所用器具，洗涤面积不宜过大，以减小污染面，洗涤室可设明沟，直接将污水排出墙外窨井，汇入污水处理池进行无害化处理。洗涤室内应建浸泡池，对较难冲洗的出雏盘等浸泡后再行冲洗。

技能训练

鸡舍建筑设计与分析

【实训目的】

(1) 掌握鸡场内各种建筑物的规划设计。

(2) 完成设计图纸的汇总与完善。

(3) 了解各类鸡舍的功能及建设要求。

(4) 初步掌握各类鸡舍建筑单体平面示意图的设计和绘制技能。

【设备与材料】

1. 实训工具　卷尺、绘图纸、2B 铅笔、三角板、电脑、绘图软件（有条件时可以进行电脑制图）。

2. 实训材料　某规模化鸡场，可作为实训材料。

【方法与步骤】

(1) 教师讲解鸡舍建筑要求。

(2) 教师带领学生进行现场识别。

(3) 教师对鸡场各类鸡舍进行全面介绍，师生互动讨论鸡舍设计的优缺点。

(4) 教师对鸡场各类鸡舍建筑进行引导性点评。

(5) 学生分组到各个养殖车间实地调查测量。

(6) 各学生小组对调查结果进行总结。

【考核标准】考核标准见表 2-3-1。

表 2-3-1　鸡舍建筑设计分析考核标准

序号	考核项目	考核标准	参考分值
1	鸡舍建筑设计的实施准备	准备充分，细致周到	10
2	鸡舍建筑设计的计划实施步骤	实施步骤合理，有利于提高评价质量	10
3	实施前测量工具的准备	鉴定所需工具准备齐全，不影响实施进度	10

（续）

序号	考核项目	考核标准	参考分值
4	鸡场建筑设计的可行性	设计合理，具有实施可行性	15
5	上课出勤状况、合作精神、课堂纪律	听课认真，遵守纪律，不迟到不早退	15
6	实施过程中的工作态度	在工作过程中乐于参与	10
7	实施计划时的创新意识	确定实施方案时不随波逐流，有合理的独到见解	10
8	安全意识	无安全事故发生	10
9	卫生防疫意识	选址符合兽医卫生和环境卫生的要求	10

任务 4　牛舍建筑设计

知识目标

1. 掌握牛舍平面图、立面图、剖面图的设计步骤和方法。
2. 掌握牛舍跨度、长度的确定方法。
3. 掌握不同用途牛舍的平面设计方法及异同点。

能力目标

1. 能根据饲养规模、牛床尺寸、牛床排列、通道尺寸、合理进行牛舍的平面设计。
2. 能够根据通风、采光、保温、清粪、高度等因素进行牛舍的剖面设计。
3. 能够进行牛舍的立面设计。

一、牛舍平面设计

（一）确定牛舍跨度

牛舍跨度主要由牛床的长度、牛床排列方式、饲槽的宽度、通道尺寸及其数量、清粪方式与粪沟尺寸、建筑类型及其构件尺寸等决定。

1. 牛床长度　牛床尺寸由牛的体型以及选择的生产工艺所决定。青年牛的体型较成年牛小，因而牛床尺寸相对小些。适宜的牛床长度可确保粪便不排到牛床上造成污染，以及牛起卧时与牛床后沿有足够的距离。拴系饲养条件下，成年母牛床长 1.8～2.0m，种公牛床长 2.0～2.2m，育肥牛床长 1.9～2.1m，6 月龄以上育成牛床长 1.7～1.8m。散栏饲养方式下，牛床主要由隔栏、床面和铺垫物组成。通常荷斯坦牛静卧时，需要牛床长度约为 2 140mm，为确保牛冲起时所占用的空间，一般设置的前冲空间幅度为260～560mm。

2. 饲喂设备尺寸　①饲槽尺寸：饲槽上沿宽度为 70～80 cm，底部宽度为 60～70 cm。前沿高约 45 cm，后沿高约 30 cm。饲槽建在牛床前面，长度和牛床的宽度相同。②料道宽度：人工送料，通道宽 1.2m 左右，机械送料，宽为 2.8m 左右。料道高出牛床床面 10～20cm 以便于送料。

3. 清粪通道与粪尿沟宽度　①清粪通道：清粪通道根据清粪工艺的不同进行设计，一般为宽 1.5～2.0m。清粪通道同时为奶牛进出的通道和挤奶员操作的通道。清粪通道的宽度要能够满足清粪工具的往返，通道路面要有大于 1%的横向坡度（坡向粪沟）。②粪沟尺寸：粪尿沟位于牛床和通道之间。人工清粪时，明沟宽度一般为 35cm，深度为 5～8cm。沟底应有 1%～3%的纵向排水坡度。

生产上，如果采用散栏式饲养，牛舍跨度可根据卧床布置采用 12m、16m、27m 和 30m，或者更宽。

（二）确定牛舍长度

牛舍长度主要由牛床的宽度、横向通道宽度、场地地形等来综合决定。值班室、饲料间等附属房间一般设在牛舍一端。

1. 牛床的宽度　奶牛的腹宽约为 75cm，牛床宽度除了考虑体型外，还要考虑生产工艺的要求。如拴系饲养中，一般在牛舍内挤奶，牛床太窄会使挤奶操作不便，常采用 1.2～1.3m 宽的牛床。舍饲散养，常采用集中挤奶方式，牛床宽度可适当缩小，在保证牛能顺利躺卧的前提下，宽度以不能让牛在床上转身、只能从后面退出为宜，一般取 1.1～1.2m。

2. 横向走道宽度　为方便工作，较长的双列式或多列式牛舍，每隔 30～40m，设横向通道，宽度为 1.8～2.0m。为避免奶牛运动距离过长，要考虑每组卧床间的通道、饮水空间等，综合考虑确定牛舍长度。以人工管理饲喂为主的小型奶牛场，牛舍长度以 60～80m 为宜；大型奶牛场采用机械饲喂，牛舍长度根据需要延长。

牛舍长度、跨度和高度的尺寸，与奶牛饲养管理方式、群体大小、环境控制方式和牛场当地的气候条件有关。要根据各种设施尺寸和实际情况进行调整。

（三）几种主要牛舍平面设计

1. 犊牛舍平面设计　从出生到 6 月龄的牛为犊牛。3 月龄以内的犊牛采用单栏饲养，也可在犊牛岛内饲养。3 月龄断乳后，将犊牛转入群饲栏中饲养。设计犊牛舍时要考虑犊牛对环境的特殊要求。犊牛单栏一般放在舍内，犊牛栏尺寸见表 2-4-1。设计时，单栏可以根据具体的要求进行适当的移动，方便清扫和消毒。犊牛岛是专门用来饲养犊牛的一种单栏，可以将 3 月龄以内的犊牛放在犊牛岛内饲养，每个犊牛岛内只饲养 1 头犊牛。岛内部铺设厚垫草，外面设置运动场。表 2-4-2 是犊牛岛的相关尺寸。

表 2-4-1　犊牛栏尺寸

项　　目	60 日龄以下	60 日龄以上
建议面积（m^2）	1.7	2.0
犊牛栏最小面积（m^2）	1.2	1.4
犊牛栏最小长度（m）	1.2	1.4
犊牛栏最小宽度（m）	1.0	1.0
犊牛栏最小侧面高度（m）	1.0	1.10

表 2-4-2 犊牛岛及其运动场相关尺寸

犊牛岛			运动场		
体重（kg）	60 以下	60 以上	体重（kg）	60 以下	60 以上
建议面积（m^2）	1.70	2.00	最小面积（m^2）	1.20	1.20
最小面积（m^2）	1.20	1.40	最小长度（m）	1.20	1.20
最小长度（m）	1.20	1.40	最小宽度（m）	1.00	1.00
最小宽度（m）	1.00	1.00			
地面到顶棚的最小高度（m）	1.10	1.25			

4～6 月龄的犊牛采用小群饲养方式，也可通栏饲养。采用通栏饲养时，舍内、舍外都要设计适当的运动场。犊牛通栏为单排栏、双排栏等，最好采用 3 条通道，把饲料通道和清粪通道分开。中间饲料通道宽以 90～120cm 为宜。清粪通道兼供犊牛出入运动场，宽度以 140～150cm 为宜。靠近清粪通道设 1 条粪沟，宽为 30cm。群栏大小按每群饲养量决定。每群 2～3 头，3.0m^2/头，；每群 4～5 头，1.8～2.5m^2/头。围栏高度 1.2m。犊牛自由采食、活动和休息。

2. 泌乳牛舍平面设计 泌乳牛群是奶牛场牛群的主体，占到整群的 50%左右。泌乳牛舍设计的合理与否，直接关系到泌乳牛群的产乳量。根据牛床排列形式，泌乳牛舍可分为单列式、双列式和多列式。

（1）单列式牛舍。单列式适用于饲养数量为 25 头牛左右的小型牛舍。牛舍内纵向排列 1 排牛床（图 2-4-1），单列式牛舍内，每头牛占的建筑面积相对较大，通常比双列式多占 8%左右。此种牛舍的跨度较小，造价低，通风好，散热快，但散热面积也大，宜做成开敞式建筑。如饲养头数过多时，需延长牛舍，给运料、挤奶、清粪等操作带来不便。

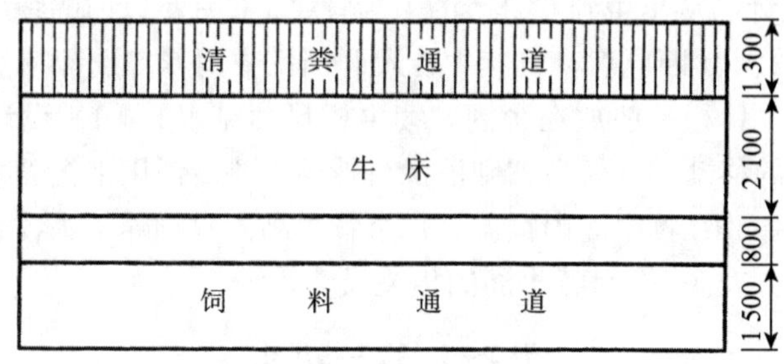

图 2-4-1 单列式牛舍平面布置（mm）

（2）双列式牛舍。双列式为我国成年奶牛舍主要形式。其在牛舍内设置有 2 排牛床，分为对头式（2-4-2-a）和对尾式（图 2-4-2-b）两种。以一栋牛舍容纳 100 头左右奶牛为标准建设，分成左右 2 个单元，建筑跨度 12m 左右，能满足自然通风的要求。对尾式牛舍较为常见，牛舍中间为清粪通道，两边各有 1 条饲料通道。其优点是挤奶、清粪都可集中在牛舍中间，合用 1 条通道，占地面积较小，操作比较方便；2 列奶牛的头部都对着墙，对防止牛呼吸道疾病的传染有利。缺点是饲料运输线路较长，也不便于实现饲喂的机械化。对头式牛舍中间为饲料通道，两边各有1条清粪通道。其优点是便于奶牛出入；饲料运送线路较短，也便于实现饲喂的机械化，同时也易于观察奶牛进食情况。其缺点是奶牛的尾部对墙，其粪便容易污染墙面，打扫卫生不便利。

（3）多列式牛舍。多列式牛舍适用于大型牛舍。建筑跨度较大，墙面面积相应减少，比较经济，寒冷地区多列式有利于保温，但由于牛舍跨度较大，通风效果差。此外，散栏饲养时，一般不设运动场，奶牛在舍内运动。为保证牛充分休息，因此牛舍要求相对较大的跨度，在进行设计时，设置喂饲通道，将休息区与采食区相对分开，既能增加牛在舍内的运动量，又能减少相互干扰。

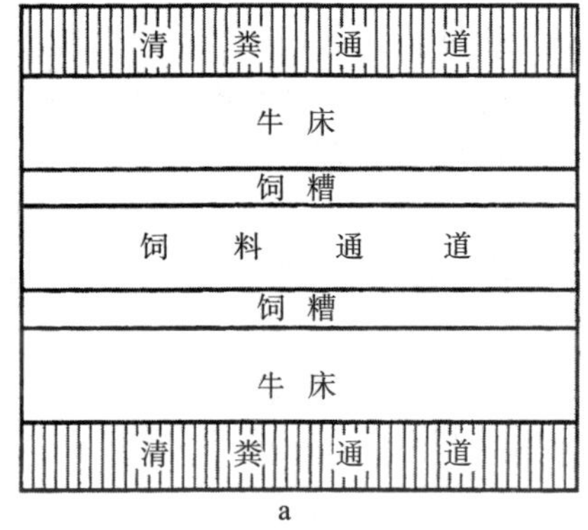

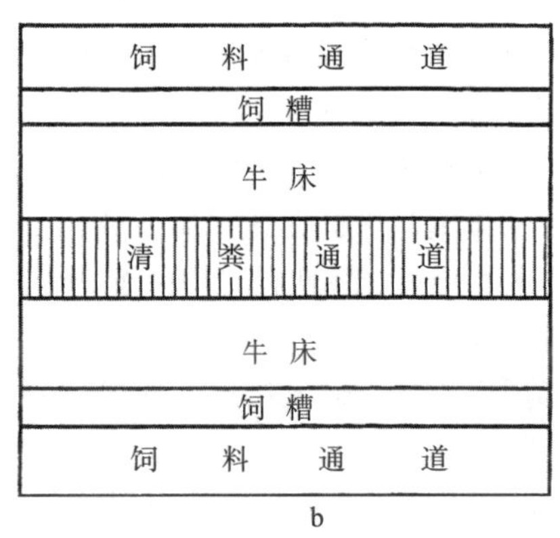

图2-4-2　双列式牛舍平面布置

a. 双列对头式牛舍　b. 双列对尾式牛舍

3. 分娩舍平面设计　分娩舍是奶牛产犊的专用牛舍，是饲养围产期牛的用房。由于围产期的牛抵抗力较弱，要求冬暖夏凉，舍内便于清洁和消毒，有条件时尽量铺设垫草。产房内的牛床数一般可按成母牛数的10%～13%设置，采用双列对尾式，牛床长2.2～2.4m，宽度为1.4～1.5m，以便于接产操作。待产母牛通栏饲养，每头牛占地面积约8m^2，每个产栏不超过30头；分娩奶牛可以在产栏中设置10m^{2}的单栏，最小尺寸要求：长3m、宽3m、高1.3m。产栏地面要防滑，防止牛摔倒，引起外伤。设计分娩舍时，可在产栏的一侧设计一个颈枷，以便固定难产母牛进行助产。产房内设专门的兽医室，以便加强初生犊牛护理，对受伤母牛及时进行治疗。

4. 青年牛与育成牛舍　7～12月龄的牛为青年牛，可通栏进行饲养。根据牛场生产情况，育成牛可单栏，亦可群栏饲养。青年牛与育成牛舍的设计，除了卧栏的尺寸外，其他均同于泌乳牛。青年牛与育成牛身体尚未完全发育成熟，牛床上没有挤奶操作过程，牛床可小于成年奶牛床，青年牛舍和育成牛舍可比成年奶牛舍稍小，通常采用单列或双列对头式饲养。每头牛占4～5m^2，牛床、饲槽和粪沟大小比成年牛稍小。饲槽、水槽尽可能设在运动场，每头牛饮水槽宽度60～70cm，运动场的面积标准约9m^2/头。

二、牛舍剖面设计

牛舍的墙体和窗台高度，采光，通风，室内外地面高差以及牛舍内部设施与设备高度等均可在牛舍的剖面设计图上表示出来，以便施工建设。

1. 墙体和门窗设计 结合牛场当地气候状况，选用墙体材料，设计墙厚。一般温暖地区砖墙的厚度24cm，寒冷地区砖墙厚度前墙37cm，后墙50cm。根据牛舍采光要求，有窗式牛舍采光系数（窗户的有效采光面积和舍内地面面积之比）为1∶（10～12）。奶牛体格较大，窗台的高度一般设为1.2～1.5m。窗户一般采用塑钢推拉窗或平开窗，也可以用卷帘窗，窗子尺寸要根据舍内面积和牛舍开间决定。饲喂通道的门和清粪通道的门的宽度和高度的设计要根据其采用的工艺及其设备决定。采用小型机械饲喂和清粪，门的尺寸为2.4m×2.4m。采用全混合日粮（TMR）撒料车饲喂，饲喂通道的门宽一般设计为3.6～4m，门高根据设备高度确定。通往运动场和挤奶通道的门宽可根据牛群大小、预计牛群通过时间确定，一般2.4～6m；如果只考虑牛通过，门的高度1.6m即可。

2. 舍高及内外地坪设计 砖混结构双坡式奶牛舍通常脊高4.0～4.5m，前后檐高3.0～3.5m。据当地气候状况和牛舍的跨度适当抬高或降低。通常舍内地坪高于舍外地坪20～30cm，防止舍外雨水进入舍内。门口设计防滑坡道，坡度一般为1.5%～2%。

3. 内部设施与设备设计 牛舍的内部构造，卧床的高度、坡度，隔栏的形状以及它们的安装尺寸，颈枷的高度和安装位置，食槽的高度，各种过道的高度，粪沟的深度和位置等均要在剖面图中标示。

4. 通风口设计 通风口包括通风屋脊和檐下通风口。一般通风屋脊的宽度为牛舍跨度的1/60，檐下通风口的宽度为牛舍跨度的1/120。

此外，剖面图中要标出屋顶材料、屋顶坡度、屋架特点、风帽的安装尺寸等，还要标出圈梁、过梁的厚度和位置，墙体材料等。

三、牛舍的立面设计

牛舍建设的主要参数在平面、剖面设计中已基本列示，立面设计是对建筑造型进行适当调整。为了美观，有时候要调整在平面、剖面设计中已解决了的窗的高低与大小。在可能的条件下也可以适当进行装修。泌乳牛舍的立面图中，要标注舍内外地坪高差，门窗、屋顶的高度，屋顶、挑檐的长度（一般为300～500mm）等尺寸。如需要加风帽，要标注风帽的位置和间距。此外，立面图中要标明墙体所用材料。

四、肉牛舍建筑设计

（一）标准牛舍设计

1. 排列方式 双列式，跨度10～12cm，高2.8～3m。单列式，跨度6.0m，高2.8m，每25头牛设1个门，其大小为（2～2.2）m×（2～2.3）m，不设门槛。

2. 门与窗 牛舍的大门应坚实牢固，宽200～250cm，不用门槛，牛舍一般应向外开门，最好设置推拉门，门高2.1～2.2m、宽2～2.5m。一般南窗应数量较多、面积较大（100cm×120cm），北窗则数量宜少、面积较小（80cm×100cm）。牛舍内的阳光照射量受牛舍的方向及窗户的形式、大小、位置、反射面积的影响，所以要求不同。采光系数为1∶（12～14）。窗台距地面高度为120～140cm。

3. 屋顶（顶棚） 最常用的是双坡式屋顶，可适用于较大跨度的牛舍和各种规模类型牛群，既经济，保温性又好，而且容易施工修建。双坡式牛舍脊高3.2～3.5m，前后墙高3.2m；单坡式前墙高2m，后墙高1.8m。平顶牛舍前后墙高2.2～2.5m。北方寒冷地区，顶棚应用导热性低、保温的材料。南方则要求防暑、防雨并通风良好。

4. 牛床　一般肉乳兼用牛床长180～200cm，每头牛占床位宽110～120cm，地方牛种（如鲁西牛、延边牛等）和肉用牛的牛床长180～190cm，宽110～120cm。肉牛育肥期若是群饲，牛床面积可适当小些。牛床可建成粗糙防滑水泥地面，坡度为1.5%，前高后低。牛床类型有水泥及石质牛床、砖牛床等。

5. 通道　①饲料通道设置在饲槽前端，一般高出地面10cm为宜，宽一般为1.5～2m；②除粪通道同时也是牛出入的通道，宽度一般1.5～2.0m。

6. 饲槽　牛床前面设固定水泥槽，饲槽的规格因牛而异，成年牛、青年牛，饲槽上口宽50～60cm，槽底宽30～40cm，底呈弧形。槽内缘高25～35cm（靠牛床一侧），外缘高60～80cm。犊牛，饲槽上口宽40～50cm，槽底宽30～35cm，底呈弧形。槽内缘高15cm（靠牛床一侧），外缘高35cm（图2-4-3）。

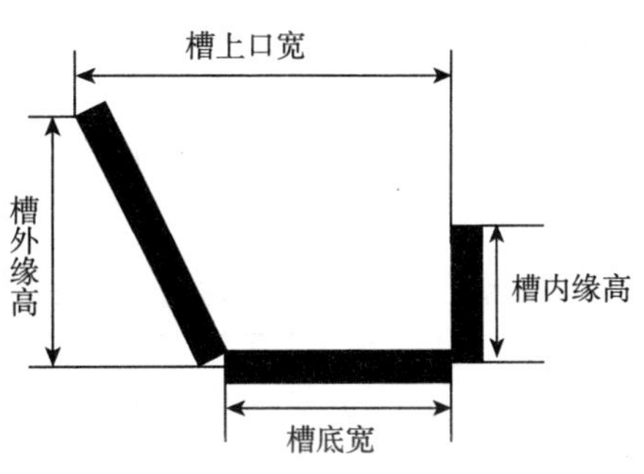

图2-4-3　饲槽示意

7. 通气孔　设在屋顶，大小因牛舍类型不同而异，通气孔应设在尿道沟正上方屋顶上。单列式牛舍的通气孔为70cm×70cm，双列式为90cm×90cm。北方牛舍通气孔总面积为牛舍面积的0.15%左右，通气孔上面设有活门，可以自由启闭，通气孔应高于屋脊0.5m或在牛舍的顶部。

8. 粪尿沟和污水池　为了保持舍内的清洁和清扫方便，尿粪沟应不透水，表面应光滑。粪尿沟宽30～35cm，深10～15cm，倾斜度约为3%，粪尿沟应通到舍外污水池。污水池应距牛舍6～8m，其容积以牛舍大小和牛的头数多少而定，一般可按每头成年牛0.3m^3、每头犊牛0.1m^3计算，以能贮满1个月的粪尿为准，每月清除1次。为了保持清洁，舍内的粪便必须每天清除，运到距牛舍50m远的粪堆上。要保持粪尿沟的畅通，并定期用水冲洗。

（二）塑料暖棚式牛舍

塑料暖棚式牛舍三面为砖混墙体，向阳一面有半截墙，有1/2～2/3的顶棚。塑料暖棚的构造见图2-4-4。向阳的一面在温暖季节露天开放，寒冷季节在露天一面用竹片、钢筋等材料做支架，上面覆单层或双层塑料，2层膜间留有间隙，使牛舍呈封闭的状态，借助太阳能和牛体自身散发热量，使牛舍温度升高，防止热量散失。暖棚舍顶类型可采用平顶式、半坡式或平拱式，以联合式（基本为双坡式，但北墙高于南墙）暖棚较好。棚舍一般坐北朝南，偏东一定的角度（如5°～10°），屋顶斜面与水平地面的夹角（仰角）应大于当地冬至时的太阳高度角，使进入舍内的入射角增大，有利于采光。塑料薄膜覆盖暖棚的扣棚时间一般在11月中旬以后，具体时间应根据当地当时的气候情况决定。扣棚时，将标准塑膜或粘接好的塑膜卷好，从棚的上方或一侧向下方或另一侧轻轻覆盖。为了保温和保护前沿墙，覆盖膜应将前沿墙全部包过去，固定在距前沿墙外侧10cm处的地面上。棚膜上面用竹片或木条（加保护层）压紧，四周用泥或水泥固定。对于较为寒冷的地方，塑料薄膜要深入冻层之下或设防冻层。天气过冷时还要加盖草帘等以保温。白天利用设在南墙上的进气孔和排气进行1～2次通风换气，以排出棚内湿气和有害气体。暖棚牛舍饲养育肥牛的密度以4m^2/头为宜。

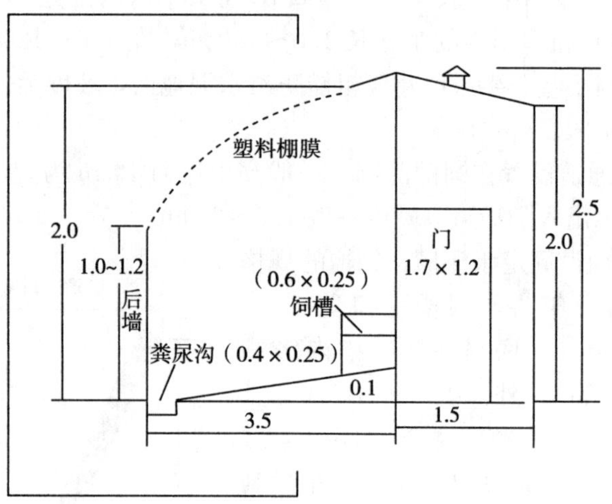

图 2-4-4　塑料暖棚牛舍侧面示意（m）

技能训练

奶牛场的规划与牛舍建筑设计

【实训目的】 通过参观介绍及实际设计，掌握奶牛场的总体规划及牛舍建筑设计。

【设备与材料】 中小型奶牛场平面图、绘画纸、碳素笔、2B 铅笔、圆规及三角板等。

【方法与步骤】

（1）参观中小型奶牛场以了解奶牛场的规划布局以及了解奶牛舍的建筑设计要求。

（2）由指导教师和技术员介绍牛场的场址选择、场区规划和平面布局的要求，不同类型牛舍的建筑特点、规格、内部设施和牛舍建筑的基本技术要求。

（3）然后由学生分组讨论并根据给出的条件设计一个奶牛场，包括奶牛场的规划布局和牛舍的建筑结构及牛场的附属设施等。

【考核标准】 考核标准见表 2-4-3。

表 2-4-3　奶牛场的规划与牛舍建筑设计考核标准

序号	考核项目	考核标准	参考分值
1	牛舍规划布局	牛舍排列是否整齐；牛舍朝向、舍间距是否合理	40
2	附属用房设置	数量、位置、面积	10
3	场区道路设置	场区主干道设计；净道和污道设计	10
4	设备设施	牛舍和附属设备设施确定和选择是否符合生产要求	30
5	场区绿化	苗木选择，绿化类别	10

任务5 猪舍建筑设计

知识目标

1. 掌握猪舍平面图、立面图、剖面图的设计步骤和方法。
2. 掌握猪舍跨度、长度的确定方法。
3. 掌握不同用途猪舍的平面设计方法及异同点。

能力目标

1. 能根据饲养规模、猪栏尺寸、圈栏排列、通道尺寸合理进行猪舍的平面设计。
2. 能够根据通风、采光、保温、清粪、高度等因素进行猪舍的剖面设计。
3. 能够进行猪舍的立面设计。

一、猪舍平面设计

(一) 猪舍的平面布置

在充分考虑生产工艺流程、生产设备型号、单栋猪舍容量、饲养定额、场地地形等情况的基础上，进行圈栏排列方式的选择。通常可分为单列式、双列式和多列式。

1. 单列式 猪舍内北侧设走道，猪栏置于舍内南侧。单列式猪舍跨度小，构造简单，通风采光效果好，空气清新、防潮效果明显。北侧设走道，利于保温防寒。单列式猪舍缺点是建筑利用率较低，中小型猪场多采用此类形式。

2. 双列式 猪栏在舍内排成2列，中间为一通道。双列式优点是利于管理，便于实现机械化饲养，建筑利用率高。缺点是采光、通风、防潮效果不如单列猪舍，冬季北侧猪栏较南侧阴冷。育肥猪舍常采用此类形式。

3. 多列式 舍内猪栏排列在3排以上。多列式猪舍的优点在于运输线路短，生产效率高；缺点是建筑外围护结构跨度增大，建筑构造复杂；自然采光不足，自然通风效果较差，阴暗潮湿。寒冷地区的育肥猪饲养可用此类形式。

(二) 猪舍跨度和长度

根据建筑类型、圈栏尺寸、布置方式、通道尺寸、清粪方式与粪沟尺寸等因素决定猪舍跨度。猪舍长度根据工艺流程、饲养规模、饲养定额、机械设备利用率、场地地形等来综合决定，70m左右为宜。值班室、饲料间等附属空间设在猪舍一端，有利于场区建筑规划布局，同时满足净污分离要求。猪场建设选用标准设施和定型设备，可以根据建筑设施、设备尺寸、排列方式计算猪舍跨度和长度。若选用非标准设施和非定型设备，根据具体设施设备综合考虑。

(三) 门窗及通风洞口布置

根据人员的工作线路设置门的位置，猪舍门的宽度1.2～1.5m，门外设置坡道，外门设置时应加门斗，以缓冲冷风；双列式猪舍的门正对中间过道，宽度1.5m左右；圈栏门宽度不小于 0.8m，向外开启。充分考虑采光和通风要求，设置窗及通风洞口。

(四) 几种主要猪舍的平面设计

1. 公猪舍 公猪通常单体饲养，猪舍采用小跨度单列式，建筑面积 6～8m^2/栏，兼做配种栏时 8～9m^2/栏，栏的宽度不应小于 2.40m，栏高为 1.2～1.4m，栏门宽约 0.8m。公猪舍的围栏、圈门等必须坚固耐久，地面坚实平整，留有 3%～5%的排水坡度。

2. 空怀猪舍 空怀母猪通常单养，亦可群养。猪舍的平面布置可以采用单列、双列或多列。群养规模为 4～6 头/栏，每头需面积为 1.0m^2，排粪区约 1.5m×1.9m。单栏饲养母猪栏栏宽不小于 0.65m；栏长不小于 1.85m；饲槽后坚硬地面宽约为 0.75m。空怀猪舍的设施、设备与环境对母猪发情有重要影响，设计时应该注意一些问题：①能促进发情；②与公猪接触方便；③加大舍内光照度；④方便母猪转群。

3. 妊娠猪舍 妊娠母猪可单养、可群养，限位栏饲养可以避免母猪打斗或碰撞造成流产，也便于人工授精和管理，单体栏尺寸为：长 2.1～2.2m，宽 0.55～0.65m，高 1m。限位栏饲养母猪运动量小，易产生蹄部疾病。妊娠母猪也可以采用大栏群养，每栏 4～5 头，栏位面积 7～9m^2，每头 1.5～1.8m^2。采用群体栏的猪舍平面布置同空怀猪舍，为防止母猪抢食争斗，需要在饲喂槽处加隔栏。

4. 产房 分娩母猪常采用单栏饲养，产房可采用单列式、双列式。母猪进行限位饲养，以防仔猪被压。分娩栏一般采用母猪高床产仔哺乳栏，以保证圈栏清洁干燥。其规格一般为长 2.1～2.3m，宽 1.5～2m，高 1m，离地高度 15～30cm，中间为母猪限位栏，宽度为60～65cm，母猪限位栏两侧为仔猪活动区和补饲区，补饲区面积至少为 1m^2。母猪和仔猪对环境温度的要求不同，母猪的适宜温度为 15～18℃，而出生后几天的仔猪要求 30～32℃，产房设计应着重解决母猪、仔猪适宜环境温度问题。产房宜采用有窗式或密闭式猪舍等，并做好屋顶、墙壁、地面等部位的保温设计。对仔猪进行局部采暖设施设计，加强保温。

5. 保育舍 保育舍采用群体栏饲养，单列和双列布置均可。同窝仔猪一栏，每圈栏小猪头数为 8～12 头，每头仔猪需面积 0.3m^2左右。仔猪保育栏多为高床全漏缝地面饲养。通常保育栏规格为 2.0m×1.7m×0.6m，离地高度 25～30cm，每栏饲养断乳仔猪 10～12 头。保育仔猪初期对温度的要求较高，适宜温度为 22～26℃，保育舍仍以保温设计为重点，屋顶、墙壁隔热性能要好，可以加大跨度，适当降低净高，设置天花板等措施，减少冬季猪舍内热量的损失。

6. 育成、育肥猪舍 育成、育肥猪舍可采用单列、双列和多列式布置（图 2-5-1)。单列式不经济，只在小型猪场使用。双列式比较经济，运用较多。双列式中央为饲喂通道，粪沟沿墙布置，利于排臭气。两边为清粪道的双走道对头式布置，有利于减少饲喂机械系统使用。育成栏和育肥栏是两种不同大小规格的圈栏，在三阶段生产工艺中，生长和育肥没有分开，生长栏和育肥栏合二为一。在育成和肥育阶段，由于栏内群体较大，需要有足够的栏位面积并保证排污道畅通。对于圈栏的设计，可将粪尿沟设计为明沟，且位于走道旁，便于采用干清粪工艺，实现粪尿分流。

二、猪舍剖面设计

1. 猪舍净高 剖面设计需要考虑猪舍净高，猪舍的净高指室内地面到屋架下弦、天花

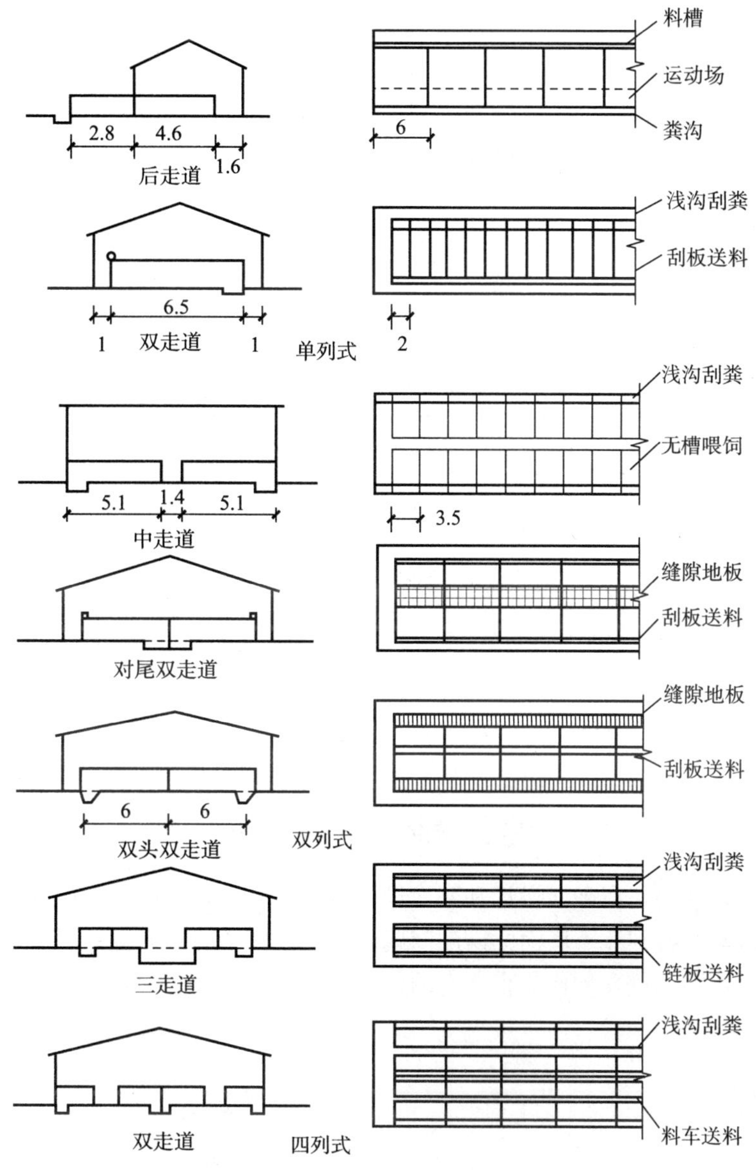

图 2-5-1　育成育肥猪舍布置（m）

板底的高度，单层猪舍的净高通常为 2.4～2.7m；南方炎热地区，为了加强通风效果，净高可适当增高，约 2.7m；寒冷地区净高相对较低，约 2.4m，有利于防寒保暖。

2. 猪栏高度　公、母猪猪栏高度分别不少于 1.2m 和 1.0m，若采用市场上定型产品，应根据产品说明书设计。自动引水器的安装高度为 0.6m。

3. 门、窗高度及通风洞口设置　猪舍外门高度一般为 2.0～2.4m，双列猪舍的中间过道上设门，其高度不小于 2.0m。南侧墙上的窗底标高一般取 0.8m 左右，窗下风机洞口底标高一般要高出舍内地面 0.1m 左右；北侧墙上的窗底标高一般取 1.1m 左右，纵向通风时，风机底部距离舍内地面 0.3m 左右。窗台的高度不低于靠墙布置的栏位高度。门洞口的底标高一般同所处的地平面标高。

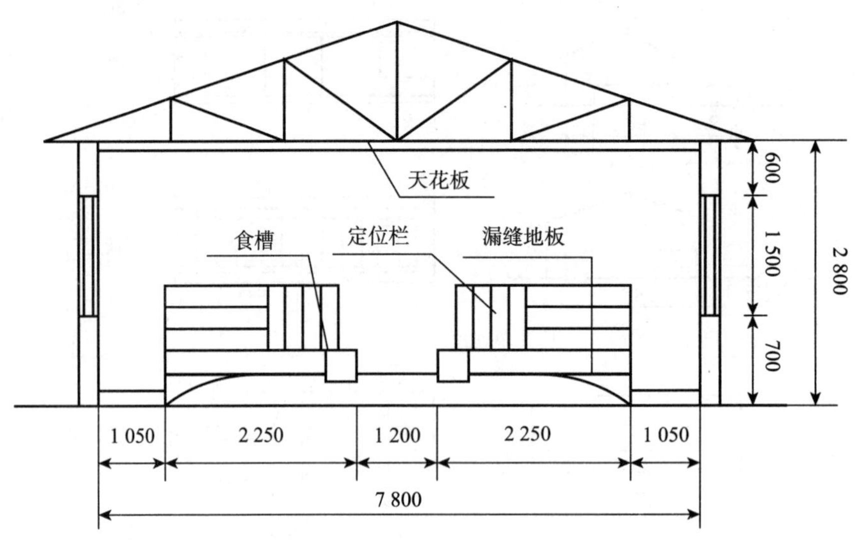

图 2-5-2 妊娠猪舍剖面图（mm）

4. 室内外地面高差 剖面设计不能忽视室内外地面高差，舍内外地面高差为 150～600mm，舍外坡道坡度为 3%～5%。运料道比猪床高 20～50mm，值班室、饲料间地面高于运料道 20～50mm。舍内猪床、清粪通道、清粪沟、漏缝地板标高，应根据清粪工艺与设备需要来确定。

三、猪舍的立面设计

猪舍立面设计主要是在平面设计和剖面设计的基础上，对平面、剖面设计中已经定位的门、窗等进行调整，特别注重墙面的防潮问题。此外，猪舍的立面设计要求简洁大方，满足建筑物美学原理，而且体现现代化畜禽舍的建筑特点。

技能训练

猪场规划与猪舍建筑设计

【实训目的】 通过实地参观现代化的猪场，掌握猪场的总体规划及猪舍建筑设计。

【设备与材料】 猪场平面图、绘画纸、碳素笔、2B 铅笔、圆规及三角板等。

【方法与步骤】

(1) 参观现代化猪场，了解猪场的规划布局猪舍的建筑设计要求。

(2) 由指导教师和技术员介绍猪场的场址选择、场区规划和平面布局的要求，不同类型猪舍的建筑特点、规格、内部设施和猪舍建筑的基本技术要求。

(3) 然后由学生分组讨论并根据给出的条件设计一个猪场，包括猪场的规划布局和猪舍的建筑结构及附属设施等。

【考核标准】 考核标准见表 2-5-1。

表 2-5-1　猪场规划与猪舍建筑设计考核标准

序号	考核项目	考核标准	参考分值
1	猪舍布局	猪舍排列是否整齐；猪舍朝向、舍间距是否合理；场区地形利用	40
2	附属用房	数量、位置、面积	10
3	道路及绿化	主干道、小路设计；净道和污道设计；绿化类别；苗木选择	20
4	主要设备设施	猪舍和附属用房主要设备设施确定和选择是否全面、适用	30

任务 6　养殖场规划设计图的识别

知识目标

1. 熟悉建筑工程制图的基本知识。

2. 掌握养殖场总平面图、畜禽舍平面图、立面图和剖面图阅读方法。

3. 掌握养殖场的总平面图及畜禽舍建筑平面图、立面图、剖面图的作用。

4. 掌握根据畜禽饲养数量、笼具类型、笼具排列、通道尺寸等要素合理进行畜禽舍的平面设计的方法。

5. 掌握根据通风、采光、保温、清粪、笼具高度等要素进行畜禽舍的剖面设计的方法。

能力目标

1. 能够熟练准确地审查养殖场的地形图。

2. 能够运用建筑工程制图基本知识，正确认识养殖场总平面图，畜禽舍平面图、立面图和剖面图。

3. 能够根据畜禽饲养数量、笼具类型、笼具排列、通道尺寸等进行畜禽舍的平面设计。

4. 能够根据通风、采光、保温、清粪、笼具高度等因素进行畜禽舍的剖面设计以及立面设计。

一、地形图的识别

地形图反映地表事物、地形高低起伏等地理状况，识别地形图有利于了解拟建场地的地形特征、地物布置及其他有利与不利条件，以便在规划设计与施工建造时合理地利用和改造地形，适应养殖场建设及环境调控要求。地形图上均绘制有等高线，等高线是地面上标高相同各点在图上连接起来而画成的线，同一等高线上各点的标高都相等。相邻两条等高线之间的高差称为等高距。相邻两条等高线在图上的间距称为等高线的平距。坡度越陡，地形图上的等高线平距越小，等高线越密。依据图上等高线的疏密，可以辨认出地貌的起伏形状和坡度陡缓程度。

二、建筑工程图的识别

建筑工程图是建筑施工时的依据，它用图样将一个建筑物的形状、尺寸、材料和细部构造等方面详细描绘出来。养殖场建筑工程图纸一般包括养殖场总平面图和各种建筑的平面图、立面图、剖面图。

（一）总平面图

总平面图反映建设工程的总体布局，主要展示拟建工程一定范围内的新建、拟建、原有和拆除建筑物，构筑物连同其周围的地形地物状况，同时展现建（构）筑物的平面形状、位置、朝向、标高和与周围环境的关系，总平面图是新建建筑的施工定位、土方施工的重要依据。图 2-6-1 为某养殖场总平面图，阅读总平面图可以获知如下信息：①新建筑区的总体布局，主要包括各建（构）筑物的位置、道路、管网的布置等；②各建筑物的平面位置；③指北针所示房屋的朝向；④等高线反映地势高差。此外，根据工程的需要，还有水、暖、电等管线总平面图，各种管线综合布置图，道路纵横剖面图以及绿化布置图等。

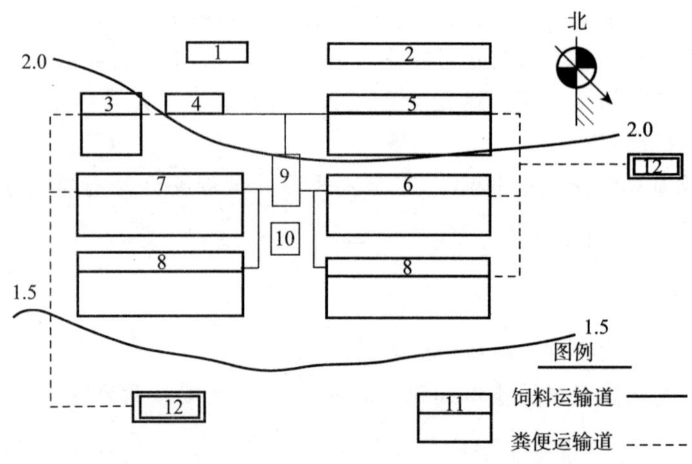

图 2-6-1　某养殖场总平面图

1. 办公室　2. 职工宿舍　3. 公牛舍　4. 人工授精室　5. 产房及犊牛预防室
6. 犊牛舍　7. 青年牛舍　8. 奶牛舍　9. 饲料加工间　10. 乳品处理间
11. 隔离室　12. 贮粪池

（二）平面图

畜禽舍平面图（图 2-6-2）就是单栋畜禽舍的水平剖视图，即假想用一水平面把一栋畜禽舍的窗台以上的部分切掉，切平面以下部分的水平投影图。图中表明畜禽舍占地面积、内部分隔、房间大小，以及走道、门、窗等局部位置和大小，墙的厚度等。一般施工放线、砌墙、安装门窗等都要用平面图，其基本内容包括：①表明建筑物的形状、内部的布置及朝向；②表明建筑物的尺寸和建筑物地面标高；③表明建筑物结构形式及主要建筑材料；④表明门窗及过梁的编号，门的开启方向；⑤表明剖面图、详图和标准配件的位置及其编号；⑥综合反映工艺、水、暖、电对土建的要求；⑦文字说明，表明舍内装饰做法，包括舍内地面、墙面、天棚等处的材料及做法。

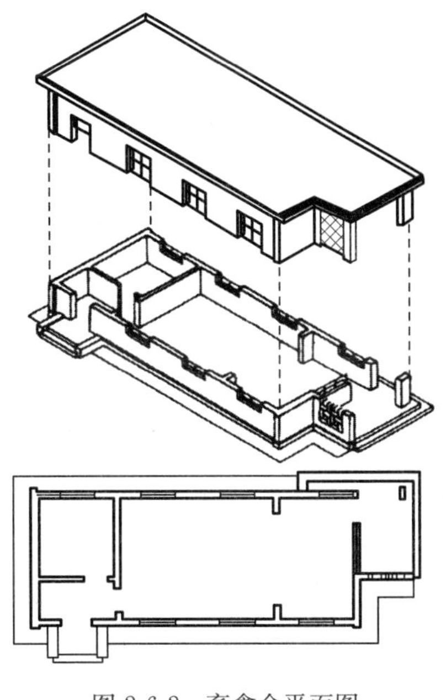

图 2-6-2　畜禽舍平面图

（三）立面图

立面图（图 2-6-3）是建筑物的正面投影图或侧面投影图，表示建筑物或设备的外观形式、尺寸、艺术造型、使用材料等情况，如畜禽舍的长、宽、高尺寸，房顶的形式，门窗洞口的位置，外墙饰面材料及做法等。建筑物的功能在平面、剖面设计中基本解决，立面设计是对建筑造型的适当调整。为了照顾美观，有时要调整在平面、剖面设计中已解决了的窗的高低大小，在可能的条件下也可以进行装修。

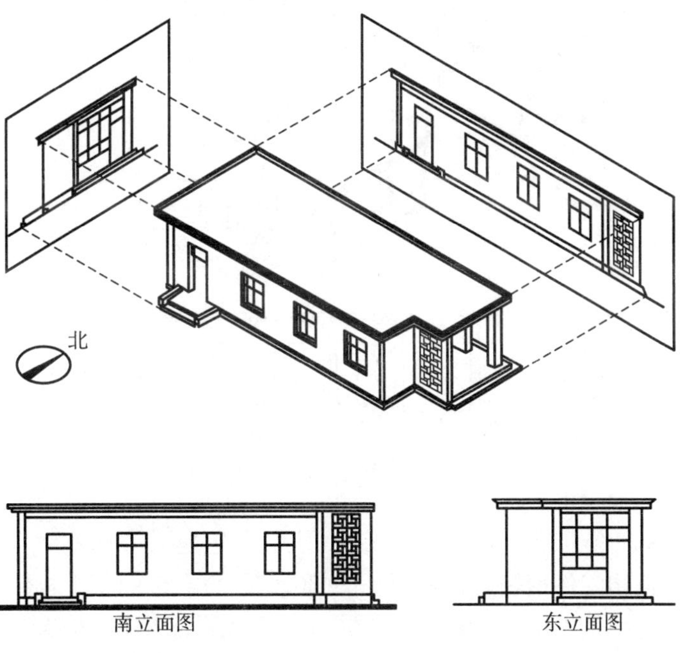

图 2-6-3　畜禽舍建筑立面图

（四）剖面图

剖面图（图 2-6-4）是假想用一平面沿建筑物垂直方向切开，切开后的正立面投影图。剖面图有纵剖面、横剖面和其他角度的剖面图。剖面图主要表明建筑物内部在高度方面的情况。如屋顶的坡度，房间和门窗各部分的高度，同时也可以表示出建筑物所采用的形式。剖面图的剖切位置一般选择建筑物内部做法有代表性和空间变化较复杂的位置。为了表明建筑物平面图或剖面图作切面的位置，一般在其平面图纸上画有切面位置线。图 2-6-4 中，1—1 剖面图是选在房屋的第二开间窗户部位。多层建筑物一般选在楼梯间。复杂的建筑物需要画出几个不同位置的剖面图。2—2 剖面图就是通过剖切线的转折，同时表示右侧入口处的台阶、大门、雨篷和左侧门的情况。

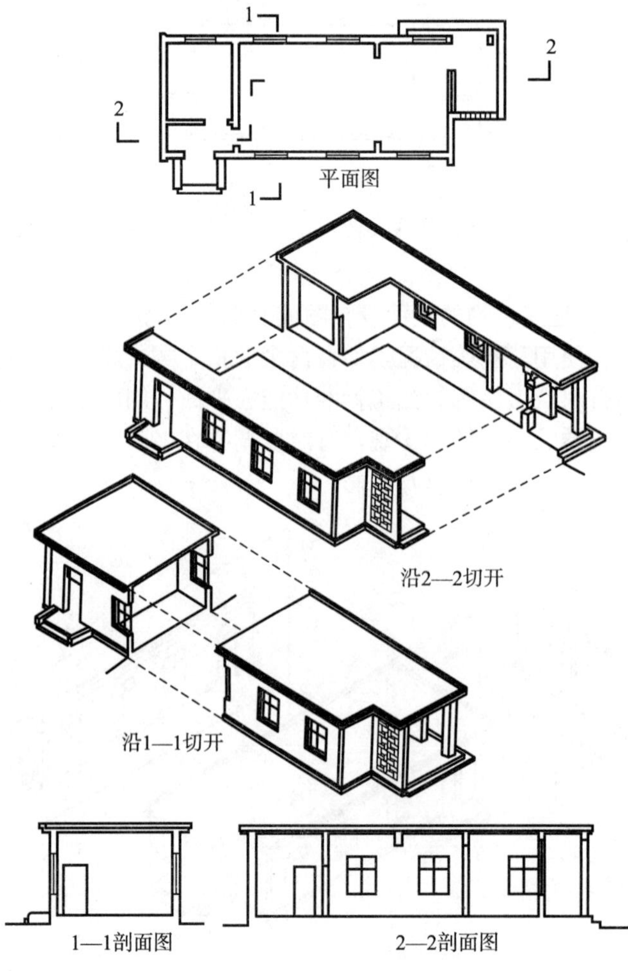

图 2-6-4　畜禽舍建筑剖面图

（五）建筑详图

对建筑的细部或构配件用较大的比例（1∶20，1∶50，1∶5，1∶2，1∶1）将其形状、大小、材料和做法，按正投影图的画法，详细地表示出来的图样，称为建筑详图。一般详图包括墙身大样、楼梯间、卫生间、门窗及其他需要表达的部位与构配件。

三、建筑工程图的阅读

养殖场的设计图主要包括总平面图，建筑物平面图、立面图、剖面图和结构详图等。工程设计图第一页为图纸目录页，详列整套图纸的排列序号、图名、图纸编号，可以根据它了解图纸的内容，顺利地找到所需要的图纸。看图时，注意标题栏和说明。标题栏中详列这张图纸的工程名称、项目名称、图名、图号、设计单位及设计人员、校核人、审核人、审定人、设计日期等。

看图步骤如下：第一步，根据总平面图了解全场的布局情况；第二步，根据畜禽舍的平面图、立面图、剖面图，了解每栋畜禽舍的构造；第三步，详细了解构造详图。

1. 总平面图阅读　总平面图展示养殖场全部建筑物的种类、数量和大致的位置、安排。标有风向玫瑰图、等高线和比例尺等。风向玫瑰图表示该地区的主导风向，一般与南北线绘于一起。等高线表示出场地地面的高低起伏状况。设计者综合考虑风向、地势等因素，依次安排养殖场的生活区、生产区和防疫隔离区。了解全场布局之后，对每个建筑物的设计情况进行评价。此外还要注意其他有关事项，如建筑物完成以后，周围的道路、水源干线、电源等。

2. 平面图阅读　平面图常由墙外至墙内的顺序阅读。从外墙可以看出门、窗的位置及形式，两端的大门有无坡道，门的形式。然后阅读畜禽舍的内部，如畜床、饲槽、粪尿沟的位置，畜床排列形式等。平面图应与立面图对照阅读。

3. 剖面图阅读　剖面图从下向上的顺序阅读。先阅读地面的结构、材料，地面倾斜度，粪尿沟、饲槽的尺寸和样式等；其次是窗户、屋架、顶棚和屋面。屋面构造在竖线上画出与屋面结构层数相应的横线，按照多层的顺序，自上而下写明屋面的结构、材料、规格。剖面图上也有尺寸线，标明与平面图、立面图对应部分的尺寸。

4. 立面图阅读　立面图包括正立面图、侧立面图和背立面图。立面图标注门窗的位置和瓦、墙材料如陶瓦屋面、清水砖墙等。立面图上可以看出畜禽舍各部尺寸符号所标明的标高。

5. 详图阅读　建筑图上，不易表示的构造较复杂的畜禽舍，可另绘制详图。在建筑平面、立面、剖面图上通过索引符号来说明哪部分的详图在哪张的图纸上，以便于查找。假如剖面图的檐口部分标有 8/10 的符号，即说明此房舍檐口的构造详图编号是第 8 号，在第 10 号图纸上。

四、拟建畜禽舍图纸的绘制

（一）建筑图制图标准

1. 图幅　图幅即图纸的大小，为了保证图纸简明清晰，装订、保管及合理使用，图纸的幅面宽及图框格式、尺寸大小都有统一规定，建筑图图幅需符合表 2-6-1 的规定。

表 2-6-1　图幅规定表（mm）

编号		0	1	2	3	4
图幅（长×宽）		1 189×841	841×594	594×420	420×297	297×210
图线与纸边预留宽度	*a*	10			5	
	b	25				

2. 标题栏 工程图纸应在图幅右下角集中列表，标出设计单位名称、工程名称、图名、图号、设计人、专业负责人、审定人和设计日期等，这个表格称为标题栏（表 2-6-2）。因此，图纸标题栏的作用不仅仅是说明工程名称和本张图纸的内容，其签字栏也是为保证工程质量而规定的一种技术岗位责任制，此外，还有便于查找图纸的作用。

表 2-6-2 标题栏内容

<table>
<tr><td>制图</td><td></td><td colspan="4" rowspan="2">设计单位名称</td></tr>
<tr><td>设计</td><td></td></tr>
<tr><td>校对</td><td></td><td colspan="4" rowspan="3">工程名称</td></tr>
<tr><td>审核</td><td></td></tr>
<tr><td>专业负责人</td><td></td></tr>
<tr><td>工程负责人</td><td></td><td>比例</td><td></td><td>设计阶段</td><td></td></tr>
<tr><td>审定</td><td></td><td>日期</td><td></td><td>图号</td><td></td></tr>
</table>

3. 会签栏 会签栏是为各工种负责人签字用的表格，横式的图纸，会签栏位于图纸的框线外的左上角；立式的图纸，会签栏一般列在图纸的右上角。

4. 比例 图样的比例应为图形与实物相对应的线性尺寸之比。比例的大小是指其比值的大小，如 1∶50 大于 1∶100。因建筑物形体很大，需按一定比例缩绘。制图比例可按表 2-6-3 选用。

表 2-6-3 制图比例

图名	常用比例
总平面图	1∶500，1∶1 000，1∶2 000
平面图	1∶50，1∶100
立面图	1∶100
剖面图	1∶200
详图	1∶1，1∶2，1∶5，1∶10，1∶20

5. 定位轴线 定位轴线是指主要承重构件（墙、柱等）的轴线。轴线用细点画线绘制。轴号是定位轴线，一般应编号，编号应注写在轴线端部的圆内。圆应用细实线绘制，直径为 8～10mm。定位轴线圆的圆心，应在定位轴线的延长线上或延长线的折线上。轴号在水平方向用阿拉伯数字自左向右依次编写，在垂直方向用大写字母自下而上依次编写（注：I、O、Z 3 个字母不用）。附加定位轴线的编号，应以分数形式表示，并应按下列规定编写：两条轴线之间的附加轴线，应以分母表示前一轴线的编号，分子表示附加轴线的编号，编号应以阿拉伯数字顺序编写。如：$\frac{1}{2}$表示 2 轴线之后附加的第 1 条轴线。$\frac{3}{C}$表示 C 轴线之后附加的第 3 条轴线。定位轴线及轴号的编号顺序见图 2-6-5。

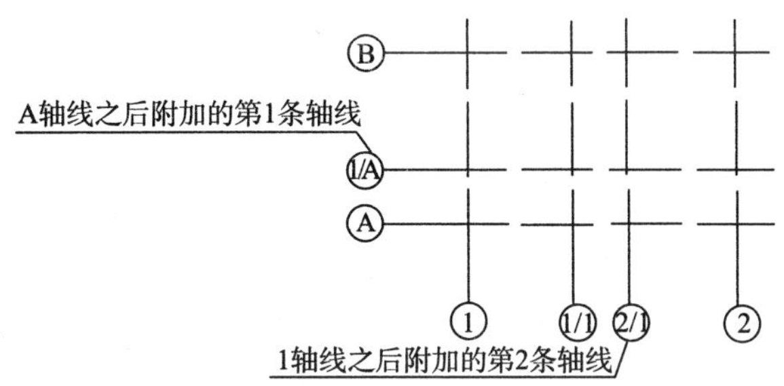

图 2-6-5　定位轴线及轴号的编号顺序

6. 尺寸标注　图样上的尺寸，包括尺寸界线、尺寸线、尺寸起止符号和尺寸数字，见图 2-6-6。尺寸界线应用细实线绘制，一般应与被注长度垂直，其一端应离开图样轮廓线不小于 2mm，另一端宜超出尺寸线 2～3mm。图样轮廓线可用作尺寸界线。尺寸线应用细实线绘制，应与被注长度平行。图样本身的任何图线均不得用作尺寸线。尺寸起止符号一般用中粗斜短线绘制，其倾斜方向应与尺寸界线成顺时针 45°，长度宜为 2～3mm。图样上的尺寸，应以尺寸数字为准，不得从图上直接量取。图样上的尺寸单位，除标高及总平面以 m 为单位外，其他必须以 mm 为单位。

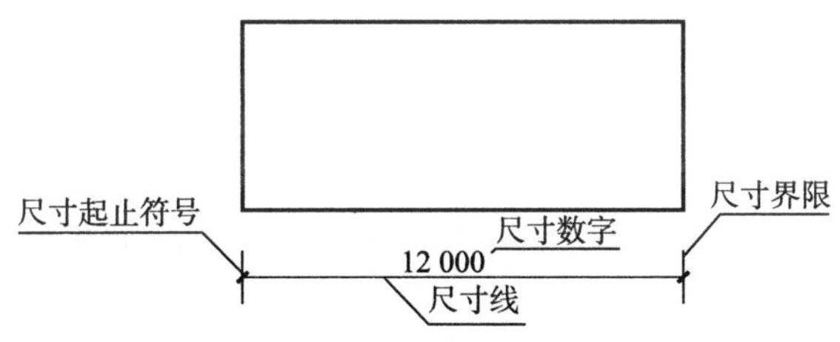

图 2-6-6　尺寸的组成（mm）

7. 标高符号　标高符号表示建筑某部位的高度，以 m 为单位（一般注至小数点后 3 位）。在总平面图中，可注写到小数点以后第 2 位。零点标高应注写成±0.000，正数标高不注“＋”，负数标高应注“－”，例如 3.000、－1.000（图 2-6-7）。

±0.000　　3.000　　−1.000

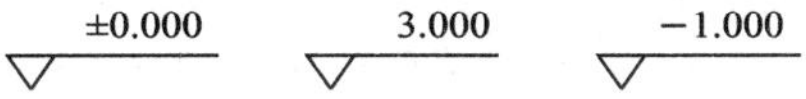

图 2-6-7　标高标注

8. 指北针　在总平面图右上角绘制直径为 25mm 的圆，指北针的下端宽度为圆圈直径的 1/8。

（二）绘图方法

1. 确定数量　绘制建筑设计图时，应全面统筹畜禽舍数量，严防遗漏、重复，在此基础上确定绘制图样的数量，在保证满足建设需要的前提下，应尽量减少图样数量。

2. 绘制草图　建筑草图为绘制正图提供依据，可以根据工艺设计要求和实际情况条件，把酝酿成熟的设计思路绘成草图，以便调整修改。草图可不按比例，不使用绘图工具，但图样内容和尺寸应力求详尽，细到可画至局部。

3. 确定比例 根据图纸拟要表示的建筑内容，结合图样的复杂程度及其作用，以能清晰表达其主要建设内容为原则来确定所用比例。使用图纸所表达的内容大小适当，内容全面，翔实细致。

4. 图纸布局 图纸布局要根据将要绘制的实际内容、尺寸和比例，结合考虑所绘图的名称、尺寸线、图标、文字说明等各个组成部分，有计划、分步骤安排建筑内容所占图纸的大小份额及其在图纸上的准确位置。尽量做到所要表示的建筑物排列整齐、结构紧凑、均匀分布。在图幅许可的情况下，应尽量保持各图样之间的投影关系，并尽量把同类型、内容关系密切的图样，集中在一张图纸上或顺序相连的几张图纸上，以便对照查阅。通常可把比例相同房舍的平面图、立面图、剖面图绘在同一张图纸上，如果房舍尺寸相对较大时，应在顺序相连的几张图纸上分别绘制，以便查阅。

5. 绘制图样 图样绘制必须按照一定的顺序，否则绘制过程无法顺利进行，应首先绘制平面图；其次绘制剖面图；然后根据投影关系，由平面图引线确定正、背立面图纵向各部位的位置；再按剖面图的高度尺寸，绘出正、背立面图；最后由正、背立面图引线确定侧立面图各部的高度，并按平面、剖面图上的跨度方向尺寸，绘出侧立面图。

6. 说明书 建筑设计图所附说明书是为了补充图中文字说明的不足，更加详细说明建筑物性质、施工方法、建筑材料的使用等。常常分一般说明书和特殊说明书 2 种。在实际设计过程中，某些建筑设计图纸，也可以用图纸上的扼要文字说明来代替文字说明书。

7. 比例尺的使用及保护 地图按比例尺分为大比例尺、中比例尺、小比例尺地图，其区别主要在于表示的内容详略、精度高低等。此外，为避免视觉误差，在测量图纸上的尺寸时常使用比例尺。测量时比例尺与眼睛视线应保持水平位置；为减少推算麻烦，取比例尺上的比例与图纸上的比例一致；测量两点或两线之间距离时，应沿水平线测量，两点之间距离以取其最短的直线为宜。

技能训练

养殖场设计图认识

【实训目的】掌握养殖场总平面图及畜禽舍平面图、立面图和剖面图阅读方法。

【设备与材料】养殖场总平面图及畜禽舍平面图、立面图、剖面图。

【方法与步骤】

1. 确认图纸名称 图纸名称位于右下角图标框中，根据注释可知该图属于何种类型及属于整套图中的哪一部分。

2. 查看图的比例尺、方位、主风向及风向频率 某一地区在一定时间内某风向出现的次数占该时间刮风总次数的百分比称为风向频率。将某一地区某一时期内全部风向频率按一定比例绘制在表示风向的直线上，然后把各点用直线连接起来得到的几何图形就是风向频率图，也称风向玫瑰图。

3. 读图 看图顺序和方法如下：

（1）由大到小。先看地形图，其次为总平面图、平面图、立面图、剖面图及大样等。

（2）由表及里。审查建筑物时，先看建筑物的周围环境，再审查建筑物的内部。

(3) 辨认图纸上所有的符号及标记，查认地形图上的山丘、河流、森林、铁路、公路等，并测量其相互间的距离。

(4) 确认剖面图所剖视的部位。

(5) 确定建筑物各部的尺寸。长宽和高度，可分别在平面图和立面图或剖面图上查知。

按照上述方法和步骤，对所审查的图纸，反复研究，加以综合分析，并进行卫生评价。

【考核标准】考核标准见表 2-6-4。

表 2-6-4 养殖场设计图认识考核标准

序号	考核项目	考核内容	考核标准	参考分值
1	过程考核	图纸名称	图纸名称确认正确	10
2		图纸的比例尺、方位、主导风向	从图纸中正确找出比例尺、方位及主导风向	20
3		看图方法	图纸识别顺序正确、条理	10
4		图示标记符号	能正确指明图纸中不同标记符号所代表的含义	30
5	结果考核	工作记录和总结报告	能完成全部工作任务，识图结果记录详细、正确，体会深刻，上交及时	30

项目3 畜禽舍的环境控制

任务1 畜禽舍光照控制

知识目标

1. 掌握畜禽舍内光照的来源。
2. 了解紫外线、红外线、可见光的生物学作用及应用。
3. 掌握可见光对畜禽生产性能的影响。
4. 掌握不同畜禽舍对采光系数、入射角、透光角的要求。

能力目标

1. 能根据畜禽生产需要合理设计、确定畜禽舍窗户面积、形状、数量和位置。
2. 能根据畜禽生产需要合理设计人工采光方案。
3. 能对畜禽舍内现有采光进行测定和评价。

一、光的概述

（一）太阳辐射

太阳辐射是产生各种极其复杂的天气现象的根本原因，是地面光、热和生命的源泉，对畜禽生理机能、健康和生产力产生很大的直接和间接影响。

太阳是一个巨大的热核反应器，在氢原子核聚变为氦原子核的过程中，产生大量的辐射能，称为太阳辐射能，以每秒 3.35×10^{23} kJ 放射于宇宙中，但到达地球大气外层的太阳辐射能很少。表示太阳辐射强弱的物理量，称为太阳辐射强度。

太阳辐射电磁波波长在 4～300 000nm，按人类的视觉分为 3 个光谱区：紫外线、可见光、红外线。波长小于 400nm 是紫外线，波长在 400～760nm 是可见光，波长大于 760nm 的是红外线（表 3-1-1）。

表 3-1-1 太阳辐射的光谱

波长（nm）	4～400	400～760							760～300 000
		400～455	455～480	480～492	492～577	577～597	597～622	622～760	
光谱	紫外线	可见光							红外线
		紫	蓝	青	绿	黄	橙	红	

太阳辐射在通过大气层到达地面时，受到在大气中某些成分（氧、臭氧、水汽、水、二氧化碳、云雾、尘埃等）的选择性吸收或反射而被削弱，对流层大气中的水汽、二氧化碳等吸收红外线，平流层中的臭氧吸收紫外线。由于大气成分的吸收多位于太阳辐射光谱两端，对可见光部分吸收较少，因此，到达地面的辐射光谱发生了变化。其光线的强弱主要取决于太阳高度角的大小。

太阳高度角是指太阳光线与地表水平面之间的夹角，其大小取决于纬度、海拔、季节和一天中不同时间。在同一时间，低纬度、高海拔地区太阳高度角大，高纬度、低海拔地区太阳高度角小；一年中，夏季的太阳高度角最大，冬季最小；一天中，正午的太阳高度角最大，早晚最小。太阳高度角大时，太阳辐射到达地面所经过的大气层射程较短，被反射或吸收的量较少，地面获得的辐射量和光线相对较多；反之，当太阳高度角小时，地面获得地辐射量和光较少。再者，大气对紫外线、可见光的吸收率弱于红外线，因此，射程越短，到达地面的太阳辐射中所含紫外线和可见光的强度越大、光线越多。

掌握太阳辐射强度的变化，对确定畜禽舍建筑物朝向和遮阳、隔热的合理设计均有一定的参考价值。

（二）太阳辐射的一般生物学作用

太阳辐射作用于畜禽机体时，只有被机体吸收的部分，才能对机体起作用。光线被动物机体吸收的程度，与光线对机体的穿透能力成反比。光线被物体吸收强烈时，进入的深度不大就被吸收殆尽，所以不能进入深层。各种光线对机体的穿透能力的大小顺序是：短波红外线＞红、橙、黄光线＞绿、青、蓝、紫光线＞长波紫外线＞长波红外线＞短波紫外线。由此可见，生物组织对紫外线的吸收最为强烈，对可见光的吸收很差，对短波红外线吸收更差。太阳辐射对畜禽的作用，决定于太阳辐射强度、被机体吸收的程度和它的生物化学作用。

1. 光热效应 光的长波部分，如红外线，光子能量较低，被组织吸收后，只能引起物质分子或原子的旋转或振动（热运动），光能转化成了热能，即产生了光热效应，可使组织温度升高，改善局部血液循环，加速体内的各种物理化学过程，提高组织和全身的代谢，皮温升高。

2. 光化效应 光的短波部分，特别是紫外线，被组织吸收后，除一部分转化为热运动的能量外，还可使分子或原子中的电子吸收能量而使分子处于激发状态，处于激发态的分子不稳定，引起光化学反应，产生生物活性物质（如乙酰胆碱、组织胺等），这些物质刺激神经感受器而引起局部及全身反应。

3. 光电效应 光电效应是光的短波部分，由于单个的光子能量较大，引起物质分子或原子中的电子逸出轨道，形成光电子或阳离子而产生光电效应。紫外线和可见光均可引起这种变化。

二、光在畜禽生产上的应用

太阳辐射到达地球表层作用于机体时，一部分被云层及大气中某些成分吸收或反射，另一部分则通过皮肤、视神经或直接穿透头骨作用于大脑皮层，对机体产生全身性影响。

（一）紫外线的生物学作用与应用

紫外线根据波长的不同分为3个波段，A段波长320～400nm，可引起皮肤黑色素沉着；B段波长275～320nm，可引起皮肤红斑作用和抗佝偻病作用；C段波长200～275nm，具有杀菌效力。紫外线在通过大气层时，波长越短的部分被平流层中臭氧所吸收得越多，到达地面的就越少，紫外线照射到机体后，对机体产生有益和有害作用。

1. 杀菌作用 紫外线的杀菌作用，决定于波长、辐射强度及微生物对紫外线的抵抗力。杀菌力最强的紫外线波长是254nm，波长愈短或愈长，杀菌力均减弱。波长大于300nm的紫外线，基本上没有杀菌能力。增加紫外线的照射时间或照射强度，可增强杀菌作用。

当紫外线照射量足够时，还能使蛋白质凝固而使细菌死亡。不同细菌对紫外线具有不同的敏感性。在空气中白色葡萄球菌对紫外线最敏感，而黄色八叠球菌耐受能力最强。真菌对紫外线的耐受能力要比细菌强。实验证明，紫外线亦能杀死病毒。但处在灰尘颗粒中的微生物，对紫外线的耐受程度大大加强。紫外线穿透力较弱，在畜牧生产中，主要用于空气、消毒室、物体表面的消毒。

2. 抗佝偻病作用 机体缺乏维生素D而引发的钙、磷代谢紊乱症，影响骨骼钙化，导致幼年畜禽出现佝偻病，成年畜禽出现软骨症。紫外线照射能使动物皮肤中7-脱氢胆固醇转化为维生素D_3，促进机体对钙、磷的吸收利用，调节钙、磷代谢，保证骨骼的正常发育。

紫外线在太阳高度角小于35°时，一般不能到达地面，在纬度大于32°的地区，尤其在冬季要对畜禽进行人工紫外线照射，应选用波长为283～295nm的紫外线，不可用一般杀菌灯代替。另外，在现代化的密闭舍中，畜禽常年见不到阳光，极易发生维生素D缺乏症，应注意日粮中维生素D的供给。

在畜牧生产中，常用人工保健紫外线（280～320nm）照射畜禽，来提高其生产性能。实践证明，采用15～20W的保健紫外线灯，按0.7W/m^2安装，距被照射畜禽体1.5～2.0m高，每日照射4～5次，每次30min，其生长率、产蛋和孵化率明显提高。用紫外线灯也可照射奶牛、奶羊，同样会提高产乳量及其乳中的维生素D的含量。

需要强调的是，为防止佝偻病和软骨症的发生，在对畜禽进行紫外线照射时，必须选用波长283～295nm的紫外线，不可用一般的紫外线灯代替。

3. 色素沉着作用 动物皮肤的色素沉着是皮肤在紫外线、可见光、红外线共同照射下，皮肤中的黑色素原转化为黑色素，使局部皮肤颜色变深的现象。黑色素对紫外线的吸收能力较强，可防止紫外线进入机体深部，对组织细胞造成伤害。另外，被皮肤黑色素吸收的光能可转化为热能，促进汗腺加速排汗，增强机体散热。反之，白皮肤家畜在强烈阳光照射下，较黑皮肤家畜吸收更多的紫外线，且可直达真皮层，更易引起皮肤晒伤、变红发痛，促使皮肤老化，甚至诱发皮肤癌。

4. 增强机体的免疫力和抗病力 长波紫外线的适量照射，能提高血液凝集素的滴定效价，增加白细胞数量，因而增强血液的杀菌和吞噬作用，提高机体对疫病的抵抗力。动物长期缺乏紫外线的照射，可导致机体免疫功能下降，对各种病原体的抵抗力减弱，易引起各种感染和传染病。因此，为保证机体正常的免疫功能，接受适量的紫外线是不可少的。对于舍饲畜禽，为增强畜禽体质，提高其对环境变化的适应能力和对某些疾病的抵抗力，可采用小剂量紫外线进行多次照射。

过度的紫外线照射，可引起下列不良反应：

（1）红斑现象。在紫外线照射下，被照射部位的皮肤会出现红斑，这是皮肤对紫外线照射的特异反应，称为红斑作用。紫外线的红斑反应有 2 个最敏感的波长区，即 254nm 和 297nm，由于产生红斑作用的这一波段紫外线也具有抗佝偻病作用，故生产中可用红斑出现作为确定紫外线适宜照射时间的依据。

（2）光敏性皮炎。光敏性皮炎是当畜禽采食光敏性物质如荞麦苗、枯老的茎叶等后，饲料中的某一物质（光敏性物质）吸收了光子而处于激发态，该物质又作用于皮肤中某种物质，使之发生反应出现红斑、痛痒、水肿和水疱等症状。光敏性皮炎专发生于白色皮肤，特别是无毛或少毛部位，多见于猪和羊。

（3）光照性眼炎。紫外线过度照射动物眼睛时，可引起结膜和角膜发炎，称为光照性眼炎。其临床表现为角膜损伤、眼红、灼痛感、流泪和畏光等症状，经数天后消失。最易引起光照性眼炎的波长为 295～360nm。长期接触小剂量的紫外线，可发生慢性结膜炎。

（4）皮肤癌。过度紫外线照射易发生皮肤癌，浅色皮肤的畜禽更易发生。

紫外线照射对动物有利也有弊，在畜牧生产中尽可能地利用其有利的一面，避免过度照射造成的弊病。

（二）红外线的生物学作用与应用

红外线的作用主要为光热效应，同时穿透力强，故称为热线或热射线。

1. 消肿镇痛作用　红外线照射体表后，一部分被反射，另一部分被皮肤吸收。皮肤吸收程度与波长有关，波长 1 500nm 以上的红外线照射时，绝大部分被反射和被浅层皮肤组织吸收，穿透皮肤的深度仅达 0.05～2mm；波长 1 500nm 以内的红外线以及红色光的近红外线部分透入组织最深，穿透深度可达 10mm，能直接作用到皮肤的血管、淋巴管、神经末梢及其他皮下组织。被皮肤吸收的红外线能转化为热能，从而引起温度升高、血管扩张、皮肤潮红、局部血液循环加强，从而使得肿胀组织的营养和代谢得到改善，增强对组织炎症的吸收能力，有助于减轻肿胀，缓解肿痛，促进软组织损伤愈合。在医学上，可利用波峰值在 1 300nm 的红外线灯来治疗冻伤、肌肉酸痛、神经痛、风湿关节炎等。

2. 御寒保暖作用　在生产中，常用红外线灯作为热源对雏禽、仔猪、羔羊和病弱畜禽进行照射，不仅可以御寒，而且还可以改善机体的血液循环，促进生长发育。例如，采用红外线灯保温伞育雏，每盏（125W）可育雏鸡 800～1 000 只，若用于照射仔猪，一般每盏 1 窝。

红外线灯分发光的和不发光的 2 种，前者工作时能同时发出短波红外线和可见光，后者工作时不发光或仅呈暗红色，现多用发光的红外线灯。

过度红外线照射，可引起下列不良反应。

（1）胃肠功能下降。过度的红外线照射，使表层血液循环增加，内脏血液循环减少，使胃肠道对特异性传染的抵抗力及消化力下降。

（2）皮肤烧伤。当过强的红外线照射皮肤时，皮肤温度可升高到 40℃以上，皮肤表面发生变性，甚至形成严重烧伤。

（3）日射病。波长 600～1 000nm 红外线能穿透颅骨，使脑内温度升高，引起日射病。

主要表现神经症状：兴奋、烦躁、昏迷，呼吸及血管中枢机能紊乱，出现气喘，脉搏加快，痉挛，终因心和呼吸中枢麻痹而死亡。为了防止日射病，应在运动场设遮阳棚或植树，放牧时应避开日光照射较强的中午。

（4）眼睛疾患。波长 1 000～1 900nm 红外线长时间照射眼睛上，可使水晶体及眼内液体温度升高，水晶体混浊，引起白内障。这种情况常见于马属动物。因此，在夏季户外长时间放牧或使役时，应注意保护其头部和眼睛。

（5）引起热射病。夏季太阳光强烈照射皮肤，由于光热效应，使机体散热困难，体温升高，引起机体过热症。

（三）可见光的生物学作用与应用

可见光是指太阳辐射中能使人和动物产生色觉和光觉的部分，其波长为 400～760nm，是动物有机体生存的必要条件之一。可见光通过视神经对动物有机体的生理机能，尤其是生殖机能产生重要影响。就哺乳动物而言，光线照射到眼睛的视网膜上，引起视神经兴奋，通过神经传导到大脑皮层的视觉神经中枢，视觉中枢又将兴奋传递到下丘脑，使下丘脑分泌一系列释放激素，如促生长激素释放激素、促甲状腺激素释放激素、促肾上腺皮质激素释放激素、促性腺激素释放激素等，经循环系统到达垂体前叶，促使垂体前叶释放促激素，如促卵泡激素、促黄体素、促甲状腺激素、促肾上腺皮质激素，这些促激素再分别作用于机体相应的腺体，释放相关激素，如生长激素、性激素、甲状腺激素、肾上腺皮质激素等，直接影响机体的生长发育、生产和繁殖。可见光在光照时间、光照度、光色方面对畜禽生产力产生影响。

1. 光照时间对畜禽的影响　在自然条件下，由于光照的季节性变化，许多动物的生殖活动具有规律性变化。春夏季节，日照时间逐渐增长，气温逐渐升高，马、驴、野生食肉动物、食虫动物、鸟类等的性机能活动增强，开始发情、配种、生育，这些动物称为长日照动物。在秋冬季节，日照时间逐渐缩短，气温逐渐降低，绵羊、山羊、鹿等野生反刍动物则开始进行繁殖，这些动物称为短日照动物。被人类驯养程度较高的动物，如猪、牛对光照的反应较弱。

动物对光照的反应，雌性较雄性敏感。例如公羊全年均可产生成熟的精子，而母羊发情配种则主要集中在秋季；青年母鸡达到性成熟年龄以及产蛋水平高低受光照时间变化的影响最为明显。自然条件下，光照时间逐渐延长（从冬至到夏至）的季节，会促进育成期母鸡性成熟，使鸡提前开产，且产蛋期中蛋重较小，产蛋量较少；如光照时间逐渐缩短（夏至到冬至）的季节，则会延迟性成熟，使鸡在体成熟时开产。在蛋鸡生产中，通常可采取人工控制光照时间变化来调节育成期母鸡性成熟日龄，开产后逐渐增加光照时间来提高群体产蛋量。

2. 光照度对畜禽的影响　适宜的光照度有利于促进动物生长、发育。家禽对可见光光照度的感光阈较低，对光照度的反应较家畜明显。过强的光照容易引起惊群、骚动、争斗、啄羽、啄肛现象，且精神兴奋，增加代谢率，降低增重和饲料利用率；亮度适宜时，鸡群较为安静，饲料利用率较高。生产中，产蛋鸡舍光照度保持在 10lx，肉鸡舍、雏鸡舍光照度保持在 5lx 为宜。

猪对光照度的感光阈较高。试验证明，光照度过低（5～10lx）环境中，公猪、母猪生殖器官发育较正常光照下的猪差，且仔猪生长缓慢，成活率低；但过强的光照会引起精神兴奋，提高机体代谢率，会影响增重和饲料利用率。实验证明，育肥猪舍光照度以 40～50lx 为宜；种猪舍、保育猪舍以 60～100lx 为宜。

3. 光色对畜禽的影响 家禽对光色反应较家畜敏感。试验证明，红光下，鸡群趋于安静，能减轻或制止鸡的啄癖和防止争斗，但会降低公鸡繁殖力；鸡群对白炽光的敏感性最高，开关灯时易惊群；黄光下，能延迟性腺发育，降低成年母鸡产蛋率、种蛋受精率；蓝光下，极易诱发鸡群啄癖，且各年龄阶段鸡群的抗病力降低，产蛋母鸡产蛋率下降。养禽生产中，由于白光和暖黄光比较接近自然光色，在生产中使用较多。

三、畜禽舍采光的设计

（一）自然采光设计

自然光照射入舍内的光量与畜禽舍朝向、舍外情况、窗口面积大小等有一定关系。对南向窗口而言，冬季射入光线较深，畜禽舍可接受较多的太阳辐射热，对提高舍温有利。畜禽舍附近如有高大建筑物或树木，就会遮挡太阳直射光和散射光，影响舍内光照。因此，一般要求相邻建筑物间应保持一定距离，一般不应小于畜禽舍檐高的 3～5 倍。通过合理设计采光窗的有效面积、位置、形状与数量，能有效保证舍内光照充足且分布均匀。

1. 计算采光窗口总面积 窗口的有效采光面积可根据畜禽舍采光系数来计算。采光系数是指窗户的有效采光面积与舍内地面面积之比（以窗户的有效采光面积为 1）。采光系数越大，进入舍内的光量就越多。不同畜禽舍采光系数见表 3-1-2。

表 3-1-2 不同畜禽舍的采光系数

畜禽舍种类	采光系数	畜禽舍种类	采光系数
种猪舍	1∶（10～12）	奶牛舍	1∶（10～15）
保育猪舍	1∶（10～12）	育成牛舍	1∶（10～15）
后备猪舍	1∶（10～12）	犊牛舍	1∶（10～15）
育肥猪舍	1∶（15～20）	育肥牛舍	1∶（20～30）
成鸡舍	1∶（10～12）	种羊舍	1∶（20～25）
育成鸡舍	1∶（8～10）	羔羊舍	1∶（15～20）
雏鸡舍	1∶（7～9）	育肥羊舍	1∶20

窗口有效采光面积可按下式计算：

$$A = S \times K/\tau$$

式中，A 为窗口有效采光面积（m^2）；S 为畜禽舍内地面面积（m^2）；K 为畜禽舍采光系数；τ 为窗扇遮挡系数（单层金属窗为 0.80，双层金属窗为 0.65；单层木窗为 0.70，双层木窗为 0.50）。

2. 确定单个窗口面积

（1）确定窗口上、下缘的高度。根据禽舍窗口的入射角和透光角计算。

入射角：指窗口上缘（或屋檐下端）外角（A）到舍内地面中央一点（B）所引直线（AB），与地面水平线（BC）形成的夹角（$\angle ABC$）（图 3-1-1）。

入射角越大，射入的光量就越多，为保证舍内适宜的光量，$\angle ABC$ 不应小于 25°。通过 $AC=\tan\angle ABC \times BC$，推算出窗口上缘离地高度最低值。

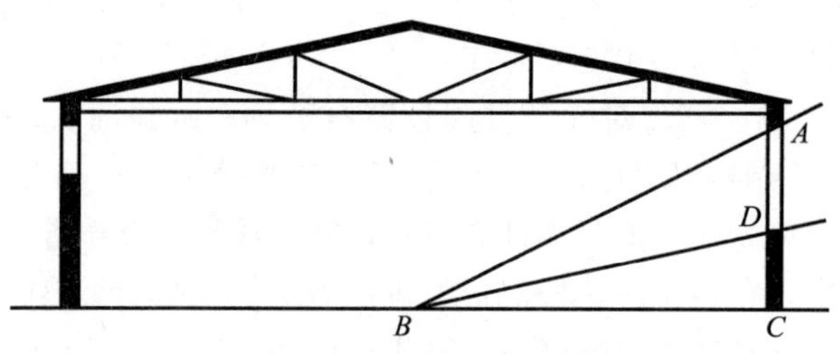

图 3-1-1　入射角与透光角

透光角：指直线 AB 与窗口下缘内角（D）与舍内地面中央一点（B）所引直线（BD）间所形成的夹角（$\angle ABD$）（图 3-1-2）。透光角越大，采光就越多，为保证舍内适宜的光量，$\angle ABD$ 不应小于 5°。通过 $DC=\tan(\angle ABC-\angle ABD)\times BC$，推算出窗口下缘离地高度最高值。但也不能过低，一般最低不能低于 1.2m。

如果窗口屋檐遮挡窗口上缘时，A 点应为屋檐外角。如窗口外有树或其他建筑物遮挡时，D 点应为遮挡物的最高点。

（2）确定窗口宽度。常规情况下，窗口宽度为 0.8～1m。窗的形状关系到采光和通风的均匀度。在窗面积一定情况下，采用宽度大而高度小的卧式窗，可使舍内长度方向光照和通风均匀，但跨度方向则较差；高度大而宽度小的立式窗，则舍内长度方向光照和通风均匀度较差；方形窗光照和通风效果介于两者之间。根据禽舍对采光和通风的要求，建议南向窗口采用近方形窗，北向窗口采用卧式窗。

3. 确定窗口数量及排布

窗口数量＝有效窗口总面积/单个窗口面积

南北窗的数量分布应根据当地气候确定南北窗面积比例，然后考虑光照均匀和畜舍结构对窗间距的要求。炎热地区南北窗面积比例为（1～2）∶1，夏热冬冷和寒冷地区为（2～4）∶1。为使光照均匀，在窗面积一定情况下，可进行窗口拆分，以增加窗的数量减小窗间距。

例题：如南方某猪场妊娠母猪舍长度为 54m、跨度为 9m，请为该舍设计南北窗的数量和排布。

第一步：计算采光窗口总面积。根据已知条件，该舍地面面积为 486m^2，查表获取该舍采光系数为 1∶（10～12），可取 1∶10，根据公式 $A=S\times K/\tau$，推算出该舍所需窗口面积：$A=486\times0.1/0.8=60.75$（m^2）。

第二步：计算单个窗口面积。根据入射角公式计算，窗口上缘距地面距离 $AC=\tan\angle ABC\times BC=\tan30°\times4.5=2.6$（m）。

根据透光角计算，窗口下缘距地面距离 $DC=\tan(\angle ABC-\angle ABD)\times BC=\tan(30°-15°)\times4.5=1.2$（m）。则窗口高度为 1.4m；窗口宽度结合南墙对采光和通风均匀度考虑，取 1.6m，则窗口面积为 2.24m^2。

第三步：计算窗口数量，并进行排布。总窗口数量＝60.75/2.24＝27 扇。考虑到南方炎热的气候特点，南北窗面积比例选用 2∶1，则南向窗口数量为 27×2/3＝18，北向窗口数量为 9 窗。

南墙窗间距：［54－（18×1.6）］/19＝1.33（m）。

北墙窗户数量为 9 扇，北向窗口太大，不利冬季防寒，且窗间距过宽不利舍内均匀采光，可在窗面积保持一定的情况下，将每扇窗户拆分为长度为 1.6m、高度为 0.7m 的卧式窗户 2 扇，则北向窗户调整为 18 扇，按窗间隔 1.3m 进行排布。

从防暑和防寒方面考虑，我国大部分地区夏季都不应有直射光线进入舍内，而冬季则希望阳光尽可能多地照射到畜床上。为了达到这种要求，可通过合理的设计窗户的大小和高度，即当窗户上缘外侧（或屋檐）与窗户内侧所引直线同地面之间的夹角小于当地夏至日的太阳高度角时，就可防止夏至前后太阳直射光进入舍内；当畜床后缘与窗户上缘（或屋檐）所引直线同地面之间的夹角大于当地冬至日的太阳高度角时，就可使冬至前后太阳光线进入舍内，直射在畜床上（图 3-1-2）。

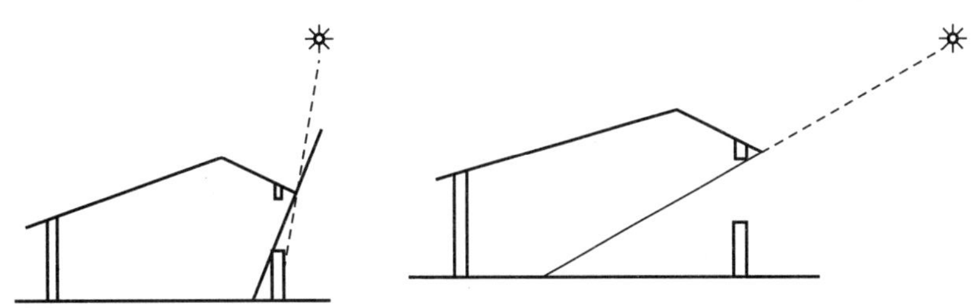

图 3-1-2　根据太阳高度角设计窗户上缘的高度

太阳高度角计算公式：

$$h = 90^\circ - \varphi + \sigma$$

式中，h 为太阳高度角；φ 为当地的纬度；σ 为赤纬（夏至时为 $23^\circ 27'$，冬至时为 $-23^\circ 27'$，春分和秋分时为 0°）。

从采光效果看，立式窗户比卧式窗户好。但立式窗户散热较多，不利于冬季的保温，所以在寒冷的地区，南墙设立式窗户，北侧墙设卧式窗户。为增大透光角，可以增大屋檐和窗户上缘的高度，以及降低窗台的高度等。但是，窗台高度过低，会使阳光直射于畜禽头部，不利于畜禽健康，尤其是马属动物，因此，马舍窗台高度以 1.6～2.0m 为宜，其他畜禽舍以 1.2m 为宜。总之，为了保证舍内适宜的光照度，畜禽舍的透光角一般不应小于 5°。

（二）人工照明调控

自然采光光照度和光照时间具有明显的季节性，且舍内光照度不均匀。为满足畜禽生长、生产过程中对光照度和光照时间的需要，需在舍内安装照明设施来进行光照补充。

1. 选择适宜的灯具　根据各种灯具的特性确定灯具种类：灯具主要有白炽灯与荧光灯（日光灯）2 种。荧光灯比白炽灯节约电能，光线比较柔和，不刺眼睛，但设备投资较大，且需要在一定温度下（21.0～26.7℃）才能获得最高的光照效率，温度过低不易启亮。因此，畜禽舍中一般用白炽灯类作光源。但随着对光源的不断研究和改进，为了节省电能、改善光质、降低成本，现在生产中，主要采用节能灯作为舍内光源，光效高、寿命长、节能效果明显。每平方米舍内面积 1W 光源可提供的光照度见表 3-1-3。

表 3-1-3　每平方米舍内面积 1W 光源可提供的光照度

光源种类	荧光灯	白炽灯	卤钨灯	自镇流高压水银灯
1W 光源可提供的光照度（lx）	12.0～17.0	3.5～5.0	5.0～7.0	8.0～10.0

2. 灯具的分布与高度 尽量减少灯的功率数而增加灯具的数量；灯距为灯高的 1.5 倍，近墙的灯距为内部灯距的一半；2 排以上应左右交错排列，笼养家禽时，灯具除左右交错排列外，还应上下交错排列来保证底层笼的光照度。

灯的高度直接影响地面的光照度，为使地面获得 10.76lx 的光照度，白炽灯的高度应按表 3-1-4 设置。

表 3-1-4 白炽灯安装高度（m）

设置灯罩情况	15W	25W	40W	60W	75W	100W
有灯罩	1.0	1.4	2.0	3.1	3.2	4.1
无灯罩	0.7	0.9	1.4	2.1	2.3	2.9

通常灯高为 2.0m、灯距为 3.0m 左右，每 0.37m^2 鸡舍 1W 或每平方米鸡舍 2.7W，可获得相当于 10.76lx 的光照度。多层笼养鸡舍为使底层有足够的光照度，设计时，光照度应适当提高一些，一般为 3.3～3.5W/m^2。

3. 计算每盏灯具功率 根据畜禽舍人工光照标准（表 3-1-5）和 1m^2 地面设 1W 光源提供的光照度（表 3-1-3），计算畜禽舍所需光源总功率。

表 3-1-5 畜禽舍人工光照标准

畜　舍	光照时间（h）	光照度（lx）	
		荧光灯	白炽灯
牛舍			
奶牛舍、种公牛舍、后备牛舍饲喂处	16～18	75	30
休息处或单栏、单元内产间		50	20
卫生工作间		75	30
产房		150	100
犊牛室		100	50
带犊母牛的单栏或隔间		75	30
青年牛舍（单间或群饲栏）		50	20
肥育牛舍（单栏或群饲栏）		50	20
饲喂场或运动场	14～18	5	5
挤奶厅、乳品间、洗涤间、化验室	6～8	150	100
猪舍			
种公猪舍、育成猪舍、母猪舍、仔猪舍	14～18	75	30
肥猪舍（瘦肉型）	8～12	50	20
羊舍			
母羊舍、公羊舍、断奶羔羊舍	8～10	75	30
育肥羊舍		50	20
产房及暖圈	16～18	100	50
剪毛站及公羊舍内调教场		200	150

（续）

畜 舍	光照时间（h）	光照度（lx）	
		荧光灯	白炽灯
鸡舍			
0～3 日龄	23	50	30
4 日龄～19 周龄	23 渐减或突减为 8～9		5
成鸡舍	14～16		10
肉用仔鸡舍	23 或 3 明：1 暗		0～3 日龄为 25，以后减为 5～10
兔舍及皮毛兽舍			
封闭式兔舍、各种皮毛兽笼、棚	16～18	75	50
幼兽棚	16～18	10	10
毛长成的商品兽棚	6～7		

4. 卫生要求

（1）光照度足够。应满足畜禽最低光照度的要求。蛋鸡、种鸡舍为 10 lx，商品肉鸡、雏鸡 5 lx，其他畜禽为便于人的工作考虑，地面光照度以 10 lx 为宜。

（2）保持灯泡清洁。脏污灯泡发出的光照度比干净灯泡减少 30%以上，因此，要定期对灯泡进行擦拭。同时，设置灯罩不仅可以保持灯泡表面的清洁，还可提高光照度，使光照度增加 50%。一般采用伞形灯罩，避免使用上部敞开的圆锥形灯罩。

（3）其他要求。鸡舍内设置灯泡功率不可过大，应以 40～60W 的白炽灯或 8～18W 的节能灯为宜；灯具不可使用软线悬吊，以防被风吹动，使鸡受惊；设置可调变压器，使灯在开、关时有渐亮、渐暗的过程。

5. 人工控制光照制度 主要应用于家禽生产，现代鸡场光照已成为必要的管理措施，种鸡和蛋鸡基本相同，而肉用仔鸡则自成一套制度。

（1）种鸡和蛋鸡的光照制度。控制光照的目的是使鸡适时地性成熟，其方法主要有如下 2 种：

①渐减渐增法：即在育雏和育成期间逐渐减少每天的光照时数，减少至 8～9h 为止，这样有利于鸡的生长发育，可以使母鸡适时开产。在产蛋前期开始逐渐增加每天的光照时数，直至增加到 16～17h 并保持恒定，开产后保证一定的光照时间和光照度能使鸡群的产蛋率持续上升，鸡群很快进入产蛋高峰，并且能提高初产蛋重。

②恒定法：除育雏第 1 周光照时间较长之外，通过短期过渡，使其他育雏和育成期间每天的光照时数为 8～9h（或 10h），并恒定不变。然后，在产蛋前期开始逐渐增加光照时数，直至增加到 16～17h/d 并保持恒定。此法操作简单，易于人工控制光照，在生产中可收到较好的效果。适用于无窗鸡舍。

（2）肉用仔鸡的光照制度。光照的目的是提供采食时间，促进生长，但光照度不可太强，采用弱光可降低鸡的兴奋性，使鸡经常保持安静的状态，这对肉鸡增重是很有益的。世界肉鸡生产创造的最好成绩，就是在弱光照制度下取得的。其光照制度可分为连续光照制度和间歇光照制度。

①连续光照制度：即进雏后第 1、2 天实行通宵照明，3 日龄至上市出栏，每天采用 23h 光照、1h 黑暗。生产中也有的肉用仔鸡场鉴于饲养中后期的鸡群已熟悉环境（如采食、饮水位置），为节约电能，夜间不再开灯。

②间歇光照制度：即雏鸡幼雏期间给予连续光照，然后变为 5h 光照、1h 黑暗，再过渡到 3h 光照、1h 黑暗，最后变为 1h 光照、3h 黑暗并反复进行。对肉用仔鸡采用间歇光照方法，能提高饲料的利用率，增重速度快，可节约大量的电能。

在畜牧生产中，光照制度应根据各种畜禽对光照时间、光照度、明暗变化规律的要求，以及采用的畜禽舍形式受自然条件影响因素而制定。

技能训练

畜禽舍采光的测定与评价

【实训目的】掌握畜禽舍采光的测定和计算方法，并能进行正确评价，从而为畜禽舍环境卫生评定奠定基础。

【设备与材料】卷尺、照度计、函数表（表 3-1-6）；鸡舍或猪舍。

表 3-1-6　入射角、透光角函数表

度数（°）	tan 值	度数（°）	tan 值	度数（°）	tan 值	度数（°）	tan 值
1	0.02	16	0.29	31	0.60	46	1.04
2	0.03	17	0.31	32	0.62	47	1.07
3	0.05	18	0.32	33	0.65	48	1.11
4	0.07	19	0.34	34	0.67	49	1.15
5	0.09	20	0.36	35	0.70	50	1.19
6	0.11	21	0.38	36	0.73	51	1.23
7	0.12	22	0.40	37	0.75	52	1.28
8	0.14	23	0.42	38	0.78	53	1.33
9	0.16	24	0.45	39	0.81	54	1.38
10	0.18	25	0.47	40	0.84	55	1.43
11	0.19	26	0.49	41	0.87	56	1.48
12	0.21	27	0.51	42	0.90	57	1.54
13	0.23	28	0.53	43	0.93	58	1.60
14	0.25	29	0.55	44	0.97	59	1.66
15	0.27	30	0.58	45	1.00	60	1.73

【方法与步骤】

1. 采光系数的测定　采光系数是窗户的有效采光面积和舍内地面面积之比。通常以窗户所镶玻璃面积为 1，求得其比值。

有效采光面积的测定法：先计算畜禽舍窗户玻璃数，然后测量每块玻璃的面积。畜禽舍的地面面积包括除粪道及喂饲道的面积。

例：容纳 20 头奶牛舍面积为 $15m \times 8m = 120m^2$。该牛舍设有 10 个窗户，每个窗户有 6 块玻璃，每块玻璃的面积为 $0.4m \times 0.5m = 0.2m^2$。舍窗户总的有效面积为 $0.2m \times 6m \times 10m = 12m^2$。

该畜禽舍采光系数为 12∶120＝1∶10。

2. 入射角和透光角的测定　如图 3-1-3 所示，A 是窗户上缘，B 是畜禽舍地面中央的一点，C 是墙壁与地面的交点，D 是窗台。$\angle ABC$ 是入射角，$\angle ABD$ 是透光角。

(1) 测定入射角时，先测量 AC 和 BC 的长度，然后根据 $\tan\angle ABC = AC/BC$，算出 AC/BC 的数值，可从表 3-1-6 中查出 $\angle ABC$ 的角度。例如，$BC=4m$，$AC=2.28m$，$DC=1.2m$，则 $\tan\angle ABC = AC/BC = 2.28/4 = 0.57$，查表 3-1-6，tan 为 0.57 时，$\angle ABC$ 角度为 30°。

(2) 求透光角时，先按上述方法求出 $\angle DBC$，然后用 $\angle ABC - \angle DBC$，即得透光角 $\angle ABD$。

3. 光照度的测定　照度计由光电探头（内装硅光电池）和测量表两部分组成（图 3-1-4）。当光电头曝光时，由光的强弱产生相应的光电流，并在电流表上指示出光照度数值。

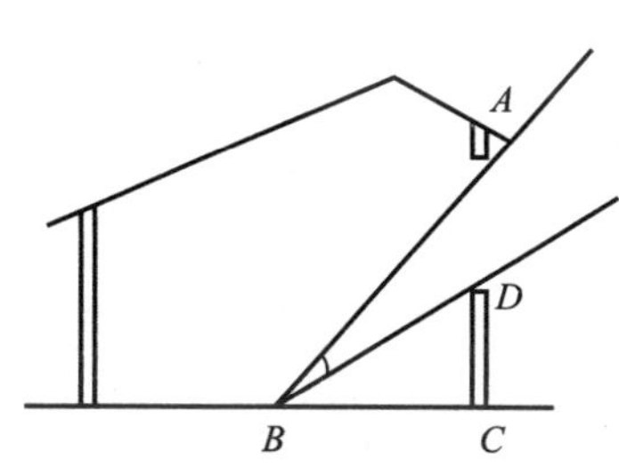

图 3-1-3　入射角、透光角的示意

图 3-1-4　照度计

(1) 使用前检查量程开关，使其处于“关”的位置。

(2) 将光电探头的插头插入仪器的插孔中。

(3) 调零。依次按下电源键、照度键、量程键。若显示窗不是 0，应进行调整；调零后，应把量程键关闭。

(4) 测量时，为避免光引起光电疲劳和损坏仪表，应根据光源强弱，按下量程开关，选择相应的档次进行观测。

(5) 测量完毕，将量程开关恢复到“关”的位置，并将保护罩盖在光电头上，拔下插头，整理装盒。

(6) 测定舍内光照度时，可在同一高度上选择 3～5 个测点进行，测点不能紧靠墙壁，距墙 0.1m 以上。

【考核标准】 考核标准见表 3-1-7。

表 3-1-7 畜禽舍采光的测定与评价考核标准

考核项目	考核要点	考核标准	等级分值			备注
			A	B	C	
过程	合作及态度	态度端正，有合作精神，与小组成员共同完成技能	10～8	7～6	<6	可按实际情况进行调整
	照度计的使用	放置位置正确	20～16	15～12	<12	
	测定方法	测定过程认真、准确	30～24	23～18	<18	
	操作过程	操作规范、记录认真、详细	30～24	23～18	<18	
结果	技能训练报告和工作记录	实训报告内容翔实、标准、正确并及时上交；有完成整个技能训练的工作记录	10～8	7～6	<6	

任务 2 畜禽舍温度控制

知识目标

1. 了解大气及畜禽舍内温度的来源。
2. 掌握畜禽的体热调节方式。
3. 掌握等热区、临界温度的概念及在畜牧生产中的意义。
4. 了解环境温度对畜禽健康及生产力的影响。
5. 掌握畜禽舍内防暑降温措施、防寒保暖措施。
6. 熟习畜禽舍降温及供温设施设备的种类及使用方法。
7. 掌握温度测量仪器的使用及测定方法。

能力目标

1. 能分析不同舍温情况下畜禽的体热调节方式。
2. 能制定畜禽舍防寒保温、防暑降温措施。
3. 能正确使用温度计进行气温及舍温的测定。

一、空气温度与畜禽

空气温度简称气温，是表示空气冷热程度的物理量。空气温度对畜禽的生长发育、繁殖、生产力及健康产生着极其重要的影响，畜禽舍温度调控是畜禽舍环境调控最重要的一项任务。

（一）空气温度的来源与变化

空气热量来源于太阳辐射。太阳辐射经大气层时，被云层、气体、水汽、微粒等削弱后到达地面，使地面增热，地面通过辐射、传导、对流方式将热量传递到空气，使空气增热。空气的冷热程度用空气温度表示（T），单位为摄氏度（℃）、华氏度（℉）。摄氏度和华氏度的换算公式如下：

℃＝（℉－32）×5/9

太阳辐射因太阳高度角的不同，到达地面的太阳辐射强度不同，使地表增热效率出现差异，导致同一地区的空气温度亦随之发生周期性变化。在一天中，日出前气温最低，14:00最高。一天中气温的最高值与最低值之差称为气温日较差；一年中，1月气温最低，7月最高，最热月份的平均气温与最冷月份的平均气温之差称为气温年较差。差异大小受纬度、季节、云量、降水量、地物状况等影响而不同。了解地区气温日较差和气温年较差，对于畜禽生产管理和畜禽舍建筑设计具有重要意义。如某地区春季气温日较差较大，生产管理中应注意夜间防寒；我国南方气温年较差较小，畜禽舍建筑设计中应以夏季防暑为主；北方地区气温年较差较大，圈舍设计应主要考虑冬季防寒，兼顾夏季防暑。

气温除周期性的日、年变化外，还有由于大规模的冷暖空气水平运动引起的非周期性变化。如我国在春季气温升高后，常因北方冷空气的入侵而出现气温突然下降的“倒春寒”现象；秋末冬初气温下降后，若有南方来的暖空气，可出现气温陡增现象。

（二）舍内气温的来源与变动

舍内空气的温度，一部分由舍外空气带入，大部分则产自畜禽机体散发的热量。据测定，在适宜温度下，一栋容纳2万只产蛋鸡的舍内，每小时散发可感热621.6MJ；100头体重500kg，平均日产乳量20kg的成年奶牛，1h散发可感热116.68MJ。此外，工作人员的活动、机械的运转以及各种生产过程也产生一定的热量，这些热量可使舍内的温度上升。白天生产过程较集中，畜禽多处于活动状态，产生大量的热量，使舍内温度大幅度上升；夜间则相反，产生的热量较少。

封闭舍内的实际温度状况，主要取决于畜禽舍的外围护结构的保温能力，畜禽舍的大小和高度，饲养密度等。正常情况下，舍内垂直温差一般在2.5～3.0℃，或每升高1m，温差不超过1.0℃。水平方向上，舍温由中心向四周递降，靠近门、窗、墙等部位的温度较低，且随畜禽舍跨度增加，水平温差加大。在寒冷冬季，舍内的水平温差不应超过3℃。实际生产中为减少舍内温差，在进行畜禽舍设计时，可通过加强畜禽舍外围护结构的保温隔热设计，减少门、窗缝隙的冷风渗透等加以实现。

二、畜禽的等热区和临界温度

（一）等热区、舒适区

新陈代谢是动物有机体一切生命活动的基础。恒温动物在新陈代谢过程中热量的产生和散失必须处于平衡状态才能维持体温的恒定，才能进行正常的机体代谢活动。恒温动物的体温调节能力很强，在不同的环境温度下，可利用自身的体温调节机能维持正常的体温。机体的体温调节方式有散热调节和产热调节，即当环境温度升高或降低时，畜禽通过散热或产热来进行体温的调节以维持体温的恒定。散热调节也称为物理调节，是指在冷热环境中，机体通过辐射、传导、对流、蒸发等方式使散热减少或增加的调节方式。比如通过皮肤血管的舒缩、增减皮肤血流量，改变皮肤温度，以及通过加强或减弱呼吸、寻找舒适场所、改变姿势等方式来增加或减少散热，以维持正常体温。产热调节也称为化学调节，是指在寒冷或炎热环境中，机体必须通过基础代谢产热、活动产热、生产产热、体增热来增加或减少产热量，以维持正常体温的调节方式。

畜禽仅通过物理调节就能维持机体产热和散热的平衡，维持正常体温的环境温度范围称为等热区（图 3-2-1 中 B—B′）；在等热区某一温度区域内，机体不需要任何体温调节方式就能维持产热和散热的平衡，畜禽体温感觉最舒适，最适合畜禽生产性能发挥的温度范围称为舒适区（图 3-2-1 中 A—A′）。在舒适区内，畜禽饲料利用率和生产力最高。

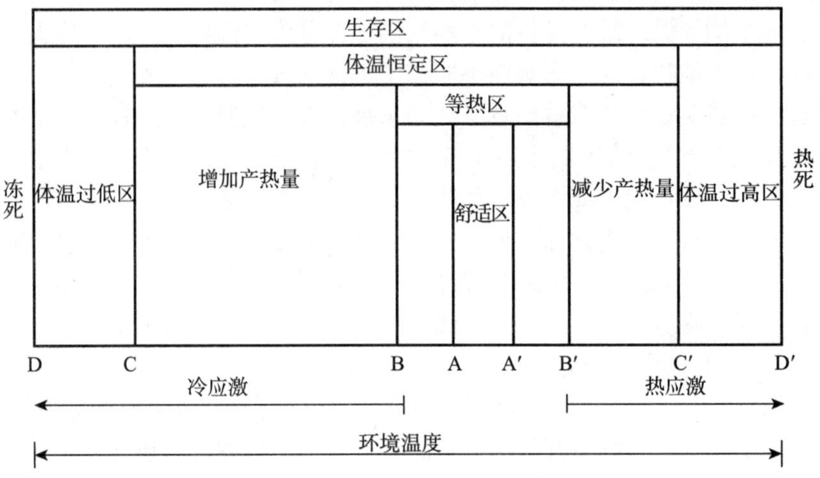

图 3-2-1　环境温度与畜禽体热调节

A. 舒适区下限温度　A′. 舒适区上限温度　B. 临界温度　B′. 过高温度
C. 体温开始下降温度　C′. 体温开始上升温度　D. 冷极限　D′. 热极限

（二）临界温度、极限温度

机体的物理调节能力有限，当环境温度下降低至一定程度，机体散热量增加，仅靠物理调节已不能维持正常体温，必须通过化学调节提高机体代谢，以增加产热量，机体启动产热调节的环境低温称为临界温度，即为等热区的下限温度（图 3-2-1 中 B）。当环境温度继续下降，机体通过减少散热量，增加产热量都不能维持体温正常时的环境低温称为冷极限温度（图 3-2-1 中 D）。当环境温度低于冷极限温度，体温开始下降，代谢随之降低直到冻死。

等热区的上限温度称为上限临界温度或过高温度。在此高温环境下，机体散热受阻，体内蓄热引起体温升高，体温每升高 1℃，代谢率可提高 10%～20%，这种因体温升高引起代谢率升高的环境高度称为过高温度（图 3-2-1 中 B′）。当环境温度继续升高，超出机体的体温调节能力，体内大量蓄热，导致机体代谢急剧增强，产热急速增加，体温过高致死，这一环境高温称为热极限温度（图 3-2-1 中 D′）。

不同畜禽品种、年龄、饲养水平、生产力水平、营养和健康状况、气象状况等都会影响等热区、临界温度等值的高低（表 3-2-1、表 3-2-2）。

表 3-2-1　不同畜禽的等热区

畜禽种类	等热区（℃）	畜禽种类	等热区（℃）
猪	15～25	山羊	20～28
肉牛	8～20	肉鸡	10～27
奶牛	10～15	蛋鸡	12～23
绵羊	21～25		

表 3-2-2　不同体重、不同生理状态下畜禽的下限临界温度

畜禽种类	临界温度（℃）	畜禽种类	临界温度（℃）
初生仔猪	27	初生犊牛	13
哺乳仔猪、2kg 体重、单养	31	肉牛、日增重 1kg	－13
哺乳仔猪、2kg 体重、群养	26	肉牛、日增重 1.5kg	－15
断乳仔猪、20kg 体重、群养	15	泌乳牛、体重 500kg、日产乳 9kg	－24
生长猪、60kg 体重	16	泌乳牛、体重 500kg、日产乳 23kg	－32
肉猪、100kg 体重	14	泌乳牛、体重 500kg、干乳、妊娠	－14
3 日龄雏鸡	34	绵羊、剪毛	32
5 周龄雏鸡	22	绵羊、毛长 5mm、维持需要	25
成鸡	18	绵羊、毛长 5mm、丰富饲料	18
0.1kg 肉用仔鸡	28	绵羊、毛长 18mm	20
1kg 肉用仔鸡	16	绵羊、毛长 120mm	－4

（三）影响等热区和临界温度的因素

1. 畜禽种类　动物种类不同，体型大小不同，每单位体重的体表面积不同，散热也不同。凡体型较大、每单位体重表面积较小的畜禽，均较耐低温而不耐热，其等热区较宽，临界温度较低。在完全饥饿状态下测定的临界温度：鸡 28℃，猪 21℃，去势牛 18℃；在完全饥饿状态下测定的等热区：鸡 28～32℃，山羊 20～28℃。

2. 年龄和体重　临界温度随年龄和体重的增大而下降，等热区随年龄和体重的增大而增宽。幼龄畜禽的等热区较窄，临界温度较高。例如，体重 1～2kg 的哺乳仔猪为 29℃，体重 6～8kg 下降为 25℃，体重 20kg 为 21℃，60kg 和 100kg 分别为 20℃和 18℃。

3. 皮毛状态　被毛浓密或皮下脂肪发达的畜禽，保温性能好，等热区较宽，临界温度较低。例如，饲喂维持日粮的绵羊，被毛长 1～2mm（刚剪毛时）的临界温度为 32℃，被毛长 18mm 的为 20℃，120mm 的为－4℃。

4. 饲养水平　饲养水平愈高，则体增热愈多，临界温度低。例如，被毛正常的去势牛，维持饲养时临界温度为 7℃，饥饿时升高到 18℃；刚剪毛摄食高营养水平日粮的绵羊为 25.5℃，使用维持日粮的为 32℃。

5. 生产力水平　畜禽的生产包括泌乳、劳役、妊娠、生长、肥育等方面。凡生产力高的畜禽其代谢强度大，体内分泌合成的营养物质多，因此产热多，故临界温度较低。例如，日产乳 9.5kg 的奶牛，临界温度为－6℃，而日产乳 19kg 时则下降到－18℃。

6. 管理制度　群体饲养的畜禽，由于相互拥挤体热的散失减少，临界温度较低；而单个饲养的畜禽，体热散失就较多，临界温度较高。例如将 4～6 头体重 1～2kg 的仔猪同放在一个代谢笼中测定，其临界温度为 25～30℃；如果进行个别测定，则上升到 34～35℃。此外，较厚的垫草或保温良好的地面，都可使临界温度下降。

7. 对气候的适应性　生活在寒冷地区的畜禽，由于长期处于低温环境，其代谢率高，等热区较宽，临界温度较低；而炎热地区的畜禽恰好相反。

8. 其他气象条件　由于临界温度是在无风、无太阳辐射、湿度适宜的条件下测定的，因此，所得的结果不一定适用于自然条件。在田野中，风速大或湿度高，畜禽体的散热量增加，可使临界温度上升。奶牛在无风环境里的临界温度为－7℃，当风速增大至 3.58m/s 时，则上升到 9℃。

等热区和临界温度，在畜牧生产中具有重要的实践意义。各种畜禽在等热区内，代谢率最低，产热量最少，饲料利用率、生产性能、抗病力均较高，饲养成本最低。由于影响等热区和临界温度的因素很复杂，对于不同种类、年龄、体重、生产力、被毛状态的畜禽应分别采用不同饲养管理措施。因此，确定各种畜禽的等热区和临界温度，是制定饲养管理方案和设计畜禽舍的重要依据。

三、气温对畜禽的影响

在等热区之外，气温过高或过低，对畜禽的生理功能和生产性能都有不良影响，其影响程度取决于温度的高低和持续时间的长短。温度越高或越低，持续时间越长，则影响越大。

（一）气温与畜禽机体的热调节

当气温高时，皮肤血管扩张，大量的血液流向皮肤，使皮温升高，以增加皮温与气温之差，提高非蒸发散热量。同时，汗腺分泌加强，呼吸频率加快，以增加机体的蒸发散热量。随气温的升高，非蒸发散热逐渐减少，而以蒸发散热代之；当气温等于皮温时，非蒸发散热完全失效，全部代谢产热需由蒸发发散；如果气温高于皮温，机体还以辐射、传导和对流的方式从环境得到热量，这时蒸发作用需排除体内的产热和从环境得到的热量，才能维持体温正常。只有汗腺机能高度发达的人和其他灵长类动物才有这种能力，一般畜禽很难维持体温的恒定。在高温条件下，畜禽一方面增加散热，另一方面还需要减少产热。首先表现为采食量减少或拒食，生产力下降，肌肉松弛，嗜睡懒动，继而内分泌机能开始活动，最明显的是甲状腺分泌减少。当上述热调节失效时，则热平衡被破坏，引起体温的升高。

与高温相反，随着气温的下降，皮肤血管收缩，减少皮肤的血液流量，皮温下降，使皮温与气温之差减少，汗腺停止活动，呼吸变深，频率下降，非蒸发和蒸发散热量都显著减少。同时，肢体蜷缩，群集，以减少散热面积，立毛肌收缩，被毛逆立，以增加被毛内空气缓冲层的厚度。当气温下降到临界温度以下，表现为肌肉紧张度提高，颤抖，活动量和采食量增大。

（二）气温对畜禽生产力的影响

1. 气温对繁殖力的影响 除了光照影响外，气温也是影响繁殖的一个重要因素。气温过高对许多畜禽的繁殖都有不良的影响。

（1）对繁殖公畜的影响。正常条件下，公畜的阴囊有很强的热调节能力，使得阴囊的温度低于体温 3～5℃。持续高温环境，引起精液品质下降，对牛影响明显。一般在高温影响后 7～9 周精液品质才能恢复正常水平。高温还会抑制公畜的性欲。正因如此，盛夏之后，秋季配种效果常常很差。低温由于可促进新陈代谢，一般有益无害。

（2）对繁殖母畜的影响。首先，高温能使母畜的发情受到抑制，表现为不发情或发情不明显。其次，高温还会影响受精卵和胚胎的存活率。高温对母畜生殖的不良作用主要在配种前后一段时间内，特别是在配种后胚胎附植于子宫前的若干天内，是引起胚胎死亡的关键时期。受精卵在输卵管内对高温很敏感，且在附植前容易受高温刺激而死亡。高温对母畜受胎率和胚胎死亡率影响的关键时期为：绵羊在配种后 3d 内，牛在配种后 4～6d，猪在配种后 8d 内，受胎后 11～20d 及妊娠 100d 以后。

妊娠期处于高温期内的母畜，一般仔畜初生重较轻、体型略小，生活力较低，死亡率高。引起这一现象的原因是：①在高温条件下，母体外周血液循环增加，以利于散热，而使子宫供血不足，胎儿发育受阻；②高温条件下，母畜采食量减少，本身营养不良，也会使胎儿初生重和生活力下降。

2. 气温对生长肥育的影响　气温对畜禽生长肥育的影响主要在于改变能量转化率。每种动物都有最佳的生长、肥育环境温度，一般此时饲料利用率也较高，生产成本亦较低。该温度一般即在其等热区内，所以凡可影响畜禽等热区的因素，均可影响其最佳生长肥育温度。大量试验表明，畜禽处于不利的温热环境（炎热或寒冷）下，其生产率均下降。当温度低于临界温度时，畜禽进食量会随气温的下降而迅速增加，但维持能量需要的增加常比自由进食能量增加的速度更快，因此，增重速度逐渐下降，如果自由采食，下降较慢。温度过高，畜禽进食量迅速减少，增重速度和饲料转化率也随之降低，虽然有时饲料转化率会因采食量的减少而有所提高，但得不偿失。

猪生长、肥育的适宜温度在 12～20℃，当气温超过 30℃或低于 10℃时，增重率明显下降（表 3-2-3）。牛的生长肥育温度以 10℃最佳。

表 3-2-3　气温对育肥猪生长发育的影响

气温（℃）	日采食量（kg）	日增重（kg）	饲料：增重
0	5.09	0.54	9.54：1
5	3.76	0.53	7.10：1
10	3.50	0.80	4.37：1
15	3.15	0.79	3.99：1
20	3.22	0.85	3.79：1
25	2.63	0.72	3.65：1
30	2.21	0.45	4.91：1
35	1.51	0.31	4.87：1

3. 气温对产蛋的影响　在一般的饲养管理条件下，各种家禽产蛋的适宜温度为 13～23℃。下限温度为 7～8℃，上限温度为 29℃。气温持续在 29℃以上，鸡的产蛋量下降，蛋重降低，蛋壳变薄。温度低于 8℃，产蛋量下降，饲料消耗增加，饲料利用率下降（表 3-2-4）。

表 3-2-4　不同温度下鸡的饲料消耗和产蛋量

环境温度（℃）	7.2	15.6	23.9	29.4	35.0
日采食量（干物质）（g）	101.5	93.3	88.4	83.3	76.1
日食入代谢能（kJ）	1 301	1 197	1 138	1 075	98.3
产蛋率（%）	76.2	86.3	85.1	82.1	79.2
平均蛋重（g）	64.9	59.3	59.6	60.1	58.5
鸡日产蛋量（g）	49.4	51.0	50.6	49.5	46.2

4. 气温对产乳量和乳品质的影响

（1）产乳量。牛的体型较大，其临界温度较低，特别是高产奶牛，可低达－12℃，所以在一定范围内的低温对牛的生产性能影响较小，而高温则有较大的影响。中国荷斯坦牛生产性能高，采食量大，不仅是一个耐寒不耐热的品种，而且热增耗大，生产产热多。高温对其生产性能影响尤为突出。牛舍温度从10℃逐渐升高到40.6℃，其产乳量从21.1℃开始明显下降，40.6℃时仅剩15.5%（表3-2-5）。高产奶牛由于产热量大，则更为严重。所以，随着育种、饲养水平等的提高，产乳量的提高亦对环境的控制及其对策不断提出新的要求。

表3-2-5　环境温度与荷斯坦牛产乳量的关系

环境温度（℃）	10.0	15.6	21.1	26.7	29.4	32.2	35.0	37.8	40.6
产乳量（%）	100	98.4	89.3	75.2	69.6	53.0	42.0	26.9	15.5

（2）乳品质。气温升高，乳脂率下降，气温从10℃上升到29.4℃，乳脂率下降0.3%。如果温度继续上升，产乳量将急剧下降，乳脂率却又异常地上升（表3-2-6）。一年中的不同季节，乳脂率的变化也较大，夏季最低，冬季最高。

表3-2-6　气温对乳品质的影响

气温（℃）	4.40	10.00	15.60	21.10	26.70	29.40	32.20	35.00
乳脂率（%）	4.20	4.20	4.20	4.10	4.00	3.90	4.00	4.30
非脂固体（%）	8.26	8.24	8.16	8.12	7.88	7.68	7.64	7.58
乳蛋白（%）	2.26	2.22	2.08	2.05	2.07	1.93	1.91	1.81

（三）气温对畜禽机体的不良作用

1. 高温的不良影响　在高温的环境下，畜禽通过增加散热和减少产热量来维持体温的恒定，以适应高温环境。但这种适应能力是有一定限度的。外界温度过高，或作用时间过长，就会降低体温调节中枢的机能，破坏机体的热平衡，可引起一系列生理机能失常。

（1）体温。在高温条件下，体温升高是体温调节障碍、机体内蓄热的主要标志。通常可根据在炎热环境中机体体温升高的幅度，作为评定畜禽耐热性的指标。畜禽中以绵羊的耐热能力最强，牛和猪最差。

（2）呼吸系统和循环系统。在高温情况下，畜禽的呼吸深度变浅，频率增加，进而出现热性喘息。由于从体表和呼吸道蒸发了大量水分，血液浓缩；高温使皮肤血管扩张，末梢循环血量增大，从而血液发生重新分布，内脏贫血而周围血管充血，心跳加快而每搏输出量（即心脏收缩时一侧心室射入动脉的血量）减少，均使心脏负担加重。

（3）消化系统。大量出汗造成氯化物的损失，致使胃酸必需的氯离子贮备量减少，再加上大量的饮水使胃酸稀释，导致胃液酸度降低，胃蠕动减弱，往往成为高温时期产乳量下降和饲料利用率、增重率降低的主要原因。

（4）泌尿系统和神经系统。在高温的情况下，机体大量的水分通过体表及呼吸道排出，经肾排出的水分大大减少，同时脑垂体受高温作用后，增加了加压素的分泌，使肾对水分的重吸收能力加强，造成尿液浓缩，甚至在尿中出现蛋白质、红细胞等非正常物质。高温作用，还可抑制中枢神经系统的运动区，使机体动作的准确性、协调性和反应速度降低。

2. 低温的不良影响　畜禽机体对低温的适应能力要比高温强得多。只要有充分的饲料供应，畜禽有自由活动的机会，在一定的低温条件下，仍能保持热平衡，维持恒定的体温。

（1）导致体温下降。畜禽长时间地处于过低的温度环境中，温度超过畜禽代偿产热的能力时，将会引起体温下降。体温下降，使中枢神经系统的活动受到抑制，导致神经传导发生障碍，使机体对各种刺激的反应性降低。同时还会伴有血压下降，呼吸变慢、减弱，心跳减弱，脉搏迟缓，嗜睡等现象。严重的会因呼吸中枢及心血管中枢麻痹，最终导致死亡。

(2) 引起冻伤。冻伤是机体在低温条件下发生的冻害现象。冻伤的发生与发展，除与温度降低的程度和作用时间的长短有关外，还与其他气象因素（湿度、风速）、局部组织的血液循环状况及机体的机能状态有关。例如，在低温有风且湿度较大的环境下，畜禽体表被毛稀少的部位（如猪尾部，母牛的乳房，公牛的阴囊等）和下肢均易发生冻伤。

(3) 促发感冒性疾病。低温常对一些感冒性疾病（如支气管炎、肺炎、关节炎、风湿症等）的发生和发展起着条件性促进作用。如畜禽突然遭受到风雨的侵袭、劳役大汗后受寒、冬季施行药浴方法不当等，都会引起感冒和感冒性疾病。

(4) 降低饲料的消化率。实践证明，低温会导致畜禽对饲料的消化率降低，并提高代谢率，增加产热量，因此在严寒的冬季，饲料消耗显著增加，饲料利用率下降，造成饲料的浪费。

总之，在使用饲养标准时，要根据气候条件进行调整，特别注意气象因素，同时还要注意畜禽舍的保温，以减少饲料能量的浪费。

四、畜禽舍温度的调控

(一) 畜禽舍的防暑与降温措施

1. 合理的外围护结构隔热设计 夏季舍内温度过高源于舍外高温、强烈的太阳辐射及畜禽在舍内的产热等（图 3-2-2）。合理进行畜禽舍外围护结构保温隔热设计，在一定程度上可以削弱高温及太阳辐射对舍温的影响，以有效保证畜禽对温度的基本要求。

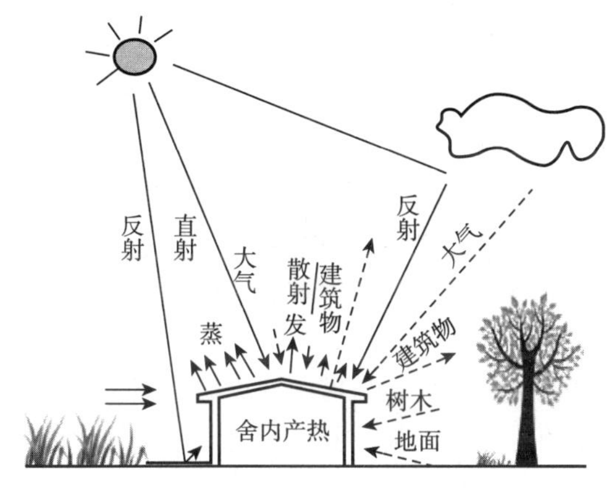

图 3-2-2 造成舍温过高的因素

(1) 屋顶隔热设计。高气温和强烈的太阳辐射通常可使屋面温度高达 60～70℃，屋顶隔热设计是否合理对舍温影响较大。生产中，通常采用以下措施缓解高温对舍温的影响：①选择保温隔热的材料，如聚苯乙烯泡沫塑料、岩棉、玻璃棉、FGT（稀土）复合隔热保温涂料等，减少热量传入。②修建多层结构屋顶，利用不同材料的导热性和蓄热性，增加屋面厚度而形成较大的热阻，减少热量传入，以取得良好的隔热效果（图 3-2-3）。③修建间层通风屋顶，减少热量传入舍内。要求内壁光滑以利通风流畅，进风口对着夏季主导风向，排风口高于进风口，排风面大于进风面。夏热冬冷地区不宜采用通风屋顶，因其冬季冷风会促使屋顶散热不利于保温。④采用浅色屋面增加太阳辐射的反射。

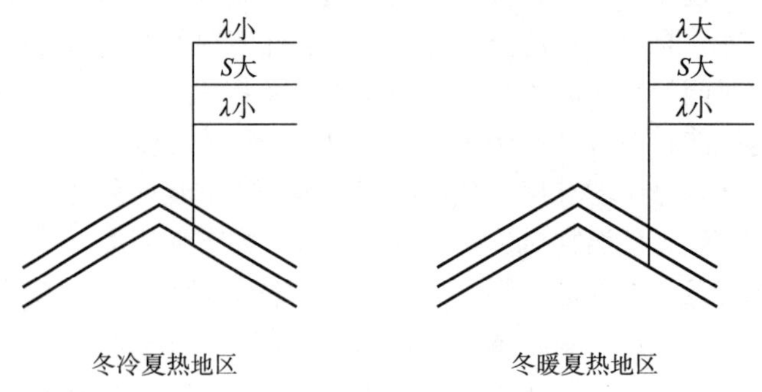

图 3-2-3 多层结构屋顶隔热设计
（S. 蓄热系数 λ. 导热系数）

（2）墙壁隔热设计。开放式或半开放式畜禽舍，墙壁的隔热处理意义不大。对于夏热冬冷的地区，有窗封闭式畜禽舍的墙壁隔热设计应参照屋顶的隔热设计进行处理，尤其是受到强烈太阳辐射照射的西面墙体。

2. 科学的通风设计 通风是畜禽舍夏季降温的重要手段之一，通过科学地设置排风扇、通风窗口、通风屋顶等可有效增加舍内通风量，还可促进动物机体散热，有利于降低舍温。若舍外温度低于舍内温度，通风可驱散舍内热能，从而不至于导致舍温过高。在自然通风畜禽舍建筑中应设置地窗、天窗、通风屋脊、屋顶风管等，这些都是加强畜禽舍通风的有效措施。舍外有风时，设置的地窗加大了通风面积，并形成“扫地风”“穿堂风”。无风天气，舍内通风量取决于进排风口的面积、进排风口之间的垂直距离和舍内外温差。

因此，设天窗、通风屋脊或屋顶风管作为排气口，窗和地窗作为进气口，这可以加大进、排风口之间的垂直距离，从而增加了通风量。在冬冷夏热地区，宜采用屋顶风管，管内设翻板调节阀，以便冬季控制风量或关闭风管。地窗应做成保温窗，冬季关严以利防寒。应当指出，夏季炎热地区，舍内外温差很小，中午前后，舍外气温甚至高于舍内，此时，加强通风的目的主要不在于降低舍温，而在于促进畜禽机体蒸发和对流散热。

3. 实行遮阳与绿化

（1）遮阳。阻挡阳光进入舍内的设施与措施统称为遮阳。通过遮阳可避免不同方向的太阳辐射进入舍内，减少热量的传入。试验证明，通过遮阳可使太阳辐射传入舍内的热量减少17%～35%。遮阳措施有：①设置水平挡板，挡住窗口上方射来的阳光；②设置垂直挡板，阻挡正射到窗口的阳光；③种植高大树木、搭架植物等。

（2）绿化。通过种植花草、树木，覆盖裸露地面和遮挡阳光辐射，以减少热量和热辐射的传递。一方面通过植物的蒸腾作用和光合作用，吸收太阳辐射热以降低气温；另一方面，通过植物根系所保持的水分，从地面吸取大量热能而使地面温度降低，一般绿化地夏季气温比非绿化地低 3～5℃，从而减缓室外地表向畜禽舍内地表的辐射热。草地上的草可遮挡80%的太阳辐射，茂盛的树木可遮挡 50%～90%的太阳辐射，未经绿化的地面辐射热比绿化的地面高 4～15 倍。此外植物林带可削弱风量及风速，减缓空气中尘埃逸散，改善养殖场场区气流等状况，还可增加空气湿度，绿化区因风速小，土壤和植物蒸发的水分不易扩散，空气中水分含量普遍高于非绿化地区，相对湿度比未绿化地区高10%~20%。

4. 采取降温措施 当环境温度接近体温或超过体温时，防暑的关键在于降温。

（1）喷雾降温。在畜禽舍圈栏上方设置喷雾降温系统，高温空气进入舍内，利用高压喷嘴将低温的水呈雾状喷出或直接向屋顶喷雾，雾粒吸收空气的热量蒸发而使空气温度降低。水温越低，效果越好；空气越干燥，效果越好。常用的喷雾降温系统由水箱、水泵、过滤器、喷头、管路及自动控制装置组成。喷头采用旋芯式喷头，其主要参数为喷雾量60~100g/min，喷雾锥角大于70°，雾粒直径小于100μm，喷雾压强265kPa。当舍温上升到设定的温度上限时，自动开启喷雾，喷1.5~2.5min，间歇10~20min再继续喷雾；当舍温下降至设定的温度下限时停止喷雾。水箱中加入消毒剂，还可对畜禽舍进行消毒。但喷雾会增加空气湿度，影响机体蒸发散热，故在湿热天气和地区不宜采用。

（2）喷淋降温。在畜禽舍饮水区上方设置喷淋降温系统，间隙地将低温的水喷出，喷水可直接从畜体及空气中吸收热量，增加体表蒸发散热，从而达到降温的作用。喷淋系统一般由水箱、水泵、导水管、泛水板、喷头、自动控制装置组成，也可直接将喷头安装在自来水系统中。喷头的喷淋直径可达3m，应避免在畜体休息区和采食区喷淋，以保持该区域干燥。系统中的水在水压作用下，通过降温喷头喷孔喷向泛水板，然后被溅成小水滴向四周喷洒，淋在猪、牛体表上的水一般经过1h左右才能全部蒸发，系统运行时不应造成地面积水或汇流，建议每隔45~60min喷淋2min，采用时间继电器控制。

（3）滴水降温。滴水降温系统主要由水箱、水泵、导水管、滴水器组成。滴水器通常安装在家畜肩颈部上方30cm处，滴水直接滴到家畜的肩颈部，以达到直接降温的目的。由于滴水位置固定，该降温方式主要用于家畜定位饲养的情况。滴水流量以家畜肩部湿润又不使水滴到地面为宜，通常间歇45~60min开启1次。

（4）湿帘通风降温。湿帘通风降温系统主要由湿帘、循环水路、排风机和温度控制装置组成（图3-2-4）。湿帘多采用玻纹多孔纸制作，一般安装在夏季迎风面的端墙上，以增加气流速度，提高蒸发降温效果。排风机安装在湿帘对侧，尽量减少通风死角。

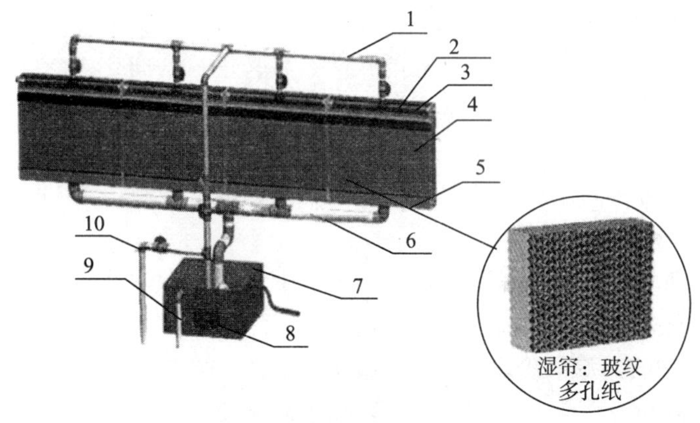

图3-2-4 湿帘循环水路系统

1. 上水管 2. 喷水管 3. 泛水板 4. 玻纹多孔纸 5. 集水槽 6. 回水管 7. 过滤水池 8. 管道泵 9. 溢水管 10. 进水管

湿帘风机降温系统的控制一般由恒温控制系统装置来完成，当舍温高于设定温度范围的上限时，控制装置系统开启水泵将水箱中的水经进水管送至上水管，再通过喷水管的喷水孔将水喷向泛水板（喷水孔面向上），从泛水板上流下的水均匀流向湿帘，以保证与空气接触的湿帘表面完全湿透，最后流下的水经集水槽和回水管流回水箱。随后启动风机排风，湿帘风机降温系统处于工作状态，风机向外排风使舍内空气形成负压区，舍外空气通过湿帘被吸入舍内，空气经过湿帘，水分受热蒸发带走热量而使进入舍内的空气温度降低。当舍温下降低于设定温度范围的下限时，控制装置系统首先关闭水泵，延时 30min 后，将风机关闭，整个系统停止工作。延时关闭风机的目的是使湿帘完全晾干，以利于控制藻类的滋生。

根据畜禽舍负压机械通风的方式不同，湿帘、风机的位置有不同的布置方式（图 3-2-5）。湿帘应安装在迎着夏季主导风向的墙面上，以增加气流速度，提高蒸发降温效果。在布置湿帘时，应尽量减少通风死角，确保舍内通风均匀，温度一致。

设计湿帘通风降温系统时，需要确定其面积和厚度。一般情况下，湿帘厚度以 100～300mm 为宜，适宜的厚度可增加气流与湿帘接触的时间，有利于提高蒸发降温效率。湿帘面积可根据以下公式计算：

$$F_{湿帘} = \frac{L}{3\ 600v}$$

式中，$F_{湿帘}$ 为湿帘的总面积（m^2）；L 为畜禽舍夏季所需的最大通风量（m^3/h）；v 为空气通过湿帘时的流速，通常情况下 v 为 1.0～1.5m/s，潮湿地区取较小值，干燥地区取较大值。

可根据湿帘的实际高度和宽度，拼成所需要的面积。与之配套的水箱容积可按 $1m^2$ 湿帘 30L 计算，正常情况下 $1.5m^3$ 即能满足要求。

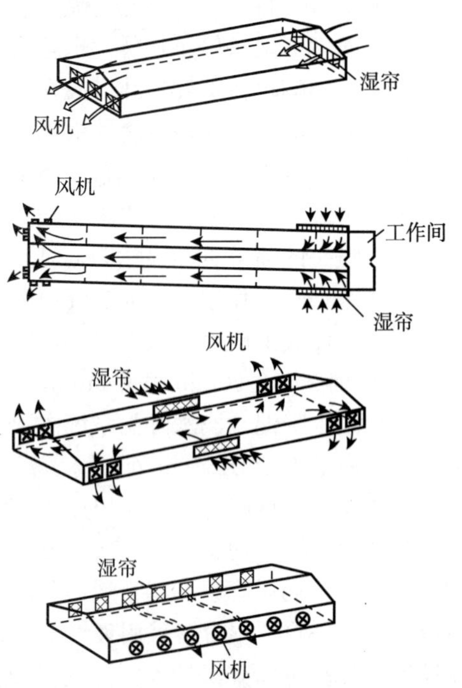

图 3-2-5　湿帘风机降温系统布置

湿帘安装及使用中的注意事项：①湿帘底部要有支撑，其面积不少于底部面积的 50%，底部不得浸入集水槽中；②应使用井水或自来水，不得使用未经处理的地面水，以防藻类的滋生；③至少每周彻底清洗 1 次整个供水系统；④当舍外空气相对湿度大于 85%时，停止使用湿帘降温；⑤不可用高压水冲洗湿帘，应用软毛刷上下轻刷，不可横刷。

（二）畜禽舍防寒与采暖措施

在我国东北、西北、华北等寒冷地区，由于冬季气温低，持续时间长，在设计、修建畜禽舍时必须注重畜禽舍的防寒保温与采暖。

1. 畜禽舍外围护的保温隔热设计　良好的隔热设计是保证寒冷冬季畜禽舍获得较为适宜的环境温度最有效和最节能的措施。因此，在畜禽舍建设中都非常重视外围护的保温隔热设计。

（1）屋顶、天棚的隔热设计。畜禽舍外围护结构中，屋顶散热面积大，且在舍内空气热压的作用中，热空气受热上升，潮湿空气更容易在屋顶凝结，从而加大屋顶的导热性，从而导致屋顶散热、失热最多，因此，加强屋顶的保温隔热设计，对保持舍温具有重要的意义。①屋顶修建可选用导热系统小的轻型高效保温隔热材料，如中间夹聚苯乙烯泡沫板的双层彩钢复合板、钢板内喷聚苯乙烯泡沫塑料等，提高屋面热阻避免屋顶内表面温度比舍内露点温度低；②在屋顶与畜禽舍空间之间设置天棚，形成一个相对静止的空气缓冲层，可大大提高屋顶的保温能力。

(2) 墙壁的保温隔热。墙壁的失热仅次于屋顶。为提高畜禽舍墙壁的保温能力，可选择导热系数小的材料，确定合理的隔热结构等。如采用空心砖、加气混凝土块或利用空心墙体充填隔热材料可有效提高墙体热阻，或采用夹层复合聚苯乙烯泡沫板等新型经济的保温材料，除了具有较好的保温隔热特性外，还有一定的防腐、防燃、防潮、防虫功能，可用于组装式拱形屋面和侧墙材料。

实际生产中，还可适当降低畜禽舍净高，在外门加门斗、设双层窗、北墙或西墙冬季迎风，尽量少设门、窗等，对加强畜禽舍冬季保温均有一定的作用。

2. 利于防寒的畜禽舍形式和朝向 畜禽舍的建筑形式应考虑当地冬季寒冷程度和饲养畜禽种类及饲养阶段。如严寒地区宜选择有窗式或密闭式畜禽舍，冬冷夏热地区的成年畜禽舍可以考虑半开放式，冬季时搭设塑料棚或塑料薄膜窗保温。一些寒冷地区修建的多层畜禽舍，因屋顶隔热和地面保暖效果较好，不但有利于畜禽舍小气候的控制，且能节约建筑材料与土地，兼顾保温与节能。

畜禽舍朝向不仅影响采光，而且与冷风侵袭有关。寒冷地区由于冬春季节多偏西或偏北风，故在实践中畜禽舍以偏南向为好。

3. 加强防寒饲养管理 对畜禽的饲养管理及畜禽舍的维修保养与越冬准备，直接或间接地对畜禽舍的防寒保暖起到不可忽视的作用。加强防寒管理的措施主要是：

(1) 在不影响饲养管理及舍内卫生的前提下，适当加大饲养密度。

(2) 控制舍内的气流，防止贼风的产生。加强畜禽舍入冬前的维修与保养，封门、封窗、设挡风障、粉刷、抹墙等，堵塞一切缝隙，防止冷风渗透。这些措施对于提高畜禽舍防寒保温性能都有重要的作用。实践证明，在冬季，舍内气流由 0.1m/s 增大到 0.8m/s，相当于舍温降低 6℃。

(3) 控制舍内的湿度，保持空气干燥。水的导热系数为空气的 25 倍，潮湿空气、地面、墙壁、天棚等导热系数一般会比干燥状态下的增大若干倍，从而降低畜禽舍外围护保温性能，同时由于空气潮湿不得不加大通风换气，使舍温进一步下降。因此在寒冷地区应加强防潮设计。

(4) 使用垫料，改进冷地面的温热特性。

上述防寒管理措施，可根据养殖场的实际情况加以利用。尤其是寒冷时调整日粮的营养浓度，特别是日粮中的能量浓度，对畜禽抵抗寒冷具有重要的意义。

4. 畜禽舍采暖措施 当各种防寒措施仍不能满足舍温需要时，可采取集中采暖和局部采暖方式进行供暖。集中采暖是通过一个热源将热水、蒸汽或预热后的空气，通过管道输送到畜禽舍内或舍内散热器，对整个畜禽舍进行全面供暖，使舍温达到适宜的程度。局部采暖则由火炉（包括火墙、地龙等）、电热器、保温伞、红外线灯等就地产生热能，供给畜禽舍的局部环境。在我国，局部供暖主要用于初生仔猪和雏鸡保温。

(1) 热水散热器供暖。热水散热器主要由热水锅炉、管道、散热器组成。生产中，散热器常采用铸铁柱形散热器，传热系数较大，比较适合畜禽舍使用。因其只有靠边两片的外侧能把热量有效地辐射出去，因此散热器布置时应可能使舍内温度分布均匀，同时考虑缩短管路长度，进行多组均匀布置，且每组片数一般不超过 10 片，以增加散热器的有效散热面积。一般分布在窗下或饲喂通道上。

（2）热风供暖。热风供暖是利用热源将空气加热到要求的温度，然后将该空气通过管道送入畜禽舍进行加热。在为畜禽舍提供热量的同时，也提供了新鲜空气，降低了能源消耗；热风进入畜禽舍可以显著降低空气湿度。由于空气的贮热能力低，热风供暖不适宜进行远距离输送。热风供暖主要有热风炉式、空气加热器和暖风机式 3 种。

（3）热水管地面采暖。热水管地面采暖是将热水管埋设在畜禽舍地面的混凝土层内，热水管下方铺设防潮隔热层以阻止热量向下传递。热水通过管道将地面加热，为家畜生活区域提供适宜的温度。水温由恒温控制器控制，温度调节范围为 45～80℃。与其他供暖设施相比，热水管供暖有如下优点：①节省能源，可以只考虑家畜禽生活供暖；②地面易保持干燥，减少腹泻等疾病发生；③供热均匀；④利用地面的高贮热能力，使温度保持较长的时间。缺点：①一次性投资大；②不易维修；③地面加热至设定温度所需时间较长，对突然的温度变化调节能力差。

（4）太阳能集热-贮热石床采暖。太阳能集热为太阳能采暖方式中的一种，它由太阳能接收室和风机组成。冷空气经进气口进入太阳能接收室后，被太阳能加热，通过石床将热能贮存起来，夜间用风机将经过加热后的空气送入舍内，使舍温升高。由于太阳能采暖受气候条件影响较大，一般在日照较多的地区使用或只作为其他采暖设备的辅助装置使用。

（5）电热保温伞供暖。保温伞的伞体多采用铁皮、铝片或纤维板制成伞状罩，内有隔热材料，以利保温。伞内设热源、温度调节器、温度计和照明灯等。按热源来分有电热育雏伞、燃气育雏伞等。电热育雏伞热源为电热丝，温度可随雏鸡日龄所需的温度进行调节。育雏鸡数根据育雏器面积大小而定，一般为 300～500 只雏鸡。

（6）电热板供暖。电热板即是在仔猪躺卧区地板下铺设电热缆线，每平方米供给电热 300～400W；电缆线应铺设嵌入混凝土内 38mm，均匀隔开；电缆线不得相互交错和接触，每 4 个栏设置 1 个恒温器。

（7）红外线灯供暖。红外线具有光热效应，能使皮温升高，不仅可以御寒，而且还可以改善机体血液循环，促进仔猪、雏鸡生长发育。一般一个功率为 250W 的灯泡，可供 100～200 只雏鸡或一窝仔猪供温用。但灯泡易损，供电不稳定地区不宜采用。

技能训练

温度的测定与评价

【实训目的】 通过实训，熟练掌握畜禽舍空气温度的测定方法，熟悉常用仪器的构造、工作原理和使用方法，为畜禽的温热环境的评价工作打下基础。

【设备与材料】 普通温度计、最高温度计、最低温度计、最高最低温度计、半导体点温度计、自记温度计等。猪舍、鸡舍、牛舍等。

【方法与步骤】

（一）温度计的构造与使用

1. 玻璃液体温度计（普通温度计）　常用的玻璃液体温度计由温度感应部和温度指示部组成。其工作原理主要取决于感应部液体的膨胀系数。当感应部温度增加就会引起内部液体膨胀，液柱上升，感应部内液体体积变化可在细管上显示为液柱高度变化。由于感应部液体主要为水银或酒精，故分为酒精温度计和水银温度计。水银温度计灵敏度和准确度较好，由于其冰点高（−38.9℃），不利于测低温，通常制成最高温度计。酒精膨胀系数不稳定，但冰点低（−117.3℃），用来测低温较合适，通常制成最低温度计。酒精易于着色，便于观察。

2. 最高温度计　是一种水银温度计，可以测定一定时间内的最高温度（图 3-2-6）。这种温度表球部上方出口较窄，气温升高时水银膨胀，毛细管内水银柱上升，当气温下降时水银收缩，但水银收缩的内聚力小于出口较窄处的摩擦力，因此毛细管内的水银不能回到球部而仍指示着最高温度。每次使用前应将水银柱甩回球部。

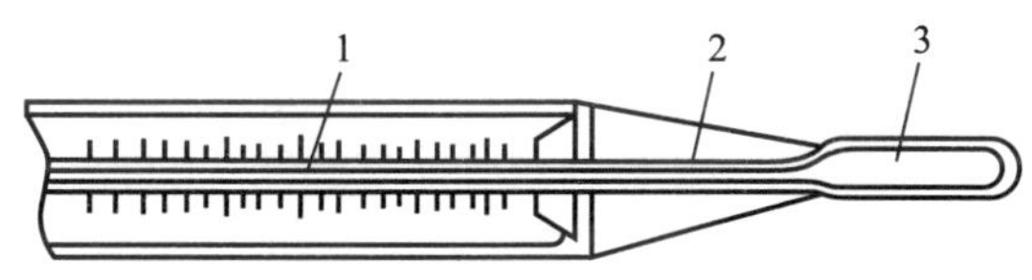

图 3-2-6　最高温度计

1. 毛细管　2. 狭窄部　3. 球部（感应部）

使用方法：使用前先对表进行调整，用手握紧温度表的中部，将球部向下用力甩几下，使管内的水银降至比当时温度示数稍低的刻度；水平放置在测定地点，先放球部，后放表身，防止水银柱滑向温度表顶端；测定的某段时间结束后，观察其读数。

3. 最低温度计　是一种酒精温度计，在毛细管中有一个能在酒精柱内游动的有色玻璃小指针。当温度上升时，指针不被酒精带动；而当温度下降时，凹形酒精表面即将指针向感应部吸引而移动，因此可以测量一定时间内的最低温度（图 3-2-7）。

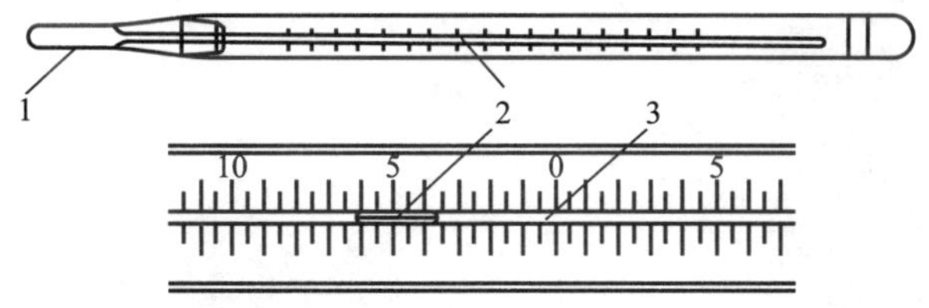

图 3-2-7　最低温度计

1. 球部（感应部）　2. 游标　3. 酒精柱

使用时：倒置，依靠重力作用使小游标滑到液面；水平放置在测定的地方，放置时，要先放顶部，后放球部；在测定的某段时间结束后，观察其读数。读度数时一定读小游标靠近酒精柱的液面一端。

4. 最高最低温度计　用于测定某段时间内的最高温度和最低温度。由 U 形玻璃管构成，U 形管底部充满水银，左侧管上部及膨大部充满酒精，右侧管上部及球部的一半充满酒精，球部上半部充有压缩的干燥惰性气体，两侧管内水银面上各有一个带色的含铁游标，游标两侧有弹簧卡在管壁上，以稳定游标的位置（图 3-2-8）。

当温度升高时，左端管内酒精膨胀，压迫水银柱向右侧移动，同时推动右侧水银面上方的游标上升。温度下降时，左侧管内酒精收缩，右侧球部受压气体迫使水银向左侧移动，左侧管内水银面上方的游标被推动上升，右侧的游标则停留在原地不动。因此，左侧游标的下端即指示出过去某段时间内的最低温度，右侧游标的下端指示出某段时间内的最高温度。

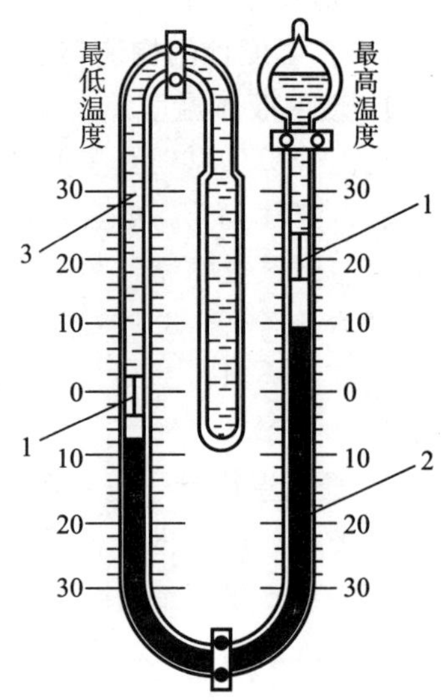

图 3-2-8　最高最低温度计
1. 游标　2. 水银　3. 酒精

使用时：①用磁铁将 2 个游标吸引至与水银面相接处；②将温度计垂直悬挂于测定地点，在某段时间结束后进行读数，读取游标下端所指的示数；③观测后，用磁铁将游标吸引回到水银面上。

5. 半导体点温度计　半导体点温度计主要由微型半导体热敏电阻、连接导线、显示仪表部分组成（图 3-2-9）。具有灵敏度高、构造简单、体积小、操作简单等优点。主要用于测定畜禽的皮肤温度及墙壁、地面、畜床等物体的表面温度。

使用时，打开电源开关，将连接导线接触待测点，显示仪表上即刻显示其温度示度，直接读数即可。使用完毕，关闭电源，取出电池进行存放。

6. 自记温度计　自记温度计能自动记录一天或一周内气温的连续变化过程。主要由感温器、传动杠杆部分、自记部分组成（图 3-2-10）。感温器是一个双金属片，由 2 片具有不同膨胀系数的金属片焊接组成。自记部分由自记钟、自记圆筒及自记纸、自记笔组成。自记钟内部构造与钟表相同，上发条后，每日或每周自转 1 圈。

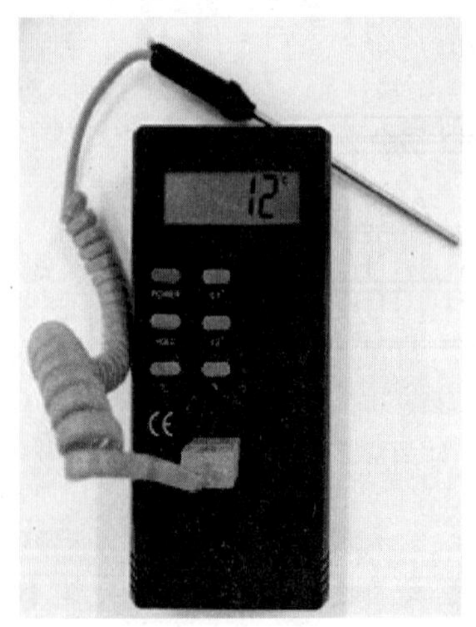

图 3-2-9　半导体点温度计

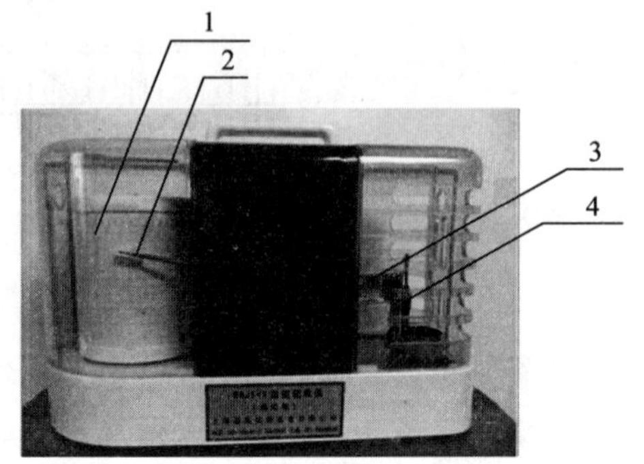

图 3-2-10　自记温度计
1. 自记圆筒及自记纸　2. 自记笔
3. 传动杆　4. 双金属感温器

当温度变化时，感温器的双金属片由于膨胀系数不同而发生变形，带动传动杠杆上下移动，自记笔笔尖接触自记纸，自记圆筒自行转动同时记录一天或一周温度的变化。

使用时，打开外罩，将新的自记纸套在自记圆筒上，注意要紧贴于筒表面，纸的下沿应与筒的下边缘贴紧，纸的接合处应保证水平线对齐，然后用自记纸夹夹紧；检查自记笔中墨水，在笔尖灌上自记墨水，拨动笔杆使笔尖与圆筒上的自记纸接触；逆时针方向拨动发条，自记圆筒自行旋转，合上外罩。测定时间结束，取出自记纸，从自记纸上可以获取此段时间内的气温变化情况、最高值、最低值及出现的时间。

（二）操作方法

在室外测定气温时，一般气象台（站）是将温度计置于空旷地点，离地面2m高的白色百叶箱内，这样可防止其他干扰因素对温度计的影响。在舍内测定气温时，放置位置应根据畜禽舍而定：在牛舍内放在舍中央距地面1～1.5m高处，固定于各列牛床的上方；散养舍固定于休息区。猪、羊舍为0.2～0.5m高处，装在舍中央猪床的中部。笼养鸡舍为笼架中央高度，中央通道正中鸡笼的前方；平养鸡舍为鸡床上方0.2m高处。

由于畜禽舍各部位的温度有差异，因此，除在畜禽舍中心测定外，还应在四角距两墙交界0.25m处进行测定，同时沿垂直线在上述各点距地面0.1m、畜禽舍高1/2处，天棚下0.5m处进行测定。

观察温度计的示数应在温度计放置10min后进行，为了减少误差，在观察温度表示数时，应暂停呼吸，尽快先读小数，后读整数，视线应与示数在同一水平线上。畜禽舍内气温一般应每天测3次，即6:00～7:00，14:00～15:00，22:00～23:00。

【考核标准】考核标准见表3-2-7。

表3-2-7　温度的测定与评价考核标准

考核项目	考核要点	考核标准	等级分值			备注
			A	B	C	
过程	合作及态度	态度端正，有合作精神，与小组成员共同完成	10～8	7～6	<6	可按实际情况进行调整
	温度计的选择	温度计的种类选择正确	20～16	15～12	<12	
	测定方法	放置位置正确，测定过程认真、准确	30～24	23～18	<18	
	操作过程	操作规范，记录认真、详细	30～24	23～18	<18	
结果	技能训练报告和工作记录	实训报告内容翔实、标准、正确并及时上交；有完成整个技能训练的工作记录	10～8	7～6	<6	

任务3　畜禽舍湿度控制

知识目标

1. 掌握空气湿度的基本概念及表示方法。
2. 了解畜禽舍内湿度的来源及变化。
3. 掌握湿度对畜禽健康及生产力的影响。

4. 掌握畜禽舍内湿度标准及调控措施。
5. 了解测量湿度的常用仪器的种类及使用方法。

能力目标

1. 能评价高温高湿、低温高湿对畜禽健康和生产力的影响。
2. 能制订畜禽舍内防潮措施。
3. 能正确进行畜禽舍湿度的测定和评价。

一、空气湿度的基本概念

空气在任何温度下都含有水汽，大气中水汽主要来源于海洋、江、河、湖泊等水面、潮湿地表及植物水分的蒸发。表明空气中水汽含量多少的物理量称为空气湿度，简称气湿。空气湿度通常用下列指标表示：

1. 水汽压 空气中所含水汽所产生的压强称为水汽压，单位为帕（Pa）。在一定温度下，空气所容纳的水汽的量是一个定值，且该值随温度升高而增大。当空气中水汽达最大含量时的状态称为饱和状态，此时的水汽压称为饱和水汽压（表 3-3-1）。

表 3-3-1 不同温度下的饱和水汽量与饱和水汽压

温度（℃）	−5	0	5	10	15	20	25	30
饱和水汽量（g/m^3）	3.26	4.85	6.80	9.40	12.83	17.30	23.05	30.57
饱和水汽压（Pa）	421	609	868	1 219	1 689	2 315	3 136	4 210

2. 相对湿度 相对湿度（RH）指空气中实际水汽压与同温度下饱和水汽压的百分比，用百分率表示。表明空气中水汽含量距离饱和的相对程度。公式如下：

$$相对湿度=\frac{实际水汽压}{同温度下饱和水汽压}\times 100\%$$

生产中常用相对湿度来表明空气的潮湿程度，一般认为相对湿度大于 80%为高湿，小于 30%为低湿。

3. 绝对湿度 单位体积空气中所含水汽的质量称为绝对湿度，用 g/m^3 表示。表示空气中水汽的含量，绝对湿度值越大，空气中水汽含量越多。气温越高，空气中水分含量越多。

4. 饱和差 指在一定温度下饱和水汽压与实际水汽压之差。饱和差影响水分蒸发的速度，差值越小，空气越接近饱和，水分的蒸发就越慢；差值越大，空气越远离饱和，水分蒸发就越快。

5. 露点 指空气中所含水汽达到饱和而凝结成液态时所需要降至的温度。即指空气中实际水汽含量不变，且压力一定的情况下，因温度下降，使水汽达到饱和，此时的温度称为露点。空气中水汽含量愈多，则露点愈高，否则反之。

由于受温度周期性日变化和年变化的影响，空气湿度也有日变化和年变化的现象，一天中和一年中，温度最高的时候，绝对湿度最高，相对湿度则相反。在一天中温度最低时，相对湿度最高，在清晨日出前往往达到饱和而凝结成露、霜和雾。在我国，相对湿度的年变化又受季风的影响，最高值出现于降水量最多的夏季，冬季则最低。

二、畜禽舍内湿度的来源与分布

1. 来源　舍内空气湿度是多变的，往往比外界空气含量多。其主要由大气带入，畜禽机体排出和墙壁、地面等物体表面蒸发3方面的来源。

一般情况下，舍内的水汽有10%～15%来自大气，有70%～75%来自畜禽排出，有10%～25%来自地面、墙壁等物体表面。从大气带入的水汽数量的多少，取决于大气的湿度。来自畜禽的水汽量主要通过皮肤和呼吸道散发的，其散发量的多少，取决于畜禽的种类、体重、生理阶段和空气的温度。例如，1 000只产蛋鸡在3.9℃时，每小时呼出水汽2.86kg；35℃时，每小时呼出水汽9.07kg。活重60kg的猪，在适宜温度下，每小时呼出水汽92g；体重100kg的肥猪，每小时呼出水汽132g。由此可见，畜禽由呼吸道排出的水汽量，随着体重的增大和气温的升高而增多。此外，畜禽的粪尿也放散出大量的水汽。来自地面、墙壁等物体表面的水汽蒸发量的多少，取决于空气温度和物体表面的潮湿程度。温度愈高、潮湿程度愈大，则蒸发量愈多；反之，则蒸发量愈少。

2. 分布　舍内空气中水汽含量常比大气高出很多，分布有一定的规律，原因在于畜禽舍的密闭程度和舍内的温度。地面潮湿，愈接近地面则空气湿度愈大。另一方面，水汽的比重比空气小，不断上升，靠近天棚和屋顶，水汽也愈多。舍内温度低于露点时，空气中的水汽会在地面、墙壁等物体表面凝结，并渗入物体的内部，使建筑物和用具变得潮湿；当温度升高时，这些水分又从物体中蒸发出来，从而使空气的湿度增大。

舍内湿度的大小对畜禽健康和生产力有一定的影响，舍内空气和物体变得潮湿后，不但影响畜体热调节、代谢、健康，也有利于微生物的滋生；饲料和用具易变潮发霉，易造成消化道疾病。相对湿度过低（30%以下），容易引起皮肤干燥，黏膜破裂，羽毛变脆，易使空气中的灰尘数量增多。以上这些情况，一般只发生在干旱地区的干旱季节，其他地区比较少见。在实际生产中，易出现湿度过高现象。各种畜禽舍相对湿度以50%～70%为宜，最高不超过80%。奶牛舍用水量大，标准可放宽些，但不应超过85%。

三、空气湿度对畜禽健康和生产力的影响

在适宜的温度下，空气湿度高低对畜禽的影响较小或没有影响。但在高温、低温情况下，高湿环境对畜禽健康和生产力的影响较大。相对湿度为50%～80%的空气环境为动物合适的湿度环境，其中空气相对湿度在60%～70%时为动物最适湿度。高湿或低湿环境都会对动物产生不利影响。

（一）对畜禽健康的影响

1. 高温高湿环境　高温时畜体主要通过蒸发散热，体表水汽含量越高，水分蒸发加快体热散失，如遇高湿环境，空气中水汽含量增加，体表水汽压与空气水汽压差距缩小，则会影响畜体蒸发散热，引起机体过热症，加剧畜禽热应激。高温高湿环境也适于病原微生物的滋生，使畜禽皮肤、呼吸道、消化道疾病增加。

2. 低温高湿环境　低温环境中，畜体主要靠辐射、传导、对流进行散热。空气湿度越大，其导热性越强，且易吸收畜体的辐射热，使体表温度降低。此外，在高湿环境中，家畜的被毛和皮肤吸收空气中水分，提高了被毛和皮肤的导热系数，加快体热的散发，使机体感

到寒冷，畜禽易患感冒、肺炎、风湿、关节炎等。

3. 低湿环境 通常低湿在高温时有利于机体蒸发散热，低温时则可减少散热，对健康有利。但湿度过低，相对湿度在30%以下，空气过分干燥，易使皮肤水分蒸发过大，皮肤干裂，从而减弱皮肤及外露黏膜对微生物的防御能力，加上空气中灰尘、粉尘含量加大，畜禽易患呼吸道疾病，家禽羽毛生长不良，易造成鸡啄羽、啄肛现象。

（二）对生产力的影响

1. 对生长肥育的影响 温度在22℃时，相对湿度从45%上升到90%，30～100kg体重的育肥猪在增重和饲料消耗方面均无影响，但在28℃时，生长率下降8%（表3-3-2）；犊牛在7℃低温环境中，相对湿度从75%升高到95%，平均日增重和饲料利用率（增重/饲料）分别下降14.4%、11.1%（表3-3-3）。

表3-3-2 高温高湿对猪生长发育的影响

温度（℃）	湿　度	猪增重情况
22	40%上升至90%	无影响
28	40%上升至90%	增重率下降8%
11	88.6%	增重率下降2%
	95.3%	增重率下降35.7%

表3-3-3 低温高湿对犊牛生长发育的影响

参　数	温度（℃）			
	15		7	
相对湿度（%）	75	95	75	95
始重（kg）	45.8	45.3	41.7	41.6
平均日增重（g）	330	347	403	345
采食量（kg）	27.3	27.1	27.4	26.8
饲料利用率（增重/饲料）	36%	36%	54%	48%

2. 对产乳和乳组成的影响 据报道，气温在24℃以下，湿度高低对牛的产乳量、乳成分没有影响；高温时，湿度升高会加剧对产乳量和乳汁组成的不良影响。当奶牛舍温达29℃，相对湿度在40%及90%时，产乳量均会下降（表3-3-4）。据研究，在32℃高温下，相对湿度分别在50%、80%时，持续5d，与温度18℃、相对湿度50%相比，采食量均出现不同程度的下降（表3-3-5）。

产乳量下降的同时，乳脂率也降低，在气温26.7℃、相对湿度80%，或在气温32.2℃、相对湿度50%时，均会使非脂固形物的含量显著下降，但温度对乳糖含量的影响很小。

表3-3-4 空气相对湿度对产乳量的影响

温度（℃）、空气相对湿度（%）	荷斯坦牛	娟姗牛	瑞士褐牛
29℃、40%	97%	93%	98%
29℃、90%	69%	75%	83%

表 3-3-5　湿度对奶牛采食量和产乳量的影响

温度（℃）	相对湿度（%）	采食量	产乳量
18	50	无	无
	95	无	无
24	85	下降	下降
32	50	下降 27.2%	下降 10.6%
	80	下降 50.4%	下降 35.2%

3. 对产蛋的影响　在适宜的温度情况下，空气湿度高低对产蛋无显著影响，但在高温环境中，湿度增加对产蛋产生不利影响。产蛋鸡对高温的耐受力会随湿度增加而降低。产蛋鸡舍相对湿度分别为 30%、50%、75%时，产蛋鸡的上限温度分别为 33℃、32℃、28℃。也就是说产蛋鸡在舍温 28℃、相对湿度超过 75%，温度 32℃、相对湿度超过 50%，温度 33℃、相对湿度超过 30%时，无论日粮如何调整，产蛋量均会下降。

四、畜禽舍湿度调控措施

畜禽舍内经常有畜禽的大量排泄物及管理所用废水，这与畜禽舍湿度有极其密切的关系。因此，保证这些污物、污水及时排除，是控制畜禽舍湿度的重要措施。

（一）畜禽舍的排水系统

畜禽舍的排水系统性能不良，往往会给工作带来很大的不便，它不仅影响畜禽舍本身的清洁卫生，也可能造成舍内空气湿度过高，影响畜禽健康和生产力。畜禽每天排出大量的粪尿，畜禽舍管理用水量也很多，及时而经常地清除舍内污物、污水，无论在冬季还是夏季都是控制畜禽舍湿度的一个主要手段。

粪尿（表 3-3-6）、污水（表 3-3-7）是很好的有机肥料，含有较高的氮素，如果贮存不当，则会造成大量的肥效损失，特别是易于挥发的氮素（NH_3）可损失 80%～90%。可见，尽快地将粪尿、污水贮积起来，对保持肥效具有重要意义。

表 3-3-6　畜禽粪尿产量

畜禽种类	产粪量	产尿量
乳用牛	25kg/（头・d）	6kg/（头・d）
肉牛	15kg/（头・d）	4kg/（头・d）
猪	3kg/（头・d）	3kg/（头・d）
鸡	0.16kg/（只・d）	
肉用仔鸡	0.05～0.06 kg/（只・d）	

表 3-3-7　畜禽污水排放量

畜禽种类	污水排放量［kg/（头・d）］
成年牛	15～20
青年牛	7～9

（续）

畜禽种类	污水排放量［kg/（头·d）］
犊牛	4～6
种公猪	5～9
带仔母猪	8～14
后备猪	2.5～4
育肥猪	3～9

畜禽舍的排水系统因畜禽种类、畜禽舍结构、饲养管理方式等不同而有差别，一般可分为传统式和漏缝地版式 2 种类型。

1. 传统式排水系统 传统式排水系统是依靠手工清理操作并借助粪水自然流动而将粪尿及污水排出的。传统式排水系统常采取粪尿固体部分人工清理，液体部分自流的方式。一般由畜床、排尿沟、降口、地下排出管及粪水池组成。

（1）畜床。是家畜在舍内采食、饮水及躺卧休息的地方，质地一般为水泥建造。为使尿水顺利排出，畜床向排尿沟方向应有适宜的坡度，一般牛舍为 1%～1.5%，猪舍为3%～4%。

（2）排尿沟。是承接和排出畜床流出来的粪尿和污水的设施。

①位置。对于牛舍、马舍来讲，对头式畜舍，一般设在畜床的后端，紧靠除粪道，与除粪道平行；对尾式畜舍，一般设在中央通道（除粪道）的两侧。对于猪舍、羊舍来讲，常将排尿沟设于中央通道的两侧。

②建筑要求。排尿沟一般用水泥砌成，要求其内表面光滑不漏水、便于清扫及消毒，形式为方形或半圆形的明沟，且朝降口方向有 1%～1.5%的坡度，沟的宽度和深度根据不同畜种而异，宽度一般为 15～30cm，深度为 8～12cm，例如，牛舍沟宽为 30～50cm；猪舍及犊牛舍沟宽为 13～15cm。宽度和深度过大，易使畜肢蹄受伤或使孕畜流产。为防止发生这类事故，有的在排尿沟上设置栅状铁箅。

（3）降口（水漏）、沉淀池和水封。

①降口。是排尿沟与地下排出管的衔接部分。通常位于畜禽舍的中段。为了防止粪草落入堵塞，上面应有铁箅，铁箅应与排尿沟同高。降口数量依排尿沟长度而定，通常以接受两端各 10～15m 粪尿的排尿沟为限。

②沉淀池。是在降口下部，排出管口以下形成的一个深入地下的延伸部。因畜禽舍弃水及粪尿中多混有固体物，随水冲入降口，如果不设沉淀池，则易堵塞地下排出管。沉淀池为水泥建造的密闭式长方形池，水深应为 40～50cm。

③水封。是用一块板子斜向插入降口沉淀池内，让流入降口的粪水顺板流下先进入沉淀池临时沉淀，再使上清液部分由排出管流入粪水池的设施。同时，在降口内设水封，还因排出管口以下沉淀池内始终有水，可以防止粪水池中的臭气经地下排出管逆流进入舍内（图 3-3-1）。水封的质地有铁质、木质或硬塑 3 种。

（4）地下排出管。是与排尿沟呈垂直方向并用于将各降口流出来的尿及污水导入舍外粪水池的管道。要求有 3%～5%的坡度，直径大于 15cm，伸出到舍外的部分，应埋在冻土层以下。在寒冷地区，对排出管的舍外部分应采取防冻措施，以免管中液体结冰。如果地下排出管自畜禽舍外墙至粪水池的距离大于 5m，应在墙外设一检查井，以便在管道堵塞时进行

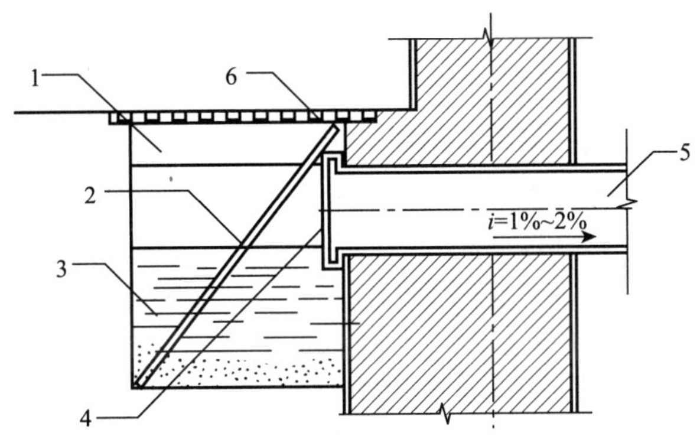

图 3-3-1　畜禽舍排水系统沉淀池和排出管

1. 通长地沟　2. 铁板水封，水下部分为细铁箅或铁网

3. 沉淀池　4. 可更换的铁网　5. 排水管　6. 通长铁箅或沟盖板

疏通，但需注意检查井的保温。

(5) 粪水池。是贮积舍内排出的畜尿、污水的密闭式地下贮水池。一般设在舍外地势较低处，且在运动场相反的一侧，距离舍外墙 5m 以上。粪水池的容积和数量可根据舍内畜禽种类、头数、舍饲期长短及粪水存放时间而定。一般按贮积 20～30d，容积 20～30m^3 来修建。粪水池一定要离饮水井 100m 以外。粪水池及检查井均应设水封。

对于畜禽舍的排水系统必须经常进行护理，要防止堵塞及经常清除尿沟内的粪草；定期用水冲洗及清除降口中的沉淀物。为防止粪水池过满一定要按时清掏。

2. 漏缝地板式排水系统　漏缝地板式排水系统由漏缝地板和粪尿沟 2 部分组成。

(1) 漏缝地板。即在地板上留出很多缝隙，粪尿落到地板上，液体部分从缝隙流入地板下的粪沟，固体部分被畜禽从缝隙踩踏下去，少量残粪人工用水略加冲洗清理。这与传统式清粪方式相比，可大大节省人工，提高劳动生产效率。

畜禽舍漏缝地板分为部分漏缝地板和全部漏缝地板 2 种形式，它们可用钢筋水泥或金属、硬质塑料制作，其尺寸可参考表 3-3-8。

表 3-3-8　各种畜禽的漏缝地板尺寸（mm）

畜禽种类	畜禽年龄	缝隙宽	板条宽	备　注
牛	10 日龄至 4 月龄	25～30	50	板条横剖面为上宽下窄梯形，而缝隙是下宽上窄梯形；表中缝隙及板条宽度均指上宽，畜禽舍地面可分全漏缝或部分漏缝地板
	4～8 月龄	35～40	80～100	
	9 月龄以上	40～45	100～150	
猪	哺乳仔猪	10	40	板条厚 25mm，距地面高 0.6m。板条占舍内地面的 2/3，另 1/3 铺垫草
	育成猪	12	40～70	
	中　猪	20	70～100	
	育肥猪	25	70～100	
	种　猪	25	70～100	
羊		18～20	30～50	
种鸡		25	40	

（2）粪尿沟。位于漏缝地板的下方，用以贮存由漏缝地板落下的粪尿，随时或定期清除。一般宽度为0.8～2m，深度为0.7～0.8m，向粪水池方向具有3%～5%的坡度。

（二）畜禽舍的防潮措施

（1）加强畜禽舍建筑防潮。妥善选择场址，畜禽舍应选择建在地势较高、缓坡、地下水位较低的地方；畜禽舍墙基和地面应进行防潮处理，防止土层中水分沿墙和地面上升；新建畜禽舍应待其充分干燥后再投入使用。

（2）合理设计排污系统，及时清除粪尿、污水。根据畜禽舍清粪方式合理设计畜禽舍的排污系统，避免粪尿污水的滞留。

（3）注意舍内保温，避免舍内温度降至露点以下，防止水汽在天棚、墙壁表面凝结。

（4）保持舍内良好通风，及时排出舍内过多的水汽。

（5）在生产中尽量减少舍内用水，防止饮水器漏水等。

（6）铺垫草可以吸收大量水分，是防止舍内潮湿的一项重要措施，但要及时更换。

技能训练

湿度的测定与评价

【实训目的】熟练掌握畜禽舍湿度的测定方法，熟悉常用仪器的构造、工作原理和使用方法，为畜禽的温热环境的评价工作打下基础。

【设备与材料】干湿球温湿度计、通风干湿球温湿度计、数字式干湿球温湿度计；猪舍、鸡舍、牛舍。

【方法与步骤】

1. 干湿球温湿度计　干湿球温湿度计是畜禽生产中测定舍内相对湿度最常用的仪器，由2支50℃的普通温度计组成，其中一支用于测空气温度，称为干球温度计；另外一支温度计球部由清洁的脱脂纱布包裹，且纱布下端浸润在盛有蒸馏水的水杯中，称为湿球温度计（图3-3-2）。湿润纱布上水分蒸发散热，导致湿球温度计上示度较干球温度计示度低，其相差度数与空气中相对湿度成一定比例。空气湿度越大，水分蒸发散热速度越慢，干湿球示度差越小；空气湿度越小，水分蒸发散热速度越快，干湿球示度差越大，利用其示度差通过查阅空气相对湿度查算表（表3-3-9）查算空气相对湿度。

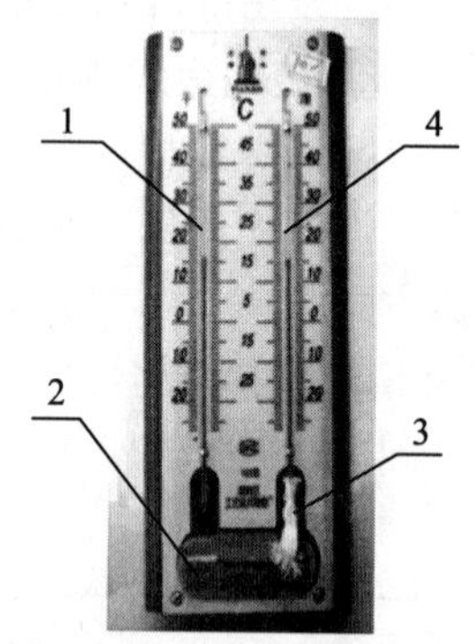

图3-3-2　干湿球温湿度计
1. 干球温度计　2. 水槽
3. 纱布　4. 湿球温度计

表3-3-9　空气相对湿度查算表（%）

t'（湿球温度）（℃）	Δt（干湿球示度差）															
	0	0.5	1	1.5	2	2.5	3	3.5	4	4.5	5	5.5	6	6.5	7	7.5
0.5	100	91	83	76	68	62	55	50	43	39	33	29	24	20	16	13
1.0	100	91	83	76	68	62	55	50	44	39	34	30	25	21	17	14
1.5	100	91	84	77	70	64	57	52	46	41	36	32	27	24	19	15

（续）

t'（湿球温度）（℃）	Δt（干湿球示度差）															
	0	0.5	1	1.5	2	2.5	3	3.5	4	4.5	5	5.5	6	6.5	7	7.5
2.0	100	91	84	77	70	64	58	52	47	42	37	33	28	24	21	17
2.5	100	91	85	77	71	64	59	53	48	43	39	34	30	26	22	19
3.0	100	91	85	78	72	65	60	54	49	44	39	35	31	27	23	20
3.5	100	92	85	78	72	66	61	55	50	45	41	36	33	28	26	22
4.0	100	92	86	79	73	67	61	56	51	46	42	37	33	30	25	23
4.5	100	92	86	79	73	67	62	57	52	47	43	39	35	31	27	25
5.0	100	92	86	80	74	68	63	57	53	48	44	40	36	32	29	25
5.5	100	92	87	80	75	68	64	58	54	49	46	41	37	34	30	27
6.0	100	93	87	81	75	69	64	59	54	50	46	42	38	34	31	28
6.5	100	93	87	81	75	70	65	60	56	51	46	43	39	36	32	30
7.0	100	93	87	81	76	70	65	60	56	52	48	44	40	37	33	30
7.5	100	93	88	81	76	71	66	61	56	53	48	45	41	38	35	31
8.0	100	93	88	82	76	71	66	62	57	53	49	46	42	39	35	32
8.5	100	93	88	82	77	72	68	63	58	54	50	47	43	39	37	33
9.0	100	93	88	82	77	72	68	63	59	55	51	47	44	40	37	34
9.5	100	93	89	83	78	73	69	64	59	56	52	48	45	41	39	36
10.0	100	94	89	83	78	73	69	64	60	58	52	49	45	42	39	36
10.5	100	94	89	83	78	74	69	65	61	57	53	49	46	43	40	37
11.0	100	94	89	84	78	74	69	65	61	57	54	50	47	44	41	38
11.5	100	94	89	84	78	75	70	66	62	58	55	51	48	45	42	39
12.0	100	94	90	84	79	75	70	66	62	59	55	52	48	45	42	40
12.5	100	94	90	84	80	75	71	67	63	59	56	52	49	46	43	40
13.0	100	94	90	85	80	76	71	67	63	60	56	53	50	47	44	41
13.5	100	94	90	85	80	76	72	68	64	60	57	54	50	48	45	42
14.0	100	94	90	85	80	76	72	68	64	61	57	54	51	48	45	43
14.5	100	94	90	85	80	77	73	68	65	61	58	55	52	49	46	43
15	100	95	90	85	81	77	73	69	65	62	59	55	52	50	47	44
15.5	100	95	91	86	82	78	74	69	66	63	60	56	53	50	48	45
16	100	95	91	86	82	78	74	70	66	63	60	57	54	51	48	45
16.5	100	95	91	86	82	78	74	70	67	64	60	57	54	51	49	46
17	100	95	91	86	82	78	74	71	67	64	61	58	55	52	49	47
17.5	100	95	91	87	82	79	75	71	68	64	61	58	55	52	50	48
18	100	95	91	87	83	79	75	71	68	65	62	59	56	53	50	48
18.5	100	95	91	87	83	79	75	71	68	65	62	59	57	54	51	49
19	100	95	91	87	83	79	76	72	69	65	62	59	57	54	51	49

（续）

t'（湿球温度）（℃）	Δt（干湿球示度差）															
	0	0.5	1	1.5	2	2.5	3	3.5	4	4.5	5	5.5	6	6.5	7	7.5
19.5	100	95	91	87	83	79	76	72	69	66	63	60	58	55	52	49
20	100	95	91	87	83	80	76	73	69	66	63	60	58	55	52	50
20.5	100	95	92	88	83	80	77	73	70	67	64	61	58	56	53	50
21	100	95	92	88	84	80	77	73	70	67	64	61	58	56	53	51
21.5	100	95	92	88	84	80	77	74	70	68	65	62	59	57	54	51
22	100	96	92	88	84	81	77	74	71	68	65	62	59	57	54	52
22.5	100	96	92	88	84	81	78	74	71	68	65	62	60	57	55	52
23	100	96	92	88	84	81	78	74	71	68	65	63	60	58	55	53
24.0	100	96	92	88	85	81	78	75	72	69	66	63	61	58	56	54
24.5	100	96	92	89	85	81	78	75	72	69	66	64	61	59	56	54
25.0	100	96	92	89	85	82	78	75	72	69	67	64	62	59	57	54
25.5	100	96	92	89	85	82	78	75	73	70	67	65	62	60	57	55
26.0	100	96	92	89	85	82	78	76	73	70	67	65	62	60	57	55
26.5	100	96	92	89	86	82	78	76	73	70	68	65	63	60	58	55
27.0	100	96	92	89	86	82	79	76	73	71	68	65	63	60	58	56
27.5	100	96	92	89	86	83	79	77	74	71	68	65	63	61	59	56
28.0	100	96	92	89	86	83	80	77	74	71	68	66	63	61	59	57
28.5	100	96	92	90	86	83	80	77	74	71	69	66	64	62	59	57
29.0	100	96	93	90	86	83	80	77	74	72	69	66	64	62	60	57
29.5	100	96	93	90	86	83	80	77	74	72	69	67	64	62	60	58
30.0	100	96	93	90	86	83	80	77	75	72	69	67	65	62	60	58

使用时：①将湿球温度计下方水槽中加入 1/3～1/2 的清洁水，将纱布浸入水槽中浸润，干球温度计球部不得沾上水滴。②将干湿球温湿度计悬挂于待测地点 15～30min 后读数，先读干球温度计示度，再读湿球温度计示度，计算两者的差度数。③查表 3-3-9，找到示度差的垂直线与湿球温度的水平线的交点数字即为相对湿度值。例如：干球示度 26℃，湿球示度 24.5℃，两者示度差为 1.5℃，先在横栏中找到 1.5 的垂直线，再在纵栏中找到 24.5 的水平线，两线交点处的数字 89，即表示相对湿度为 89%。

使用中注意：①检查干湿球温度计 2 支温度计示度是否一致，温差最好不超过 0.1℃。②水槽中水最好是蒸馏水或纯净水，不建议使用自来水，避免自来水中杂质影响纱布吸水能力。水槽中水要保持清洁，一般每周更换 1 次。纱布使用过久受污染后吸水能力会减弱，因此也要经常更换。③测定时要避免受阳光直射或其他辐射源的影响。④测定高度一般以畜禽的头部高度位置为宜。⑤读数时，手不得触摸到温度计球部感应部分，不得对其呼气；视线垂直刻度度数，先读干球示度，后读湿球示度，先读小数，后读整数。

2. 通风干湿球温湿度计 通风干湿球温湿度计由干湿温度计、通风部件、附件组成（图 3-3-3）。通风部件由通风器、通风管、双护管座和双层护管是构成。通风器内有发条和风扇。旋紧的发条带动风扇旋转产生气流，使通风器和通风管内的空气变稀薄，外部空气从温度计球部护管注入通风管和通风器，使温度计球部处于相对稳定地符合测量规范的风速气流中，根据此时的干球温度和湿球温度，再计算绝对湿度。

使用时：①安装湿球布。旋下双层护管，将湿球布套在温度计头部，推紧，将湿球布尾端穿入双层护管中心孔，旋紧双层护管，固定湿球布并用蒸馏水浸湿。②将通风干湿球温湿度计悬挂于测定地点，悬挂仪器的地方应保证仪器周围的障碍物与仪器的距离在 0.5m 以上。③关闭制动器，用钥匙旋紧通风器发条。④开启制动器，待通风器转动 3～5min 以后进行温度计的读数。⑤按下列绝对湿度公式计算绝对湿度。

$$K=E-a\ (t-t')\ P$$

式中，K 为绝对湿度；E 为湿球所示温度时的饱和湿度；a 为湿球系数（0.000 67）；t 为干球所示温度；t' 为湿球所示温度；P 为测定时的气压。

使用时注意：①观测者应站在仪器的下风方向读数，要迅速而准确；②在户外使用如风速大于 3m/s，应将防风罩装在仪器的迎风面上，以防大风影响通风速度；③要经常检查湿球温度计上的湿球布的状况，如发生污染、变色、变硬或上水不畅，应及时更换；④每次使用完后将仪器擦拭干净后放回仪器箱内；⑤夏季测量前 15min，冬季测量前 30min，将仪器放置在测量地点，使仪器本身温度与测定温度一致。

3. 数字式温湿度计 数字式温湿度计主要由湿度传感器、显示屏组成（图 3-3-4），是一种能在短时间内快速测量及同时显示温度、相对湿度的便携带型温湿度计。型号不同，功能不同。

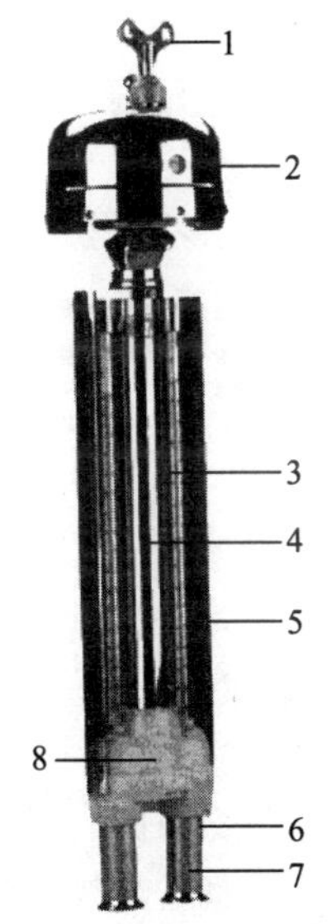

图 3-3-3 通风干湿球温度计

1. 钥匙 2. 风扇外壳 3. 水银温表 4. 金属总管 5. 护板 6. 外护管 7. 内管 8. 塑料箍

图 3-3-4 数字式温湿度计

1. 温度传感器 2. 保护盖 3. 数显屏幕

使用时：①打开保护盖。②按“ON/OFF”键打开电源，显示屏同时显示当时当地的温度值及相对湿度值。③按“C/F”功能键进行℃与℉的转换。④按“td”键（8703 型）直到 td 字样出现在显示屏上，此时显示的是露点温度，要回到正常模式，长按 td 键直到 td 字样从显示屏上消失。

使用结束后，注意及时取出电池，置于干燥环境中避光保存。

【考核标准】考核标准见表 3-3-10。

表 3-3-10 湿度的测定与评价考核标准

考核项目	考核要点	考核标准	等级分值			备注
			A	B	C	
过程	合作及态度	态度端正，有合作精神，与小组成员共同完成任务	30～25	24～18	＜18	可按实际情况进行调整
	测定过程	正确使用湿度计，测定过程认真，准确，记录认真、详细	30～25	24～18	＜18	
结果	实训报告和工作记录	实训报告内容翔实、标准、正确并及时上交；有完成整个技能训练的工作记录	40～35	34～28	＜28	

任务 4 畜禽舍气流控制

知识目标

1. 掌握气流的成因及变化规律。
2. 了解自然通风的原理及影响的因素。
3. 熟悉气流对体热调节及生产性能的影响。
4. 熟知正压通风与负压通风的形式及应用范围。

能力目标

1. 能够进行畜禽舍纵向通风设计。
2. 能够检验已建成畜禽舍的通风量是否满足要求。
3. 能独立完成气流的测定。

一、气流的产生与变动

1. 气流的产生 空气经常处于流动状态。空气流动的主要原因，是由于两个相邻地区的温度差异而产生的。温度的差异造成了气压差。气温高的地区，气压较低；气温低的地区，气压较高。高压地区的空气向低压地区流动，这种空气的水平移动称为风。气流的状态通常用风速和风向来表示。风速是指单位时间内空气水平移动的距离，一般用 m/s 表示。风速的大小与两地气压差成正比，而与两地的距离成反比。风向是指风吹来的方向，常以 8

个或16个方位来表示。我国大陆大部分处于亚洲东南季风区。夏季，大陆气温高、气压低，而海上气温低、气压高，故在夏季盛行东南风，同时带来潮湿空气，因此较为多雨；冬季，大陆气温低，海洋气温高，故多西北风。西北风较干燥，东北风多雨雪。此外，西南地区还受季风的影响，夏季刮西北风，冬季吹东北风。

2. 风向频率图及表示的意义　风向是经常发生变化的，如果长期观察风向，就可以找出某种风向的频率（某风向的频率＝某风向在一定时间内出现的次数/各方向在该时间内出现次数的总和×100%）。在实际应用中，常用一种特殊的图形表示各种风向的分配情况，这种图形称为风向频率图。风向频率图即将某一地区某一时期内（全月、全季、全年或几十年）全部风向次数的百分比，按罗盘方位绘出的几何图形（图3-4-1）。它的绘制方法是在8条或16条中心交叉的直线上，按罗盘方位，把一定时期内各种风向的次数用比例尺以绝对数或百分率画在直线上，然后把各点用直线连接起来。这样得出的几何图形即为风向频率图。

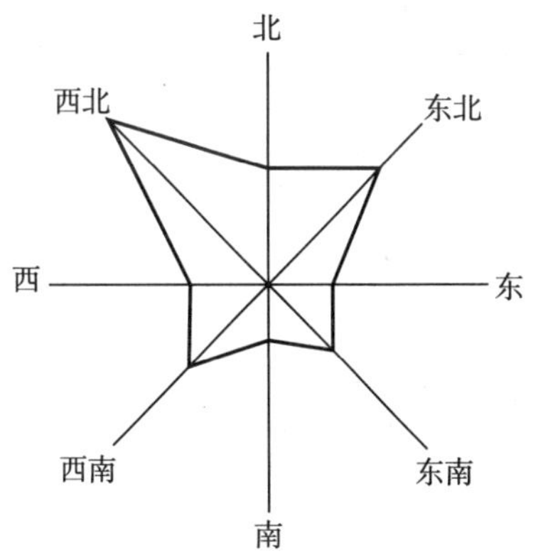

图3-4-1　某地冬季风向频率图

风向频率图可以表明某一地区一定时间内的主导风向，在选择牧场场址、建筑物配置和畜禽舍设计上，都有重要的参考价值。

3. 畜禽舍中的气流　畜禽舍内外，温度高低和风力大小的不同，使畜禽舍内外的空气通过门、窗、通气口和一切缝隙进行自然交换，发生空气的内外流动。在畜禽舍内畜禽的散热和蒸发，使温暖而潮湿的空气上升，周围较冷的空气来补充而形成舍内的对流。舍内空气流动的速度和方向，主要决定于舍内外的通风换气，机械通风尤其如此。舍内围栏的材料和结构、笼具的配置等对气流的速度和方向有一定影响。

二、气流对畜禽的影响

（一）气流对畜禽热调节的影响

1. 对散热的影响　气流主要影响畜禽的对流散热和蒸发散热，其影响程度因气流速度、温度和湿度而不同。在高温时，只要气流温度低于皮温，增加流速有利于对流散热。高速热气流有利于得热。无论怎样，流速的增加总是有利于体表水分的蒸发，所以一般风速与蒸发散热量成正比。但空气湿度的增加不利于其提高蒸发散热量。

在适温和低温时，气流会使畜体的散热增加，会大幅度地提高畜禽的临界温度，如果机体产热量不变，风速增大，对流散热增加，降低了皮温和皮表水汽压，皮肤蒸发散热量反而减少，但与呼吸道蒸发无关。在低温时提高风速会因对流散热的增加而使冷应激加剧。

2. 对产热量的影响　在适温和高温环境中，提高风速，一般对产热量没有影响，但在低温环境中可以显著增加产热量。有时甚至因高风速刺激，畜禽增加的产热量超过散热量，出现短期的体温升高，而破坏了热平衡。例如－3℃低温中，被毛39mm厚的绵羊，当风速从0.3m/s增加到4.3m/s时，体温可升高0.8℃。但长时间处于低温、高风速中的畜禽，如果被毛短，营养又差，则可引起体温下降，与风速呈负相关。

(二) 气流对畜禽生产力的影响

1. 生长和肥育 在适宜温度时，增加气流速度，畜禽采食量有所增加，生长肥育速度不变。当气温高于仔猪的最适温度，如在31℃高温中，加大风速可提高其采食量和生长率。增大风速也能显著提高牛增重和饲料利用率（表3-4-1）。在低温环境中，增加气流，畜禽生长发育和肥育速度下降。例如，仔猪在低于下限临界温度（如18℃）的气温中，风速由0m/s增加到0.5m/s，生长率和饲料利用率下降15%和25%。因此，在高温环境中，增加气流速度，可提高畜禽生长和肥育速度。

表3-4-1 风速对牛增重的影响

季节及气象条件	夏季，平均气温32.4℃，相对湿度40%		夏季，平均气温31.3℃，相对湿度36%	
平均风速（m/s）	0.28	1.58	0.28	1.56
平均日增重（kg）	0.64	1.06	0.85	1.09
平均日耗料（kg）	7.81	9.73	8.35	8.72

2. 产蛋性能 在适宜温度环境中，风速低于1m/s的气流对产蛋量无明显影响。在高温环境中，增加气流，可提高产蛋量。例如，在气温为32.7℃，相对湿度为47%～62%，风速由1.1m/s提高到1.6m/s，来航鸡的产蛋率可提高1.3%～18.5%。在30℃环境中，风速从0m/s增至0.8m/s，鹌鹑产蛋率从81.9%增至87.2%。在低温环境中，增加气流速度，可使蛋鸡产蛋率下降（表3-4-2）。

表3-4-2 低温时风速对蛋鸡生产性能的影响

平均气温（℃）	风速（m/s）	采食量（g/d）	产蛋率（%）	平均蛋重（g/个）	日平均产蛋重（g/d）	料蛋比
2.4	0.25	121	76.7	64.5	49.4	2.46∶1
	0.50	115	64.8	61.7	40.1	2.87∶1
12.4	0.25	111	79.7	64.6	51.5	2.16∶1
	0.50	120	76.5	65.5	50.1	2.40∶1

3. 产乳量 在适宜温度条件下，风速对奶牛产乳量无显著影响。例如气温在26.7℃以下，相对湿度为65%，风速在2～4.5m/s，对欧洲牛及印度牛的产乳量、饲料消耗和体重都没有影响。但在高温环境中，增大风速，可减小高温对奶牛产乳量的影响。例如，与适宜温度相比较，在29.4℃高温环境中，当风速为0.2m/s时，产乳量下降10%，但当风速增大到2.2～4.5m/s，奶牛产乳量可恢复到原来水平。

(三) 气流对畜禽健康的影响

气流对畜禽健康的影响主要出现在寒冷环境中。应注意两方面的问题，即对舍饲畜禽应注意严防贼风；对放牧畜禽应注意严寒环境中的避风，特别是夜间。

贼风是在畜禽舍保温条件较好，舍内外温差较大时，通过墙体、门、窗的缝隙，侵入的一股低温、高湿、高风速的气流。这股气流比周围舍温低，湿度可接近或达到饱和，风速比周围舍内气流大得多，可使畜禽应激，易患关节炎、神经炎、肌肉炎等疾病，甚至引起冻伤。故民谚中有“不怕狂风一片，只怕贼风一线”的说法。防止贼风的措施：堵塞屋顶、天棚、门窗上的一切缝隙，避免在畜床部位设置漏缝地板，注意进风口的设置，防止冷风直接吹袭畜禽机体。

（四）舍内气流标准

畜禽舍内的气流速度，能说明舍内的换气程度。不同季节要求舍内的温度有差异，因此，气流速度也有不同的要求。例如气流速度在0.01～0.05m/s，说明畜禽舍的通风换气不良；相反，大于0.4m/s，则说明舍内有风，对保温不利。

在炎热的夏季，应尽量加强通风以增大舍内的气流速度。一般来说，冬季畜禽体周围的气流速度以0.1～0.2m/s为宜，最高不超过0.25m/s。在密封较好的畜禽舍，气流速度不难控制在0.2m/s以下，但封闭不良的畜禽舍，有时可达0.5m/s以上。

值得注意的是，严寒地区为了加强保暖，冬季常将门窗密闭，甚至将通气管也封闭起来，因而舍内空气停滞、污浊，反而给人和畜禽带来不良影响。

三、畜禽舍气流控制

通过加强通风换气来控制舍内的气流，不同季节舍内的气流速度有很大的差别。适当的通风换气，在任何季节都是必要的。通风换气是畜禽舍环境调控的重要手段之一，对于集约化、规模化养殖场通风技术尤为重要。夏季加强通风，促进畜禽体的蒸发和对流散热，缓和高温的不良影响称为通风；冬季密闭畜禽舍内，引进舍外新鲜空气，排除舍内污浊空气，防止舍内潮湿，提高空气质量称为换气。

畜禽舍气流的调控措施主要是确定适宜的通风换气量，设计合理的通风系统以及选择适宜的通风系统形式等。

（一）通风换气的目的

在高温条件下，通过加大气流，排除舍内热量，增加畜禽舒适感，缓和高温的不良影响，是有效的防暑降温措施。在低温、畜禽舍密封的条件下，引进舍外新鲜空气，排出舍内污浊空气，达到控制舍内环境的空气质量的作用。通风换气的作用如下：

（1）可使舍内温度符合畜禽要求，并使舍内温度分布均匀及缓和高温对畜禽的影响。

（2）排除舍内过多的水汽，使相对湿度保证在适宜范围。

（3）在通风过程中，气流要均匀一致，无死角，不能形成贼风，通过舍内外空气对流，保证畜禽体热得失平衡。

（4）排除舍内的灰尘、微生物、有害气体及难闻的气味等，改善舍内空气质量。

冬季的通风换气，特别强调要使舍内能维持稳定的适宜温度和气流。如果气温和气流不稳定，则意味着舍内湿度出现不稳定。当舍内湿度高时，在温度下降时可达到饱和，并在外围护结构的内侧凝结，舍内出现低温高湿的不良影响。如果舍外空气温度显著低于舍内气温，换气时必然导致舍温剧烈下降，在这种情况下，如无补充热源，就无法组织有效的通风换气。因此，在寒冷季节畜禽舍通风换气的效果，既取决于畜禽舍的保温性能，也取决于舍内的防潮措施及卫生状况。

（二）通风换气量的计算

要设计出合理的通风系统，保证有效通风，必须首先确定畜禽舍所需的通风量。畜禽舍的通风换气一般以通风量（m^3/h）和风速（m/s）来衡量。通风换气量的确定，可根据排除舍内多余水汽或二氧化碳的要求进行计算，但通常是根据畜禽通风换气参数和换气次数来确定。

1. 根据二氧化碳计算通风量 二氧化碳是畜禽营养物质代谢的尾产物，是舍内空气污浊程度的一种间接指标。因此，可以根据畜禽产生的二氧化碳量计算通风换气量。

用二氧化碳计算通风量的原理是：根据舍内畜禽产生的二氧化碳总量，求出每小时需由舍外导入多少新鲜空气，可将舍内聚积的二氧化碳冲淡至畜禽环境卫生学规定范围。根据畜禽环境卫生学的规定，舍内空气中允许含有二氧化碳的量（C_1）为 1.5L/m^3，自然状态下大气中二氧化碳含量（C_2）为 0.3L/m^3。亦即从舍外引入 1m^{3}空气然后又排出同样体积的舍内污浊空气时，可同时排出的二氧化碳量为 C_1-C_2，当已知舍内含有二氧化碳总量时，即可求得换气量。其公式为：

$$L=\frac{1.2\times mk}{C_1-C_2}$$

式中，L 为通风换气量（m^3/h）；m 为舍内畜禽头数；k 为每头畜禽产生的二氧化碳量（L/h）；C_1 为舍内二氧化碳的允许量（1.5L/m^3）；C_2 为舍外空气中二氧化碳含量（0.3L/m^3）；1.2 为附加系数，考虑舍内微生物的活动产生的及其他来源的二氧化碳。

生产应用时，根据二氧化碳算得的通风量，只能将舍内过多的二氧化碳排除舍外，但不能保证排除舍内多余的水汽。故此法只适用于温暖、干燥地区。在潮湿地区，尤其是寒冷地区应根据水汽和热量来计算通风量。

2. 根据水汽计算通风换气量 舍内畜禽通过呼吸和皮肤蒸发，时刻都在向舍内空间散发水汽，舍内潮湿物体也蒸发水汽。这些水汽在舍内聚积，导致舍内水汽含量过大，从而导致舍内潮湿。因此，可以根据畜禽产生的水汽量计算通风换气量。用水汽计算通风换气量的依据，就是通过由舍外导入比较干燥的新鲜空气，将舍内潮湿空气排除舍外。根据舍内外空气的绝对湿度之差和舍内畜禽产生的水汽总量，计算排除舍内多余水汽所需的通风换气量。其公式为：

$$L=\frac{Q_1+Q_2}{q_1-q_2}$$

式中，L 为通风换气量（m^3/h）；Q_1 为畜禽在舍内产生的水汽总量（g/h）；Q_2 为潮湿物体蒸发的水汽量（g/h），由潮湿物体表面蒸发的水汽，按畜禽产生水汽总量的 10%（猪舍按 25%）计算；q_1 为舍内空气温度保持适宜范围时，所含的水汽量（g/m^3）；q_2 为舍外大气中所含的水汽量（g/m^3）。

生产应用时，对于群养畜禽来讲，用水汽算得的通风换气量往往大于用二氧化碳算得的量，故在潮湿、寒冷地区用水汽计算通风换气量较为合理。

3. 根据热量计算通风换气量 畜禽在呼出二氧化碳、排除水汽的同时，还在不断地向外放散热能。因此，可根据热平衡法计算通风换气量。其原理为：在夏季为了防止舍温过高，必须通过通风将过多的热量驱散；而在冬季有效地利用这些热能温热空气，保持在舍温不变的前提下，通过通风将舍内产生的热量、水汽、有害气体、灰尘等排出。其公式为：

$$L=\frac{Q-\sum KF\times\Delta t-W}{0.24\times\Delta t}$$

式中，L 为通风换气量（m^3/h）；Q 为畜禽产生的可感热（J/h）；Δt 为舍内外空气温差（℃）；0.24 为空气的热容量 [J/（m^3·℃）]；$\sum KF$ 为通过外围护结构散失的总热量 [J/（h·℃）]；K 为外围护结构的总传热系数 [J/（m^2·h·℃）]；F 为外围护结构的面积（m^2）；$\sum$ 为各外围护结构失热量相加符号；W 为由地面及其他潮湿物体表面蒸发水分所消耗的热能，按畜禽总产热的 10%（猪按 25%）计算。

根据热量计算通风换气量，实际是根据舍内的余热计算通风换气量，这个通风量只能用于排除多余的热能，不能保证在冬季排除多余的水汽和污浊空气。故生产应用时只能用于清洁干燥的畜禽舍。

4. 根据通风换气参数计算通风换气量　依据通风换气技术参数为标准，这为畜禽舍通风换气系统的设计，特别是为大型畜禽舍机械通风系统的设计提供了方便。各种畜禽通风换气量技术参数见表 3-4-3、表 3-4-4。

表 3-4-3　各种畜禽舍通风换气量技术参数

（引自 GB/T 26623—2011 畜禽舍纵向通风系统设计规程）

动物种类		体重（kg）	推荐通风需要量（$m^3 \cdot h^{-1} \cdot$ 头$^{-1}$）		
			冬季	过渡季	夏季
猪	母猪带仔	182	34	136	850
	保育前期仔猪	5～14	3	17	43
	保育后期仔猪	14～34	5	26	60
	生长猪	34～68	12	41	128
	育肥猪	68～100	17	60	204
	妊娠母猪	148	20	68	225
	公猪	182	24	85	306
牛	0～2 月龄		26	85	126
	2～12 月龄		34	102	221
	12～24 月龄		51	136	305.8
	24 月龄以上母牛	450	61	204	570
蛋鸡		0.45	0.2	0.8	1.7～2.5
		2.0	1.0～1.2		9.4
		2.5	1.2～1.4		11.2
		3.5			14.4
肉鸡	0～7 日龄		0.1	0.3	0.7
	大于 7 日龄	0.45	0.2	0.8	1.7
		0.2	0.2		
		0.8	0.6		
		2.2	1.2～1.3		
		2.7	1.4～1.5		

表 3-4-4 猪舍通风量参数与风速

（引自 GB/T 17824—2008 规模猪舍环境参数及环境管理）

猪舍类别	通风量［m^3/（h·kg）］			风速（m/s）	
	冬季	春秋季节	夏季	冬季	夏季
种公猪舍	0.35	0.55	0.70	0.30	1.00
空怀妊娠母猪舍	0.3	0.45	0.60	0.30	1.00
哺乳猪舍	0.3	0.45	0.60	0.15	0.40
保育猪舍	0.3	0.45	0.60	0.20	0.60
生长育肥猪舍	0.35	0.50	0.35	0.30	1.00

根据畜禽在不同生长年龄阶段通风换气参数与饲养规模，可计算出通风换气量。其公式为：

$$L=1.1Km$$

式中，L 为畜禽舍的通风换气量（m^3/h）；K 为通风换气参数［m^3（h·kg）或 m^3/（h·头）］；m 为畜禽数量（头或只）；1.1 为按 10%的通风短路估测通风总量损失的补偿系数。

生产中采用自然通风时，北方寒冷地区以最小通风量（冬季通风参数）为依据确定通风口面积；采用机械通风时，在最热时期，应尽可能排除热量，并能在畜禽周围造成一个舒适的气流环境，因此，根据最大通风量（夏季通风参数）确定总通风量。

（三）自然通风设计

畜禽舍自然通风分无管道与有管道 2 种形式。无管道自然通风是靠门、窗所进行的通风换气，它只适用于温暖地区或寒冷地区的温暖季节。在寒冷地区的封闭舍中，由于门窗紧闭，需靠专门通风管道进行换气。这里着重介绍后者。

1. 自然通风类型

（1）风压通风。以风压为动力的自然通风。

①原理：当外界有风时，畜禽舍的迎风面的气压将大于大气压，形成正压；而背风面的气压将小于大气压而形成负压，空气必从迎风面的开口流入，从背风面的开口流出，即形成风压通风（图 3-4-2）。只要有风就有自然通风现象。

②通风量的决定因素：决定因素有风与开窗墙面的夹角、风速、进风口和排风口的面积。

（2）热压通风。以热压为动力的自然通风。

①原理：热压指空气温度不均而发生密度差异产生热压。热压通风即舍内空气受热源作用而膨胀变轻上升，聚积于畜禽舍顶部，在畜禽舍上部形成高压区，如果屋顶有开口或缝隙，热空气就会逸出舍外；畜禽舍下部冷空气不断遇热上升，形成了空气稀薄的负压区，舍外较冷的新鲜空气不断渗入舍内补充，如此循环，形成自然通风（图 3-4-3）。

②通风量的决定因素：大小取决于舍内外温差、进风口和排风口的面积、进风口和排风口中心的垂直距离。

自然通风往往是风压通风和热压通风同时进行，在寒冷地区和温暖地区的寒冷季节，由于畜禽舍处于封闭状态，因此主要考虑热压作用；夏季由于舍内外温差较小，热压作用相对较弱，以风压通风为主。要提高畜禽舍自然通风效果，应注意畜禽舍跨度不宜过大，9m 以内为好。靠自然通风的畜禽舍至少应相距 15～18m，否则自然通风效果不好。

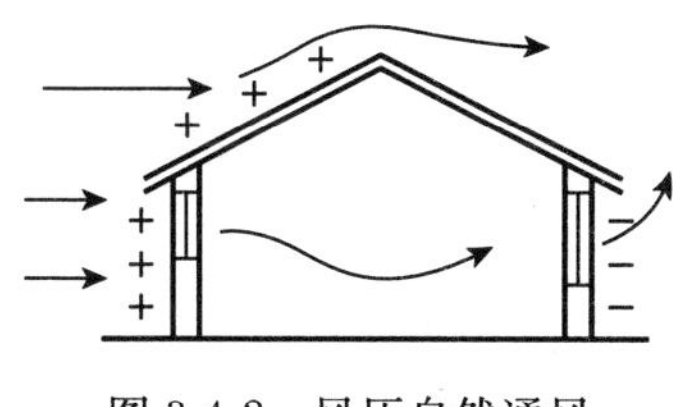

图 3-4-2　风压自然通风

图 3-4-3　热压自然通风

2. 自然通风设计　自然通风设计的方法主要在于确定进气口和排气口的面积。

（1）排气口总面积。根据空气平衡方程 $L=3\ 600FV$，导出：

$$F=L/3\ 600V$$

式中，F 为排气口总面积（m^2）；L 为通风换气量（m^3/h）；3 600 表示 3 600s，即 1h；V 为排气管中的风速（m/s）。

V 可用下列公式计算：

$$V=0.5\sqrt{\frac{2gh\ (t_n-t_w)}{273+t_w}}$$

式中，0.5 为排气管阻力系数；g 为重力加速度（$9.8m/s^2$）；h 为进、排气口中心的垂直距离（m）；t_n为舍内空气温度（℃）；t_w为舍外舍内空气温度（℃）（冬季最冷月平均气温，可查当地气象资料）。

故将 g 值代入整理后可得热压通风量：

$$L=7\ 968.94F\sqrt{\frac{h\ (t_n-t_w)}{273+t_w}}$$

每个排气管的剖面积一般采用（50cm×50cm）～（70cm×70cm）的正方形。

（2）进气口的面积。一般按排气口面积的 70%～75%设计。每个进气管的面积为（20cm×20cm）～（25cm×25cm）的正方形或矩形。

理论上讲，排气口面积应与进气口面积相等，但一部分空气会通过门窗缝隙或畜禽舍孔洞以及门窗启闭进入舍内，所以，进气口面积往往小于排气口面积。

掌握进气口的面积在生产上便于计算设计方案或评价已建成畜禽舍的通风量能否满足要求，也可根据所需通风量计算排气口面积。

（3）通风管的构造及安装。

①进气管：用木板做成，剖面呈正方形或矩形。均匀（一侧）或交错（两侧）安装在纵墙上，距墙基 10～15cm，彼此间的距离为 2～4m，墙外进气口向下弯有利于避免形成穿堂风或冬季冷空气直接吹向畜禽体。进气口设有铁网，墙里侧设有调节板以控制风量大小。

②排气管：用木板做成，剖面为正方形，管壁光滑，不漏气、保温。常设置在屋脊正中或其两侧并交错，下端从天棚开始，紧贴天棚设有调节板以控制风量，上端突出屋脊 50～70cm，排气管间的距离在 8～12m，在排气管顶部设有风帽，可以防止降水或降雪落入舍内，同时能加强通风换气效果，风帽的形式有屋顶式（无百叶）和百叶风帽。

在北方地区，为防止水汽在排气管壁表面凝结，在总面积不变的情况下，适当扩大每个排气管的面积而减少排气管的个数能使自然通风投入成本少，但受自然风速影响大，只能用于小型养殖场。

（四）机械通风设计

机械通风也称强制通风，是依靠风机强制舍内外进行气体交换的通风方式。克服了自然通风受外界风速变化、舍内外温差等因素的限制，可根据不同气候、季节和畜禽种类设计理想的通风量和舍内气流速度，尤其适用于大型密闭畜禽舍，为其创造良好的环境提供了可靠的保证。

机械通风设计的任务在于，根据所需通风量选择和计算风机流量、风机数量，以保证通风量。同时要合理设计通风口面积、形状和位置，以保证气流分布均匀和进风速适宜。

机械通风按照舍内气压的变化可分为正压通风、负压通风和联合通风3种形式。

1. 风机类型及其特点

(1) 轴流式风机。它由外壳及叶片所组成（图3-4-4）。叶片直接装在电动机的转动轴上。风机在工作时，所吸入的空气与送出的空气的流向和风机叶片轴的方向平行。在生产上，轴流式风机多用于排风，即畜禽舍负压通风主要用轴流式风机。

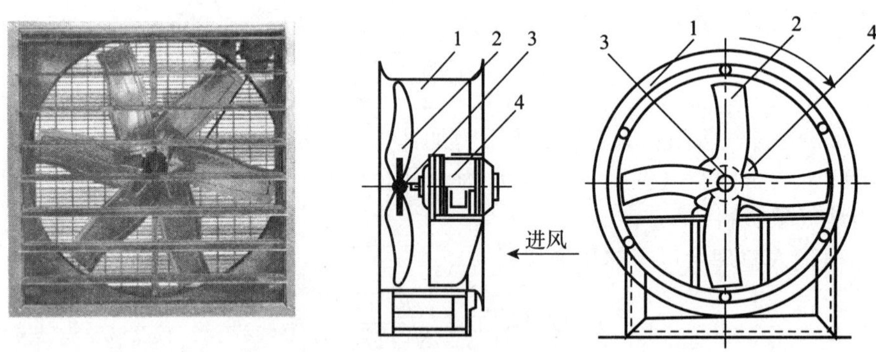

图3-4-4 轴流式风机

1. 外壳 2. 叶片 3. 电动机转轴 4. 电动机

轴流式风机的特点是：叶片旋转方向可以正转也可逆转，故既可用于送风，也可用于排气。由于轴流式风机压力小，噪声较低，除可获得较大的流量，节能效果显著以外，风机之间整个进气气流分布也较均匀，与风机配套的百叶窗，可以进行机械传动开闭。目前用于我国畜禽舍的通风的风机型号较多，常用风机主要性能参数见表3-4-5。

表3-4-5 畜禽舍常用风机主要性能参数

风机型号	叶轮直径（mm）	叶轮转速（r/min）	风压（Pa）	风量（m^3/h）	电机功率（kW）	噪声（dB）	机重（kg）	备注
9FJ-140	1 400	330	60	56 000	1.10	70	85	静压时数据
9FJ-125	1 250	325	60	31 000	0.75	69	75	
9FJ-100	1 000	430	60	25 000	0.55	68	65	
9FJ-71	710	635	60	13 000	0.37	69	45	
9FJ-60	600	930	70	9 600	0.25	71	25	
9FJ-56	560	729	60	8 300	0.18	64		
SFT-No10	1 000	700	70	32 100	0.75	75		
SFT-No9	900	700	80	21 000	0.55	75		
SFT-No7	700	900	70	14 500	0.37	69	52	

（2）离心式风机。由蜗牛形外壳、工作轮和带有传动轮的风机座组成（图 3-4-5）。空气从进风口进入风机，由旋转的带叶片的工作轮所形成的离心力作用，流经工作轮而被送入外壳，然后再沿着外壳经出风口送入通风管中。

离心式风机的特点是：空气进入风机时方向和叶片轴平行，离开风机时变成垂直方向。故这个特点使其自然地可适应通风管道 90°的转弯。这种风机运转时，气流靠带叶片的工作轮转动时所形成的离心力驱动。离心式风机不具逆转性，压力较强，在畜禽舍通风换气系统中，多半在送热风和冷风时使用。

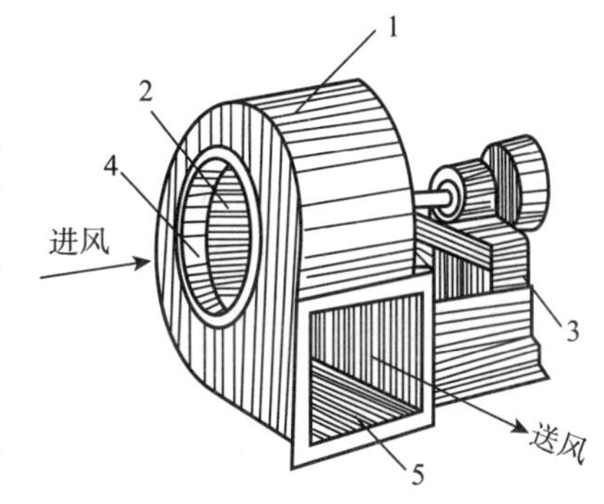

图 3-4-5　离心式风机

1. 蜗牛形外壳　2. 工作轮　3. 机座　4. 进风口　5. 出风口

在选择风机时，要满足通风量、风压等要求，这样风机克服阻力的能力强，通风效率高，才能取得良好的通风效果。目前畜禽舍一般采用纵向负压通风，所选择的风机多为大直径、低转速的轴流式风机。

2. 负压通风　负压通风也称排气式通风，是指利用风机将封闭舍内污浊空气抽出，使舍内气压小于舍外，新鲜空气通过进气管或进气口自然流入舍内的换气方式。其特点是设备简单、投资少、管理费用低，在生产中得到了广泛应用。

负压通风按照风机安装的位置不同可分为屋顶排风形式、一侧壁排风形式和两侧壁排风形式 3 种（图 3-4-6）；按气流的方向可分为横向负压通风和纵向负压通风。

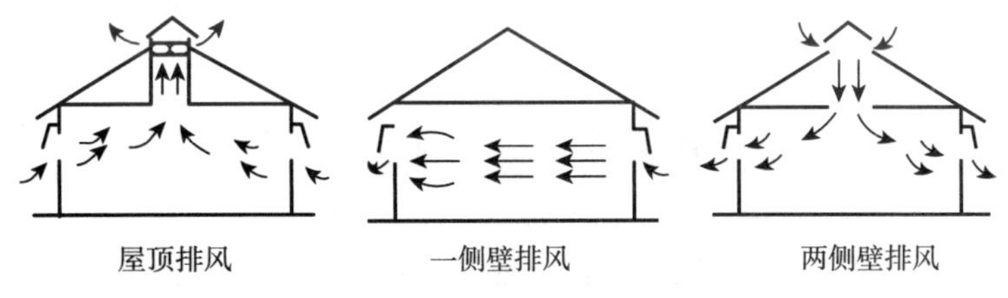

图 3-4-6　负压通风示意

一般跨度小于 12m 的畜禽舍可采用横向负压通风，如果通风距离过长，易致舍内气温不均、温差大，对畜禽体不利。跨度大的畜禽舍可采用屋顶排风式负压通风，高床饲养工艺的畜禽舍采用两侧排风式负压通风。纵向通风可适用于各类畜禽舍。

（1）横向负压通风设计。横向负压通风是指在通风时气流顺畜禽舍的短轴流动的排气式通风方式（图 3-4-7）。是较为常见的畜禽舍通风方式。其最大的不足在于舍内气流不均，气流速度偏低，死角多，换气质量不高。设计方法和步骤如下：

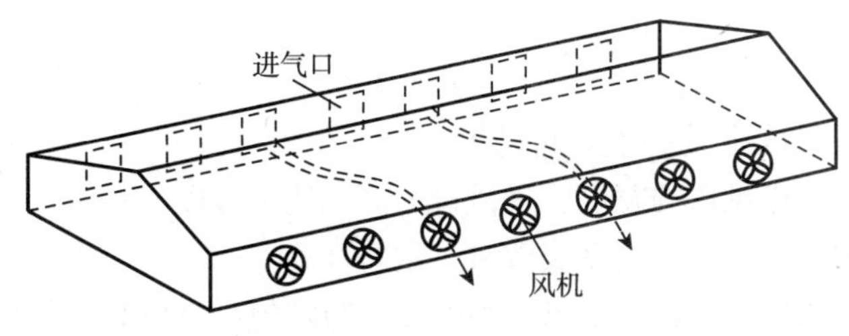

图 3-4-7　横向通风示意

①确定排风形式：畜禽舍跨度为8～12m时，采用一侧排风，对侧进风形式；跨度大于12m时，采用两侧排风、顶部进风或顶部排风、两侧进风的形式。进排风管应交错安装，防止短路。

②确定畜禽舍所需通风量：根据各种畜禽的通风换气参数的最大值，即夏季通风量来计算。考虑兼顾其他季节通风要求，可分别求出冬季和过渡季节所需风机的台数，将夏季所需风机分为3组，分别控制，冬季开1组，过渡季节开2组，夏季可全部开动。

③确定风机台数：跨度小于12m的畜禽舍，通常采用一侧排风，对侧进风的负压通风形式，风机设置在一侧纵墙上，一般按纵墙长度（值班室和饲料间不计），每7～9m设置1台。

④确定每台风机流量：

$$Q=\frac{KL}{N}$$

式中，Q为风机的风量（m^3/h）；K为风机效率的通风系数（取1.2～1.5）；L为夏季所需通风量（m^3/h）；N为风机数量（台）。

⑤确定风机全压：风机全压应大于进、排风口的通风阻力，否则将使风机的效率降低，甚至损坏电机。风机全压计算公式如下：

$$H=6.38V_1^2+0.59V_2^2$$

式中，H为风机全压（Pa）；V_1为进风速度（m/s），夏季3～5m/s；冬季1.5m/s；V_2为排风速度（m/s），根据计算每台风机的流量（Q）和选择风机的叶片直径（d）计算。

$$V_2=\frac{4Q}{3\,600\pi d^2}$$

求得Q和H值后，可在风机性能表中选择风机风量和全压大于或等于Q和H计算值的风机型号。

⑥确定进风口总面积：进气口总面积一般是1 000m^3/h的排风量需0.1～0.12m^2的进气口面积。如进气口设遮光罩，面积应按0.15m^2计算。进气口的面积也可按如下公式计算：

$$A=\frac{KL}{3\,600V_1}$$

式中，A为进风口面积（m^2）；其他符号K、L和V_1同前。

⑦确定进风口的数量与面积：进风口的数量（n）可按畜禽舍长度I与畜禽舍跨度S的0.4倍的比值进行计算。

$$n=I/0.4S$$

每一进气口的面积（a）：

$$a=A/n$$

进风口大小一般先确定其高度，可选0.12m、0.24m、0.3m，以便于砖墙施工；根据其面积和高度即可求出进风口的宽度。进风口的高宽比一般以1：（5～8）为宜，如果初步确定的高宽比相差太大，可调整高度或数量，重新计算。

⑧布置风机和进风口：为保证通风量和气流分布均匀，风机和进气口的布置应注意以下几点：

a. 一侧进风另一侧排风时，风机（排风口）宜设置于一侧墙下部，进风口均匀布置于对侧墙上部（考虑到夏季放热，可在其下部设地窗，冬季关闭，夏季打开）交错安装。风机口应设铁皮弯管，进风口应设遮光罩以挡光避风（图 3-4-8）。相邻两栋畜禽舍的风机或进风口，应相对设置，以免前栋舍排出的污浊空气被后栋舍的进风口吸入。

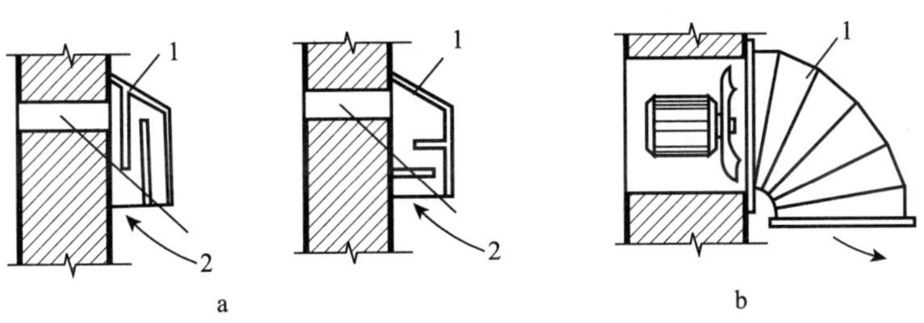

图 3-4-8　进风口的遮光罩和风机口

a. 进风口的遮光罩　b. 风机口的弯管　1. 遮光罩　2. 进风口

b. 采用上排下进时（屋顶排风），两侧墙上的进风口不宜过低，并应装导向板，防止冬季冷风直接吹向畜禽体。

c. 为保证停电或通风故障时畜禽舍的采光和通风换气，无窗舍应按舍内地面面积的2.5%设应急窗（不透光的保温窗），在两纵墙上均匀布置，平时关闭，必要时开启采光通风。

(2) 纵向负压通风设计。纵向负压通风是指舍内空气流动方向与畜禽舍长轴方向平行的排气式通风（图 3-4-9）。由于通风的过流面积比横向通风相对缩小，故使舍内风速增大，克服了横向通风的缺陷，可确保舍内获得新鲜空气，适用于各类畜禽舍。其设计步骤如下：

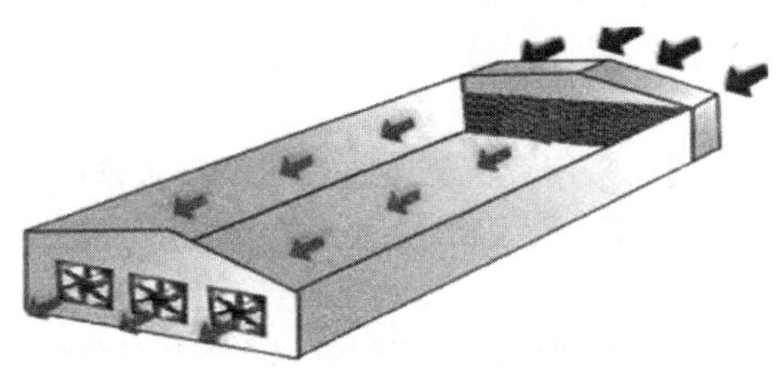

图 3-4-9　畜禽舍纵向通风示意

①通风量确定：畜禽舍的纵向通风换气量可根据两方面确定：一方面根据通风换气参数来确定；另一方面可根据畜禽舍要求的风速来计算。

a. 根据参数确定通风换气量：

$$Q=N\cdot G\cdot P$$

式中，Q 为通风换气量（m^3/h）；N 为饲养的畜禽数量（头或只）；G 为平均体重（kg/头或 kg/只）；P 为换气参数。

b. 根据舍内的风速确定通风换气量：

$$Q=S\cdot V$$

式中，Q 为通风换气量（m^3/h）；S 为纵向通风空气的过流面积（横截面积 m^2）；V 为舍内的气流速度（m/s）。

②确定风机型号：纵向通风一般采用大流量节能型轴流风机，风机型号见表 3-2-6。

③确定风机数量：根据畜禽舍的总排风量来计算所安装的风机台数。其计算公式如下：

a. 考虑风机的效率计算风机台数：

$$N=Q_{总}/(Q_{风机}\cdot\eta)$$

式中，N 为风机台数；$Q_{总}$ 为总的通风换气量（m^3/h）；$Q_{风机}$ 为风机的风量（m^3/h）；η 为风机的效率。

b. 考虑风机的损耗与其他产生的阻力计算风机数量：

$$N=[Q_{总}(10\%\sim15\%)+Q_{总}]/Q_{风机}$$

式中，N 为风机台数；$Q_{总}$ 为总的通风换气量（m^3/h）；$Q_{风机}$ 为风机的风量（m^3/h）。

④确定进风口的面积：纵向通风进气口的面积可按 1 000m^3/h 的排风量需 0.15m^2 的进气口面积进行计算。如不考虑承重墙、遮光等因素，一般应与畜禽舍横剖面大致相等。

⑤风机的安装：风机一般安装在畜禽舍污道一侧的山墙上或靠近山墙的两侧纵墙上；进气口设在畜禽舍的另一端山墙上或山墙附近的两侧纵墙上；当畜禽舍太长时，可将风机安装在两端或中部，进气口设在畜禽舍的中部或两端；风机安排可大小结合以适应不同季节通风的需要；纵墙上安装风机，排风方向应与屋脊的角度呈 30°～60°。

⑥畜禽舍纵向通风的优点：

a. 提高风速。纵向通风舍内平均风速比横向通风平均风速高 5 倍以上，因纵向通风气流过流面积仅为横向通风气流过流面积的 1/10～1/5。纵向通风舍内风速可达 0.7m/s 以上，夏季可达 1.0～1.2m/s。

b. 气流分布均匀。进入舍内空气均沿着一个方向平稳流动，空气流动路线为直线，因而气流在畜禽舍纵向可保持均匀一致，舍内气流死角少。

c. 改善空气质量。结合排污设计，将进气口设在清洁道侧，排气口设在污道侧，可以避免畜禽舍间的交叉污染。

d. 节能降低费用。纵向通风采用大流量节能风机。风机排风量大，使用台数少，因而可以节约设备的投资及安装接线费用，可节约维修管理费用 20%～35%，节约电能及运行费用 40%～60%。

e. 提高生产力。鸡舍采用纵向通风，可使产蛋率、饲料转化率提高，死亡率下降。

纵向通风应用注意的问题：纵向通风应用时要求畜禽舍为封闭舍，对于有窗式封闭舍在实施纵向通风时要求关闭窗户，否则会造成气流短路，达不到通风要求；在夏季高温期通常与湿帘或湿墙配合使用，既达到了通风的目的，又达到了降低畜禽舍内温度的效果，一般可使舍内温度降低 3～9℃，有效地缓解畜禽的热应激；畜禽舍在冬季采用纵向通风技术时，首先应提高舍温，一般与热风炉配合使用，但耗能相对较高，目前国内集约化大型养殖场广泛应用。

3. 正压通风 正压通风也称进气式通风或送风，是指通过风机将舍外新鲜空气强制送入舍内，使舍内气压增高，舍内污浊空气经风管或通风口自然排出的换气方式。根据风机位置分为屋顶送风、侧壁送风、两侧壁送风形式（图 3-4-10）；也可通过管道系统送入畜禽舍或送到需要的部位。

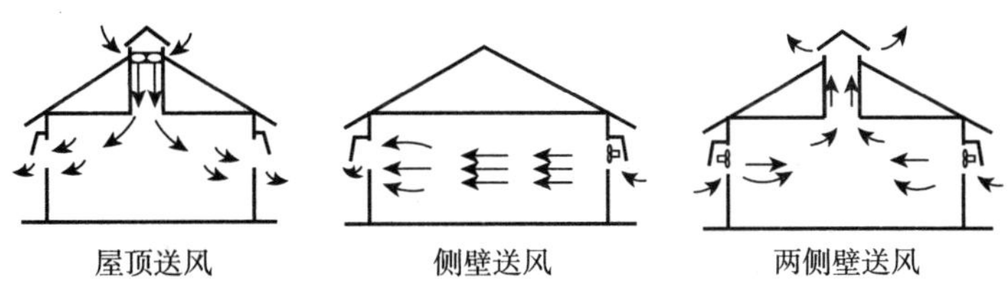

图 3-4-10　正压通风 3 种形式示意

畜禽舍正压通风一般采用屋顶水平管道送风系统，即在屋顶下水平铺设通风孔的送风管道（图 3-4-11），采用离心式风机将空气送入管道，风经通风孔流入舍内。安装该系统时如畜禽舍跨度在 9m 以内时可铺设 1 条管道，超过 9m 时可铺设 2 条管道。管道材料一般选用玻璃钢、聚氯乙烯（PVC）塑料或编织布等材料；在管道上每相隔一定距离设置 1 个出风口，其面积大小需经过周密计算，一般是从通风管始端开始孔径逐渐变大，可保证末端风量与始端相当，做到通风均匀。该系统主要应用于规模化养殖场中的育雏舍、肉用仔鸡舍、仔猪保育舍和孵化室，可在进风口附加设备，对空气进行预热或冷却、过滤处理后送入舍内，有效地对畜禽舍的环境进行控制。

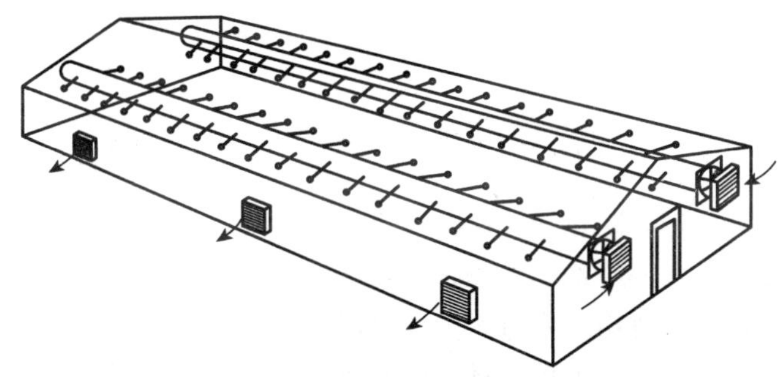

图 3-4-11　屋顶水平管道送风示意

正压通风的优点在于：

（1）可实现一套系统解决通风、供暖、降温、排污、排湿的综合调控（图 3-4-12）。

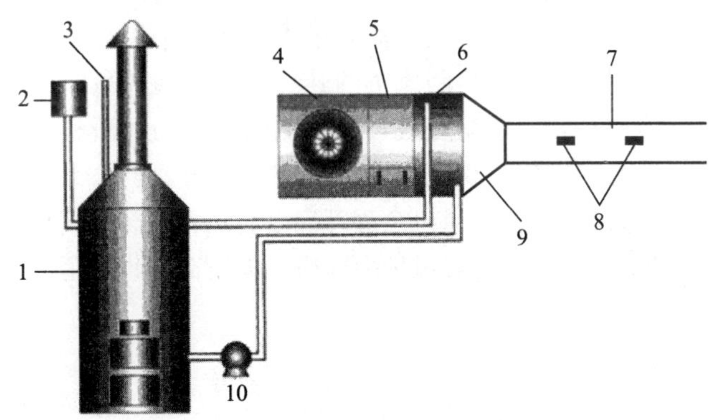

图 3-4-12　畜禽舍通风、供暖、排污、排湿综合调控系统

1. 锅炉　2. 补水　3. 通大气　4. 供风段　5. 电脑自控箱　6. 交换器
7. 通风道　8. 出风口　9. 集风段　10. 热水泵

（2）可实现对畜禽所在部位局部环境的调整，降低环境调设备投资和能耗。

（3）冬季可将温暖、干燥、清洁的空气送至畜禽体周围。

（4）夏季可不必关窗，实现自然通风与机械通风相结合，节约能耗。

（5）对进入的空气可进行加热、冷却以及过滤、消毒等预处理，从而有效地保证畜禽舍内适宜温湿状况和良好的空气环境。在严寒、炎热地区适用。

4. 联合式通风 也称混合式通风，是一种在通风时既向舍内送风又向舍外排气的机械通风方式。一般用于大跨度的大型封闭舍，尤其是无窗舍中，单靠机械排风或机械送风往往达不到应有的换气效果，故需采用联合式通风。联合式通风由于风机台数多、设备投资大，因而没有被广泛应用。

联合式通风系统风机安装形式如下：

（1）进气口设在较低处，装设送风风机将舍外新鲜空气送到畜禽舍下部，即畜禽活动区，排气口设在畜禽舍上部，由排风机将聚集在畜禽舍上部的污浊空气抽走，这种方式有利于降温，故适合于温暖和较热地区。

（2）进气口设在畜禽舍上部，风机由高处向舍内送新鲜空气；排气口设在较低处，风机由下部抽走污浊空气。这种方式既可避免在寒冷季节冷空气直接吹向畜体，也便于预热、冷却和过滤空气，故对寒冷地区或炎热地区都适用。

5. 风机的安装、管理与注意事项

（1）风机与风管壁间的距离保持适当，风管直径大于风机叶片直径 5～8cm 为宜。

（2）风机不能安装在风管中央，应在里侧；外侧装有防尘罩、里侧装有安全罩。

（3）风机不能离门太近，防止通风短路。

（4）定期清洁除尘、加润滑剂；冬季防止结冰。

（5）风速均匀恒定，不宜出现强风区、弱风区和通风换气的死角区。

（6）畜禽舍内不宜安装高速风机，且舍内冬夏季节通风的风速应有较大差异。

（7）风机型号与通风要求相匹配，不宜采用大功率风机。

（8）进风口和排风口距离适当，防止通风短路。

（9）选择风机时要求噪声小，有防腐、防尘和过压保险装置。

畜禽舍的机械通风大多采用人工控制和自动控制。人工控制虽然节省了控制装置的投资，但不易使舍内温度始终处于适宜范围内，效果不理想。采用自动控制设备能达到较为理想的效果。其工作原理是利用恒温器控制风机的开启以调节通风量的大小。当畜禽舍温度在设定温度范围内时，环境控制器根据温度表，控制侧向风机的间断和开启或断开以达到循环通风，在畜禽舍内进行正常的换气，保证畜禽舍内空气新鲜。当畜禽舍内的温度感应器显示舍内的温度高于所设定的温度时，侧向风机全程开启，直至畜禽舍温度恒定；当畜禽舍温度低于设定的温度时，环境控制器自动开启暖风炉引风机，温度高于设定值时，自动关闭引风机。

技能训练

畜禽舍风速的测定与通风效果评价

【实训目的】能掌握测定风速的常用仪器的使用方法，会对畜禽舍内的风速进行测定；

熟练地进行已建畜禽舍的通风量测定，并对畜禽舍通风效果进行卫生评价。

【设备与材料】三杯风速计、热球式电风速计、翼状风速计、卡他温度计；养殖场的畜禽舍。

【方法与步骤】

（一）气流速度测定

1. 杯状风速计法

（1）构造原理。由风向标、风速表和手柄3部分组成（图3-4-13）。感受风压部分为3个固定在十字架上的半球状旋杯，旋杯的凹面在风力的作用下，围绕中心轴转动，它的转速体现了风速的大小。中心轴下端连接齿轮系统，最后从指针式表盘读取数据。此外还附有风向标和方向盘指示风向。

用于测量风向和1min时间内平均风速。旋杯的启动风速不大于0.8m/s，测量范围为1～30m/s。

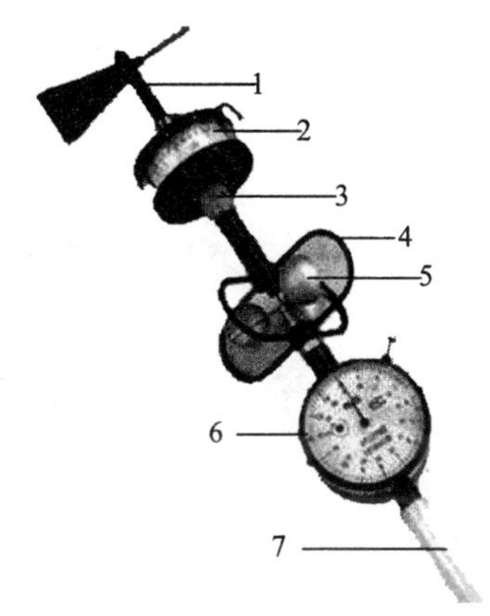

图3-4-13 三杯风速计
1. 风向标 2. 方向盘 3. 小套管制动部件 4. 十字护架 5. 感应组件旋杯 6. 风表主机体 7. 手柄

（2）操作步骤。

①取出仪器，切勿用手摸旋杯。

②拉下风向盘的固定套管，风向指针与方向盘所对的读数为风向，指针摆动时可读取中间值。

③压下风速表的启动杆，风速指针回零，放开后测定开始，红色时间指针开始计时。

④测定时不要按压启动杆，1min后，时间指针停止转动，风速指针所示数值称为指示风速。

2. 翼状风速计法

（1）构造原理。原理同杯状风速计，只是以轻质铝制成的薄翼片代替旋杯而已。

（2）操作步骤。

①按下风速计上方的“回零”键，使指针回复到零。

②将风速计置于测定地点，翼轴对准气流方向。

③按下秒表计时，根据气流状况，自主决定测定时间，最后读风速计的累计值和时间。换算成风速。

（3）注意事项。

①勿用手拨杯（翼），或强迫停止转动。

②避免在腐蚀性气体或粉尘多的地方使用，并注意保持清洁。

③测定气流时，注意勿使身体或其他物体阻挡气流。

3. 热球式电风速计法

（1）构造原理。由测杆探头和测量仪表2部分组成。测杆探头有一个直径0.8mm的玻璃球，并装有2个串联的热电偶和加热探头的镍铬丝线圈。热电偶的冷端连接在磷铜质的支柱上，直接暴露在气流中，当一定大小的电流通过球部加热线圈后，玻璃球被加热，温度升高的程度和风速呈负相关，引起探头电压的变化，然后由仪表或通过显示器显示出来。使用方便，灵敏度高，反应速度快，可测0.05～10.0m/s的微风速度。

(2) 表式热球式电风速计（图 3-4-14）法操作步骤。

①轻轻调整电表上的机械调零螺丝，使指针调到零点。

②将“校正开关”置于“断”的位置，将测杆探头插在插座内，测杆垂直向上放置，螺塞压紧使测杆密闭，这时探头的风速等于零。将“校正开关”置于“满度”，调整“满度粗调”“满度细调”旋钮，使电表指针置满刻度位置。

③将“校正开关”置于“零位”，调整“零位粗调”“零位细调”旋钮，将电表指针调到零点位置。

④轻轻拉动测杆塞，使测杆探头露出，测头上的红点应对准风向，从电表上即可读出风速值。

(3) 数显式热球电风速仪（图 3-4-15）操作步骤。

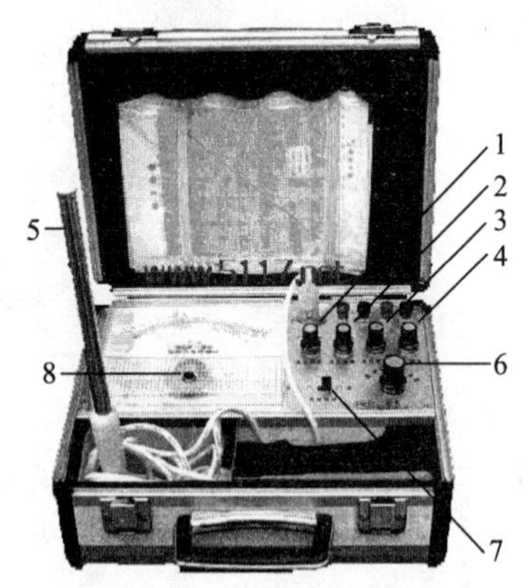

图 3-4-14　热球式电风速计

1. 零位粗调　2. 零位细调　3. 满度粗调　4. 满度细调　5. 测杆探头　6. 校正开关　7. 电源开关　8. 机械调零

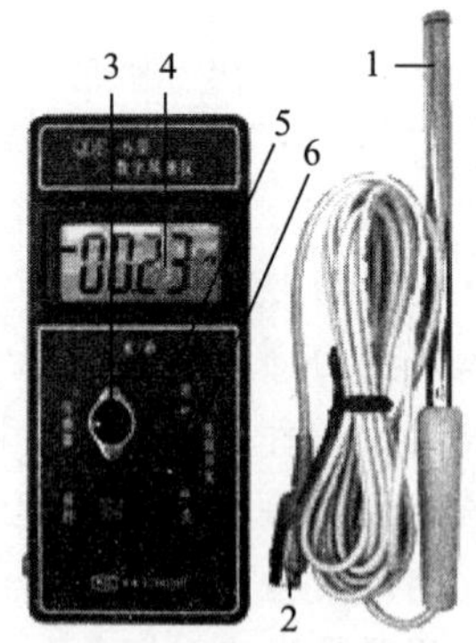

图 3-4-15　数显式热球电风速仪

1. 测杆探头　2. 插头　3. 传感器（插座）　4. 显示屏　5. 保持按钮　6. 开关

①仪器使用前，先将风速传感器的电缆插头插在仪器面板的 4 孔插座内，然后将测杆垂直向上放置，使探头封闭在测杆内。

②开启面板上的电源开关，预热 3min，数字表显示应为 00.00。

③测量：轻轻拉动测杆顶端的螺塞，使探头露出并置于被测气流中，此时要注意，探头有红点的一方一定要对准风向，这时数字表上的显示值即为被测风速值（单位 m/s）。

④保持：当需要观测某时刻的风速稳定值时，按下“保持”按钮；放开按钮后仪器即恢复原测试的状态。

⑤测量完毕后，关闭电源，同时将探头密封在测杆内，以免损坏敏感元件（热球），然后再取下测杆电缆插头。

(4) 注意事项。热球式电风速计是精密仪器，使用时禁止用手触摸测杆探头；仪器装有 4 节电池，分为 2 组，一组是 3 节串联，一组是单节，在调整满度时，如果电表不灵，表明单节电池需要更换；在调整零位时，如果电表不灵，表明 3 节串联电池需要更换。

4. 卡他温度计法

(1) 构造原理。卡他温度计可分为 3 部分，即较大球体感温部、毛细管的指示部和顶部安全球部。指示部有2个刻度。当气温小于30℃时，使用常温卡他温度计，其上部温度为38℃，下部为35℃；气温在25～50℃时，使用高温卡他温度计，其刻度为54.5℃和51.5℃。毛细管背面上端刻有F为卡他系数，即管内酒精从38℃下降到35℃时，从球部表面单位面积（cm^2）所散失的热量。即$F=M/S$（M为总散热量，S为球部面积）。系数的大小主要与卡他温度表球部的特性有关，不同的表则F值也不同。

卡他温度表加热后膨胀，酒精上升到安全球；离开热源后，酒精受冷回缩。酒精下降的快慢，除了和当时的气温有关外，并且和气流有很大关系：气流大，散热快，则下降所需的时间少；反之，气流小，散热慢，下降所需的时间长。记录为t（s），气温T（℃），依公式可求出气流速度。

（2）操作步骤。

①先将卡他温度计浸入50～80℃的热水中，使酒精液柱上升到顶部安全球的2/3处。注意不能充满顶端安全球，以免胀破。

②从水中取出，用纱布擦干，否则影响准确度。悬挂于待测地点，避开阳光直射和热源。准备好秒表。

③用秒表记录酒精液柱经过上、下两刻度的时间。反复4次，取后3次的平均值为冷却时间。同时测定气温。

（3）结果计算。

①求卡他冷却值（H）：

$$H=F/t$$

式中，H为卡他冷却值；F为卡他温度表系数；t为冷却时间（s）。

②求温度差：

a. 常温卡他温度计：

$$Q=36.5-T$$

b. 高温卡他温度计：

$$Q=53-T$$

式中，Q为温度差（℃）；T为测定地点的温度（℃）；36.5和53为卡他温度表的平均温度（℃）。

③求气流速度：

a. 常温卡他温度计：

$H/Q<0.6$时，

$$V=[(H/Q-0.2)/0.4]^2$$

$H/Q>0.6$时，

$$V=[(H/Q-0.13)/0.47]^2$$

b. 高温卡他温度计：

$H/Q<0.6$时，

$$V=[(H/Q-0.22)/0.35]^2$$

$H/Q>0.6$时，

$$V=[(H/Q-0.11)/0.46]^2$$

式中，V为气流速度（m/s）。

例 1. 测定某鸡舍风速，使用系数为 400 的低温卡他温度表自 38℃降至 35℃的时间为 80s，舍内气温为 24℃，求其气流速度。

解：$F=400$，$T=80$，$H=400/80=5$，$Q=36.5-24=12.5$，$H/Q=5/12.5=0.4<0.6$，代入公式 $V=[(H/Q-0.2)/0.4]^2=[(0.4-0.2)/0.4]^2=[0.2/0.4]^2=[0.5]^2=0.25$（m/s）。

例 2. 测定某猪舍风速，使用系数为 450 的高温卡他温度表自 54.5℃降至 51.5℃的时间为 35s，舍内气温为 35.5℃，求其气流速度。

解：$F=450$，$T=35$，$H=450/35=12.86$，$Q=53-35.5=17.5$，$H/Q=12.86/17.5=0.73>0.6$，代入公式 $V=[(H/Q-0.11)/0.46]^2=[(0.73-0.11)/0.46]^2=[0.62/0.46]^2=[1.35]^2=1.82$（m/s）。

（二）畜禽舍风速的测定与通风效果评价

在已建的畜禽舍中设计了许多通风管道，当无法确定该设计是否科学的情况下要进行畜禽舍通风效果的卫生评价。

1. 计算风管截面的风量 畜禽舍风管通风量可用热球电风速仪或叶轮风速仪直接测定，也可以由测定风管截面的面积与流经该截面上的气流平均速度相乘而求得，计算公式：

$$L=3\,600\times FV$$

式中，L 为风管截面的风量；F 为风管面积（m^2）；V 为测定截面上的平均风速（m/s）；3 600 为 1h 等于 3 600s。

截面上各点的气流速度是不相等的，往往管中心较大，靠近管壁处较小，所以应测得多个点的风速求其平均值。在实际测定时，根据风管截面的形状和大小的不同，确定测点的数目和测点的距离。用叶轮风速仪贴近风机的格栅或网格送风口测平均风速时，通常采用下面 2 种方法。

（1）匀速移动测量法。将风速仪整个截面按一定的路线慢慢地匀速移动。适用于截面面积不大的风口，见图 3-4-16。

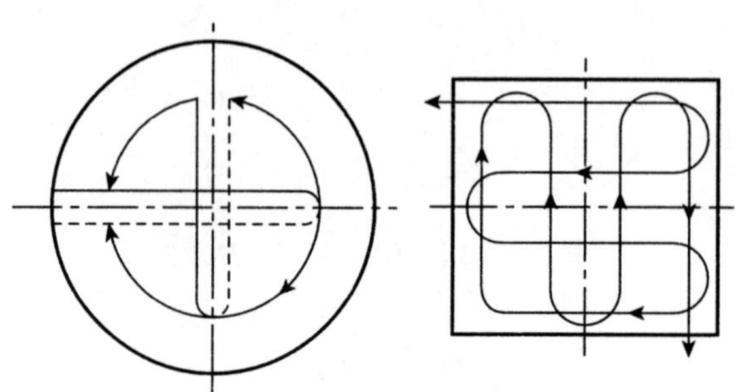

图 3-4-16 匀速移动测量路线

（2）定点测量法。按风口截面大小，把它划分为若干面积相等的小块，在其中心处测量，较大截面积的矩形风口可选大小相等的 9～12 个小方格进行测量，较小的可选大小相等的 5 个点来测定，见图 3-4-17。

风口的平均风速按下式计算：

$$V=\frac{V_1+V_2+V_3+\cdots+V_n}{n}$$

式中：V_1、V_2、V_3、$\cdots V_n$ 为各测点的风速（m/s）；n 为测定总数。

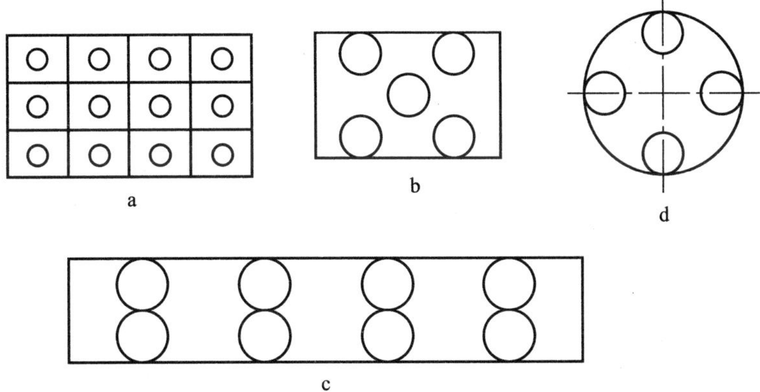

图 3-4-17　各种形式风口测点布置

a. 较大矩形风口　b. 较小矩形风口　c. 圆形风口　d. 条缝形风口

2. 通风换风量的卫生评价与调整　用通风换风总量来评价其卫生指标，若实际测得的与理论计算的相差较小（在 $5m^3/min$ 之内）则不需要调整；若相差较大则需要调整通风口的大小或通风口的数量。

3. 实训注意事项

（1）在测定风速前，应接通电源，启动风机，当风机转速不断上升达到额定转速后为风机启动完毕。风机启动后才可进行气流速度的测定。

（2）风机旋转方向应与机壳上箭头所示方向一致，即保证风机正常运转。

（3）求得各个风机的风量后，即可计算全舍的总通风量。然后对畜禽舍通风换气量进行卫生评定，评定测得的总通风换气量是否满足实际生产的需要。

【考核标准】考核标准见表 3-4-6。

表 3-4-6　畜禽舍风速的测定与通风效果评价考核标准

考核项目	考核要点	考核标准	等级分值			备注
			A	B	C	
畜禽舍风速的测定与通风效果评价	合作及态度	态度端正，有合作精神，与小组成员共同完成任务	30～25	24～18	<18	可按实际情况进行调整
	测定风速，仪器的使用	按规定步骤进行正确、熟练、规范的操作	30～25	24～18	<18	
	测定过程及结果计算的准确性	测定过程认真、结果计算准确	40～35	34～24	<24	
结果	实训报告和工作记录	实训报告内容翔实、标准、正确并及时上交；有完成整个技能训练的工作记录	20～15	14～12	<12	

任务5 畜禽舍空气质量调控

知识目标

1. 掌握畜禽舍中的有害气体对畜禽产生的危害和卫生标准。
2. 掌握畜禽舍中有害气体的控制措施。
3. 熟悉畜禽舍中有害气体的测定方法。
4. 了解畜禽舍空气中微粒的来源及特点。
5. 掌握微粒对畜禽健康和生产力的影响及控制措施。

能力目标

1. 能对畜禽舍空气内的有害气体、微粒和微生物的来源做出判断。
2. 能针对畜禽舍空气中的有害气体、微粒和微生物进行有效的控制。
3. 会控制畜禽舍空气中噪声。
4. 会测定畜禽舍中有害气体的浓度。
5. 能根据畜禽舍中有害气体的测定结果改进畜禽舍的空气质量。

在大规模、高密度的工厂化畜禽生产过程中，如果通风换气不良或饲养管理不善，不仅产生大量的粪尿、污水等废弃物，还会产生大量的微粒、微生物、有害气体、噪声及臭气等，严重污染畜禽舍空气环境，影响畜禽健康（图3-5-1）和生产力。因此，在控制畜禽舍空气环境的同时，还必须消除和减少畜禽舍空气污染。

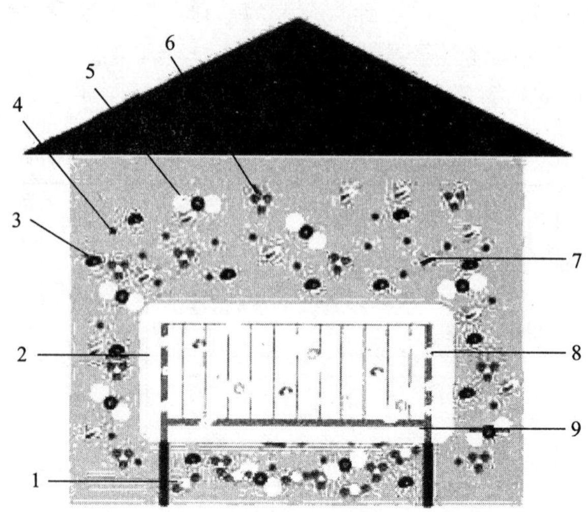

图3-5-1 畜禽舍空气中有害物质

1. 硫化氢 2. 重点保护区 3. 湿气 4. 粉尘 5. 二氧化碳 6. 氨气 7. 空气微生物 8. 围栏表面微生物 9. 粪道微生物

一、畜禽舍空气中有害气体调控

有害气体是指对人和畜禽的健康产生不良影响或使人感到不舒服，影响工作效率的气体。在畜禽舍内，产生最多、危害最大的有害气体主要有氨气、硫化氢、二氧化碳、一氧化碳等。

(一) 氨气

1. 氨气的理化特性、来源及分布

(1) 理化特性。氨是无色有刺激性臭味的气体，相对分子质量 17.03，相对密度 0.956，氨极易溶于水呈碱性 (0℃时每升水可溶解氨 907g，20℃时每升水可溶解氨 899g)。

(2) 来源。畜禽舍空气中的氨气主要来自粪便、尿液、垫草、饲料等含氮有机物的腐败分解产物。其含量的高低主要和畜禽舍的通风、清洁程度、饲养密度、畜禽舍的结构以及饲养管理水平等有关。畜禽舍清扫不及时或通风排水设备欠佳，地面结构不良滞留污物，管理不善，都可能使舍内空气氨气的含量增加。

(3) 分布。氨气的相对密度虽然较小，但因其产自粪尿等废弃物，且氨气极易溶于水，因此畜禽舍下部质量浓度较高，从而给畜禽造成很大危害，尤其是鸡。另外，潮湿的物体和墙壁表面也吸附了大量氨气，从而影响了氨气的排除。

2. 对畜禽危害

(1) 刺激黏膜产生炎症。畜禽吸入氨气后，由于氨气极易溶于水，很快吸附于鼻、咽喉、气管、支气管等黏膜及眼结膜上，产生碱性刺激，1%的氨水溶液的 pH 为 11.7，使黏膜发炎充血水肿，分泌物增多，引起疼痛、咳嗽、流泪，发生气管炎、支气管炎及结膜炎等。实验表明，猪在 15～45mg/m^{3}的氨气环境中每天呼吸 10～15min，患肺炎的比例大大增加，出栏时猪肺部的绒毛几乎全部消失。鸡受害最重，因其体重小，活动范围基本在地面上 0.5m 以内。

(2) 引起组织缺氧。氨气被吸入肺部后，能自由扩散进入血液，并与血红蛋白结合，破坏血液运输氧的能力，引起畜禽贫血、缺氧。

(3) 造成组织灼伤。高质量浓度的氨可使直接接触的组织部位发生碱性化学灼伤，组织呈溶解性坏死，还能引起中枢神经系统麻痹、中毒性肝病和心肌损伤。

(4) 使畜禽抵抗力和免疫力降低。短时间和低质量浓度氨气可由尿排出，畜禽如果长期处于低质量浓度的氨气中，不易觉察，畜禽体质变弱，对呼吸道疾病如结核病的抵抗力显著减弱。在氨气的毒害下，炭疽杆菌、大肠杆菌、肺炎球菌的感染过程显著加快。鸡对氨气特别敏感，当空气中氨气质量浓度达 8～15mg/m^{3}时，鸡的抵抗力和增重就会下降，出现呼吸器官症状，对鸡新城疫病毒感染敏感。

(5) 使畜禽的生产力下降。畜禽长期处于氨气质量浓度较高的环境条件下，食欲减退，采食量和生产力都下降。空气中 150mg/m^{3}的氨气，能使猪增重降低 17%，饲料利用率下降 18%。氨气不同浓度对产蛋鸡生产性能的影响见表 3-5-1。

(6) 使畜产品的品质下降。有害气体能进入畜禽皮肤，从而影响畜禽肉的品质。另外还能使牛奶产生异味。

3. 畜禽舍内卫生标准 我国卫生标准规定空气中氨气含量最高不得超过 20mg/m^3。畜禽长期处于畜禽舍空气中，受害较严重，容许量应限制得更严些。我国无公害养殖相关标准规定，场区<5mg/m³，猪舍<20mg/m³，牛舍<15mg/m³，雏禽舍<8mg/m³，成禽舍<12mg/m³。

表 3-5-1 氨气质量浓度对产蛋鸡生产性能的影响

氨气质量浓度（mg/m³）	性成熟时间（d）（达 50%产蛋率的日龄）	产蛋率（%）	
		23～26 周	35～38 周
0	158d（22.5 周）	70.2	90.9
40	172d（24.5 周）	51.2	86.7
56	177d（25 周）	49.2	83.8

（二）硫化氢

1. 理化特性、来源及分布

（1）理化特性。硫化氢是一种无色、易挥发的恶臭气体（臭鸡蛋味），相对分子质量 34.09，相对密度 1.19，易溶于水，在 0℃时，1L 的水可以溶解 4.85L 的硫化氢。

（2）来源。

①畜禽舍空气中的硫化氢主要是由粪便、尿液、垫草、饲料等含硫有机物（含硫氨基酸、含硫矿物质、含硫抗生素）的分解所产生。

②当给予畜禽蛋白质含量较高的日粮，或畜禽消化系统出现障碍时，可从肠道排出大量硫化氢气体。

③在封闭式蛋鸡舍中鸡蛋破损较多时，可增高空气中的硫化氢质量浓度。

（3）分布。硫化氢因产自地面或地面附近，且相对密度较大，所以愈接近地面，质量浓度愈高。畜禽舍中出现以下情况，可判知空气中存在着硫化氢：铜质器皿或电线因生成硫化铜而变成黑色；镀锌的铁器表面有白色沉淀；白色油漆表面变成棕色，甚至黑色等。

2. 对畜禽危害

（1）刺激黏膜产生炎症。硫化氢遇到畜禽黏膜上的水分可以很快溶解，并与钠离子结合生成硫化钠，对黏膜产生强烈的刺激作用，引起眼炎和呼吸道炎症，出现角膜混浊、流泪、畏光、鼻炎、气管炎，严重时发生肺水肿。

（2）引起畜禽缺氧。硫化氢经肺泡进入血液，与氧化型细胞色素氧化酶中的三价铁结合，使酶失去活性，影响细胞氧化过程，造成组织缺氧。高质量浓度的硫化氢能使畜禽呼吸中枢神经麻痹，导致窒息死亡。

（3）使畜禽抵抗力和免疫力降低。长期处于低质量浓度硫化氢环境中，畜禽体质变弱，抗病力下降，容易发生肠胃炎、心力衰竭等。

（4）使畜禽生产力下降。猪长期生活在低质量浓度硫化氢的空气中会感到不适，食欲不振，采食量下降，生长缓慢。质量浓度为 20mg/m³时，猪丧失食欲。

3. 畜禽舍内卫生标准 我国劳动卫生部门规定硫化氢不得超过 10mg/m³。无公害养殖相关标准规定，场区<3mg/m³，猪舍<15mg/m³，牛舍<12mg/m³，雏禽舍<3mg/m³，成禽舍<15mg/m³。

（三）二氧化碳

1. 理化特性、来源及分布

（1）理化特性。二氧化碳为无色、无臭、没有毒性、略带酸味的气体，相对分子质量

44.01，相对密度1.524。

（2）来源。畜禽舍中的二氧化碳主要是由畜禽呼吸排出。1 000只母鸡，1h可排出二氧化碳1 700L；一头体重100kg的育肥猪，1h可呼出二氧化碳39L。畜禽舍内用火炉进行供暖时也可产生部分二氧化碳，另外粪尿、垫草的分解亦产生少量的二氧化碳。因此，畜禽舍内的二氧化碳含量往往比大气高出许多倍。

（3）分布。二氧化碳比空气重，且主要由畜禽呼出，所以在畜禽舍的中下部，畜禽周围的质量浓度较高。

2. 对畜禽危害　二氧化碳本身无毒性，高质量浓度的二氧化碳使空气中氧的含量下降造成缺氧，引起慢性中毒。畜禽长期在缺氧的环境中，表现精神萎靡、食欲减退、体质下降，生产力下降，对疾病的抵抗力减弱，特别是易于感染结核病等传染病。

在一般畜禽舍中，二氧化碳质量浓度很少能达到引起畜禽中毒的程度。二氧化碳的卫生学意义在于，它表明畜禽舍空气的污浊程度；同时亦表明畜禽舍空气中可能存在其他有害气体。因此，二氧化碳的存在可以作为畜禽舍空气卫生评价的间接指标。

3. 畜禽舍内卫生标准　我国无公害养殖相关标准规定，场区$<750mg/m^3$，猪舍、牛舍、禽舍均应$\leqslant 2\,950mg/m^3$。

（四）一氧化碳

1. 理化特性与来源

（1）理化特性。一氧化碳为无色、无味、无臭的气体，相对分子质量28.01，相对密度0.967，比空气略轻，难溶于水。燃烧时呈浅蓝色火焰。

（2）来源。畜禽舍中一般没有一氧化碳。冬季在封闭式畜禽舍内生火炉取暖时，如果煤炭燃烧不完全，可能产生一氧化碳，特别是在夜间，门窗关闭、通风不良，一氧化碳质量浓度可能达到中毒的程度。

2. 对畜禽的危害　一氧化碳对血液和神经系统具有毒害作用，一氧化碳进入血液循环系统后，与血红蛋白的结合力要比氧与血红蛋白的结合力高200～300倍，造成机体急性缺氧，发生血管和神经细胞的机能障碍，机体脏器的功能失调，出现呼吸、循环和神经系统的病变。空气中一氧化碳质量浓度为$59mg/m^3$时，可使人轻度头痛；$120mg/m^3$时可使人中度头痛、晕眩；$293mg/m^3$时，严重头痛、头晕；$580mg/m^3$时，恶心、呕吐；$1\,170mg/m^3$时出现昏迷；$11\,704mg/m^3$时死亡。

3. 畜禽舍内卫生标准　我国卫生标准规定一氧化碳一次最高允许质量浓度为$3mg/m^3$，日平均最高容许质量浓度为$1mg/m^3$。

（五）畜禽舍内有害气体调控

消除畜禽舍内有害气体，是现代畜禽生产中改善畜禽舍空气环境质量的一项非常重要的措施，对保持畜禽健康和生产力的发挥有重要意义。由于造成畜禽舍内高质量浓度有害气体的原因是多方面的，因此，必须采取综合措施进行控制。

1. 科学进行畜禽舍建筑设计　畜禽舍的建筑合理与否直接影响舍内环境卫生状况，因而在建筑畜禽舍时就应精心设计，做到及时排除粪污、通风、保温、隔热、防潮，以利于有害气体的排出。

（1）合理设计畜禽舍排污系统。设置便于粪尿干湿分离的清扫、冲洗，减少臭气生成的排水系统。畜床和粪尿沟应有一定坡度，材料应不渗水，以保证粪尿能及时流出。猪舍采用漏缝地面或生物发酵床，可使舍内有害气体含量分别减少 20%、47%。贮粪池应远离畜禽舍。不论采用何种清粪方式，都应满足排除迅速、彻底要求，防止滞留，便于清扫，避免有害气体和水汽产生。

（2）加强畜禽舍防潮和保温设计。畜禽舍内的湿度和温度都直接影响有害气体的含量，当畜禽舍中湿度较大时，一方面有机物易腐败变质产生有害气体，另一方面有害气体溶于水汽不易排除。在寒冷季节，如果畜禽舍的保温效果不好，舍内温度低，当低于露点温度时，水汽容易凝结于墙壁与屋顶上，溶解有害气体，同时舍内温度低，热压通风效果也不好。为了保证有害气体的排出，畜禽舍的地基、地下墙体、外墙勒脚、地面应设防潮面层。同时要加强屋顶、墙壁的保温设计。

（3）合理设计畜禽舍通风系统。在寒冷的冬季，为了畜禽舍保温，门窗封闭导致舍内空气污浊，因此畜禽舍应合理设计通风系统，以保证舍内有害气体的排出。

2. 科学地配合日粮，并合理使用助消化类添加剂 畜禽舍中的有害气体主要为蛋白质腐败分解而产生，在日粮配合时应采用理想蛋白质体系、降低蛋白质含量，添加必要的必需氨基酸，提高日粮蛋白质的利用率，可以减少粪便中氮、磷、硫的含量，减少粪便和肠道臭气的产生。当日粮中粗蛋白质含量从 16%降到 14%，添加 3%的苯甲酸、添加 15%的菊粉，可降低育肥猪舍氨气排放量，分别降低 30%和 57%。日粮营养物质消化吸收不完全是造成畜禽排泄物恶臭的主要原因。提高畜禽对营养物质的消化吸收，可以减轻畜禽排泄物的恶臭。饲料中合理使用一些添加剂，如酶制剂、酸化剂（延胡索酸、柠檬酸、乳酸等）、脲酶抑制剂，有助于提高蛋白质等的消化率，维持肠道的菌群平衡（抑制有害菌生长），减少有害气体的排出和产生。

3. 在日粮中添加有效微生物菌群（EM 菌） 有效微生物菌群由光合菌群、乳酸菌群（厌氧）、酵母菌群（好氧）、革兰氏阳性放线菌群（好氧）、发酵系的丝状菌群（厌氧）组成。饲料经有效微生物发酵后再饲喂畜禽，可以提高饲料的消化率，减少臭气的产生。

4. 在饲料中添加除臭剂 目前，国内研究出的除臭剂已达 20 余种，其中添加到畜禽饲料中达到除臭效果的有沸石、活性炭、丝兰属植物提取液等。

（1）沸石等硅酸盐类矿物。如膨润土、海泡石、蛭石、硅藻土等，此类物质表面积大，对氨气、硫化氢、二氧化碳等单分子及水分有很强的吸附性。它不仅能降低舍内氨气及硫化氢的质量浓度，同时还能降低空气及粪便的湿度。使用时将沸石粉按 2%的比例直接添加到饲料中或撒在粪便及畜禽舍地面上，或饲喂用沸石粉作载体的矿物质添加剂，均能达到显著的除臭效果。

（2）丝兰提取物。丝兰提取物及其制剂属植物型除臭剂，许多实验表明，在饲料中添加丝兰属植物提取物，可使舍内环境氨气的质量浓度持续下降。

（3）多聚甲醛。在 $25m^3$ 的垫料中加入 4.5kg 多聚甲醛，可以使空气中的氨气质量浓度迅速下降。

5. 加强日常管理 在生产过程中，建立各种规章制度，加强管理，对防止有害气体的产生具有重要意义。

（1）及时清除粪尿。因粪尿是有害气体产生的主要来源，增加清粪频率，可避免在舍内分解产生有害气体；猪场可训练猪定点到舍外排泄，能有效地减少舍内有害气体的产生，同时能降低劳动强度。

(2) 防止畜禽舍潮湿。除及时清理粪尿和污水外，在生产中尽可能减少作业用水，如减少或停止冲刷地面。当舍内湿度过大时，氨和硫化氢被吸附在墙壁和天棚上，并随水分渗入建筑材料中，当舍温升高时，这些有害气体又挥发出来，污染环境。

(3) 使用垫料或吸附剂。在舍内地面尤其是在畜床上应铺以垫料，可吸收一定量的有害气体，其吸收能力与垫料的种类和数量有关。一般麦秸、稻草或干草等对有害气体均有良好的吸收能力。在粪尿上撒过磷酸钙，能吸附氨气生成铵盐，从而降低舍内氨气的质量浓度。在蛋鸡舍内，每只鸡可以使用16g；肉鸡舍内，每只鸡可以使用10g。

(4) 建立合理的通风换气制度。畜禽舍中保持良好的通风状态和一定的通风量是减少舍内有害气体的有效措施。减排措施主要针对氨气的排放，减排不等于零排放，而且在生产中产生大量的二氧化碳和水蒸气等，因此，生产中必须进行合理的通风，以使畜禽舍中有害气体能及时排出。

6. 采用综合式畜禽舍环境自动控制系统　畜禽舍环境自动控制系统（图3-5-2）的工作原理一般是利用一定的芯片，只读存储器、逻辑单元和模/数转换电路与数/模转换电路，在控制软件的支持下，通过中央处理器（CPU）对外围电路进行控制，实现畜禽舍养殖环境监测及控制的功能。一般是在畜禽舍内设置多个检测点，然后利用数字式温湿传感器、红外二氧化碳传感器等来完成对畜禽舍内部环境的监测，进而通过对喷雾式风机的换气风机等的程序控制，达到对畜禽舍温湿度、空气质量进行调控。

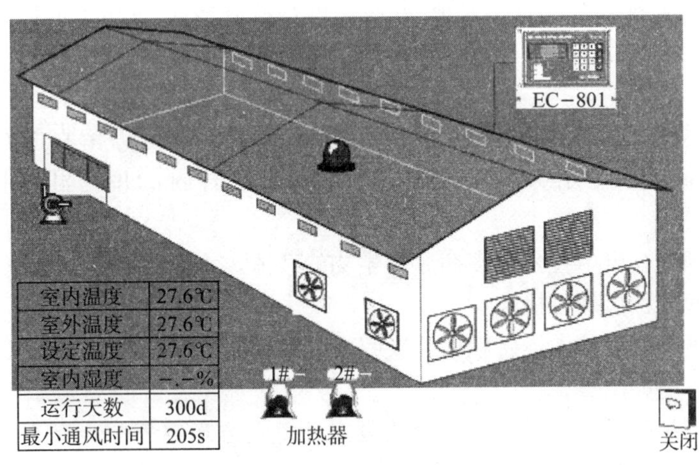

图3-5-2　畜禽舍环境控制器

二、畜禽舍空气中微粒调控

微粒是指以固体或液体微小颗粒形式存在于空气中的分散胶体。大气和畜禽舍空气中都含有微粒。大气中的微粒主要来源于地面和工农业生产活动，地面条件、土壤特性、植被状态、季节和天气以及工业生产、农事活动、居民生活等，对大气中微粒的数量和性质都会产生影响。

1. 畜禽舍中微粒的来源和特点

(1) 畜禽舍中微粒来源。

①一少部分由舍外大气带入。

②主要在生产过程中产生，如分发干草和干饲料、清扫地面、使用垫料、通风、清粪、刷拭畜禽体、饲料加工等过程中都会产生微粒。

③畜禽本身活动也产生，如畜禽在舍内走动、咳嗽、打喷嚏时都会产生微粒。

大型封闭式畜禽舍中，微粒量往往很高，甚至影响了空气的能见度，根据测定：一个年产 1.2 万头猪的猪场，每小时由猪舍排出的微粒可达 2kg，一个年产 40 万只鸡的养鸡场，每小时可排出 29.8kg 的微粒。

（2）畜禽舍内微粒的特点。畜禽舍内微粒和舍外大气中微粒差异很大。

①有机尘占比例高，占 50％或更高，为微生物的生存提供的条件。

②颗粒直径小，小于 5μm 的居多，含量为 103～106 粒/m^3，长期在空气中飘浮，能够达到畜禽呼吸道的深部，加剧了对畜禽的危害。

③往往携带病原微生物，从而传播疾病。

2. 畜禽舍内微粒的危害

（1）微粒降落在畜禽体表上，可与皮脂腺的分泌物以及细毛、皮屑、微生物等混合在一起，对皮肤产生刺激作用，引起发痒，甚至发炎。同时还能堵塞皮脂腺和汗腺管道，使皮脂分泌受阻，皮脂缺乏，皮肤变得干燥脆弱，易遭损伤和破裂；使汗腺分泌受阻，皮肤的散热功能下降，影响畜禽的体热调节。

（2）大量微粒降落在眼结膜上，会引起灰尘性结膜炎或其他眼病。

（3）空气中的微粒被畜禽吸入呼吸道后，可刺激呼吸道黏膜引起呼吸道炎症。大于 10μm 的尘埃，一般被阻留在鼻腔里，对鼻腔黏膜发生机械性刺激，5～10μm 的尘埃可到达气管或支气管，可以使畜禽发生气管炎或支气管炎；5μm 以下的尘埃，可进入肺泡，引起肺炎。猪肺炎有 37％发生在微粒数量较多的舍内。部分停留在肺组织的微粒，可通过肺泡间隙，侵入周围结缔组织的淋巴间隙和淋巴管内，并能阻塞淋巴管，引起尘肺病。

（4）微粒特别是有机尘粒是众多病原微生物的载体，为其提供营养和庇护，从而促进病原微生物的繁衍和各种疾病传播。

（5）如果空气的湿度较大，微粒就会吸收空气中的水汽，同时吸收一些氨和硫化氢，这些混合微粒的危害更为严重。

（6）影响畜产品质量。据对某奶牛舍的测定，每立方米空气中，有 1 400～3 700mg 微粒，挤奶时，微粒落在奶中，影响奶的质量。畜禽舍空气中微粒还会影响羊毛、兔毛的质量。

3. 畜禽舍中微粒卫生标准 畜禽舍内空气中微粒的多少，可以采用密度法和重量法来衡量。密度法是指以每立方米空气中的微粒数表示，单位为粒/m^3。重量法是指每立方米空气中所含微粒的质量表示，其单位为 mg/m^3。我国无公害养殖相关标准中对于微粒的评价有 2 项指标，即可吸入颗粒物（PM_{10}）和总悬浮颗粒物（TSP），其质量标准见表 3-5-2。

表 3-5-2 空气环境 PM_{10} 和 TSP 质量标准

序号	项目	单位	舍内		
			禽舍	猪舍	牛舍
1	PM_{10}	mg/m^3	4	1	2
2	TSP	mg/m^3	8	3	4

4. 控制措施

（1）新建养殖场选址时，要远离产生微粒较多的工厂，如水泥厂、磷肥厂等。

（2）在养殖场四周种植防护林带，减小风力，阻滞外界尘埃的侵入；搞好养殖场的绿化，路旁种草、植树，尽量减少裸地面积，以减少微粒的产生。同时，许多绿色植物对灰尘和粉尘有很好的阻挡、过滤和吸附作用，从而可减轻养殖场内大气的污染。

（3）饲料加工车间，粉料和草料堆放场所应与畜禽舍保持一定距离，并设防尘设施。

（4）改进饲喂方式，少用干粉料饲喂畜禽，改用颗粒饲料或者拌湿饲喂。

（5）加强日常管理，如分发饲料、干草或垫料时，动作要轻；清扫地面、翻动或更换垫草最好趁畜禽不在时进行；刷拭畜禽体尽量在舍外进行，禁止干扫地面。

（6）保证良好的通风换气。采用机械通风时，可配置过滤装置或采取一些过滤措施，如在进风口蒙一层纱布，使进入舍内的空气先滤去部分灰尘。

三、畜禽舍空气中微生物的控制

1. 来源和特点

（1）来源。舍内微生物的来源比较广泛，如畜禽每天排出的大量粪尿、病畜咳嗽、喷嚏、脱落的羽毛、撒落的饲料及垫料上都可能存在微生物。

（2）特点。

①种类多、数量大。舍外空气对微生物的生存是不利的，因为空气比较干燥，缺乏营养物质，始终在流动，温度也经常变化，而且太阳辐射中的紫外线具有杀菌能力，微生物一般会很快死亡。只有少数抵抗力强的细菌和真菌能独立存在于空气中。而在畜禽舍空气中，特别是通风不良、畜禽密度过大的畜禽舍，则有较多的微生物存在，是大气的50～100倍。舍内微生物的种类和舍外也不相同，病原菌也比较多，极易导致畜禽发病。这是因为舍内有适宜的微生物生存和繁殖的营养条件，如舍内温度适宜，湿度较大，有机尘埃比较多，空气流动也比较缓慢，进入舍内的紫外线又比较少。

②影响的因素。畜禽舍内空气中微生物的数量与微粒的多少有着直接关系，微生物必须依靠灰尘作为载体飘浮在空中，因此，一切能使空气中灰尘增多的因素，都会使微生物数量随之增多。据测定，奶牛舍在一般生产条件下，每升空气中含细菌121～2 530个，用扫帚干扫墙壁或地面后，可使细菌数达到16 000个。

2. 危害　舍内空气中的微生物主要通过以下3种方式进行疾病传播：

（1）尘埃传染。尘埃传染是病原微生物以尘埃为载体传播疾病的方式。畜禽舍内病畜禽排泄的粪尿、飞沫、脱落的皮屑等经干燥后形成各种不同粒径的微粒，极易携带病原微生物，其中粒径小的可长期飘浮在空气中，一旦被易感动物吸入，就可传染发病。通过尘埃传播的病原体，一般对外界环境条件的抵抗力较强，如结核菌、链球菌、霉菌孢子、鸡的马立克氏病病毒等。

（2）飞沫传染。飞沫传染是病原微生物以飞沫为载体传播疾病的方式。当畜禽咳嗽或打喷嚏时，可有成百上万个细小飞沫喷散于空气中，喷射距离可达5m以上。这些飞沫中，直径小于0.1mm的飞沫，降落较慢，可在空气中飘浮一段时间。舍内的病原微生物可附着在飞沫上，并可得到很好的保护和获得各种养分，非常有利于其生存和繁殖。当畜禽吸入这些携带病原微生物的飞沫后，即可引起疾病传播。畜禽舍中病原微生物传播疾病以飞沫传染为主。

（3）飞沫核传染。直径较小的飞沫喷出后，迅速蒸发而形成飞沫核（小滴核）。这种细小的颗粒（直径为 1～2μm）往往可长期地悬浮于空气中，随气流而转移，而吸附在此种飞沫核上的微生物，能迅速扩散到整个畜禽舍。通过畜禽呼吸被吸入畜禽支气管深部和肺泡而发生传染，对畜禽危害很大。通过飞沫核传染的疾病主要是呼吸道传染病，如肺结核、猪气喘病、流行性感冒等。

3. 控制措施

（1）控制来源。

①新建养殖场要合理地选址、规划和布局。养殖场应远离医院、兽医院、屠宰场、皮毛加工厂等传染源，以减少病原菌入侵的机会。养殖场应有完备的防护设施，注意场区与场外、场内各区之间的隔离。

②建立严格的防疫制度，对畜禽群进行定期防疫和检疫。

③严格消毒。新建场必须经过严格、全面、彻底消毒，才可引入畜禽。场区所有入口处应设置消毒设施，以便进出的人和车辆消毒。工作人员进入生产区和畜禽舍必须消毒、洗浴，并换上消毒过的工作服、鞋、帽等。严禁场外人员、车辆进入生产区。引入的畜禽必须经过隔离和检疫，确保安全后，方能并入本场畜禽群。

④及时隔离病畜禽，避免病原微生物的传播。

⑤搞好绿化，绿色植物可以吸附养殖场空气中的细菌，可使细菌减少 22%～79%。

（2）加强日常管理。

①注意畜禽舍的防潮，干燥的环境条件不利于病原微生物的生存和繁殖。

②采用各种措施减少畜禽舍空气中灰尘的含量，以使舍内病原微生物失去附着物而难以生存。

③及时清除粪便和污湿的垫料，搞好畜禽舍环境卫生。

④保证畜禽舍通风性能良好，及时排出舍内微生物。并尽可能在进气口安装防尘装置。

⑤采用全进全出制的饲养制度，进行畜禽转群时必须对畜禽舍进行彻底的清洗、消毒，清除舍内的病原微生物。

四、畜禽舍空气中噪声调控

随着畜牧业机械化程度的提高和养殖场规模的日益扩大，噪声的来源越来越多，强度越来越大，已严重地影响了畜禽的健康和生产性能，必须引起重视。

噪声是一种有害声波，大小用分贝（dB）来计量。从生理学观点来讲，凡是使畜禽烦躁不安，影响正常生理机能，导致生产性能下降，危害畜禽健康的声音都称作噪声。

1. 畜禽舍噪声的来源

（1）外界传入。如飞机、汽车、拖拉机及雷鸣等。

（2）舍内机械设备产生的。如通风机、真空泵、喂饲机及除粪机等。

（3）畜禽自身产生。如采食、走动及争斗等。

2. 噪声的危害

（1）噪声可引起内分泌紊乱，如促甲状腺激素、促肾上腺激素分泌增多，促性腺激素分泌减少等。

（2）噪声会使畜禽发生惊恐反应，狐、貂和兔等在突然噪声下会发生惊厥，咬死幼仔。猪遇突然噪声会受惊，狂奔，发生撞伤、跌伤和碰伤，牛也有类似情况。但是许多研究者发现马、牛、羊、猪对于噪声都能很快适应，因而不再有行为上的反应。

（3）噪声可使畜禽增重减少，生产力下降，发病增多，甚至死亡。110～115dB 的噪声会使乳牛产乳量下降 10%，个别甚至达 30%以上；妊娠奶牛会发生流产、早产现象。来航鸡的试验结果表明，每天用 110～120dB 刺激 72～166 次，连续 2 个月，结果产蛋率下降 4.9%，平均蛋重减轻 1.4g。母猪在噪声影响下，受胎率下降，流产现象增多。

但是，一定水平的声音对于畜禽是完全必要的，而且对生产也会带来一定的利益。例如，有报道，在奶牛挤奶时播放轻音乐可增加产乳量，用轻音乐刺激猪，可改善单调环境而防止咬尾癖的效果，还有刺激母猪发情的作用。对鸡试验发现，轻音乐可使鸡群保持安静，减少惊群发生率。

3. 畜禽舍内卫生标准　我国《养殖场环境质量标准》（NY/T 388—1999）规定，畜禽舍内噪声最高允许量分别为雏禽舍 60dB、成禽舍 80dB、猪舍 80dB、牛舍 75dB。

4. 控制措施

（1）建场时应选好厂址，尽量避开工矿企业、交通运输场所，避免外界干扰。

（2）场内规划应当合理，车库、设备维护、饲料加工和生活设施等场所尽量远离畜禽舍。

（3）畜禽舍内应选择性能优良、噪声小的机械设备，装置机械时，应注意消声和隔音。

（4）畜禽舍周围大量植树，可使外来噪声降低 10dB 以上。

（5）人在舍内的一切活动要轻，避免造成较大声响。

技能训练

畜禽舍空气中有害气体测定

【实训目的】了解测定鸡舍有害气体的化学试剂配制方法，掌握畜禽舍中气体的采集方法，熟练掌握有害气体的测定及控制措施。

（一）二氧化碳测定（容量分析法）

原理：氢氧化钡溶液与空气中的二氧化碳作用可生成白色碳酸钡沉淀。利用过量的氢氧化钡来吸收空气中的二氧化碳后，剩余的氢氧化钡用标准草酸溶液滴至酚酞试剂红色刚退色。根据容量法滴定结果和所采集的空气体积，即可求得空气中二氧化碳的体积分数。其反应式如下：

$$Ba(OH)_2 + CO_2 = BaCO_3 \downarrow + H_2O$$

$$Ba(OH)_2 + C_2H_2O_4 = BaC_2O_4 + 2H_2O$$

【设备与材料】

（1）吸收液（氢氧化钡溶液）。称取氢氧化钡〔$Ba(OH)_2 \cdot 8H_2O$〕7.16g 定容于1 000mL 容量瓶中，此溶液 1mL 可结合二氧化碳 1mg。由于氢氧化钡液不稳定，使用前需用草酸标准液标定其质量浓度。

（2）草酸标准溶液。称取分析纯草酸（$C_2H_2O_4 \cdot 2H_2O$）2.863 6g 定容于 1 000mL 容

量瓶中，此溶液 1mL 相当于二氧化碳 1mg。

(3) 1%酚酞指示剂。称取 1g 酚酞，溶于 65mL 95%的酒精中，振荡溶解后加蒸馏水定容于 100mL 容量瓶中。

(4) 设备。二氧化碳测定器、氢氧化钡贮藏瓶、碱式滴定管、胶管、弹簧夹、烧杯、二连球、钠石灰管、滴定台、三角瓶、洗耳球、移液管、石蜡、电炉、量筒、试剂瓶、气压表、气温计、电子天平、大气采样器（图 3-5-3）。

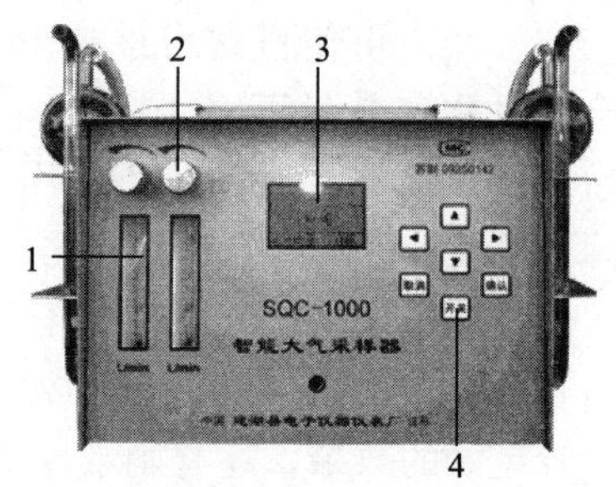

图 3-5-3 大气采样器

1. 流量计 2. 机械调节阀 3. 液晶显示屏 4. 开关

【方法与步骤】

1. 采样 记录采样地点的气温和气压后进行采样。首先取 1 只喷泡式吸收管，在上端进口装一乳胶管，连接到钠石灰管上，用二联球排出内部原有气体，然后迅速从装有氢氧化钡溶液的二氧化碳测定仪中向喷泡式吸收管放入 20mL 氢氧化钡。将吸收管侧面管口接到大气采样器上，打开胶管夹，将大气采样器计时旋钮按逆时针方向拨至 4min，并迅速将转子流量计调节到 0.5L/min。采样结束后，取下吸收管，静置 1h，取样滴定。

2. 氢氧化钡的标定 把二氧化碳滴定装置开口与钠石灰管相连，排除其中空气，同时，在二氧化碳测定仪中迅速加入 5mL 氢氧化钡溶液（A_1）和 1 滴酚酞指示剂，使溶液呈红色，迅速盖上带滴定管的瓶塞，在上部小滴定管中加入草酸标准液进行滴定，直到红色刚退去为止，记下草酸用量（C_1）。

3. 吸收液的滴定 用移液管吸取沉淀后的吸收液上清液 9～10mL，迅速而准确地将其中 5mL（A_2）移入滴定装置的小三角瓶中，使溶液恢复红色。再继续用草酸滴定（滴定管中草酸不足时可以补加），使红色再次消退，记下草酸标准液的消耗量（C_2）。

4. 计算 气体体积（V_1）根据采样时的气温（t）和气压（B），换算成标准状态下的体积（V_0）。

$$V_0=\frac{V_1B}{(1+at)\times 760}\times 1\,000$$

$$CO_2=\frac{\left(\frac{C_1}{A_1}-\frac{C_2}{A_2}\right)\times 20\times 0.509}{V_0}\times 100\%$$

式中，a 为 1/273；A_1为吸收二氧化碳前标定和滴定氢氧化钡时的取液量（mL）；A_2为吸收二氧化碳后标定和滴定氢氧化钡时的取液量（mL）；C_1为标定氢氧化钡时，草酸标准液的消耗量（mL）；C_2为滴定氢氧化钡时，草酸标准液的消耗量（mL）；20 为吸收液的用量（mL）；0.509 为二氧化碳由重量换算为容量的系数。

（二）氨气测定（容量分析法）

原理：使被检空气通过吸收氨气能力较强的硫酸标准液，根据硫酸吸收前后的浓度之差（用氢氧化钠滴定），求得空气中氨的含量。

$$2NH_3+H_2SO_4=(NH_4)_2SO_4$$

$$2NaOH+H_2SO_4=Na_2SO_4+2H_2O$$

【设备与材料】

1. 吸收液（0.005mol/L 硫酸溶液） 用 5mL 移液管移取 0.27mL 98%浓硫酸，定容于 1 000mL 容量瓶中（浓硫酸密度为 1.84g/cm^3）。

2. 0.01mol/L 氢氧化钠溶液 准确称取 0.40g 氢氧化钠，定容于 1 000mL 容量瓶中。

3. 1%酚酞酒精溶液 称取 1g 酚酞，溶于 65mL 95%的酒精中，振荡溶解后加蒸馏水定容于 100mL 容量瓶中。

4. 设备 大型气泡吸收管（图 3-5-4）、大气采样器、干燥管、三角瓶、移液管、洗耳球、滴定台、胶管、弹簧夹、气压表、气温计、碱式滴定管、量筒、试剂瓶等。

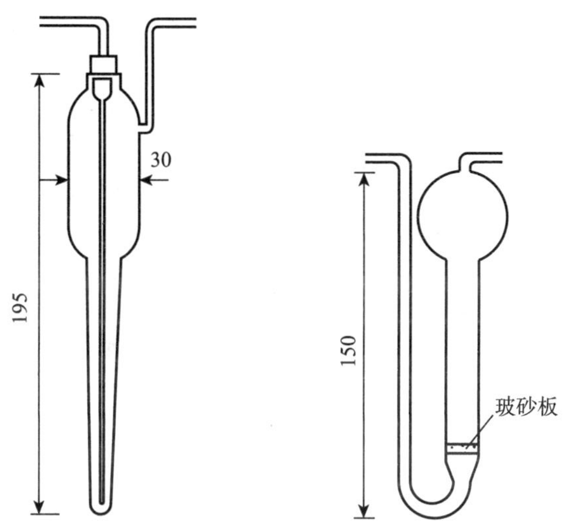

图 3-5-4 气泡吸收管（mm）

【方法与步骤】

1. 采样 用 10mL 移液管向 U 形气泡吸收管加入 10mL 0.005mol/L H_2SO_4（注意应在干燥条件下仔细地一次加入，不能外流），将其正确地接到采样器上，接通电源，把大气采样器定时为 5～10min，并迅速调整转子流量计至 0.5L/min，记录采集空气体积，同时测定采样点的温度及气压。采样后，样品在室温下保存，于 24h 内分析。采样点的高度一般以畜禽呼吸带为准，离地高度，牛、马一般为 1～1.5m；猪、羊为 0.5m。采样时，应在同一地点同时至少采 2 个平行样品，2 个平行样品结果之差，不应超过 20%。

2. 滴定 采样结束后，用洗耳球将 U 形管中的液体吹到锥形瓶中，并用蒸馏水冲洗吸收管，加入 0.5%酚酞指示剂 1～2 滴，用 0.01mol/L NaOH 滴定至出现微红色并在 1～2min 不退色，记录 NaOH 溶液的用量（A_1）。

3. 硫酸的标定 用 10mL 移液管吸取 0.005mol/L H_2SO_4 10mL 置于三角瓶中，滴入 1～2 滴酚酞指示剂，用 0.01mol/L NaOH 滴定至出现微红色并在 1～2min 不退色，记录 NaOH 溶液的用量（A_2）。

4. 结果计算

（1）将采样体积（V_t）换算成标准状态下体积（V_0），按下式计算：

$$V_0 = V_t \times \frac{273}{273+t} \times \frac{P}{101.325}$$

式中，V_0为换算成标准状况下的采样体积（L）；V_t为现场状态下的采样体积（L）；P为采样时的大气压力（kPa）；t为采样时的温度（℃）。

（2）空气中氨气质量浓度按下式计算：

$$\rho=\frac{(A_2-A_1)\times 0.17}{V_0}\times 1\ 000$$

式中，ρ为氨气质量浓度（mg/m^3）；A_1为滴定吸收液时氢氧化钠溶液的用量（mL）；A_2为标定硫酸时氢氧化钠溶液的用量（mL）；0.17为1mL 0.005mol/L硫酸溶液可吸收0.17mg氨。

畜禽舍中氨气的测定也可应用新型便携式氨气检测仪进行检测。

【考核标准】考核标准见表3-5-3。

表3-5-3　畜禽舍空气中有害气体测定

考核内容及分数分配	操作环节与要求	评分标准		考核方法	熟练程度	时限
		分值	扣分依据			
1. 感官判定（40分）	①感官判定准确	10	2种有害气体，判断错误1种扣5分	口试	掌握	5min
	②说出有毒有害气体超标或不超标的原因	20	每少1种原因扣2分			
	③能说出控制有毒有害气体的措施	10	每少1种扣2分			
2. 试验测定（60分）	①二氧化碳气体的测定 ②氨的测定（考核时测定其中的1种）	40	试剂配制的浓度每错1种扣2分；测定所用试剂瓶的安装不正确扣10分；滴定不准扣5分，标定方法不正确扣5分；扣分至40分止	分组操作考核	熟练掌握	60min
	规范程度	10	操作不规范，每处扣2分直至10分为止			
	完成时间	10	在规定的时间内完成，每超5min扣1分直至10分为止			

任务6　畜禽福利与改善

知识目标

1. 了解动物福利的基本要素，并能正确认识动物福利的重要性。
2. 掌握饲养密度对畜禽福利的影响，并能合理确定畜禽舍的饲养密度。
3. 了解畜禽舍环境贫瘠、单调对畜禽心理和生理不良影响。
4. 熟悉垫草的作用，并能利用厚铺垫草的方法改善畜禽福利。
5. 掌握合理制定改善运输畜禽的福利措施。

能力目标

1. 能根据畜禽福利和优质畜产品生产的需要选择适宜的饲养模式。
2. 会根据畜禽的心理需要，在舍内提供相应的道具。
3. 能根据畜禽的福利要求，制定改善舍饲畜禽福利的措施。

在现代化、集约化畜牧生产条件下所采用的设备、生产工艺、环境管理办法，其目的是为了减轻人的劳动强度、便于管理和提高劳动生产效率，但很难保证畜禽的生理状况和行为习性的发挥。畜禽的生理需要和本能与现代集约化畜禽生产要求之间的冲突日益加深，这些都严重地影响着畜禽的健康和生产力的充分发挥，如疾病增多、身体损害加剧、死淘率增加、异常行为增多、畜产品（肉、蛋、奶）的品质下降等。因此应倡导“健康”养殖，“以畜禽为本”的动物福利观念。动物福利是指维持动物生理与心理的健康与正常生长所需的一切事物，为畜禽创造一个舒适的生活生产环境，保持畜禽健康。

畜禽福利与改善，就是对饲养方式、舍内环境条件、饲养密度、畜禽的活动范围、设施等方面给予改善，缓解畜禽心理压力，保证畜禽天性的发挥，从而提高其生产性能和产品质量。

一、动物福利基本要素及其重要性

现代动物福利的理念是追求动物与自然的和谐，使动物维持其身体和心理与环境协调状态，满足动物的需要，包括维持生命需要、维持健康需要和维持舒适需要，让动物在健康、快乐状态下生活。

（一）动物福利的基本要求

1. 生理福利　享有不受饥渴的自由。保证提供动物维持良好健康和精力所需要的食物和饮水，主要目的是满足动物的生命需要，即无饥渴之忧虑。

2. 心理福利　享有生活无恐惧和悲伤的自由。保证避免动物遭受精神痛苦的各种条件和处置，即减少动物恐惧和焦虑。

3. 行为福利　享有表达天性的自由。提供足够的空间、适应的设施以及与同类动物伙伴在一起，也就是能保证动物天性行为的表达。

4. 环境福利　享有生活舒适的自由。提供适当的房舍或栖息场所，让动物能够得到舒适的休息和睡眠，也就是要让动物能充分自由地活动和休息。

5. 卫生福利　享有不受痛苦、伤害和疾病的自由。保证动物不受额外的疼痛，预防疾病和对患病动物及时治疗，也就是降低畜禽的发病率。

（二）动物福利的重要性

在动物的生命活动过程中，不应人为地给动物增加不必要的痛苦，主张人道地利用动物，反对任何形式的动物虐待，因为合理的动物利用也有利于人的福利，其最终受益者仍是人类。

1. 有利于提高生产性能　重视动物福利有利于生产性能的提高和发挥。饲养过程中提供舒适的环境和适宜的饲养密度，能明显地减少相互争斗，降低死亡率；提供营养完善的日粮，可明显加快其生长速度，提高饲料利用率。在运输过程中，提供良好的通风条件，运输时间适当，可大大减少死亡率；若猪宰前有充分的休息和饮水，屠宰时宰杀方法适当，可明显提高其屠体品质，减少 PSE 肉（肉质软，肉色淡和渗出液多）的发生率。

2. 有利于减少疾病的发生 在现代工业化的养殖模式下，许多畜禽的生存空间越来越小（如笼养鸡、限位栏养猪等），许多正常行为得不到表达，畜禽的福利受到损害，导致适应性及体质下降，发病率高，多数养殖场只能依赖抗生素等药物来控制疾病，从而可能引起食品安全和环境污染等问题，最终导致人的福利受损。

猪的福利水平与健康密切相关，福利水平差，会导致肾上腺功能下降，生产性能和繁殖能力降低，生命周期缩短，长期的持续免疫抑制则会导致严重疾病，甚至引起死亡，造成损失。改善鸡舍环境，通过增添一些设施或设备，如栖架、垫料、沙浴池、磨爪棒等，以用来丰富鸡的生活环境，满足其各种基本行为，从而使鸡群正常地生长发育、繁殖，发病率大大降低。对传统蛋鸡笼进行改造，增加空间，发现可使鸡表现正常的刨食、整理羽毛的行为。实行栖架式饲养，可以增加活动面积，鸡在栖架之间自由活动，满足栖架休息的自然本性。给笼养蛋鸡提供栖木有利于蛋鸡的腿骨发育，可以提高蛋鸡的腿骨容积。针对犊牛特有的口腔活动和反刍行为，补充适当水平的粗饲料可以降低犊牛的异食癖，自由采食干草料和代乳料组合可以降低口腔异常活动，提高反刍率，同时可以满足铁的需要，犊牛不至于贫血而产生疾病甚至死亡。

3. 有利于畜禽产品贸易和畜禽产品安全 随着动物福利在发达国家越来越受到重视，对动物实施福利养殖已成为一个国家生产力进步和社会文明的重要标志。一些国家开始将动物福利同动物以及动物生产联系起来，动物福利壁垒在国际贸易中应运而生。动物福利壁垒的实质主要是在对外贸易中发达国家通过动物立法或者是制定比较苛刻的动物福利保护措施，来限制发展中国家动物性产品的进口，从而达到保护本国动物产品和市场的目的。一些发达国家在动物福利方面已制定相关规定，如美国于 2002 年启动了“人道养殖认证”标签。欧盟于 2003 年 1 月也出台了一系列新措施，要求欧盟成员国在进口动物产品之前应将福利考虑在内；从 2004 年开始，市场上出售的鸡蛋必须在标签上标明是“自由放养的母鸡所生”还是“笼养的母鸡所生”。目前，有的屠宰流程是让猪排队进入屠宰场，待宰猪能亲眼看到猪群的惨叫、流血、分割，处于突然的恐怖和痛苦状态，肾上腺激素会大量分泌，从而形成毒素，这些毒素对食用者非常有害。另外，长途运输和剧烈的屠宰手段还会诱发猪的应激反应综合征，宰后肌肉苍白、柔软，渗出水分增多，肌肉糖原分解，乳酸蓄积，pH 下降，蛋白质变性，肉质大大降低。因此，在屠宰和运输环节，如能重视猪的福利，则有利于畜产品贸易和安全。

动物福利没有保障的动物，不仅生产性能下降，生产成本增加，而且不科学的饲养方式、长途运输、粗暴的屠宰方式等造成动物恐惧和应激，使动物分泌大量肾上腺素，引起肉质下降，对食用者的健康造成伤害，并会直接阻碍畜禽产品的出口。

4. 有利于促进绿色、可持续养殖模式的发展 随着现代化畜牧业的飞速发展，规模化养殖越来越多，畜禽产生的大量的粪、尿等排泄物，其中的重金属物质及抗生素等兽药随即排入养殖场周围的土地、河流和大气中，已成为影响生态环境和人们生活质量的重要污染源。农场动物福利的研究符合绿色农业的大潮流，关注畜禽、人、环境的和谐统一，促进畜牧业良性发展，走可持续发展道路。

总之，现代畜牧业由于过于对生产效率和投资效益的追求，从而忽视了动物的福利问题。商品肉用仔鸡个体的生长性能和胴体质量随饲养密度的增加而降低，说明了高密度饲养的不良反应；另外，在家畜和家禽育种中人们对生长速度、生产性能和饲料转化率的片面追求，使现今品种的畜禽对环境的反应越来越敏感。因此，在组织畜牧生产时必须重视畜禽的应激反应及其引发的福利问题，才能促进人和畜禽的友好共处、和谐发展，提供优质的畜禽产品，减少畜禽生产公害。

二、影响畜禽福利的主要因素

饲养环境是影响畜禽健康的重要因素。目前，由于养殖业管理者缺乏动物福利意识，很多养殖场不注重畜禽生产环境的改善，造成畜禽的环境应激，使畜禽的健康和畜禽产品的质量都受到一定程度的不良影响。影响的因素主要有饲养方式、环境丰富度、饲养密度、畜栏、饲槽、地板、运输等。

（一）饲养方式与畜禽福利

1. 散养与放牧 是自古以来就被采用的管理方式，给畜禽以自由运动的机会最多，一般认为可以获取阳光、沐浴新鲜空气，能最大限度地实现畜禽行为的自然表达。其缺点是无法使畜禽免于环境的冷、热和野生食肉动物的影响；而且喂饲、给水都不方便；畜禽的自由散放式饲养也增加了感染寄生虫疾病的危险，如猪为了蒸发散热，喜欢泥浴而使体表不洁，由此影响到产品质量。此外，自由放牧与环境保护的目标相冲突，大规模的畜禽群体会增加土壤中的氮与磷的富集，并污染水体。因此，健康、安全和环保是放牧管理的要点。

2. 规模化、集约化饲养 蛋鸡笼养、猪的圈养与牛的拴系饲养的出现，使中小畜禽的管理从有运动场的舍饲向封闭式舍饲转化。从生产效益上看是先进的，但从问题本质上看，集约化生产方式是不合理的。因为动物福利就是要求生产的合理性，而不是通常认为的“先进性”。

比如蛋鸡的笼养方式，对蛋鸡自身来说其行动和自由受到了极大的限制，蛋鸡在笼内不能正常地伸展或拍打翅膀，不能转身，不能啄理自己的羽毛，加上长期缺乏运动，导致蛋鸡的骨骼十分脆弱。没有栖架可供夜间休息，也没有安静的窝可供产蛋，不能正常表达本能行为，容易产生一些恶习，如啄羽、啄趾、啄肛等。近年来，西方一些国家越来越重视畜禽生产中畜禽的福利问题，有些国家制定严格的法规来限制生产条件，如在奥地利和德国，蛋鸡笼养被完全禁止，而散养方式成为该国蛋鸡生产的主流。但这种“散养”与早期的散养在饲养规模和科技含量方面存在本质区别，即散养但不粗放，这种生产方式虽然在料蛋比转换方面不如笼养蛋鸡，但在其他各个方面基本消除了生产者面临的各类问题。

又如目前规模化养猪主要采用圈栏饲养和定位饲养工艺模式，这种工艺模式，多采用限位、拴系、圈栏以及漏缝地板等设施，猪的饲养环境相对贫瘠甚至恶劣，活动自由受到限制，使猪缺乏修饰、散步、嬉戏、炫耀以及同附近动物进行社交等各种活动的场合和机会，从而导致猪极大的心理压抑，而以一些异常的行为方式（如咬尾、咬栅栏、空嚼、异食癖、一些不变的重复运动，自我摧残行为等）加以宣泄，致使猪生产力、繁殖力降低，增重变慢、饲料转化率下降，机体对疾病的抵抗力减弱、肉品质下降等，甚至导致猪死亡。

（二）环境丰富度与畜禽福利

目前，国内外广泛采用的圈栏饲养或笼养模式，虽然有利于管理，但造成畜禽生产、生活环境十分单调，出现了许多散养很少发生的问题。

1. 限制了表达天性行为的机会 因为圈笼内除必要的饲养设施设备，如料槽、饮水器等，栏内环境缺乏多样性，饲养环境贫瘠、单调，没有畜禽表现天性行为的福利性设施设备，使畜禽的自然天性行为诸如啃咬、拱土、觅食等行为大大受到抑制，因而对畜禽的行为需要产生了不利影响。

2. 容易产生异常行为和恶癖 由于可得到的环境刺激单一，畜禽心理上需要以一些异常的行为方式加以宣泄，将探究行为转向同伴，出现诸如对同伴的咬尾、咬耳、拱腹、啄羽、啄肛等有害的异常行为，并对畜禽的生产性能和身体健康造成不良的影响。

3. 对环境的敏感度大大提高 饲养在贫瘠环境中的畜禽比饲养在丰富环境中的畜禽对应激刺激的反应要强烈，对人的害怕程度也高。如突然的声音，陌生人员和动物都能使畜禽产生应激反应而使生产力下降，因为没有任何事物能分散这种单调环境下的畜禽对周围环境的注意力。因此对饲养环境和饲养人员的要求都更高。

（三）饲养密度与畜禽福利

饲养密度是指畜禽在舍内密集的程度，可用每头（只）畜禽占用的面积或单位面积内饲养的畜禽数量来表示。饲养密度是影响畜禽福利的重要因素之一。现代的舍饲畜禽生产工艺都是高密度圈栏饲养，这种饲养工艺有助于饲养管理，在一定程度上也提高了畜禽舍利用率和生产效率，但过高的饲养密度对畜禽福利产生很多不利的影响。

1. 影响采食和饮水 高密度的饲养，畜禽在采食和饮水时，由于采食空间不够，容易发生争抢和争斗，位次较低的畜禽就有被挤开的危险，因而这些畜禽的采食时间就要比其他的少，导致采食不均，强者吃料多，使饲料利用率下降，弱者吃料不足，生产力下降。

2. 限制自然行为的表达 饲养密度过大，畜禽的生存空间变得狭小，争斗频繁，影响畜禽的活动、起卧、采食、睡眠、排便等行为，从而影响到畜禽的健康和生产力的发挥。饲养密度过高，导致畜禽无法按自然天性进行生活和生产。自然状态下生活的畜禽能很自然地将生存空间划分为采食区、躺卧区和排泄区等不同的功能区，从来不会在其采食和躺卧的区域进行排泄。然而高密度的饲养模式，再加上圈栏较小，使处于该饲养环境中畜禽的定点排泄行为发生紊乱，导致圈栏内卫生条件较差，增加了畜禽与粪尿接触的机会，从而影响畜禽的生产性能和身体健康。

3. 使空气环境恶化 在炎热的夏季过高的饲养密度，使畜禽舍容易形成高温高湿的环境，加剧了高温对畜禽的不利影响，增加了防暑降温的难度；冬季由于畜禽的呼吸量和排粪量都比较大，畜禽舍中有害气体和尘埃、病原微生物的含量增多，畜禽的呼吸道发病率大大提高。

（四）畜禽栏与畜禽福利

畜禽栏用来限制畜禽在畜禽舍内一定范围内活动，方便管理，减少社会因素对畜禽福利的影响，但不能满足畜禽的行为福利。

1. 控制了优势序列 社会性因素不仅限于群饲畜禽，单饲条件下依然存在。妊娠母猪隔着栅栏依然会向邻圈发起攻击，与群饲相比仅仅难以击败对手，难以决出优势序列，但是可以断定此时的母猪正处于强烈的欲望不满状态。

2. 限制了母仔行为 畜禽栏使畜禽的母仔分开，使母性行为受到抑制。以母猪分娩栏为例，由于其设计上故意阻碍母猪的坐、躺行为，因此使母猪不能接近仔猪。然而，也必须从仔猪的角度来设想，因为在人为的育种下，家猪的体型比野猪大很多，动作也比野猪笨重，人工的地面又硬，如果没有分娩栏的设计来保护仔猪，很可能大部分的仔猪都会被迅速躺下的母猪压死，这又违反了仔猪的福利。故母猪与仔猪兼顾才是真正的畜禽福利。

3. 社会感减弱，孤独感增强 畜禽栏限制了畜禽的活动空间，畜禽只能通过视觉、听觉和嗅觉感觉社会环境。如妊娠牛被关入单栏，脱离原本的群居生活，因孤独感整晚骚乱不安会诱发难产，也可见单饲牛跃出圈栏奔向同伴的现象。

（五）饲槽与畜禽福利

1. 影响采食姿势 饲槽与畜禽行为关系密切，用自然的姿势便利采食是最基本的福利原则，应保证头可自由活动的空间范围。如果空间过大，头则前伸，前蹄进入饲槽，这属于不自然姿势，加之地面较滑，也可能摔倒。例如拴系成年牛舍，以头的活动范围向前 90～100cm，左右宽 55～60cm，后下方高出地面 10～15cm 为宜。另外还要考虑饲槽的形状来减少饲料抛撒，可承受畜禽损坏强度。

2. 限制了优势序列 群饲条件下主要减少优势序列对采食的妨碍，其次，还可以利用群饲社会性促进作用来调动采食积极性。群体内个体间的竞争可能出现采食不足，造成特异性伤害或者诱发应激反应。牛和猪等家畜的攻击行为是用头部进行的，在饲槽和拴系框上添加栅栏则可以控制其运动范围，节制其攻击行为。例如使用单口饲槽时，优势序列明显，且社会优势序列与增重显著相关；使用多口饲槽时，则优势序列不明显，且社会优势序列与增重相关不显著。若把饲料撒在地面上或使用长形饲槽自由采食或饲槽用高隔板分开，则饲料就不能成为争夺的资源，从而减少争斗。若饲槽上设置隔板将猪从头到肩隔开，则完全消除采食时的争斗行为，即便在禁食 24h 的条件下也可使争斗行为减少 60%。

个体识别的单饲槽已应用于散养奶牛、群饲母猪，优点是可按产量和体重个体喂饲，即便群居也可消除其他个体的影响，利用率和优势序列没有明显关系。

（六）地板与畜禽福利

为了清粪方便和尽量保持畜禽舍的卫生状况，漏缝地板常被采用。这样可避免畜禽体与粪便的接触，减少通过粪便感染病原菌和寄生虫的机会，同时减轻清粪工作强度，但漏缝地板对畜禽的健康和福利的影响较大。

1. 腿及关节炎病的发病率增高 由于漏缝地板材料和设计得不合理，畜禽腿及关节炎病的发病率明显增高，繁殖母猪不能交配而遭淘汰。对妊娠母猪、母牛危害更大，易导致摔伤和流产。金属漏缝地板会导致母猪蹄及肘部损伤。水泥缝隙地板普通地面畜床倾斜易引起起立、趴卧时的滑坡和颠倒，造成脱臼或流产。

2. 鸡的胸水肿发病率增多 鸡笼是一种特殊的漏缝地面，如果底网加 2 根横丝且注重笼的安定性就不会造成应激，这有助于维护鸡的安心和正常行为的表达。如果粪便挂在笼底后变得坚硬，摩擦雏鸡或肉用仔鸡的胸部就会导致水肿，为此提倡使用不沾网。

3. 不利于畜禽舍湿热环境的控制 由于漏缝地板上面的粪便需使用大量的水来冲刷，往往导致舍内湿度增大，又因漏缝地板无法保温，导致地面既冷又湿，在北方寒冷地区，对畜禽健康影响很大，发病率增高。

（七）运输与畜禽福利

随着活体畜禽尤其是种畜禽和幼仔畜禽的运输愈来愈频繁，运输过程中虽然时间不是很长，但由于密度大，运输工具大多不是直接为畜禽设计的，其环境条件极为恶劣，常造成大量死亡或受伤，经济损失较大。因此，畜禽在运输过程中的福利问题也就愈来愈得到重视并有很多人对此开展研究。

1. 野蛮装卸造成极大伤害 装卸的过程中，有很多的因素会使畜禽产生应激反应，如过大的外力、野蛮驱赶、过大的噪声，甚至陌生人员都会引起畜禽的应激。其中在装载和卸载中的粗暴操作对畜禽的福利影响最大，如对猪、牛采取粗暴的脚踢、硬拉、抓鬃、拉尾、鞭打、棍棒、电击等办法。所以，在装卸过程中，为使对畜禽造成的应激降低到最低限度，应使用适当的装卸设备，并以最小的外力装卸。在大家畜如猪、牛、马等装载过程中，应由饲养或管理人员诱导其上下运输工具，形成合理的、实用的、清楚的行走路线，应允许按自由行走的速度上下运输工具。同时应对运输人员训练有素，并有合理的报酬以鼓励良好的操作规范。

2. 运输途中对传染病的易感性增强 畜禽运输过程中的各类强刺激会对畜禽造成极大的伤害，外界的胁迫因素也会增加畜禽在运输中对传染病的易感性。保持运输前畜禽圈舍良好的卫生条件对在畜禽运输中避免传染病的交叉感染是非常必要的。

3. 运输环境恶劣 装载密度过大是造成环境恶劣的重要因素，如通风不良，排泄物多，呼吸量大，使车厢内有害气体增多，湿度加大，畜禽拥挤等，而使运输的畜禽产生较大的应激，严重的可能会造成窒息死亡。装载密度过小则会造成运输成本过大。所以畜禽装载密度大小要适宜。要通过车厢的通风来改善空气环境，夏季可将窗户及车厢后门全部打开，冬季天气寒冷，但也应适当地通风。

三、提高舍饲畜禽福利的措施与设施配套

针对目前舍饲条件下畜禽所存在的动物福利问题，主要采取以下方法和措施来提高畜禽的福利。

（一）改进饲养模式

1. 猪饲养模式 使用仔猪舍饲散养饲养工艺模式时，能较好地满足仔猪行为习性的表达，没有咬尾、咬耳现象，仔猪福利性好。

2. 鸡饲养模式 选择替代笼养鸡模式，有自由散养、放牧饲养、地面平养和栖架式饲养等。自由散养，指规模化的舍外自由散放饲养模式。这种方式的优点是蛋鸡福利水平大大提高，蛋鸡活动空间加大，能够自由表现其基本行为。放牧饲养，是根据地区特点，利用荒山、林地、草原、果园、农闲地等进行规模养鸡，让鸡自由采食昆虫、野草，饮山泉水、露水，补喂五谷杂粮，限制化学药品和饲料添加剂的使用，提高肉质风味的品质，生产出符合绿色食品标准的一项生产技术。地面平养，指采用厚褥草或半厚褥草作为垫料养鸡，一般指舍内，并且房舍内添置有产蛋箱或具有部分高床地面。这种方式的缺点是啄羽和同类自残的恶癖发生率较高，因为鸡群之间的争斗较多。栖架式饲养，指在舍内提供分层的栖架（图 3-6-1），就像鸡笼一样排列以供蛋鸡栖息和活动，每只母鸡至少使用 18cm 栖木等。栖木宽度在 4cm 以上，栖木之间至少间隔 30cm。另外也可安装产蛋箱等。蛋鸡可以在栖架之间自由活动，活动面积要远大于笼养方式，同时也符合鸡喜欢栖架休息的自然本性。

图 3-6-1 栖架式养鸡

3. 牛的散栏式饲养 散栏式饲养是按照奶牛生态学和奶牛生物学特性，进一步完善了奶牛场的建筑和生产工艺，使奶牛场生产由传统的手工生产方式转变为机械化工厂生产方式，结合了拴系和散放饲养的优点，是实现工厂化生产的重要途径。这种饲养方式包括配置有牛栏的牛舍、舍外运动场（可不设）和专用的挤奶厅。成年奶牛牛床尺寸一般为（100～110）cm×（210～220）cm，奶牛可以在栏内站立和躺卧，但不能转身，以使粪便能直接排入粪沟，奶牛可在舍内集中的饲槽中采食青饲料，饲槽旁装有自动饮水器（每 6～8 头奶牛共用 1 个），能自由去运动场采食干草，并按时去挤奶厅挤奶，采食精饲料。由于考虑了机械送料、清粪，又强调了牛的自由行动，故可以节省劳动力，提高生产力。散栏饲养时，牛床的设计非常重要，会对舍内环境、奶牛生产性能和健康产生重大影响（图 3-6-2）。散栏饲养时，根据气候条件可以将牛舍设计成带有运动场体系和无运动场体系。

为了改善奶牛的福利，安装牛体刷（图 3-6-3），在散栏式牛棚如果安装位置恰当，将有助于奶牛流动通行，引导奶牛从采食区域到休息区域。正确的定位将有助于阻止奶牛在牛棚内的架子上或其他地方搔痒摩擦而造成自身伤害。

图 3-6-2 散栏式奶牛的沙质卧床

图 3-6-3 自动旋转牛体刷

牛体刷为特殊材质制作，经久耐用，在设计上采用感应装置，当奶牛身体经过时自动工作，不使用时自动停止，不仅方便，还节约能源，能够全面发挥奶牛自我清洁的功效。奶牛通过牛体刷使牛的头部、背部、尾部等各部位不再搔痒，达到了奶牛的自我清洁，减少了牛体上的污垢和寄生虫，促进了血液循环，保证了奶牛身体健康、高产，同时也保证奶牛拥有最好最舒适的生存环境。

(二) 增大饲养空间

畜禽的空间需求，分为身体空间需求和社会空间需求。自身活动（如躺卧、站立和伸展等）所需要的空间为身体空间需求。社会空间需求则是指畜禽和同伴之间所要保持的最小距离空间。如果这种最小的空间范围受到了侵犯，畜禽会试图逃跑或对“敌对势力”进行攻击。因此应满足畜禽的空间福利。

1. 猪的空间需求 欧盟协议规定了每类猪群的最小空间要求，每头妊娠母猪不能少于 11.3m^2，初配母猪至少有 0.95m^2 的实心地板面积；对于群养母猪（小母猪），当饲养头数在 6～40 头时每头占栏面积不能少于 2.25m^2；对于仔猪和生长肥育猪，按猪体重进行了详细的规定，具体见表 3-6-1。

表 3-6-1 育肥猪的饲养密度

猪体重（kg）	最小地板面积要求（m^2）	猪体重（kg）	最小地板面积要求（m^2）
＜10	0.15	50～85	0.55
10～20	0.20	85～110	0.65
20～30	0.30	＞110	1.00
30～50	0.40		

2. 鸡的空间需求 美国的一个测算研究表明，如果纯粹从经济观点考虑，每只蛋鸡空间为 350～400cm^{2}时，蛋鸡饲养者会获得最高的效益。但从动物福利的角度来说，蛋鸡需要一定的空间面积才能表现其基本的生理行为，如转身、梳理羽毛等。美国全美养鸡生产者协会建议，生产者要为笼养产蛋母鸡提供较大的地面面积，具体说要为每只产蛋母鸡提供 432～555cm^{2}的可用地面面积，鸡笼高度应当在 41～43cm，使白来航鸡能垂直站立，鸡笼的地面倾斜角度也不超过 8°。

可利用立体空间，如设置台阶、添设栖木等。平养鸡每只母鸡最小使用 18cm 栖木，栖木宽度在 4cm 以上，栖木之间至少间隔 30cm，栖木下面应为缝隙地面。

3. 牛的空间需求 牛所需的空间范围一般以头部的距离计算。通常在放牧条件下，成年母牛的个体空间需求为 2～4m。如果密度过大限制了其自由移动，牛可能就会产生压力，并表现出相应的行为。在对漏缝地板饲养的青年牛和小公牛的研究表明，增大饲养密度，其攻击性和不良行为（如卷舌、对其他物体和牛的舔舐活动）就会相应增加；将小公牛的饲养密度由 2.3m^2/头提高到 1.5m^2/头，其不良行为的频率将上升 2.5～3.0 倍。舍饲散栏饲养下，将走道宽度由 2.0m 减小到 1.6m 时，奶牛的攻击性行为将会大大增加；如果奶牛不能在身体相互不接触的条件下通过走道，就会将休息牛床作为通行空间和转弯空间来加以利用。因而在牛场设计时，考虑牛的空间需求是很有必要的。

(三) 增加环境丰富度

为了保障游戏行为，最好提供一些道具，例如吊起旧轮胎、磨牙链、蹭痒棒、橡皮管和泥土类似物（泥炭、锯屑、沙子和用过的蘑菇培养基）供猪玩耍，床面上放置硬球，可满足猪鼻尖的环绕运动，提供可动的横棒可以满足猪鼻尖的上举运动（图 3-6-4），这些措施在肥育猪舍得到了广泛应用，能减少额外的刺激引起的应激，有助于防止混群时的相互进攻，防止对单调环境的厌倦，减少恶习。小猪可提供绳（图 3-6-5）、布条和橡皮软管等玩具。玩具的设置要考虑猪爱清洁的特点，如果球滚进猪粪它们将不再玩它，这也是人们常常将玩具吊起的理由。

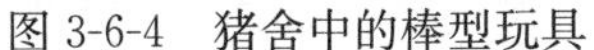

图 3-6-4 猪舍中的棒型玩具

图 3-6-5 猪舍内的绳锁式玩具

(四) 改善运输环境

1. 对运输工具的要求 运输工具要达到一定的标准，如安装必要的温度、湿度和通风调节设备，保证车辆设计的合理，地板要平坦但不光滑，车的侧面不能有锋利的边沿和突出部分，不能完全密封，地板的面积要足够大，使畜禽能舒服地站着或正常的休息，不至于过度拥挤。运输工具要进行消毒，畜禽的粪便、尿液、尸体和垃圾要及时清除，以保持运输工具的清洁卫生。运输工具上要有足够的水和饲料。要对负责运输的人员进行一定的培训，在运输途中要对畜禽进行照料和检查。驾驶员应谨慎，保持车的平稳，避免急刹车和突然停车，转弯的时候要尽可能慢。

2. 保证适当的运输密度 合理的装运密度是防止病伤的一个重要条件。因为过高的运输密度会造成畜禽拥挤而导致皮肤擦伤的比率上升；但运输密度过低更易引起打斗现象，并且在车辆加速、急刹车或拐弯时容易使其失去平衡。装载密度根据不同的地区、季节、气候、温度、湿度等环境因素，或是畜禽种类、个体大小等方面的情况不同而不同。如在天气炎热时，要降低畜禽的装载密度，并要增加通风，以减小畜禽的运输应激。特别在运送好争斗的畜禽时，密度要小，如猪虽有群居性，但在拥挤的环境中会引起争斗，为避免这种情况以及其他的意外，装载密度不能超过 $265kg/m^2$。

3. 保证充足的通风 畜禽运输中必须保证有良好的通风，以保证有新鲜的空气和适宜的温度调节。不同的畜禽对温度有不同的适应性，因此在运输过程中要根据所运输的畜禽种类调整温度和通风。不良的通风，一方面会使密闭式运输车厢内温度过高，引起畜禽热应激性疾病，如运输热，就是由于在运输过程中因过载、通风不良、饮水不足造成的；另一方面会使排泄物中的有害物质质量浓度增加，恶化畜禽运输过程中的环境，引起疾病的发生，也不符合畜禽福利的要求。在温度高于 25℃时，要提高通风量以降低温度；在温度低于 5℃时，应减小通风量，以避免温度过低，但必须要有通风。运输车辆必须有通风设施，利用通风设施进行通风，在遇到恶劣天气时也可以保持通风以保持车厢内的良好环境。

4. 运输时间适宜 选择恰当的运输时间，高温天气容易造成畜禽在运输途中的高死亡率，要在凉爽的清晨或傍晚甚至在晚上进行运输，应尽量避免中午运送，不要装载过满，尤其是运输猪的时候。在途时间要尽可能短，运输时间不应超过 8h，超过 8h 的，必须将畜禽卸下活动一段时间等。

（五）改善饲养管理

强调对畜禽实施“人性化”的饲养和管理，尤其是在采取一些特殊的措施如断喙、断尾、去爪时需要谨慎。对蛋鸡断喙应该有选择地加以应用，最好是把断喙作为一种治疗手段，在蛋鸡已经发生自相啄食的现象时再采用，以避免和减少对大群蛋鸡造成不适和伤害。生产中去除母鸡的中趾是为了减少蛋壳的破损率，这种方式实际上可以通过改善鸡笼的设计来替代。奶牛的福利亦成为近二三十年欧美等发达国家畜牧界、动物界普遍关心的问题。满足奶牛的生理需要并提供与其生物学特性相宜的饲养管理条件，将有利于奶牛生产潜力的发挥和机体健康。基于保证奶牛的福利，散栏饲养奶牛舍应运而生。奶牛的散栏饲养——自由牛床，使牛根据生理需要想吃就吃，想喝就喝，牛自由自在，没有什么应激。

（六）加强舍内环境控制，稳定畜禽舍小气候

畜禽患病通常是由于它们难以适应其生活环境，因此与健康畜禽的福利相比病畜禽的福利往往较低。因此应根据季节气候的变化，进行畜禽舍环境的调控，保持舍内空气新鲜，光照适宜、温湿度适宜稳定，使畜禽生活在一个稳定的小气候环境之中，以降低畜禽的发病率。这样可以大大减少药物和抗生素的用量，提高畜禽产品的质量。前面已介绍了很多调控措施，这里主要介绍通过厚垫草饲养工艺改善畜禽舍小气候。

垫草又称垫料或褥草，是指在地面某些部位（一般是畜床）铺垫的材料。厚垫草饲养工艺是指在畜禽饲养过程中，使用一定厚度的垫草（或垫料）来饲养畜禽的一种工艺方式，通常，垫草的厚度在20～50cm。地面铺设垫草，其主要作用：

1. 保暖 垫草的导热性一般都比较低，冬季在导热性高的地面上铺以垫料，可以显著减少畜禽体的传导散热。铺得越厚，效果越好。当外界气温为－38℃而舍内温度为8℃时，30cm厚度的垫草内温度为21℃。

2. 吸潮 垫草的吸水能力约为200%（即1kg草可吸收2kg水），高者可达400%。只要勤换勤添，既可避免尿液流失，又可保持地面干燥。干燥的垫草还可吸收空气中水汽，有利于降低空气湿度。

3. 吸收有害气体 垫草可直接吸收空气中的有害气体，使有害气体质量浓度下降。据试验，把奶牛的垫草用量由每天2kg增为4kg，牛舍内空气相对湿度下降3%～7%，氨气含量降低2.3～4.5mg/m^3，产乳量增加0.4～0.8L。

4. 增强畜禽的舒适感 畜禽舍地面硬度一般较大，容易引起孕畜、幼畜和病畜碰伤和褥疮。铺垫料以后，地面柔软舒适，可以避免发生这些弊病。

5. 保持畜禽体清洁 铺设垫料后，可减少粪尿与畜禽体间的接触，有利于畜禽体的卫生。

厚垫草饲养工艺比较适合寒冷地区使用。但要进行适当的处理和更换，否则会造成舍内有害气体增多，湿度增加，病原微生物增多。

总之，在进行养殖场工艺设计及日常的管理中，注重畜禽福利，客观上创造有利于畜禽生活习性、适宜的生活生产条件，满足其福利要求，从而提高生产性能和产品质量，发挥其最大的遗传潜力，对畜牧经营者获得最大的经济效益是非常有利的。

项目4 养殖场环境管理、监测与评价

任务1 养殖场环境管理

知识目标

1. 熟悉养殖场环境消毒和防鼠、灭虫的重要性。
2. 了解养殖场环境消毒的分类。
3. 熟悉养殖场环境消毒的方法。
4. 熟知并熟记化学消毒剂的种类及使用方法。
5. 了解养殖场常见的害虫种类及对畜禽生产的危害。
6. 掌握灭鼠灭虫常用方法。
7. 掌握有效落实好防鼠防虫防治工作措施。

能力目标

1. 能将养殖场环境消毒的不同方法应用到生产上。
2. 能将养殖场进场人员及车辆的消毒方法在实践中进行应用。
3. 能根据不同的消毒设备的适用范围和使用方法正确地选择养殖场的消毒设备。
4. 学会进行养殖场鼠情调查。
5. 能根据养殖场实际情况，选取合适的灭鼠灭虫方法。

一、养殖场环境消毒

在畜牧业生产中，养殖场内外环境随时可能受到病原体的污染，导致传染病的发生，给畜禽生产带来巨大损失。而消毒则是预防和减少养殖场传染病等疫病的发生，保证畜禽健康及正常生产最重要、最有效的措施之一。随着畜牧业集约化、规模化地不断发展，消毒应该作为养殖场中一项经常性的卫生工作，严格做好养殖场的消毒管理工作，对于养殖场环境管理和卫生防疫工作具有十分重要的意义。

（一）养殖场环境消毒分类

根据消毒目的和性质不同，养殖场的消毒一般包括经常性消毒、突击性消毒和终末消毒3类。

1. 经常性消毒 也称预防性消毒，是指养殖场在传染病未发生之前，平时经常性进行的对养殖场环境、设备、器具和饮水等的消毒。主要包括定期对畜禽舍、道路、畜禽的消毒；定期向消毒池内投放消毒剂等；临产前对畜禽产房、孵化室及其相关设施和待产畜禽的消毒；对初生畜禽如仔猪的断脐、打耳标、断尾、去势时的术部的消毒；人员、车辆出入畜禽舍、生产区时的消毒；饲料、饮水乃至空气的消毒；医疗器械如体温表、注射器及针头等的消毒。这是一种最简单易行的消毒方法，也是预防传染病行之有效的措施之一。

2. 突击性消毒 又称紧急消毒或临时消毒，是指养殖场或外围区域内发生疫病过程中，为了切断传播途径，及时阻止传染病进一步蔓延或消灭传染病而采取的消毒措施。消毒对象主要包括病畜禽分泌物、排泄物以及可能污染的一切场所、圈舍、用具和设备等，要对这些对象进行彻底消毒。通常在解除封锁前进行定期多次的消毒。

突击性消毒所采取的措施是：

（1）封锁养殖场，谢绝外来人员和车辆进场，本场人员和车辆出入必须严格消毒。

（2）要尽快焚烧或填埋患病畜禽用过的垫草。

（3）畜禽舍密闭，并将设备用具移入舍内，用甲醛对舍内空间和设备进行熏蒸消毒。

（4）与患病畜禽接触过的所有物品，用强消毒剂进行彻底消毒。

（5）将舍内设备移出，清洗、暴晒，再用消毒溶液消毒。

（6）墙裙、混凝土地面用2%的氢氧化钠溶液刷洗。

3. 终末消毒 也称大消毒，是指在病区消灭传染病之后，解除封锁之前，为了消灭源地的病原体所进行的全面消毒。主要用于全进全出的生产系统中，当畜禽全部从栏舍中转出至空栏舍后，或在发生烈性传染病的流行初期和在疫病流行平息后，准备解除封锁前均应进行终末消毒。

根据我国相关法律法规，一般发生传染病后，待全部畜禽扑杀或处理完毕，应对其所处周围环境最后进行彻底消毒、杀灭和清除传染源遗留下的病原微生物，是解除对疫区封锁前的重要措施。

（二）养殖场环境消毒方法

养殖场的消毒方法很多，常用的有物理消毒、化学消毒和生物消毒3种方法。

1. 物理消毒 是指应用物理因素杀灭或清除病原微生物及其他有害微生物的方法。物理消毒主要用于养殖场设施、饲料、医疗卫生器械、兽医防疫检疫部门、实验材料等的消毒。物理消毒还包括自然净化、机械除菌、过滤除菌、热力消毒、辐射灭菌、超声波和微波消毒等技术。其中过滤消毒技术、热力消毒技术和辐射消毒技术在养殖业中应用较多。

（1）机械性清除。机械性清除是通过机械的方法从物体表面、水、空气、动物体表去掉或减少污染的有害微生物及其他有害物质，以减少发生传染病的机会。在机械性清除之前，应适当地先用清水或消毒水喷洒，以免打扫时尘土飞扬，造成病原体散播。常用的方法有清扫、刷洗、抹擦、铲刮、淋浴及通风等。此法简便、实用、价廉，一般机械性清除不能达到消毒的目的，必须配合其他消毒方法进行，效果才会更好。

（2）日光照射消毒。将物品置于日光下暴晒，利用太阳中的紫外线、阳光的灼热和干燥作用使病原微生物灭活。适用于对养殖场中的运动场地、垫料及可以移出室外的用具等进行消毒，既经济又简便。一般的病毒和非芽孢菌在强烈的日光照射下经数分钟到数小时即可被杀灭，如结核杆菌 3～5h、猪瘟病毒 5～9h 被杀灭。可见，日光是良好的消毒剂。而日光的杀菌效果受太阳辐射强度、空气温湿度及微生物自身抵抗能力等因素的影响，低温、高湿及能见度低的天气消毒效果差，高温、干燥、能见度高的天气杀菌效果好。

（3）辐射消毒（紫外线消毒）。是利用紫外线灯照射杀灭空气中或物体表面的病原微生物的过程。常用于种蛋室、兽医室等空间以及人员进入畜禽舍前的消毒。紫外线一般只能杀灭物体表面和空气中的微生物。紫外线的杀菌效果会受空气中微粒多少、环境温度的影响，空气中微粒越多，杀菌效果就会降低。由于养殖场畜禽舍内空气尘粒多，所以，对畜禽舍内采用紫外线消毒效果不是很理想。紫外线的杀菌效果最好的条件是相对湿度 40%～60%，环境温度为 20～40℃，温度过高或过低均会影响紫外线杀菌效果。一般对于 2 种辐射消毒的要求：①空气消毒：有效距离不超过 2m，照射时间 20～30min；②物品消毒：有效距离不超过 60cm，照射时间 20～30min。

（4）高温消毒。高温消毒是利用高温环境破坏细菌、病毒、寄生虫等病原体结构而杀灭病原的过程，主要包括火焰、煮沸和高压蒸汽 3 种消毒形式。

①火焰消毒是利用火焰喷射器喷射火焰灼烧耐火的物体或者直接焚烧被污染的低价值易燃物品的过程。目的是杀灭黏附在物体上的病原体。这种方法简单可靠，可以杀灭一般微生物及对高温比较敏感的芽孢。常用于畜禽舍墙壁、地面、金属设备、笼具等表面的消毒。对于受到污染的易燃且无利用价值的用具、垫草、粪便、剩余饲料及病死的畜禽尸体等则应焚烧以达到彻底消毒的目的。

②煮沸消毒是利用高温将被污染的物品置于水中蒸煮杀灭病原体的过程。此法经济方便，消毒效果好，应用范围广。一般病原微生物在 100℃沸水中 5min 即可被杀死，经 1～2h 煮沸可杀死所有的病原体。这种方法常用于体积较小而且耐煮的物品如衣物，金属、玻璃等器具的消毒。

③高压蒸汽消毒是利用水蒸气的高温杀灭病原体。此法消毒效果可靠，常用于医疗器械等物品的消毒。常用的温度为 115℃、121℃或 126℃，一般需维持 20～30min。

（5）其他物理消毒法。

①自然净化法。是指污染大气、地面、物体表面及建筑物、水体等的病原微生物或其他微生物，不经人工消毒也可达到逐步净化、减少或无害。主要是靠自然界的净化作用。参与净化的主要因素是日光、雨淋、风吹、干燥、湿度、空气中的杀菌化合物、水的稀释作用、pH 的变化及水中微生物的拮抗作用等。如养殖场的饲料、器材、备品、饲槽等都可进行日光照射消毒，畜禽可以进行日光浴消毒。

②臭氧灭菌消毒法。利用臭氧强大的氧化作用进行杀菌。主要用于养殖场空气、污水、诊疗用水、物品表面的消毒。使用时应关闭门窗，人员离开房间，消毒结束后 30min 才可进入。

③电离辐射灭菌法（又称冷灭菌）。适用于不耐热的物品消毒，如橡胶、塑料、高分子聚合物（一次性注射器、输液输血器等）、精密医疗仪器、生物医学制品及金属等。

④微波消毒灭菌法。是指用微波杀灭微生物，从而达到消毒的效果。微波可杀灭细菌繁殖体、细菌芽孢、真菌、病毒、真菌孢子等各种微生物。常用于耐热非金属材料及器械的消毒灭菌，不能用于金属物品的消毒。

2. 化学消毒 是应用化学消毒剂的作用破坏病原体的结构而直接杀死病原体或使病原体的增殖发生障碍的过程。化学消毒与其他消毒相比速度快、效率高，能在数分钟内进入病原体内并杀灭之，因而在养殖场消毒中最常用，但是为增强消毒效果，在实施此消毒方法前，应对消毒对象进行洗刷清扫，从而能使消毒剂更好地发挥其作用。

(1) 消毒剂种类的选择。在选择消毒剂时应根据病原体的特点、消毒剂的适用性、杀菌力、稳定性、毒性和刺激性以及经济性来选择，应具备抗菌谱广，对病原体杀灭力强，性质稳定，维持消毒效果时间长，价廉易得，运输保存和使用方便，对环境污染小等特点，尤其是应选择对人和畜禽无害或危害极小的、没有残留毒性、对设备没有破坏、不会在畜禽体内及产品中产生有害积累的消毒剂。养殖场常用的消毒剂种类、使用方法及用量见表 4-1-1。

表 4-1-1 常用消毒剂的种类、使用方法及用量

类别	药 名	理化性质	用法与用量
醛类	福尔马林	无色，有刺激性气味的液体，含 40%甲醛，90℃下易生成沉淀	1%～2%环境消毒，与高锰酸钾配伍熏蒸消毒畜禽舍等
	戊二醛	挥发慢，刺激性小，碱性溶液，有强大的灭菌作用	2%水溶液，用 0.3%碳酸氢钠调整 pH 为 7.5～8.5 可消毒，不能用于热灭菌的精密仪器、器材的消毒
酚类	苯酚（石炭酸）	白色针状结晶，弱碱性，易溶于水，有芳香味	杀菌力强。2%用于皮肤消毒；3%～5%用于环境与器械消毒
	来苏儿（煤酚皂）	无色，遇光或空气变为深褐色，与水混合成为乳状液体	2%用于皮肤消毒；3%～5%用于环境消毒；5%～10%用于器械消毒
醇类	乙醇（酒精）	无色透明液体，易挥发，易燃，可与水和挥发油混合	70%～75%用于皮肤和器械消毒
季铵盐类	苯扎溴铵（新洁尔灭）	无色或淡黄色透明液体，无腐蚀性，易溶于水，稳定耐热，长期保存不失效	0.01%～0.05%用于洗眼和阴道冲洗消毒；0.1%用于外科器械和手消毒；1%用于手术部位消毒
	杜米芬	白色粉末，易溶于水和乙醇，受热稳定	0.01%～0.02%用于黏膜消毒；0.05%～0.1%用于器械消毒；1%用于皮肤消毒
	双氯苯胍	白色结晶粉末，微溶于水和乙醇	0.02%用于皮肤、器械消毒；0.5%用于环境消毒
过氧化物类	过氧乙酸	无色透明酸性液体，易挥发，具有浓烈刺激性，不稳定，对皮肤、黏膜有腐蚀性	0.2%用于器械消毒；0.5%～5%用于环境消毒
	过氧化氢	无色透明，无异味，微酸苦，易溶于水，在水中分解成水和氧	1%～2%创面消毒；0.3%～1%黏膜消毒
	臭氧	在常温下为淡蓝色气体，有鱼腥臭味，极不稳定，易溶于水	30mg/m³，15min 室内空气消毒；0.5mg/kg，10min 用于水消毒；15～20mg/kg 用于污染源污染水消毒
	高锰酸钾	深紫色结晶，溶于水	0.1%用于创面和黏膜消毒；0.01%～0.02%用于消化道清洗

（续）

类别	药 名	理化性质	用法与用量
烷基化合物	环氧乙烷	常温无色气体，沸点10.4℃，易燃、易爆、有毒	50mg/kg密闭容器内用于器械、敷料等消毒
含碘类消毒剂	碘酊（碘酒）	红棕色液体，微溶于水，易溶于乙醚、氯仿等有机溶剂	2%～2.5%用于皮肤消毒
	碘伏（络合碘）	主要剂型为聚乙烯吡咯烷酮碘和聚乙烯醇碘等，性质稳定，对皮肤无害	0.5%～1%用于皮肤消毒；10mg/kg用于饮水消毒
含氯化合物	漂白粉（含氯石灰）	白色颗粒状粉末，有氯臭味，久置空气中失效，大部分溶于水和醇	5%～10%用于环境和饮水消毒
	漂白粉精	白色结晶，有氯臭味，含氯稳定	0.5%～1.5%用于地面、墙壁消毒；0.3～0.4g/kg饮水消毒
	氯铵类（二氯异氰尿酸钠，含有效氯60%；三氯异氰尿酸，含有效氯85%～90%；氯化磷酸三钠，含有效氯2.6%）	白色结晶，有氯臭味，属氯稳定类消毒剂	0.1%～0.2%浸泡物品与器材消毒；0.2%～0.5%水溶液喷雾用于室内空气及表面消毒
碱类	氢氧化钠（火碱）	白色棒状、块状、片状，易溶于水，碱性溶液，易吸收空气中的二氧化碳	0.5%溶液用于煮沸消毒敷料消毒；2%用于病毒消毒；5%用于炭疽消毒
	生石灰	白色或灰白色块状，无臭，易吸水，生成氢氧化钙	加水配制10%～20%石灰乳涂刷畜禽舍墙壁、畜禽栏等消毒
乙烷类	氯己定	白色结晶，微溶于水，易溶于醇，禁忌与氯化汞配伍	0.01%～0.02%用于腹腔、膀胱等冲洗；0.02%～0.05%水溶液，术前洗手浸泡5min

（2）化学消毒剂使用方法。

①浸泡法。是指将待消毒的物品浸在配制好的消毒溶液中进行的消毒方法。常用于消毒器械、用具、衣物等的消毒。洗净擦干被消毒物品，浸没在消毒液内。一般浸泡前要将被消毒物品洗涤干净或擦干后再用一定浓度的消毒液等进行浸泡。常用于浸泡法的化学消毒剂有新洁尔灭、有机碘混合物或来苏儿等。使用时应注意药液要浸过物体，浸泡时间宜长些，水温高些效果较好；管状物品的消毒应打开物品的轴节或套盖，管腔内注满消毒液；浸泡中途添加物品，需重新计时。

②喷雾法。是指通过喷雾器具将一定浓度的消毒液喷洒于设施或物体表面进行消毒的方法。常用于畜禽舍地面、墙壁、笼具、动物产品及进入场区的车辆等的消毒。常用于喷雾消毒的化学消毒剂有次氯酸盐、有机碘混合物、过氧乙酸、新洁尔灭等。使用时应注意药液要喷到物体的各个部位；喷洒地面时，每平方米喷洒药液2L；喷墙壁、顶棚时，每平方米1L。喷雾法简单易行、效果好，在养殖场环境消毒中最常用。

③喷撒法。将一定的化学消毒剂通过喷雾器或喷水壶及人工手撒于设施或物体表面进行

消毒的方法。常用于畜禽舍周围、入口、舍内饲养设备的消毒。如可用撒生石灰或火碱可以杀死大量细菌或病毒。

④熏蒸法。是指利用一定浓度的化学消毒剂挥发或通过化学反应中产生的气体，而杀死密闭空间中的病原体的消毒方法。常用于无畜禽的畜禽舍、孵化室、孵化器等空间的消毒。如甲醛熏蒸畜禽舍，每立方米的40%甲醛溶液（福尔马林）42mL、高锰酸钾21g，21℃以上温度、70%以上相对湿度，封闭熏蒸24h。此法简便易行、省钱、作用彻底、效果可靠，在养殖场环境消毒中常使用。但在实际操作中要注意畜禽舍必须是空的，畜禽舍及设备必须进行清洗，畜禽舍应无漏气处，否则熏蒸无效；熏蒸时必须严格遵守基本要点，否则会无效。

⑤气雾法。利用气雾发声器将消毒液化为气雾粒子对空气进行消毒的方法。常用于畜禽舍空间的消毒。此法消毒效果好，是消灭气源性病原微生物的理想方法。

（3）化学消毒剂的使用原则。

①针对性。由于不同病原微生物的结构或所处的状态不同，对于同一种消毒剂的敏感性也不同。如芽孢处于休眠期对消毒剂的抵抗力明显高于处于繁殖期的同类细菌，因而消毒时应增加消毒剂浓度或延长消毒时间；炭疽杆菌对甲醛较敏感，而大肠杆菌对一般消毒剂均较为敏感；病毒对碱性消毒剂敏感，但对酚类消毒剂的抵抗力较强。因此，在消毒时应根据消毒的目的和所要杀灭对象的特点，选择病原微生物敏感的消毒剂。

②适应性。不同种类的病原微生物对消毒剂的反应有所不同，有些消毒剂杀菌谱广，对大多数微生物有效果；有些消毒剂具有专用性，只对少数或几种微生物有效；同种消毒方法对不同的病原微生物的消毒效果明显不同，如碘伏仅可杀灭分枝杆菌、真菌、病毒及细菌繁殖体等微生物，而不能杀灭细菌芽孢。因此，使用消毒剂时应根据消毒剂的性能及病原微生物的特性，选择合适的消毒剂及合适的消毒方法。

③有效浓度、消毒时间。任何一种消毒剂都必须达到一定体积分数后才具有消毒作用，在使用某种消毒剂时应注意其有效体积分数。消毒剂与病原微生物的接触时间越长消毒效果越好。因此，消毒时应根据所用消毒剂的特性，选择合适的消毒剂体积分数和作用时间。

④高效、低毒、无腐蚀性。在使用条件下，高效、低毒、无腐蚀性。选择无特殊的嗅味和颜色，不对设备、物料、产品产生污染，而对病原微生物具备强大的杀灭能力，穿透力强，作用迅速的消毒剂。

⑤安全性及稳定性。所使用消毒剂应是毒性低，消毒后无残留毒害，性能稳定，在贮存或使用过程中安全，不易燃烧，不易挥发，不易变质，不易发生化学反应，不易失效的消毒剂。

⑥经济性。消毒剂应选择价廉易得、运输保存方便、可大量生产供应的。

（4）化学消毒剂使用时的注意事项。

①消毒液应新鲜配制。

②待消毒的物品必须先洗刷干净。浸泡时物品的轴节要打开，管腔内要充满药液，使物品完全浸没在消毒液内，充分与药液接触。

③浸泡中途如另加入物品，应重新计时。浸泡过的物品，使用前需用生理盐水冲洗，以免药液刺激人体组织。

④消毒液应贮放于无菌容器中，挥发性的消毒液容器要加盖，并定期测量其比重。

⑤温度与消毒剂的消毒效果成正比。一般温度每增加 10℃，消毒效果可增加 1～2 倍。在一定环境下，湿度也影响消毒效果，不同的消毒方式需要不同的湿度环境。通常环境湿度过低，消毒效果差。

⑥许多消毒剂的消毒效果受环境 pH 的影响。例如酸类、碘制剂、阴离子消毒剂（来苏儿等），在酸性溶液中消毒效果增强。而阳离子消毒剂（新洁尔灭等）和碱类消毒剂则在碱性溶液中消毒效果增强。此外消毒剂之间因化学或物理性质不同，也往往可能产生拮抗作用。同时或短时间内在同一环境中使用多种消毒剂，将导致消毒效果减弱或完全丧失，比如阳离子消毒剂和阴离子消毒剂之间，酸性和碱性消毒剂之间便存在着这种拮抗作用。

3. 生物消毒　是利用微生物在分解有机物过程中释放出的生物热杀灭病原体和寄生虫卵的过程。其消毒对象主要是在养殖场生产中产生的大量粪便、污水及垫草。可采用堆肥发酵、沉淀池发酵、沼气池发酵等方法，如在畜禽粪便的堆肥过程中，可使堆肥温度达到60～70℃，并持续一段时间，使粪中病原体及寄生虫卵在十几分钟至数日内死亡。生物消毒法作为一种经济简便的消毒方法，能杀死大多数病原体，在各地养殖场中广泛采用。

（三）养殖场常规消毒管理

1. 进场人员及车辆的消毒　人员是畜禽疾病传播中最危险、最常见、最难以防范的传播媒介，必须靠严格的制度进行有效控制。

（1）工作人员应经常保持自身卫生、身体健康，定期进行健康检查，防止人畜共患病的发生。必要时要根据需要进行免疫接种一些疫苗，若发现患有人畜共患病的人员及时隔离避免传染。

（2）在养殖场入口处设置消毒池，对进场人员的足底、车辆进行消毒，消毒池必须定期清除污物，更换新配制的消毒液（每周更换 1 次）；在生产区还要设立淋浴间、紫外线消毒间、消毒盆。

（3）饲养管理人员进入养殖生产区要先淋浴、后更换干净的工作服、工作靴，并通过消毒池对鞋进行消毒，同时要接受紫外线消毒灯照射 5～10min。常用的紫外线消毒灯规格为220V/30W。尽可能减少不同功能区内工作人员交叉现象。同时工作人员要养成进入或离开每一栋畜禽舍清洗双手、踏消毒池消毒鞋靴的习惯，避免人员作为传播媒介使得不同畜禽舍的畜禽发生交叉感染。

（4）任何工作人员应远离外界畜禽病源污染源，不允许私自养动物。有条件的养殖场，可采取封闭隔离制度，安排员工定期休假。

（5）禁止外来人员进入生产区参观，经批准允许进入参观的人员要进行淋浴，更换工作服、鞋、帽，并经消毒室消毒后方可进入生产区。杜绝饲养户之间随意互相串门的习惯；禁止外来车辆入场，若经批准后的车辆进入必须进过严格全面消毒之后方可进入。车辆可使用2%氢氧化钠或 1%复合酚等，对车辆轮胎进行消毒或用喷雾消毒。

（6）养殖场有条件者最好采用微机闭路监控系统，使管理人员和参观者不必进入生产区（图 4-1-1）。

（7）技术人员在不同单元区之间来往应遵从清洁区至污染区，从日龄小的畜禽群到日龄大的畜禽群的顺序。当进入隔离舍和检疫室时，还要换上另外一套专门的衣服和雨靴。

2. 畜禽舍消毒

（1）带畜禽消毒。在日常管理中，对畜禽舍应经常进行定期消毒。消毒的步骤通常为清除污物、清扫地面、彻底清洗器具和用品、喷洒消毒液，在此基础上还需以喷雾（图 4-1-2）、熏蒸等方法加强消毒效果。常用的药物有 0.2%～0.3%过氧乙酸，也可用 0.2%的次氯酸钠溶液、0.1%的新洁尔灭溶液、0.3%漂白粉溶液。为了减少对工作人员的刺激，在消毒时可佩戴口罩。一般情况下每隔 3～5d 或 2 周左右进行 1 次，春秋疫情常发季节，每周消毒 3 次，在有疫情发生时，每天消毒 1 次，可以将 3～5 种消毒药交替使用。

图 4-1-1　猪舍微机闭路监控系统

图 4-1-2　猪舍带猪喷雾消毒

（2）空舍消毒。每批畜禽出栏后，都应对畜禽舍进行彻底清扫，将可移动的设备、器具都搬出畜禽舍后再用水或用 4%的碳酸钠溶液或清洁剂等刷洗墙壁、地面、笼具等，喷洒要全面，药液要喷到物体的各个部位。干燥后再进行喷洒消毒并闲置 2 周以上备用。

在新一批畜禽进入畜禽舍前，同时将所有洗净、消毒后的设备、器具及欲使用的垫草等移入舍内，用福尔马林（40%甲醛溶液）熏蒸消毒，具体方法是取一个容积大于福尔马林用量数倍至 10 倍且耐高温的容器，先将高锰酸钾置于容器中（为了增加催化效果，可加等量的水使之溶解），然后倒入福尔马林，人员迅速撤离并关闭畜禽舍门窗。福尔马林的用量一般为 30～40mL，与高锰酸钾的比例以 2：1 为宜。封闭消毒时间一般为 12～24h，然后打开门窗通风 3～4d 再用。若需要尽快消除甲醛的刺激气味，可用氨水加热蒸发使之生成无刺激性的乌洛托品。还可以单用 40%的甲醛溶液加热蒸发对畜禽舍进行熏蒸消毒。

一旦发生了传染病，先用消毒力强的消毒剂喷洒后再清扫畜禽舍，可防止病原体随尘土飞扬造成疾病在更大范围内传播。然后以大剂量消毒剂反复进行喷洒、喷雾及熏蒸消毒。一般每天 1 次，直至传染病被彻底扑灭、解除封锁为止。

（3）圈舍饲养设备、器具消毒。将畜禽舍可移动的设备、器具如饲槽、饮水器等在指定地点清洗、洗涮、暴晒后，再用 1%～2%的漂白粉、0.1%的高锰酸钾等消毒剂浸泡或洗刷。

3. 畜禽粪便及垫草的消毒　由于畜禽粪便和垫草含有一些病原体如口蹄疫病毒、猪瘟病毒、猪丹毒病毒及各种寄生虫虫卵，所以一般情况，最好采用生物消毒法消毒。但是对患炭疽、气肿疽等传染病的病畜粪便，应采取焚烧或经有效的消毒剂处理后再深埋。此外，还可以采用化学消毒法和发酵法。

4. 运动场消毒　每天定期清除地面污物，再用2%～4%氢氧化钠或10%～20%漂白粉液喷洒，或用火焰消毒，运动场围栏可用15%～20%的石灰乳涂刷。

(四) 养殖场常用消毒设备选择

消毒设备应根据消毒方法、消毒性质选择不同的种类。

1. 物理消毒设备选择及使用方法

(1) 高压清洗机。主要是冲洗养殖场场地、畜禽舍地面、设施、设备、车辆等。

高压清洗机在设计上非常紧凑，采用电机与泵体一体化设计。现以最大喷洒量为450L/h的产品为例对主要技术指标和使用方法进行介绍。它的结构组成主要有高压管及喷枪柄、喷枪杆、三孔喷头、洗涤剂液箱及系列控制调节件等，如图 4-1-3 所示。

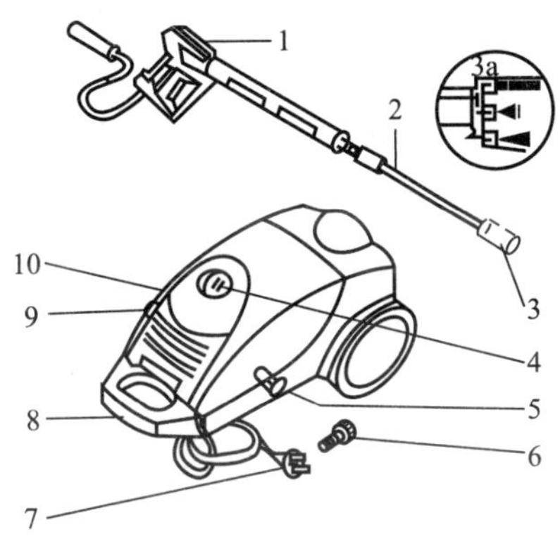

图 4-1-3　高压清洗机结构示意

1. 机器主开关（开/关）　2. 进水过滤器　3. 联结器　4. 带安全棘齿（防止倒转）的喷枪杆　5. 高压管　6.（带压力控制的）喷枪杆　7. 电源连接插头　8. 手柄　9. 带计量阀的洗涤剂吸管　10. 高压出口

内藏式压力表置于枪柄上，三孔喷头药液喷洒可在强力、扇形、低压 3 种喷嘴状态下进行。操作时连续可调的压力和流量控制，同时设备带有溢流装置及带有流量调节阀的清洁剂入口，使整个设备坚固耐用，方便操作。具体操作方法详见说明书。

(2) 紫外线灯（低压汞灯）。主要进行空气及物体表面的消毒。

目前国内常用消毒用紫外线灯的波长绝大多数在 253.7nm 左右，有较强的杀灭微生物的作用。普通紫外线灯管照射时辐射部分为 184.9nm 波长的紫外线，可产生臭氧，也称有臭氧紫外线灯。而低臭氧紫外线灯，由于灯管玻璃中含有可吸收波长小于 200nm 紫外线的氧化钛，因此产生的臭氧量很小。高臭氧紫外线灯在照射时可辐射更大比例 184.9mm 波长的紫外线，所以产生较高质量浓度的臭氧。目前市售的紫外线灯有多种形式，如直管形、H 形、U 形等，功率从数瓦到数十瓦不等，使用寿命在 3 000h 左右。其使用方法如下：

①移动式照射：此方式适于不需要经常进行消毒或不便于安装紫外线灯管的场所。将紫外线灯管装于活动式灯架上，消毒效果依据照射强度不同而不同，若达到足够的辐射度值，同样可获得较好的消毒效果。

②固定式照射：该方式多用于需要经常进行空气消毒的场所，如兽医室、进场大门消毒室等。将紫外线灯悬挂、固定在天花板上或墙壁上，向下或侧向照射。一般在无人状态下，房间内每立方米空间所装紫外线灯管的功率达到 2～2.5W 时，照射 1h 以上，可达到一定的消毒效果。当有人时应加强对人的防护，照射强度小于 1W/m^2，每照射 2h 间隔 1h 或 40min。

其使用时注意事项有：

①当空气消毒时，许多环境因素会影响消毒效果，如空气的湿度和尘埃能吸收紫外线，当空气尘粒为 800～900 个/m^{3}时，杀菌效果将降低 20%～30%，因此在湿度较高和粉尘较多时，应适当增加紫外线照射强度和剂量。

②需选用合适反光罩，增强紫外线灯光的辐照强度。注意保持灯管的清洁，定期清洁灯管。不使用时，不要频繁开闭紫外线灯，以延长紫外线灯的使用寿命。

③照射消毒时应关闭门窗，勿直视灯管，以免伤害眼睛。

(3) 火焰消毒器。能直接用火焰灼烧消毒物体，可以立即杀死存在于消毒对象上的全部病原微生物（火焰消毒器如图 4-1-4 所示）。

图 4-1-4　火焰消毒器

火焰消毒器可分为火焰专用型和喷雾火焰兼用型 2 种。火焰喷灯是利用汽油或煤油作燃料的一种工业用喷灯。因喷出的火焰具有很高的温度，所以常用于消毒各种被病原微生物污染的金属制品，如管理畜禽用的用具、金属的笼具等。但在消毒时不要喷烧过久，以免将消毒物烧坏，在消毒时还应有一定的顺序，以免发生遗漏。喷雾火焰兼用型其特点是使用轻便，适用于大型机种无法操作之地方，易于携带，适宜室内外小及中型面积处理，方便快捷；操作容易；采用全不锈钢，机件坚固耐用。

不管是哪种火焰消毒器，其优点都是杀菌率高，平均可达 97%；消毒后设备表面干燥。在使用火焰消毒器时应注意以下 5 点：

①每种火焰消毒器的燃烧器都只和特定的燃料相配，故一定要选用说明书指定的燃料种类；如指定的燃料为煤油，急需时可用农用柴油替代，但严禁使用汽油或其他轻质易燃易爆燃料。

②消毒前要撤除消毒场所的所有易燃易爆物，以免引起火灾。

③燃料一定要经过过滤，以免混入杂物堵塞喷嘴。

④未冷却的盘管、燃烧器要避免撞击和挤压，以免发生永久性变形而使火焰消毒器性能降低。

⑤火焰消毒器要与药物配合使用才具有最佳的效果。先用药物进行消毒后，再用火焰消毒器消毒，才能提高灭菌效率。

图 4-1-5　电热鼓风干燥箱

(4) 电热鼓风干燥箱。可按照兽医室规模进行配置（图 4-1-5）。常用于玻璃器具的灭菌，如烧杯、烧瓶、试管、吸管、培养皿、玻璃注射器、针头及滑石粉、凡士林以及液状石蜡等。

一般在干热的情况下，由于热的穿透力低，灭菌时间要掌握好；一般细菌繁殖体在100℃经1.5h才能被杀死，芽孢140℃经3h杀死，真菌孢子100～115℃经1.5h杀死；灭菌时也可将待灭菌的物品放进烘箱内，使温度逐渐上升到160～180℃，热穿透至被消毒物品中心，经2～3h可杀死全部细菌及芽孢。

使用时的注意事项：①消毒灭菌器械应洗干净后再放入烘烤箱内。②所灭菌物品包装不宜过大，物品体积不能超过烤箱容积的2/3。③灭菌时间应从温度达到要求时算起。

（5）消毒锅。通过煮沸达到消毒目的，这种方法简单、实用，杀菌能力比较强，效果可靠，是最古老的消毒方法之一，适用于消毒器具、金属、玻璃制品、棉织品等的消毒灭菌。消毒锅一般使用金属容器。煮沸消毒时要求水煮沸后5～15min，水温一般达到100℃，细菌繁殖体、真菌、病毒等可立即死亡，而细菌芽孢需要的时间比较长，要15～30min，有的要几个小时才能被杀灭。

煮沸消毒时应注意：先清洗被消毒物品后再煮沸消毒；除玻璃制品外，其他消毒物品应在水煮沸腾后加入；被消毒物品应完全浸入水中，一般不超过消毒锅总容量的3/4；消毒时间从水沸腾后计算；消毒过程中如中途加入物品，需待水煮沸后重新计算时间；棉织品的消毒应适当搅拌；消毒注射器材时，针筒、针头等应拆开分放；经煮沸灭菌的物品，“无菌”有效期不超过6h；一些塑料制品等不能煮沸消毒。

（6）手提式下排气式压力蒸汽灭菌器。在养殖场的兽医室、实验室等部门的消毒常用的小型高压蒸汽灭菌器（图4-1-6）。其重10kg左右，容积约18L，这类灭菌器的下部有排气孔，用来排放灭菌器内的冷空气。

图4-1-6　手提式下排气式压力蒸汽灭菌器

具体操作方法如下：

①在容器内盛水约3L（若为电热式则加水至覆盖底部电热管）。

②将待消毒物品连同盛物桶一起放入灭菌器内，再将盖子上的排气软管插于铝桶内壁的方管中，之后盖好盖子，拧紧螺丝。

③加热，在水沸腾后10～15min，打开排气阀门，排出冷空气，待冷气放完关闭排气阀门，使压力逐渐上升至设定值，维持预定时间，停止加热，待压力降至常压时，排气后即可取出被消毒物品。

④若消毒液体物质时，则应慢慢冷却，以防止因减压过快造成液体的猛烈沸腾而冲出瓶外，甚至造成玻璃瓶破裂。

使用时的注意事项：

①消毒物品应进行预处理，即消毒物品应先进行洗涤，再用高压灭菌。

②灭菌器内空气应充分排除，否则会导致灭菌失败。

③灭菌时间应合理计算，压力蒸汽灭菌的时间，应由灭菌器内达到要求温度时开始计算，至灭菌完成时为止。

④消毒物品的包装不能过大，以利于蒸汽的流通，蒸汽易于穿透物品的内部，使物品内

部达到灭菌温度。

⑤加热的速度不能太快，否则外部温度很快达到要求温度，而物体内部尚未达到要求温度（物体内部达到所需要温度需要较长时间），致使在预定的消毒时间内达不到灭菌要求。

⑥注意安全操作。

2. 化学消毒设备选择及使用方法

（1）喷雾器。按照喷雾器的动力来源可分为手动型、机动型；按使用的消毒场所可分背负式、可推式、可背可推式等。根据消毒场所的不同可选择以下几种类型喷雾器：

①背负式手动喷雾器。主要用于场地、畜禽舍、设施以及带畜禽的喷雾消毒。产品结构简单（图 4-1-7），保养方便，喷洒效率高。

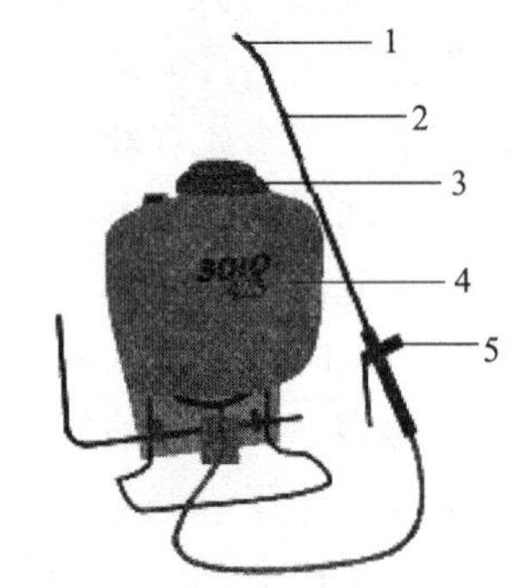

图 4-1-7 背负式手动喷雾器

1. 喷嘴 2. 喷杆 3. 药水箱（带滤网） 4. 药水箱 5. 调节阀

注意事项：操作者应穿防护服，避免对现场人员造成伤害；每次使用后，及时清理和冲洗喷雾器的容器和与化学药剂相接触的部件，以及喷嘴、滤网、垫片、密封件等易耗件，以避免残液造成的腐蚀和损坏。

②高压机动喷雾器。用于场地消毒以及带畜禽消毒的使用。设备主要由喷管、药水箱、燃料箱、高效二冲程发动机等结构组成，使用中需注意佩戴防护面具或安全护目镜以及佩戴合适的防噪声装置。

其特点是带有高效发动机；重量轻，振动小；高压喷雾、高效、安全、经济、耐用；用少量的液体可进行大面积消毒，且喷雾速度快。

③手扶式喷洒机。可进行大面积场区的环境消毒，可用于养殖场区环境、疫区环境防疫消毒。此设备的特点是每分钟喷洒量大，有较大的喷洒压力，可短时间胜任大量的消毒工作。

（2）消毒液机。适用于养殖场、屠宰场、运输车辆、人员防护消毒以及发生疫情的病原污染区的大面积消毒。可用于现用现制快速生产含氯消毒液。

此设备的特点是操作简便，具有短时间内就可以生产出大量消毒液的能力；用消毒液机电解生产的含氯消毒剂是一种无毒低刺激的高效消毒剂，不仅适用于环境消毒、带畜禽消毒，还可用于食品的消毒、饮用水的消毒、洗手消毒等；对环境造成污染小。

（3）环境消毒车。电动环境消毒车（图 4-1-8）由蓄电池带动，在人的操作下可在养殖场及畜禽舍内自由运行，其喷头可左右自动摆动，喷出的雾粒大小可调，除具喷雾消毒作用外，还具有冲洗功能。一般的环境消毒车可在 30min 内完成拥有 2 万只鸡的鸡场的消毒工作，能有效控制养殖场畜禽疾病的发生。

图 4-1-8 环境消毒车

1. 刹车板 2. 控制面板 3. 方向盘 4. 消毒液容器 5. 调节旋柄 6. 喷头

（4）臭氧空气消毒机。主要用于养殖场的兽医室、屠宰场、畜产品加工厂大门口消毒室及生产车间的空气消毒。其特点是消毒时呈弥漫扩散方式，消毒彻底、无死角、消毒效果好。

（五）养殖场疫病控制

随着畜牧业集约化、规模化地不断发展，一些畜禽重大疫病仍然是严重制约我国养殖业健康发展的最大障碍。疫病已给我国养殖业造成了巨大的经济损失。特别是因疫病等卫生原因，我国的猪肉产量虽然多年位居世界第一，而出口却不到猪肉产量的千分之一。目前因疫病等卫生原因，白白丧失了许多商机。特别是一些人畜共患疫病如口蹄疫、日本乙型脑炎、禽流感等严重威胁人类健康的传染病时常给人类带来恐慌，并给养殖业带来重大经济损失。

当前围绕畜禽产品安全生产的畜禽疫病控制，不能仅仅依赖抗病育种和药物，而需要从根本上去预防和控制。规模化养殖场应根据《动物防疫法》，依据本场的实际，制定适宜的养殖场防疫制度。养殖场应采取一切合理、有效、可行的措施来预防疫病的发生，可采取以下措施：建立健全防疫机构和疫病防治制度；树立“预防为主、养防结合、防重于治”的意识；坚持“养、防、检、隔、封、消、处、治”等原则（“养”即自繁自养；“防”即预防接种；“隔”即隔离；“检”即检疫；“封”即封锁；“消”即消毒；“处”即处理病死畜禽；“治”即治疗）。以最大限度地管理养殖场的防疫工作来杜绝疫病的发生及传播，从而保证畜禽食品的安全，让消费者放心，也促进了畜牧业的健康发展。

二、防鼠与灭虫

在养殖场生产中鼠、昆虫等对畜禽生产危害很大。鼠类可窃食饲料、咬坏器物，有时甚至破坏电路，影响畜禽生产的正常进行。此外，鼠类还携带许多种病原菌，传播如鼠疫、伤寒、出血热等疾病，直接危害畜禽的健康生长。养殖场内有害昆虫主要有蚊、蝇、虻和蜱等节肢动物昆虫。它们叮咬畜禽直接造成局部损伤、奇痒、皮炎、过敏，对畜禽的骚扰能够使得畜禽烦躁影响休息，食欲减退，降低其免疫功能，并直接或间接地传播危害人类和畜禽健康的传染病等，甚至威胁到养殖场工作人员的健康。因此，必须重视养殖场的生物安全，把防鼠灭虫作为养殖场生物安全体系的重要环节来抓，多措并举，确保畜禽健康安全，提高畜禽生产经济效益。

（一）防治鼠害

1. 防鼠

（1）建筑防鼠。建筑防鼠是指采取建筑措施，防止鼠类进入建筑物内。畜禽舍的基础要坚固，应是砖、水泥结构。以混凝土砂浆填满缝隙并埋入地下 1m 左右。墙基最好用水泥制成，用碎石和砖砌墙基，用灰浆抹缝，设立防鼠沟，建好防鼠墙；墙面应平直光滑，以防鼠沿粗糙墙面攀登，墙体上部与天棚衔接处应砌实；砌缝不严的空心墙体，要填补抹平，以防鼠藏匿营巢；将墙角处做成圆弧形防止鼠类爬上屋顶。畜禽舍内应铺设混凝土地面，用砖、石铺设的地面和畜床，应衔接紧密并用水泥灰浆填缝；舍内门窗、各种管道周围要用水泥填平；通气孔、地脚窗、排水沟（粪尿沟）出口均应安装孔径小于 1cm 的铁丝网，以防鼠窜入。

（2）环境防鼠。目的是通过恶化鼠类的生存条件降低环境对鼠的容纳量而减少鼠害。主要做法有妥善保管好养殖场的饲料，大量饲料应放置饲料袋内，并放在离地面 15cm 的高处，少量饲料放于水泥结构的饲料箱或大缸中，散落的饲料要及时清理干净，定期处理干净畜禽舍内的残余饲料，断绝鼠的食物来源；畜禽舍内物品应放置整齐、通畅、明亮，使鼠不易藏身；监控好养殖场周围的环境卫生，不能堆放杂物，通过割除养殖场周围的杂草以及堵填鼠洞等方法来减少鼠的隐蔽场所；堵塞鼠通道；改造厕所和粪池，改造成鼠无法接近粪便的结构，同时无鼠藏身躲避的地方。

2. 灭鼠 灭鼠有捕捉和药物毒死两种方法。但是鼠不易被毒死，捕捉也很困难。我国现行的灭鼠方法主要是器械捕捉、药物毒杀等。

(1) 器械灭鼠。即利用夹、压、关、卡、扣、翻、粘、淹、电等灭鼠器械灭鼠。器械灭鼠是养殖场常用的捕鼠方法。常用器械有鼠夹、鼠笼、粘鼠板等，还有较为先进的电子捕鼠器和超声波驱鼠器等。此法的优点是效果确实、对人和畜禽安全，简单易行，使用方便，费用低而捕鼠效率高，缺点是同种捕鼠器不能在同一场所连续使用，否则效果较差。器械灭鼠目前主要用于较小范围内的防鼠害。

(2) 化学灭鼠。即使用化学药物来毒杀鼠类。用来灭鼠的化学药物很多，一般可分为急性杀鼠剂、慢性杀鼠剂、熏蒸剂、驱鼠剂和绝育剂。急性杀鼠剂是目前使用最多的，常见的有毒鼠磷和除鼠磷等；熏蒸剂主要有三氯硝基甲烷和灭鼠烟剂等。

化学灭鼠的优点是效率高、使用方便、成本低、见效快，但缺点是能引起人和畜禽中毒，且有些鼠对药剂具有选择性、拒食性和耐药性，需要用毒饵。故用此法灭鼠要选好鼠药，用好毒饵，避免人和畜禽产生初次毒性（如误食毒饵）或二次毒性（即吃了已中毒的鼠而中毒）。

鼠类活动在养殖场中以孵化室、饲料库、畜禽舍和加工车间最多，这些地方是防除鼠害的重点。养殖场在采用全进全出制的生产工艺时，可在畜禽舍内空舍消毒时进行灭鼠。饲料库可用熏蒸剂进行毒杀。机械化养禽场，因实行笼养，只要防止毒饵混入饲料中，即可采用一般方法使用毒饵。毒饵的配制，可根据实际情况，选用鼠长期吃惯了的食物作饵料，并突然投放，以假乱真，以毒代好，可收到良好的效果。不管是哪种方法灭鼠，鼠尸都应及时清除，以防被畜禽误食而发生二次中毒；投放毒饵时，待畜禽外出放牧或运动时，在舍内投放，归舍前撤除以保证畜禽安全。

(3) 中草药灭鼠。采用中草药灭鼠，对人和畜禽较为安全，可就地取材，成本低，使用方便，污染环境小。但其缺点是有效成分含量低，杂质多，适口性较差。常用灭鼠中草药有山管兰、天南星、狼毒等。

3. 综合治理 由于鼠种类繁多、习性各异、对环境的适应能力强，具有在较大范围内迁移的能力，因此应采取综合治理的方法防治鼠害。因地因时采取多种灭鼠方法，应根据鼠害特点，在养殖场内立体灭鼠，而且还应将灭鼠范围扩大到场外，有条件的话，邻近养殖场500m范围内的农田、森林、荒地、河滩、居民区等最好同时进行灭鼠，并充分利用鼠的天敌减少养殖场周边环境的鼠害。

（二）防治虫害

养殖场中，饲料残渣、粪便及污水等废弃物容易滋生蚊、蝇等有害昆虫，这些害虫也是人和畜禽多种传染病的传播媒介，必须妥善严加防治，否则会影响畜禽的正常生产。

1. 防虫 防虫的关键是搞好养殖场环境卫生，保持环境清洁和干燥。预防养殖场虫害可采取以下两种措施：

(1) 畜禽舍外防虫。每天定期清扫、清理污物，并消毒，因蚊虫需在水中产卵、孵化和发育，蝇蛆也需在潮湿的环境及粪便废弃物中生长。因此，应及时填平场内所有的积水坑、洼地，避免在场内及周围积水，保持养殖场环境的干燥卫生；养殖场内排污管道采用暗沟，并定期清理疏通；粪池、污水池要尽可能加盖，并及时进行无害化处理，保持四周环境的清洁；粪堆加土覆盖，堆粪场远离居民区与畜禽舍，最好采用腐熟堆肥和生产沼气等方法及时进行无害化处理，隔断蚊蝇滋生的环境条件。

（2）畜禽舍内防虫。加强日常饲养管理，每天要及时清除畜禽舍内粪尿、污水，不留卫生死角，避免在场内及周围积水；舍内排粪尿沟应经常清扫干净或直接排走，减少粪污滞留。舍内应尽可能采用干清粪工艺，减少污水的产生，并保持舍内干燥卫生。

2. 灭虫　养殖场容易滋生蚊、蝇等昆虫，尤其是夏季要及时做好灭虫的工作。常用的灭虫方法有以下几种：

（1）物理灭虫。在养殖场中对墙壁缝隙、设备用具和垃圾等可用火焰喷灯烧杀害虫，而对于畜禽圈舍、运输车辆和工作人员衣物上的昆虫或虫卵可用沸水或蒸汽烧烫。

当有害昆虫聚集数量较多时，也可选用电气灯灭蝇。这种灯可发出荧光，利用昆虫的趋光性引诱其落在荧光管的外围栏栅（通有将220V变成5 500V的10mA的电流）上，从而被高压电杀死，落于悬吊在灯下的盘中。

（2）化学灭虫。是指用天然或合成的化学杀虫剂喷洒在养殖场、畜禽舍内外有害昆虫生境、滋生地，以杀灭昆虫成虫、幼虫和虫卵的过程。常见的化学杀虫剂有有机磷杀虫剂如敌敌畏、敌百虫、辛硫磷、倍硫磷、马拉硫磷等；除虫菊酯类杀虫剂如胺菊酯、丙烯菊酯等；硫酸烟碱类以及多种驱避剂等。

化学灭虫是目前应用最广、数量最多的杀虫法。化学杀虫剂也具有使用方便、见效快、可大量生产等优点，但存在抗药性、污染环境等问题。所以在使用时，应优先选用低毒高效、广谱多用、无害、长效低残毒、不易产生抗药性的杀虫剂，避免或尽量减少杀虫剂对畜禽健康和生态环境的不良影响，常用的如溴氰菊酯类杀虫剂、倍硫磷、马拉硫磷等。

（3）生物防除。利用有害昆虫的天敌灭虫。例如可以结合养殖场污水处理，利用池塘养鱼，鱼类能吞食水中的孑孓和幼虫，具有防治蚊子滋生的作用。另外蛙类、蝙蝠、蜻蜓等均为蚊、蝇等有害昆虫的天敌。此外，应用细菌制剂——内菌素杀灭吸血昆虫的幼虫，效果良好；利用微生物和寄生虫防治害虫，如灭蚊链球菌、核多角形病毒、索科线虫、沙门氏菌类和鼠疫病毒等微生物也可用来杀虫、灭虫。

（4）激素灭虫。将昆虫激素混于饲料中喂给家禽，这种药物对家禽的健康和生产性能无影响，由家禽消化道与粪便一同排出，虫蛆吃了这些药物即不能进一步发育蜕变，直至死亡，粪便也不会生蚊、蝇。

技能训练

畜禽舍环境消毒

【实训目的】

（1）能选择正确的消毒剂种类，消毒液浓度配制准确，操作规范。

（2）能按正确的消毒程序规范地操作整个消毒过程。

（3）能正确分析和解决消毒过程中出现的问题。

【设备与材料】

1. 设备 火焰喷灯，喷雾器，瓷盆。

2. 消毒剂 3%～5%氢氧化钠（或者0.5%过氧乙酸、10%～20%生石灰、10%～20%漂白粉、3%来苏儿），高锰酸钾，甲醛，酒精（或百毒杀、新洁尔灭）。

3. 选取一养殖场 如牛场、猪场、羊场或鸡场。

【方法与步骤】

1. 环境消毒 在养殖场大门口和生产区门口的消毒池内置入3%～5%氢氧化钠或0.5%过氧乙酸，每天更换1次，生产区的道路每周用3%氢氧化钠喷洒消毒1次；运动场在消毒前将粪便、垃圾等清理干净，再用10%～20%漂白粉喷洒或用火焰消毒。

2. 人员消毒 所有进入生产区的人员，必须先经门口消毒池消毒，再更换工作服、鞋、帽，接受紫外线消毒5～10min，在畜禽舍门口的消毒水盆洗手消毒3min，再用清水洗干净后方可进入舍内。有条件的养殖场生产区应设置洗澡间，洗澡之后再进行常规消毒，才能进入舍内。

3. 畜禽舍消毒

（1）畜禽舍空舍消毒。首先将畜禽舍彻底打扫干净，对于一般密闭性不严的圈舍，用2%氢氧化钠喷洒和刷洗墙壁、笼具等器具、地面，消毒1～2h后，再用清水冲洗干净，带干燥后，再用0.5%过氧乙酸喷洒消毒。对于密闭的畜禽舍用熏蒸消毒法消毒。再将舍内门窗、通风口关闭，再将甲醛（加入适量水以延缓反应速度，以便消毒人员安全撤离）分别放入几个消毒容器（瓷盆）中，置于畜禽舍不同的过道上，依次再向容器内放入用纸装好的定量的高锰酸钾，然后迅速撤离，最后将舍门关好、封好塑料布。密封至少1d即可。

（2）畜禽舍带畜禽消毒。一般使用喷雾器装有3%来苏儿，进行舍内喷雾消毒；若是畜禽携带病原菌，则选用百毒杀（或碘伏、次氯酸钠等）进行喷雾消毒。

4. 设备用具的消毒 饲槽、水槽（饮水器）、笼具等饲养设备，清洗干净后用0.1%新洁尔灭或0.5%过氧乙酸喷洒消毒或浸泡消毒。

5. 运输车辆的消毒 用3%～5%氢氧化钠进行喷雾消毒。

【考核标准】考核标准见表4-1-2。

表4-1-2 畜禽舍环境消毒考核标准

考核项目	考核要点	考核标准	等级分值			备注
			A	B	C	
过程	合作及态度	态度端正，有合作精神，与小组成员共同完成技能	10～8	7～6	<6	可按实际情况进行调整
	消毒剂的选择	消毒剂的种类选择正确	20～16	15～12	<12	
	消毒剂的配制	按实际用量和浓度配制消毒剂，配制准确，操作规范	30～24	23～18	<18	
	消毒程序	方法正确，完成消毒	30～24	23～18	<18	
结果	技能训练报告和工作记录	实训报告内容翔实、标准、正确并及时上交；有完成整个技能训练的工作记录	10～8	7～6	<6	

任务2　养殖场环境监测

知识目标

1. 了解养殖场环境监测的概念和意义。
2. 熟知养殖场环境监测的一般方法。
3. 熟悉养殖场环境监测的对象。
4. 了解空气和水体的监测项目。
5. 掌握水质化学指标监测方法。
6. 掌握水的采样和保存方法。

能力目标

1. 能根据空气环境、水环境、土壤环境监测内容对养殖场环境进行监测布点与采样。
2. 能根据水环境监测方法对水的理化指标进行监测。
3. 能根据生产需要对水的物理指标及一般化学指标进行监测。

养殖场环境监测是以养殖场畜禽养殖污染物及其对动植物和人体的危害为中心，在某一时间或某一段时间内，间断或连续地对土壤、大气、水质及畜禽产品等质量变化的指标进行监测。对于拟建养殖场来说，科学地对养殖场及周边环境进行环境监测，可以保证合理地选址和布局；对处于生产过程中的养殖场来说，可以摸清养殖场区域环境质量状况，为养殖场环境控制与科学管理提供依据。

一、环境监测内容

养殖场环境监测的内容和指标应根据监测的目的以及环境质量标准来确定，应选择在所监测的环境领域中较为重要的、有代表性的指标进行监测。

养殖场环境监测内容主要包括三个方面：一是环境监测，即采集养殖场环境的空气、水源、土壤、饲料等样品，定期测定其中有害物质的种类和浓度；二是对污染源的监测，即对养殖场污染物（包括粪便、尿液、污染垫草料等）的浓度进行定期、定点的测定；三是对畜禽产品中残留污染物质的定期测定。

环境监测的过程一般为接受任务，现场调查和收集资料，监测计划设计，优化布点，样品采集，样品运输和保存，样品的预处理，分析测试，数据处理，综合评价等。

二、养殖场环境监测的一般方法

环境监测工作所采取的方法和应用的技术，对于监测各项数据的正确性和反映污染状况的及时性有着重要的关系。一般可分为以下三种：

1. 经常性监测　通过在固定点常年设置仪器随时观测，以便了解各环境因素的变化情况并及时调整管理措施。如进行畜禽舍内温度监测时，在畜禽舍中央及墙角悬挂温度计或温度传感器，就能随时了解舍内温度的变化情况。

2. 临时性监测 根据畜禽的健康状况、生产性能以及环境突变程度进行测定。如畜禽发生呼吸道疾病，或清粪时有害气体剧增，或突然的冷热应激，或生产过程造成有害物质的剧增等，需要进行这种短时间的有针对性的临时性的测定，以确定其危害程度。

3. 定期定点监测 在固定的时间、地点对固定的环境指标按照计划进行的监测为定期定点监测。如在一年中每季度、每月或每半个月确定一天或连续数天，根据气候条件和管理方式的变化规律，对畜禽舍的湿热环境进行定点监测，以掌握畜禽舍湿热环境、气候条件及管理方式之间的关系及变化规律。

三、空气环境监测

1. 监测内容

（1）畜禽舍内空气环境监测。主要测定包括温度、湿度、气流方向及速度、光照、通风换气量、尘埃、微生物等。是以氨气、硫化氢、二氧化碳等为主要测定项目。如无窗畜禽舍还可测定噪声、灰尘等，若有条件还可测定臭气。对于不同的环境情况测定的项目也有所区别：湿热环境，主要监测温度、湿度、气流和畜禽舍通风换气量；光环境，主要监测光照度、光照时间、畜禽舍采光系数、入射角和透光角。

（2）畜禽舍外空气环境监测。除测定畜禽舍内的指标外，应重点测定污染物指标。包括恶臭气体、有害气体（氨气、硫化氢、二氧化碳等）、细菌、灰尘、噪声、总悬浮微粒、飘尘、二氧化硫、氮氧化物、一氧化碳、光化学氧化剂（臭氧）等。

对养殖场空气环境进行监测时，还要了解养殖场周围有无排放有害物质的工厂，再根据工厂性质有选择性地测定一些特异指标，如氯碱工厂可选氯做检测指标，磷肥厂和铝厂可选氟化物做指标，钢铁厂可测二氧化硫、一氧化碳和灰尘等指标，炼焦厂、化纤厂、造纸厂、化肥厂需检测硫化氢、氨气等。

2. 监测位点和时间的选择 观测点或采样点应选择畜禽舍内外具有代表性的位点，如使用交叉法和均匀分布法等。一般可在一年四季各进行 1 次定期监测，每次至少连续监测 5d，每天观测或采样 3 次以上。观测及采样时间应包括全天空气环境状况最清新、中等及最污浊时刻。计算平均温度、湿度、风速等。空气环境监测常存在同一地点、不同时刻或同一时刻、不同空间位置所测定的污染物浓度不同的现象。观测点的高度原则上应与畜禽的呼吸带等高。养殖场大气状况监测，可在一年四季各进行 1 次定期、定员监测，以观察大气的季节性变化。

3. 测定方法

（1）布点。应要根据现状分析结论、生产特点、当地主风向来确定监测位点。设置样点的数量还应根据空气质量稳定性以及污染物对动植物及人体的影响程度适当增加或减少。

（2）采样。合理地选择采样方法是获得正确监测结果的一个重要因素。一般常规的空气监测项目及采样方法如表 4-2-1 所示。

表 4-2-1　空气环境卫生常规监测项目测试方法

监测项目	测试方法	常用仪器仪表	监测目的	注意事项
温度	仪器测定	普通温度计、最高最低温度计、自记温度计	知道温度变化与适宜程度	应在舍内选择多个测点，地面、畜禽体、距地面 2m
湿度	仪器测定	干湿球温湿度计、数字温湿度计	知道湿度变化与适宜程度	布点位置：地面、畜禽体、距地面 2m
光照度	仪器测定	照度计	确定光照的适宜程度（特别是家禽）	布点位置：畜禽的饲槽处、通道
气流	仪器测定	热球式风速仪、数字风速仪	知道通风状况（风向、风速）	读数的地点与重复次数：如通风口处、门窗附近、畜床附近等，次数为 3 次
有害气体	纳氏试剂光度法，仪器测定	大气采样器、有害气体测定仪	知道有害气体的质量浓度	舍内采样高度：地面、畜禽体、距地面 2m；舍外以污染源为中心，半径为 5m、10m、20m、40m、80m、150m、300m 和 500m 以内采样测定。注意当地主导风向
总悬浮颗粒	重量法	粉尘采样器、分析天平	知道微粒含量	采样时流量适宜，管道密封不漏气
微生物	平皿沉降法	采样平板、恒温培养箱	知道微生物的含量	布点位置

四、水环境监测

水环境监测包括对养殖场水源的监测和对养殖场周围水体的污染状况的监测。

1. 监测内容　水环境监测的内容应根据供水水源性质而定，一般来说监测指标不应过多，要合乎实际情况和突出重点。包括水温、pH、生化需要量、化学需氧量、悬浮物、氨氮量、总磷、粪便中大肠杆菌数、蛔虫卵、细菌总数、总硬度、溶解性总固体、铅、砷、铜、硒等。

2. 监测位点和时间　水环境监测点要有一定的代表性、准确性、合理性和科学性。

（1）地下水。在进入自来水厂前的汇水区布设 1 个点。养殖场水质监测，在选场时就应进行，养殖场投产后需根据水源种类、污染状况决定监测时间。如养殖场水源为深层地下水，因其水质较稳定，一年监测 1～2 次即可；此外，在枯水期和丰水期也应进行调查测定。为了解污染的连续变化情况，则有必要进行连续测定。

（2）河流。在取水口上游 100m 处设置监测断面，河流等地面水，每季或等每月定时监测 1 次。

（3）湖、库。原则上按常规监测点位采样，见表 4-2-2，但各水源地监测点位应在 2 个以上。

表 4-2-2 各断面的采样点

采样点的水平位置	断面宽度小于 10m	在断面中点（共 1 处）
	断面宽度为 16～30m	在断面离两岸各 5m 处（共 2 处）
	断面宽度大于 30m	在断面离两岸各 5m 处和断面中点（共 3 处）
采样点的垂直位置	深度小于 3m	在水面下 0.5 处设 1 个采样点
	深度大于 3m	在水面下 0.5 处和水深 1/2 处各设 1 个采样点

3. 监测方法 水质常规监测项目测试方法见表 4-2-3。

表 4-2-3 水质常规监测项目测试方法

监测项目	测试方法	常用仪器仪表	监测目的	注意事项
物理指标（色、臭、味、混浊度）	看、臭、尝	感观检查	知道水体的感观指标的变化程度	减少主观因素的影响
pH	仪器测定	pH 计、精密或广泛 pH 试纸	了解水体的 pH	减少读数误差
水的总硬度	滴定法	水采样器	了解水体硬度	减少滴定误差
氯化物	硝酸银容量法	水采样器	了解水体中氯化物的含量	需做空白滴定来消除误差；临近滴定终点时，必须逐滴加入
耗氧量	酸性高锰酸钾容量法	水采样器	了解水体的耗氧量	按顺序加入试剂准确掌握煮沸时间
氨氮	纳氏比色法	水采样器	知道水体中氨氮的含量	水样有颜色或混浊，需先处理；水中有余氯时，需脱氯
溶解氧的测定	碘量法、膜电极法	溶解氧瓶、测氧仪	知道水体中溶解氧的含量	采集水样时，注意勿使瓶下面留有气泡
细菌总数	平板培养计数法	水样采集器、恒温培养箱	知道微生物的含量	布点位置

4. 水样采集和保存 水样应有代表性，且采集过程中不改变其理化特性；水样量根据监测方法、水样组成、性质及污染物浓度而不同，按监测项目计算后，应再适当增加20%～30%作为实际采样量。但满足理化分析的需要一般采集 2～3L 水样即可，待测项目多时采集 5～10L。采集的水样除一部分做监测，另一部分保存备用。正常浓度水样的采样量（不包括平行样和质控样），见表 4-2-4。

表 4-2-4 水样采集量

监测项目	水样采集量（mL）	监测项目	水样采集量（mL）	监测项目	水样采集量（mL）
悬浮物	100	色度	50	臭	200

（续）

监测项目	水样采集量（mL）	监测项目	水样采集量（mL）	监测项目	水样采集量（mL）
混浊度	100	铬	100	碘化物	100
pH	50	硬度	100	氰化物	500
电导率	100	酸度、碱度	100	硫酸盐	50
凯氏氮	500	溶解氧	300	硫化物	250
硝酸盐氮	100	氨氮	400	化学需氧量（COD）	100
亚硝酸盐氮	50	5d生化需氧量（BOD_5）	1 000	苯胺类	200
				硝基苯	100
磷酸盐	50	油	1 000	砷	100
氟化物	300	有机氯农药	2 000	显影剂类	100
氯化物	50	酚	1 000		
金属	1 000	溴化物	100		

（1）采样。采集水样的容器，可用硬质玻璃或聚乙烯塑料瓶。测定微量金属离子的水样，由于玻璃容器吸附性较大，则以用聚乙烯塑料瓶为宜；水样中含有多种油类时，以玻璃瓶为好。采样前应先用采样点的水冲洗采样容器3次，然后再装入水样；采样时，将水样采集器浸入水中，使采样瓶口位于水面下20～30cm，然后拉开瓶塞，使水进入瓶中。采样结束前要仔细检查采样记录和水样，如有漏采或不符合规定者，应立即补采和重新采样。

对于自来水及具有抽水设备的井水采集水样时，应先放水数分钟，使积留于水管中的杂质流出后，再收集水样于瓶中。对于无抽水设备的井水或从江、河、湖、水库地等地面水源采集水样时，可使用水样采集器（图4-2-1）。测定溶解氧、生化需氧量和有机污染物等项目必须充满容器；pH、电导率、溶解氧等项目宜在现场测定；测定悬浮物、油类、硫化物等项目需要单独采样。

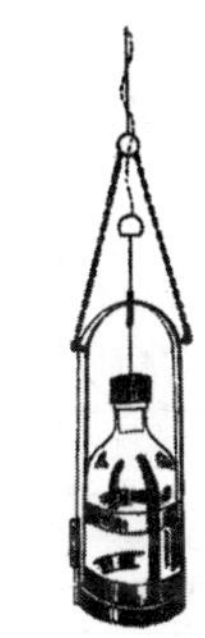

图4-2-1 水样采集器

（2）水样的保存。水样采集后能尽快检验最好。有些项目应于采样当场进行测定。有些项目则需加入适当的保存剂（如加酸保存可防止金属形成沉淀），或在低温下保存（可减慢化学反应的速率）。现将一些分析项目的水样保存方法列表如下（表4-2-5）。

表4-2-5 水样保存方法

项　目	保存方法
pH	最好现场测定，必要时4℃保存，6h内测定
总硬度	加入硝酸调节pH<2，便于保存
氯化钠	7d内测定
氨氮、硝酸盐氮	每升水样加入0.8mL硫酸，4℃保存，24h内测定
亚硝酸盐氮	4℃保存，尽快测定
耗氧量	尽快测定，或加硫酸至pH<2，7d内测定

（续）

项　　目	保存方法
生化需氧量	立即测定，或4℃保存，6h内测定
溶解氧	现场加固定剂，4～8h内测定
余氯	现场测定
氰化物	4℃保存
砷	加入硝酸至pH<2
铬（六价）	尽快测定

5. 水质物理性状监测　水质的物理性状的监测是水质质量评价的指标之一，它包括水的色、混浊度、臭、味及温度等。若水体被污染后，其物理性状一般就会恶化。所以，水质的物理性状可作为水源是否被污染的参考指标（表4-2-6）。

表4-2-6　水质物理性状评定方法

性状	清洁水	污染水	中国饮水卫生标准
色	无色	呈棕色或棕黄色，表明含有腐殖质；呈绿色或黄绿色，表明含大量藻类；深层地下水放置后呈黄褐色，表明含有较多的二价铁离子	水色度不超过15°
混浊度	透明	混浊度增加，说明其中混有泥沙、有机物、矿物质、生活污水和工业废水等	散射混浊度单位不超过1°
臭	无异臭	当水受到污染时，会产生异臭味。一般分无、微弱、弱、明显、强、很强6个水臭强度等级	不能有异臭
味	适口而无味	当水受到污染时，会产生异味。呈现咸、涩、苦等味时，说明水中含有相应的盐类较多。水味强度的描述，同水臭强度的描述一样分为6个等级	不能有异味
温度	随季节和气候变化而变化	超过正常变化范围地面水0.1～30℃，地下水8～12℃，表明可能受到污染	—

6. 水质化学指标监测　水质的化学指标监测包括水的pH、混浊度、臭、味及温度等（表4-2-7）。

表4-2-7　水质化学指标评定方法

指标	清洁水	测定方法	中国饮水卫生标准
pH	天然水7.2～8.5	酸度计和pH试纸测定	6.5～8.5
总硬度	4级（软水、中水、硬水、极硬水）	乙二胺四乙酸二钠容量法	总硬度（以CaO计）不超过250mg，即25°
氯化物	含有一定量	硝酸银容量法	250mg/L
耗氧量	适口而无味	酸性高锰酸钾滴定法	不能有异味
氨氮	主要来自工业废水	纳氏比色法	≤1.0mg/L
溶解氧	主要来自含铅工业废水	碘量法	≤20mg/L
铬	主要来自工业废水	除了能引起动物中毒外，还有致癌作用	0.05mg/L（按六价铬计）

（续）

指标	清洁水	测定方法	中国饮水卫生标准
铅	主要来自含铅工业废水	可引起溶血，也可使大脑皮质兴奋和抑制的正常功能紊乱，引起一系列的神经系统症状	0.01mg/L

五、土壤监测

由于大量污染物可容纳在土壤中，所以土壤污染状况日益严重，但在集约化规模化饲养条件下，由于畜禽很少直接接触土壤，其直接危害作用较少，但间接危害逐渐增多，主要表现为在其上种植的饲料原料作物受到污染，进而危害畜禽。

（1）土壤监测的位点。土壤环境的监测点必须能代表整个场区，在可能造成污染的方位和地方布点。

（2）采样。土壤的采样深度一般为0～20cm。按采样面积、地形或差异性分为5～10点采样，然后组成1kg的混合样进行监测。

（3）监测项目。包括pH、生化需氧量、粪大肠杆菌数、蛔虫卵、硫化物、氟化物、氮化物、细菌总数、总硬度、溶解性总固体、五大毒物、农药等。

六、饲料品质监测

畜禽采食品质不良的饲料容易引起营养代谢性病，常见的不良饲料有：

（1）物理品质不良饲料。有害植物以及结霜、冰冻、混入机械性夹杂物的饲料。

（2）化学品质不良饲料。有毒植物以及在贮存过程中产生或混入有毒物质的饲料。

（3）生物学品质不良饲料。感染真菌、细菌及害虫的饲料，其中以饲料中毒最为严重。

（4）添加剂中有害物质超标，如磷酸氢钙中氟的超标引起的中毒。

七、畜禽产品品质监测

主要是畜禽产品的毒物学检验，其中有害元素为砷、铅、铜、汞，以及苯甲酸和苯甲酸钠，山梨酸和山梨酸钾，水杨酸（定性试验）等防腐剂，其他还有磺胺类药物、生物碱、氢氰酸、安妥、敌百虫和敌敌畏等的检验。

技能训练

水样的采集和物理性状检查及水质化学指标的测定

一、水样的采集和物理性状检查

【实训目的】

（1）学会水样的采集方法。

（2）学会水样的保存。

(3) 能正确检查水质的物理性状。

【设备与材料】

1. 仪器 水样采集器、塑料瓶（硬质玻璃瓶），普通烧杯（100mL），三角烧杯（500mL），离心机，成套高型无色具塞比色管（50mL），水样，锥形瓶（250mL）等。

2. 试剂 铂-钴标准溶液：称取 1.246g 氯铂酸钾（K_2PtCl_6）和 1.000g 干燥的氯化钴（$CoCl_2 \cdot 6H_2O$），溶解于纯水中，加入 100mL 盐酸（$\rho_{20}=1.19g/cm^3$，20℃时的密度），用纯水定容至 1 000mL。此标准液的色度为 500°。

【方法与步骤】

（一）水样的采集

1. 采集水样数量 一般 2～3L 可满足水质理化分析的需要。水样供物理检验所用，采集应具有代表性，并应在采集过程中不改变其理化特性。

2. 选择合适的采样容器 水样中含有多种油类时，以玻璃瓶为宜；测微量金属离子含量时，以塑料瓶为好。

3. 采样

(1) 采样前先将容器洗净，采样时再用水样冲洗 3 次，然后采集水样。

(2) 采样时，将采样器浸入水中，当采样瓶瓶口位于水面下 20～30cm，拉开瓶塞，使水进入瓶中。

4. 采集时的注意事项

(1) 若采集自来水及具有抽水设备的井水时，应先放水几分钟，使积留于水管中的杂质流去，然后再将水样收集于瓶中；若采集无抽水器的井水或江、河、水库等地面水的水样时，采用水样采集器。

(2) 若为供卫生细菌学检验用的水样，所用容器必须先进行消毒、灭菌，并需保证水样在运送、保存过程中不受污染。

（二）水样的保存

水样的采集和分析的间隔时间不能太长。相关分析项目对存放水样容器的要求和水样保存方法见表 4-2-5。

（三）水质物理性状检查

1. 肉眼可见物（直接观察法） 将水样摇匀，在光线明亮处迎光直接观察，并记录所观察到的肉眼可见物。

2. 色度（铂-钴标准比色法） 本法适用于生活饮用水及其水源水中色度的测定。水样不经稀释，最低检测色度为 5°，测定范围为 5～50°。测定前应除去水样中的悬浮物。

(1) 原理。用氯铂酸钾和氯化钴配制成与天然水黄色色调相似的标准色列，用于水样目视比色测定。规定 1mg/L 铂［以 $(PtCl_6)^{2-}$ 形式存在］所具有的颜色作为 1 个色度单位，称为 1°。混浊水样测定时需先离心使之清澈，因为即使轻微的混浊度也干扰测定。

(2) 具体操作步骤。

第一，取 50mL 透明的水样于比色管中。若水样色度过高，可取少量水样，加纯水稀释比色，将结果乘以稀释倍数。

第二，另取比色管 11 支，分别加入铂-钴标准溶液 0mL、0.50mL、1.00mL、1.50mL、2.00mL、2.50mL、3.00mL、3.50mL、4.00mL、4.50mL 和 5.00mL，加纯水至刻度，摇

匀，配制成色度为0°、5°、10°、15°、20°、25°、30°、35°、40°、45°和50°的标准色列，可长期使用。

第三，将水样与铂-钴标准色列比较。若水样与标准色列的色调不一致，即为异色。

（3）计算。

$$色度（°）=V_1\times 500/V$$

式中，V_1为相当于铂-钴标准溶液的用量，单位为mL；V为水样体积，单位为mL。

3. 臭和味（嗅气和尝味法）

（1）此法适用于生活饮水及其水源中臭和味的测定。

（2）操作步骤。

第一，原水样的臭和味的测定。取100mL水样于250mL锥形瓶中，振荡后从瓶口嗅水的气体，用文字描述，并按6级记录强度（表4-2-8）。与此同时，取少量水样放入口中（此水样必须对人体无害），不要咽下，品尝水的味道，并加以描述，按6级记录其强度。

第二，原水煮沸后的臭和味的测定。将水样加热至开始沸腾，迅速取下锥形瓶，并按上述方法嗅气和尝味，用文字加以描述，并按6级记录其强度（表4-2-8）。

表4-2-8　水质臭和味的强度等级

等级	强度	状态
0	无	无任何臭和味
1	微	一般饮用者难察觉，但臭味敏感者可发觉
2	弱	一般饮用者刚能察觉
3	明显	已明显察觉
4	强	已有很显著的臭味
5	很强	有很强烈的恶臭或异味

【考核标准】考核标准见表4-2-9。

表4-2-9　水样的采集和物理性状检查考核标准

考核项目	考核要点	考核标准	等级分值			备注
			A	B	C	
过程	合作及态度	态度端正，有合作精神，与小组成员共同完成任务	30～25	24～18	<18	可按实际情况进行调整
	试剂配制的合理性	能按规定步骤正确配制，详尽，记录认真、详细	30～25	24～18	<18	
	水样物理指标检测	测定过程认真、结果计算准确	40～35	34～24	<24	
结果	实训报告和工作记录	实训报告内容翔实、标准、正确并及时上交；有完成整个技能训练的工作记录	40～35	34～28	<28	

二、水的pH测定

【实训目的】学会用酸度计法和pH试纸法2种方法测定水中的pH。

【设备与材料】

1. 试剂 3种标准缓冲溶液。

pH标准缓冲溶液甲：称取10.21g苯二甲酸氢钾（$KHC_8H_4O_4$）（在105℃烘干2h），溶于蒸馏水中，并定容至1 000mL，此溶液的pH在20℃时为4.00。

pH标准缓冲溶液乙：称取3.40g磷酸二氢钾（KH_2PO_4）（在105℃烘干2h）和3.55g磷酸氢二钠（Na_2HPO_4），溶于蒸馏水中，并定容至1 000mL。此溶液的pH在20℃时为6.88。

pH标准缓冲溶液丙：称取3.81g硼酸钠（$Na_2B_4O_7 \cdot 10H_2O$），溶于蒸馏水中，并稀释至1 000mL。此溶液的pH在20℃时为9.22。

以上3种标准缓冲溶液的pH随温度变化而稍有差异，均需用新煮沸并放冷的蒸馏水配制，可以稳定1～2个月。

2. pH试纸。

3. 仪器设备 酸度计、聚乙烯塑料瓶或硬质玻璃瓶等。

【方法与步骤】

1. 酸度计法

（1）玻璃电极在使用前放入蒸馏水中浸泡24h以上。

（2）用pH标准缓冲溶液校正仪器刻度。用洗瓶以蒸馏水缓缓淋洗两电极数次，再以水样淋洗6～8次。

（3）插入水样中，直接从仪器上读出被测水样的pH。

（4）注意事项。甘汞电极内为氯化钾的饱和溶液，当室温升高后，溶液可能由饱和状态变为不饱和状态，所以应保持一定量氯化钾晶体。

2. pH试纸法

使用广泛pH试纸（pH1～12）或精密pH试纸（pH5.5～9.0）测定，取其中一条，浸入水样，取出后与标准色板对照，记录水样pH。

【考核标准】考核标准见表4-2-10。

表4-2-10 水的pH测定考核标准

考核项目	考核要点	考核标准	等级分值			备注
			A	B	C	
过程	合作及态度	态度端正，有合作精神，与小组成员共同完成任务	30～25	24～18	<18	可按实际情况进行调整
	测定过程	测定过程认真、准确，记录认真、详细	30～25	24～18	<18	
结果	实训报告和工作记录	实训报告内容翔实、标准、正确并及时上交；有完成整个技能训练的工作记录	40～35	34～28	<28	

三、废水中氨氮的测定

【实训目的】

（1）掌握用纳氏试剂比色法测定氨氮的原理和技术。

(2) 学会水中氨氮的测定方法。

【设备与材料】

1. 设备 比色管架、比色管、洗耳球、移液管、烧杯、玻璃棒、蒸馏器、电子分析天平、分光光度计。

2. 试剂

①无氨蒸馏水：每升蒸馏水中加入 2mL 化学纯浓硫酸和少量化学纯高锰酸钾，然后蒸馏，收集蒸馏液。

②氨氮标准溶液：

a. 贮备液，将氯化铵（分析纯）置于 105℃烘箱内烘烤 1h，冷却后称取 3.819 0g，先溶于少量无氨蒸馏水中，并定容至 1 000mL。此溶液 1.00mL 含 1.00mg 氨氮（N）。

b. 标准溶液（临用时配制）：吸取氨氮贮备溶液 10.00mL，再用无氨蒸馏水定容至 1 000mL，此溶液 1.00mL 含 0.01mg 氨氮（N）。

③50%酒石酸钾钠溶液：称取 50g 酒石酸钾钠（$KNaC_4H_4O_6 \cdot 4H_2O$）溶于 100mL 无氨蒸馏水中，加热煮沸（除去试剂中可能存在的氨）。待其冷却后，用无氨蒸馏水补充至 100mL。

④纳氏试剂：称取 100g 碘化汞（HgI_2）及 70g 碘化钾，溶于少量无氨蒸馏水中，将此溶液缓慢倒入冷却的 500mL 32%氢氧化钾溶液中，此过程要不停搅拌，并加蒸馏水定容至 1 000mL，贮存于棕色瓶中，用橡皮塞塞紧，避光保存。测定时使用其上清液。本试剂有毒，应谨慎使用。

【方法与步骤】

(1) 取水样 50mL 于 50mL 比色管中。另取 50mL 比色管 10 支，分别加入氨氮标准溶液 0、0.1、0.3、0.5、0.7、1.0、3.0、5.0、7.0、10.0mL 于比色管中，用无氨蒸馏水定容至 50mL。

(2) 向水样及标准溶液比色管中各加入 1mL 酒石酸钾钠溶液，并混匀，再加 1.0mL 钠氏试剂，混匀后放置 10min。然后目视比色，记录与水样颜色相似的标准管中加入氨氮标准溶液的量。若采用分光光度计，则用 420nm 波长，1cm 比色皿，以纯水作参比，测定吸光度；若水样中氨氮含量低于 0.03mg/L，改用 3cm 比色皿。

(3) 计算。

$$C = V_1 \times 0.01 \times 1\,000 / V$$

式中，C 为水样中氨氮（N）的浓度（mg/L）；V_1 为与水样颜色相似的标准管中氨氮标准溶液量（mL）；V 为水样体积（mL）；0.01 为氨氮标准溶液 1mL 含 0.01mg 氨氮（N）。

(4) 注意事项。

①若水样中氨氮含量大于 1mg，加入纳氏试剂后会产生红褐色沉淀，有碍比色，此时必须用无氨蒸馏水稀释重做。

②若待测水样有颜色或混浊，需先处理（取 100mL 水样加入 10%硫酸锌 1mL，加 50%氢氧化钠 0.5mL，待沉淀澄清后取上清液 50mL）。

③若水样中含有余氯时，可与氨结合成氯胺，需经脱氯后再使用纳氏试剂。脱氯可用现配的硫代硫酸钠溶液（取 3.5g 硫代硫酸钠用无氨蒸馏水定容至 1 000mL），此溶液 1mL 可除去 500mL 水样中 1mg/L 的余氯。

④酒石酸钾钠起掩蔽剂的作用，防止水样中含有其他杂质，可对结果产生干扰。

【考核标准】考核标准见表 4-2-11。

表 4-2-11 废水中氨氮的测定考核标准

考核项目	考核要点	考核标准	等级分值			备注
			A	B	C	
过程	合作及态度	态度端正，有合作精神，与小组成员共同完成任务	10～25	24～18	<18	可按实际情况进行调整
	试剂配制的合理性	按规定步骤配制，准确，误差小	30～25	24～18	<18	
	测定过程及结果计算的准确性	测定过程认真、结果计算准确	40～35	34～24	<24	
结果	实训报告和工作记录	实训报告内容翔实、标准、正确并及时上交；有完成整个技能训练的工作记录	20～15	14～12	<12	

四、水中余氯的测定

【实训目的】掌握饮水氯化消毒时有关指标水中余氯的测定方法。

【设备与材料】

1. 试剂

(1) 永久性余氯比色溶液的配制。

①磷酸盐缓冲贮备溶液：将无水磷酸氢二钠（Na_2HP0_4）和无水磷酸二氢钾（KH_2P0_4）置于 105℃烘箱内烘干 2h，冷却后，分别称取 22.86g 和 46.14g。将此 2 种试剂共溶于蒸馏水中，并定容至 1 000mL，至少静置 4d，使其中胶状杂质凝聚沉淀，并过滤。

②磷酸盐缓冲使用溶液：吸取 200.0mL 磷酸盐缓冲贮备溶液，加蒸馏水定容至1 000mL，此溶液的 pH 为 6.45。

③称取干燥的 0.155 0g 重铬酸钾和 0.465 0g 铬酸钾，溶于磷酸盐缓冲使用溶液中，并稀释至 1 000mL。此溶液所产生的颜色相当于 1mg/L 余氯与邻联甲苯胺所产生的颜色。

④0.01～1.0mg/L 永久性余氧标准比色管的配制方法：按表 4-2-12 所列数量，吸取重铬酸钾-铬酸钾溶液，分别注入 50mL 具塞比色管中，用磷酸盐缓冲使用溶液稀释至 50mL。若避免日光照射，可保存 6 个月。

表 4-2-12 永久性余氯标准比色溶液的配制

余氯（mg/L）	重铬酸钾-铬酸钾溶液（mL）	余氯（mg/L）	重铬酸钾-铬酸钾溶液（mL）
0.01	0.5	0.50	25.0
0.03	1.5	0.60	30.0
0.05	2.5	0.70	35.0
0.10	5.0	0.80	40.0
0.20	10.0	0.90	45.0
0.30	15.0	1.00	50.0
0.40	20.0		

（2）邻联甲苯胺溶液。称取1g邻联甲苯胺（$C_{14}H_{13}N_2$），溶于5mL 20%盐酸中，并将其调成糊状，加入150～200mL蒸馏水使其完全溶解后置于量筒中，补加水至505mL，最后加入20%盐酸495mL，盛于棕色瓶内，在室温下保存，可使用6个月。

2. 仪器设备　50mL具塞比色管，六孔比色架。

【方法与步骤】

（1）取50mL比色管1支，先放入2.5mL邻联甲苯胺溶液，再加入澄清水样至50mL，混匀（水样的温度最好为15～20℃，若低于此值，应先将水样在温水浴中调节温度）。

（2）置于暗处，5min以内，将其与永久性余氯标准色列进行比色。若余氯质量浓度很高，会产生橘黄色。若水样碱度过高而余氯质量浓度较低，将产生淡绿色或淡蓝色，此时需多加1mL邻联甲苯胺溶液，即产生正常的淡黄色。

若水样混浊或色度较高，则应另取6支比色管，用六孔比色架进行比色，第1支加蒸馏水，第2、3支加水样（但不加邻联甲苯胺溶液），第4支水样加邻联甲苯胺溶液，第5、6支为标准余氯比色管。

（3）注意事项。若水中含有悬浮性物质时，应该用离心法去除；若配成的邻联甲苯胺溶液具有淡黄色，则不宜使用。此时，可于每升溶液中加入1g活性炭，并加热煮沸2～3min，放置过夜后再过滤即可脱色。

【考核标准】考核标准见表4-2-13。

表4-2-13　水中余氯的测定考核标准

考核项目	考核要点	考核标准	等级分值			备注
			A	B	C	
过程	合作及态度	态度端正，有合作精神，与小组成员共同完成任务	10～25	24～18	<18	可按实际情况进行调整
	试剂配制的合理性	按规定步骤配制，准确，误差小	30～25	24～18	<18	
	测定过程及结果计算的准确性	测定过程认真，结果计算准确	40～35	34～24	<24	
结果	实训报告和工作记录	实训报告内容翔实、标准、正确并及时上交；有完成整个技能训练的工作记录	20～15	14～12	<12	

五、水的总硬度的测定

水的硬度原系指沉淀肥皂的程度。在一般情况下水质中钙、镁离子含量越高，沉淀肥皂的程度越大，所以多采用乙二胺四乙酸二钠容量法测定水质中的钙、镁离子的总量，并经过换算，以每升水中氧化钙的毫克数表示。

原理：乙二胺四乙酸二钠（EDTA-Na_2）在pH=10的条件下与水中钙、镁离子生成无色可溶性络合物，铬黑T指示剂能与钙、镁离子生成紫红色络合物。这两种络合物相比，EDTA-Na_2与钙、镁离子形成的络合物较稳定。当水样中加入铬黑T指示剂后，水样中的钙、镁离子与铬黑T生成紫红色络合物，而后用EDTA-Na_2滴定溶液，到终点时，EDTA-Na_2能夺取与铬黑T结合的钙、镁离子，而使铬黑T游离出来，溶液即由紫红色变为蓝色。

【实训目的】 掌握水的硬度的测定方法。

【设备与材料】

1. 试剂

(1) 铬黑T指示剂（液体指示剂）。称取0.5g铬黑T，溶于10mL缓冲液中，用95%乙醇稀释至100mL，并置于冰箱中保存，此指示剂可稳定1个月。

(2) 固体指示剂。称取0.5g铬黑T，加100g氯化钠或氯化钾，研磨均匀，贮存于棕色瓶内，密闭备用，可较长期保存。

(3) 缓冲溶液（pH=10）。

①称取16.9g氯化铵（分析纯），溶于143mL浓氢氧化铵（分析纯）中。

②称取1.179gEDTA-Na_2（分析纯）和0.780g硫酸镁（$MgSO_4 \cdot 7H_2O$）（分析纯），共溶于50mL蒸馏水中。加入2mL上述氯化铵、氢氧化铵溶液和5滴铬黑T指示剂，此时溶液呈紫红色（若为蓝色，再加极少量硫酸镁使其呈紫红色）。以EDTA-Na_2溶液滴定至溶液由紫红色变为蓝色。将①、②两溶液混匀，并用蒸馏水稀释至250mL。

③0.010 0mol/L乙二胺四乙酸二钠标准溶液：称取3.72gEDTA-Na_2（$Na_2H_2C_{10}H_{12}O_8N_2 \cdot 2H_2O$）（分析纯）溶于蒸馏水中，稀释至1 000mL，并按下述方法标定其准确浓度。

a. 锌标准溶液：准确称取0.6～0.8g的锌粒，溶于1∶1盐酸中，置于水浴上加热至完全溶解。移入容量瓶中，定容至1 000mL。

$$M_1 = m/M$$

式中，M_1为锌标准溶液的物质的量浓度（mol/L）；m为锌的质量（g）；M为锌的相对分子质量65.37。

b. 吸取25.00mL锌标准溶液于三角瓶中，加入25mL蒸馏水，加氨水调解溶液至近中性，加2mL缓冲溶液，再加5滴铬黑T指示剂，用EDTA-Na_2溶液滴定至溶液由紫红色变为蓝色。按下式计算。

$$M_2 = M_1V_1/V_2$$

式中，M_2为EDTA-Na_2溶液的物质的量浓度（mol/L）；M_1为锌标准溶液的物质的量浓度（mol/L）；V_1为锌标准溶液体积（mL）；V_2为EDTA-Na_2溶液体积（mL）。

c. 校正EDTA-Na_2溶液的物质的量浓度为0.010 0mol/L，此溶液1mL相当于0.560 8mg CaO。

④5%硫化钠溶液：称取5.0g硫化钠（$Na_2S \cdot 9H_20$）溶于蒸馏水中，并定容至100mL。

⑤1.0%盐酸羟胺溶液：称取1.0g盐酸羟胺（$NH_2OH \cdot HCl$），溶于蒸馏水中，并定容至100mL。

2. 仪器设备 电子分析天平、三角瓶、容量瓶、滴定台、滴定管、移液管、烧杯、试剂瓶、洗耳球等。

【方法与步骤】

1. 取样 吸取50.0mL水样（若硬度过大，可少取水样用蒸馏水稀释至50mL。若硬度过小，改取100mL），置于三角瓶中。

2. 滴定 加入1～2mL缓冲溶液及5滴铬黑T指示剂（或一小勺固体指示剂），立即用EDTA-Na_2标准溶液滴定，充分振摇，至溶液由紫红色变为蓝色，即表示到达终点。

3. 计算

$$C=V_2\times 0.5608\times 1000/V_1$$

式中，C为水样的总硬度（CaO，mg/L）；V_2为EDTA-Na_2标准溶液的消耗量（mL）；V_1为水样体积（mL）。

4. 注意事项

（1）操作过程中要先加入掩蔽剂，再加入指示剂。如水中有大量铁、铜、锌、铅、铝等金属离子存在时，会干扰测定，需要加入1mL 5%硫化钠溶液和5滴1%盐酸羟胺溶液作为掩蔽剂，以消除干扰。

（2）络合反应速度较慢，滴定时滴加速度不能太快，特别是临近终点时，要边滴边摇晃。

（3）滴定时，尽量保持溶液pH=10。

（4）配制缓冲溶液时，加入EDTA-Mg是为了使某些含镁较低的水样滴定终点更敏锐。若备有市售EDTA-Mg试剂，则可直接取1.25g EDTA-Mg，配入250mL缓冲溶液中。

（5）铬黑T指示剂配成溶液后较易失效。若在滴定时终点不敏锐，而且加入掩蔽剂后仍不能改善，则应重新配制指示剂。

【考核标准】考核标准见表4-2-14。

表4-2-14　水的总硬度的测定考核标准

考核项目	考核要点	考核标准	等级分值			备注
			A	B	C	
过程	合作及态度	态度端正，有合作精神，与小组成员共同完成任务	10～25	24～18	<18	可按实际情况进行调整
	试剂配制的合理性	按规定步骤配制，准确，误差小	30～25	24～18	<18	
	测定过程及结果计算的准确性	测定过程认真，结果计算准确	40～35	34～24	<24	
结果	实训报告和工作记录	实训报告内容翔实、标准、正确并及时上交；有完成整个技能训练的工作记录	20～15	14～12	<12	

六、水样耗氧量的测定

耗氧量是指1L水中有机物在规定的条件下被氧化时所消耗氧的毫克数。水样耗氧量的测定，常采用酸性高锰酸钾滴定法。

原理：在酸性条件下，高锰酸钾具有很高的氧化性，水溶液中多数的有机物都可以被其氧化，过量高锰酸钾用过量的草酸还原；过量的草酸再用高锰酸钾逆滴定。根据消耗高锰酸钾的量来计算水的耗氧量。

$$2KMnO_4+5H_2C_2O_4+3H_2SO_4\rightarrow K_2SO_4+2MnSO_4+10CO_2\uparrow+8H_2O$$

【实训目的】学会采用酸性高锰酸钾滴定法测定水样耗氧量的方法。

【设备与材料】

1. 试剂

（1）1∶3硫酸溶液：将1份浓硫酸加到3份蒸馏水中，煮沸，滴加高锰酸钾溶液至溶液保持微红色。

(2) 0.050 0mol/L 草酸溶液：称取6.303 2g 草酸（$H_2C_2O_4 \cdot 2H_2O$）（分析纯）溶于少量蒸馏水中，定容至1 000mL，置于暗处保存。

(3) 0.005 0mol/L 草酸溶液：将0.050 0mol/L 草酸溶液准确稀释10倍，置于冰箱中保存。

(4) 0.02mol/L 高锰酸钾溶液：称取3.3g 高锰酸钾（分析纯），溶于少量蒸馏水中，定容至1 000mL，煮沸15min，静置2d 以上，然后用玻璃砂芯漏斗过滤或用虹吸法将澄清液移入棕色瓶中，放暗处保存，并按下述方法标定物质的量浓度：①吸取10.0mL 高锰酸钾溶液，置于三角瓶中，再加入40mL 蒸馏水及2.5mL 1∶3 硫酸溶液，加热煮沸10min。②取下三角瓶，迅速自滴定管加入15mL 0.050 0mol/L 草酸标准溶液，再立即滴加高锰酸钾溶液，不断振荡，直至产生微红色为止。③将三角瓶继续加热煮沸，加入10.0mL 0.050 0mol/L 草酸标准溶液，迅速用高锰酸钾溶液滴定至微红色，记录用量，计算高锰酸钾溶液的准确浓度。④高锰酸钾校正溶液的浓度为0.020 0mol/L。

(5) 0.002 0mol/L 高锰酸钾溶液：将0.020 0mol/L 高锰酸钾溶液准确稀释10倍。

2. 仪器设备 电子分析天平、三角瓶、容量瓶、万用电炉、酸式滴定管、滴定台、烧杯、移液管、洗耳球。

【方法与步骤】

1. 预处理 测定前需预先处理三角瓶：向250mL 三角瓶内加入50mL 蒸馏水，再加入1mL 1∶3 硫酸溶液及少量高锰酸钾溶液，并加入数粒玻璃珠防止暴沸，加热煮沸数分钟，溶液应保持微红色（若退成无色，应重做1次，使溶液保持微红色为止），将溶液倾出，用蒸馏水将三角瓶洗净。

2. 测定 取100mL 待测水样（若水样中有机物含量较高，可取适量水样用蒸馏水稀释至100mL）置于处理过的三角瓶中，加入5mL 1∶3 硫酸溶液，用滴定管加入10.0mL 0.002 0mol/L 高锰酸钾溶液，并加入数粒玻璃珠防止暴沸。

3. 加热 将三角瓶均匀加热，从开始沸腾计时，准确煮沸10min。如加热过程中红色明显减退，需将水样稀释重做。取下三角瓶，趁热自滴定管加入10.0mL 0.005 0mol/L 草酸溶液，充分振荡使红色褪尽。再于白色背景上，自滴定管加入0.002 0mol/L 高锰酸钾溶液，至溶液呈微红色即为终点，记录用量 V_1（mL）。V_1超过5mL 时应另取少量水样用蒸馏水稀释重做。

4. 滴定 向滴定至终点的水样中，趁热（70～80℃）加入10.0mL 0.005 0mol/L 草酸溶液，立即用0.002 0mol/L 高锰酸钾溶液滴定至微红色，记录用量 V_2（mL）。如高锰酸钾溶液浓度是准确的0.002 0mol/L，滴定时用量应为10.0mL，否则应求校正系数 K 加以纠正，$K=10/V_2$。如水样用蒸馏水稀释，则另取100mL 蒸馏水，同上述步骤滴定，记录高锰酸钾溶液的消耗量 V_0（mL）。

5. 计算

耗氧量＝［（$10+V_1$）$K-10$］$\times 0.08\times 1\,000/V_3$

如水样用蒸馏水稀释，则采用下式计算水样的耗氧量：

耗氧量（mg/L）＝｛［（$10+V_1$）$K-10$］－［（$10+V_0$）$K-10$］R｝$\times 0.08\times 1\,000/V_3$

式中，0.08 为 1mL 0.002 0mol/L 高锰酸钾溶液所相当氧的毫克数；V_3 为水样体积（mL）；R 为稀释水样时蒸馏水在 100mL 体积中所占的比例。

例如将 25mL 水样用蒸馏水稀释至 100mL，则：$R=(100-25)/100=0.75$。

6. 注意事项　本实训必须严格遵守操作步骤，按顺序加入试剂，准确掌握煮沸时间等。

【**考核标准**】考核标准见表 4-2-15。

表 4-2-15　水样耗氧量测定考核标准

考核项目	考核要点	考核标准	等级分值			备注
			A	B	C	
过程	合作及态度	态度端正，有合作精神，与小组成员共同完成任务	10～25	24～18	<18	可按实际情况进行调整
	试剂配制的合理性	按规定步骤配制，准确，误差小	30～25	24～18	<18	
	测定过程及结果计算的准确性	测定过程认真，结果计算准确	40～35	34～24	<24	
结果	实训报告和工作记录	实训报告内容翔实、标准、正确并及时上交；有完成整个技能训练的工作记录	20～15	14～12	<12	

任务3　养殖场环境评价

知识目标

1. 了解养殖场环境评价的意义。
2. 懂得不同养殖场环境评价方法的作用。
3. 熟知养殖场环境质量现状评价工作程序及内容。
4. 掌握畜禽舍空气质量的评价方法和评价指标。
5. 了解养殖场水环境评价项目。
6. 熟知养殖场水环境评价的标准。

能力目标

1. 能根据养殖场主要的评价指标，正确评价养殖场的环境。
2. 能正确地评价养殖场空气、水质环境。
3. 能对养殖场水质是否污染进行正确判断。

养殖场环境评价是根据监测到的数据，按一定的环境评价标准和评价方法，对养殖场的环境从量和质方面进行说明和评定的工作过程。通过养殖场环境质量评价可以确切了解养殖场环境状况，对于制定和实施养殖场环境管理措施以及养殖场废弃物治理都具有重要意义。环评工作的开展可促进畜牧业的健康、稳定、可持续发展，为保证动物性食品的安全打下夯实的基础。

一、环境质量和环境标准

1. 环境质量 环境质量是指环境对人类社会生存和发展的适宜性，即指环境的总体质量（综合质量），也指环境要素的质量。环境对于人类生存发展、畜禽的健康与畜产品质量的影响都较重大，因此必须对具有不同环境状态的环境质量进行定量的描述和比较，规定一些具有可比性的内容作为衡量环境质量的指标，如大气环境质量、水环境质量、土壤环境质量和生物环境质量。

2. 环境标准 环境标准是国家根据人类健康、生态平衡和社会经济发展对环境结构、状态的要求，在综合考虑本国自然环境特征、科学技术水平与经济条件的基础上，对环境要素间的配比、布局和各环境要素的组成（特别是污染物的容许含量）所规定的技术规范。环境标准是评价养殖场环境状况和其他一切环境管理和保护的法定依据。

环境标准，按适用范围和地区，可分为国家标准、行业标准和地方标准等；按其性质可分为环境质量标准、污染物排放标准等。这些环境标准组成了环境标准体系。农业行业标准《畜禽场环境质量标准》（NY/T 388—1999）中就规定了养殖场必要的空气、生态环境质量以及畜禽饮用水的水质标准。

二、环境质量评价分类

环境质量评价是对环境的优劣所进行的一种定量描述，即按照一定的评价标准和评价方法对一定区域范围内的环境质量进行说明、评定和预测。环境质量评价通常按评价的时间属性、环境要素等可划分为多种类型。实际工作中可根据实际情况、需要和评价目的选择适当的类型和方法，对养殖场及周围地区环境质量进行评价，养殖场周围地区一般是指以养殖场为中心至1～2.5km半径范围内的区域。

（一）按时间属性进行分类

1. 环境质量回顾评价 是根据历年积累的环境资料，对场内环境质量进行分析和评价。这种评价既可回顾一个地区环境质量的发展演变过程，也可预测环境质量的变化发展趋势。例如根据某一地区养殖场废弃物污染（水质、土壤）历年监测数据，可对其周围水质、土壤某些元素含量（如铅）的变化做出评价，可以预测其发展趋势。

2. 环境质量现状评价 是利用近2～3年的环境监测数据，反映的是区域环境质量的现状。评价过程中一般以国家颁布的环境质量标准为评价依据，环境质量现状评价是区域环境综合整治和区域环境规划的基础，它为区域环境污染综合防治提供科学依据。

3. 环境影响评价 也称预断评价，是系统地分析和评估对拟议中的重要决策或开发活动（如养殖场规划、设置）可能对环境产生的物理性、化学性或生物性的作用，及其造成的环境变化和对人类健康和福利的可能影响，并提出减免这些影响的对策和措施。环境影响评价是目前开展最多的环境评价。如养殖场的设计规划，建设前必须提交环境影响评价报告，报告通过后才可实施。

（二）按照环境要素分类

1. 单要素评价 即对大气、水体、土壤等环境领域中某一要素进行环境质量的评价。如对水体有机物污染程度的评价。

2. 联合评价 即对2个以上环境要素同时进行评价，这种评价方法可以揭示各环境要素之间的相互关系及污染物质在不同环境中迁移转化的规律。

3. 综合评价　指对环境进行整体性的质量评价，是在对单要素环境质量进行评价的基础上所做的综合分析和评价，能够全面反映养殖场及周围环境质量的整体状况，为环境的整体规划和综合治理提供科学依据。环境质量综合评价包括的内容繁多，所需投入的工作量和评价难度较大。

对环境质量进行评价是一项复杂的系统工程，涉及众多的内容和环节，如评价参数的选择、污染物环境排放标准和评价方法的确定等。目前环境质量评价主要集中在对大气和水质进行评价。

环境质量评价与环境污染控制密切相关，评价标准将从浓度控制转变为总量控制，污染防治要从侧重于污染的末端治理转变为生产全过程控制，环境质量评价将从微观评价扩展到宏观评价。环境质量宏观评价是从全局（全国或全地区）的长远环境保护战略目标出发，评价区域环境质量发展变化规律，为区域环境系统提供最经济有效的控制方案；或对一项政策、规划、开发建设项目可能产生的环境影响进行定量预测和评价，为高层次的科学决策提供依据。

环境质量评价方法基本原理是选择一定数量的评价参数进行统计分析后，按照一定的评价标准进行评价，或转换成在综合加权的基础上进行比较。

最常用的环境质量评价方法是数理统计法和环境质量指数法。一般来说，可以运用数理统计法对大量的环境监测资料进行分析，预测环境污染发展的趋势，但是这种方法不够直观，难以简单明了地表达环境质量状况。比较直观的评价环境质量的方法是采用环境质量指数（或称污染指数）进行评价。

数理统计方法是对环境监测数据进行统计分析，求出有代表性的统计值，然后对照卫生标准，进行环境质量评价。数理统计方法是环境质量评价的基础方法，其得出的统计值可作为其他评价方法基础数据资料，因此，一般来讲其作用是不可取代的。数理统计方法得出的统计值可以反映各污染物的平均水平及其离散程度，超标倍数和频率，浓度的时空变化等。

环境质量指数可用于评价某地环境质量各年（或月、日）的变化情况，或比较环境治理前后环境质量的改变即考核治理效果，以及比较同时期各城市（或各监测点）的环境质量。它也适用于向管理部门和公众提供关于环境质量状况的信息。环境质量指数反映的是环境的污染物浓度与标准值之间的关系。指数值小于或等于1时，表明环境质量符合标准，大于1时则表明环境中的污染物超过标准，指数值越大，环境质量越差。

三、养殖场环境质量现状评价

按照《养殖场环境质量标准》《畜禽养殖业污染物排放标准》《畜禽养殖业污染防治技术规范》中规定的养殖场必要的空气、生态环境质量标准，畜禽饮用水的水质标准以及污染物排放标准、畜禽养殖业标准等相关标准中的环境要求，以此作为养殖场环境质量评价的依据。

（一）污染源调查

污染源的调查就是了解、掌握畜禽生产中废弃物（主要是粪尿、废水、病死畜禽尸体、畜产品加工厂的下脚料）排放的种类、数量、方式、途径等情况，进行现场考察、污染物监测等调查，确定拟建项目所在地区环境质量的基本情况，为开展养殖场环境影响预测等工作提供基础资料。

（二）评价工作程序及内容

养殖场环境质量现状评价工作可分为调查准备、环境监测和评价分析 3 个阶段。

1. 调查准备阶段 根据评价任务的要求，结合本地区（本养殖场区）的具体条件，首先确定评价范围，在污染源调查和气象条件分析的基础上，拟定主要污染源和主要污染、发生重污染的气象条件等，据此制订环境监测计划。其中包括监测项目、布设监测点、采样时间和频率、采样方法、分析方法等，并做好人员组织和器材准备。

2. 环境监测阶段 污染监测应按年度分季节定区、定点、定时进行。按照制订好的监测计划进行污染监测，为了分析评价污染的生态效应，最好在污染监测同时进行污染生物学监测和环境卫生学监测，以便从不同角度来评价环境质量，使评价结果更科学、更合理，作为基础资料。调查和监测阶段是评价分析阶段的工作的基础，为评价提供数据和资料信息。

3. 评价分析阶段 评价就是对污染程度进行描述，分析环境质量随着时空的变化，探讨其原因，并根据污染的生物监测和污染的环境卫生学监测进行污染的分级。最后分析说明主要污染因子，重污染发生的条件，污染对人和动植物的影响。

（三）现状监测方法

1. 监测点的数目 监测点的数目不宜过多，以满足评价需要为原则。一般规定对环境影响评价的现状监测，评价项目布点一级不应少于 10 个；二级不应少于 6 个；如果评价区内已有常规（例行）监测点，则三级评价项目可不再安排监测，否则可布置 1～3 个点。

2. 监测时间和频率 根据污染物排放的规律，为环境影响评价提供数据现状评价，确定监测周期与频率的原则是：若条件允许，应在一年中的 1 月、4 月、7 月、10 月（分别代表冬、春、夏、秋）每个季节采样 7d，一天数次，每次采样 20～40min，以 1d 内多次采样的平均值代表日平均值，以 7d 的平均值季平均值；若条件不允许，则一级评价项目应在冬夏两季各进行 1 次，二级评价可取一期（季）不利季节，必要时才做二期（季）。一级评价项目的空气污染现状监测应与气象条件相对应，至少每次连续监测 7d，每天采样次数不少于 6 次，在采样时还要求同时进行风向、风速、温度、湿度（相对）、云量等气象条件观测。对于二、三级评价项目，进行条件最不利的一个季节的监测，每次 5d，每天至少采样 4 次。

3. 监测点布设 通常是在生活区、生产区、疫病隔离区和清洁（对照）区等不同功能区设点监测。另外，需在主导风向上布设对照点，在污染源密集区（疫病隔离区）及其下风向要适当增加监测点；而污染源少的和评价区边缘可以少布置一些监测点。

（四）空气环境质量评价

1. 评价标准 空气环境质量评价是依据相应环境质量标准对空气中有害物质进行评价。到目前为止，我国已颁布了多项大气环境质量标准如《环境空气质量标准》（GB 3095—2012）、《声环境质量标准》（GB 3096）、《恶臭污染物排放标准（GB 14554—93)》等。在对养殖场场内外大气环境质量进行评价时应参照其相关内容并结合养殖场大气污染物的特点来制定监测内容及质量标准。由于养殖业生产的特殊性，养殖场的空气环境质量还应符合表 4-3-1所规定的要求。

表 4-3-1　养殖场环境空气质量标准（标准状态）

序号	项目	单位	场区	舍区		
				禽舍	猪舍	牛舍
1	氨气	(mg/m^3)	5	15	25	20
2	硫化氢	(mg/m^3)	2	2	10	8
3	二氧化碳	(mg/m^3)	750	1 500	1 500	1 500
4	可吸入颗粒	(mg/m^3)	1	4	1	2
5	总悬浮颗粒物	(mg/m^3)	2	8	3	4
6	恶臭	稀释倍数	50	70	70	70

上述指标的评价方法应按照国家标准及行业标准所规定的技术规范执行。

2. 评价指标　目前养殖场所开展的空气环境质量评价指标主要是对养殖场和畜禽舍中主要的气候因素包括温度、湿度、风速、光照度等进行监测和评价，检验畜禽舍或养殖场等小气候环境是否符合要求，找出差距，从中发现问题及原因，制定解决问题的措施。

（五）水环境质量评价

水环境质量评价又称水质评价，是根据水的用途，按照一定的评价标准、评价参数和评价方法，对水域的水质或水域综合体的质量进行定性或定量的评定。

1. 评价标准　在养殖场对水体卫生进行评价时，主要依据的标准为《地表水水质卫生标准》（GB 3838—2002）和《生活饮用水卫生标准》（GB 5749—2006）；在对污水排放及养殖场周围环境水体质量的评价中，主要依据的标准除上述标准之外，还有《污水综合排放标准》（GB 8978—1996）、《农田灌溉水质标准》（GB 5084—2005）等。

目前我国对于养殖场饮用水水质标准还没有明确的规定，一般情况下，都参照人的生活饮用水卫生标准执行。对农村和条件较差的养殖场，在执行标准时，允许具有灵活性，如对毒理学指标已符合水质标准，而其他指标暂时还达不到水质标准时，可采取一些补救措施提高给水水质。

为配合生产无公害畜禽产品，我国制定了《无公害食品　畜禽饮用水水质》，作为集约化养殖场、畜禽养殖区和放牧区生产无公害畜禽产品的一个基本标准执行。在此要求中，就无公害畜禽养殖过程中的饮用水水质的要求进行了相应的规定，见表 4-3-2。

表 4-3-2　无公害畜产品养殖过程中畜禽饮用水水质要求

项　目		标准值	
		畜	禽
感观性状	色	≤30°	
	混浊度	≤20°	
	臭和味	不得有异臭、异味	
	肉眼可见物	不得含有	
一般化学指标	总硬度（以 $CaCO_3$ 计）(mg/L)	≤1 500	
	pH	5.5～9	6.4～8.0
	溶解性总固体（mg/L）	≤4 000	≤2 000
	氯化物（Cl^- 计）	≤1 000	≤250
	硫酸盐（SO_4^{2-} 计）(mg/L)	≤500	≤250

（续）

项目		标准值	
		畜	禽
细菌学指标	100毫升饮用水中总大肠菌群（个）	成年畜100，幼畜10	10
毒理学指标	氯化物（以F计）（mg/L）	≤2.0	≤2.0
	氰化物（mg/L）	≤0.2	≤0.05
	总砷（mg/L）	≤0.2	≤0.2
	总汞（mg/L）	≤0.01	≤0.001
	铅（mg/L）	≤0.1	≤0.1
	铬（六价）（mg/L）	≤0.1	≤0.05
	镉（mg/L）	≤0.06	≤0.01
	硝酸盐（以N计）（mg/L）	≤30	≤30

2. 评价指标 水环境质量评价包括地面水、地下水污染情况的调查分析，可分为物理性指标、化学性指标、生物学指标3大类。一般物理指标有水的温度、色、臭、味、混浊度、肉眼可见物（悬浮性固体、总固体）；化学指标中无机指标包括含盐量、硬度、pH以及氟化物、氯化物、硫化物、硫酸盐、氮、磷、铁、锰、重金属类等，有机指标主要是生物需氧量（BOD）、化学耗氧量（COD）、溶解氧（DO）、挥发酚类等；生物学指标主要有大肠杆菌数、细菌总数等。

3. 评价方法 主要有以下几种：

（1）一般统计法。以监测点的检出值与背景值或饮用水标准比较，统计其检出数、超标率及其分布规律。此法一般适用于水环境条件简单、污染物质单一的地区，适用于水质的初步评价。

（2）综合指数法。将有量纲的实测值变为无量纲的污染指数进行水质评价。此法一般适用于对某一水井、某一地段的时段水体质量进行评价。

（3）数理统计法。在大量水质资料分析的基础上，建立各种数学模型，经数理统计的定量运算，评价水质。此法水质资料准确，长期观测资料丰富，水质监测和分析基础工作扎实。

4. 污染的判定 水污染是指水体因某种物质的介入，而导致其物理、化学、生物或放射性等方面特性的改变，从而影响水的有效利用，危害人体健康或者破坏生态平衡，造成水质恶化的现象。可见，水体受到外来污染后，本身的物理指标、化学指标、生物学指标会发生某些变化，可以根据这些变化来判定水受到污染的情况。

（1）是否污染。水体被污染有时可以直观地察觉到，例如，水的颜色发生了改变，变得混浊，散发出难闻的气味，某些生物减少或死亡，某种生物的骤减或骤增等。但有时水体污染是直接察觉不到的，需要借助仪器观察、检查分析各项指标是否在原来的基础上突然有所提高，特别是氮化物、耗氧量和氯化物的提高。

（2）污染的性质判定。动物性有机物污染主要表现为氮化物、磷化物、氯化物、耗氧量增高，pH下降，非溶性固体物呈褐色。有些物理指标也会发生变化（如有相应的腥臭或腐败臭）。而植物性有机物污染主要是耗氧量增高，氮化物及氧化物增加不明显，常伴有沼泽臭及腐草臭。矿质毒物的污染，一般可直接检出，酸性或碱性物质进入水体使水的 pH 发生变化，酸、碱在水体中可彼此中和，也可分别和地表物质发生反应生成无机盐类，由此引起水体中酸碱盐污染。

（3）污染程度的测定。可依据各指标的升降幅度来判定。动物性有机物严重污染水体后，因为其分解过程消耗了大量的氧气，所以水的溶解氧含量下降，甚至使水处于缺氧状态。动物性有机物进行厌氧分解的结果，使水带有腐败臭气；绝大多数有机化学药品有毒性，进入水中会毒害或毒死生物，引起生态破坏；同时还会引起水中藻类疯长。

（4）污染时期的判定。水体污染可分为初期、中期和末期 3 个时期。水体受到人、畜粪便污染后，在初期蛋白质进行厌氧分解（氮化阶段），水质呈现酸性，耗氧量高，氨性氮含量较高，有臭气和较高的色度，透明度较低，大肠杆菌数高，水中病原微生物和蠕虫卵也处在活跃和感染力阶段，所以该期是不安全的。中期是好氧阶段的初期（硝化阶段），水质偏酸性，亚硝酸盐氮含量较高，耗氧量仍高，具有恶臭味，颜色稍下降，大肠菌群指数降低，水中病原微生物和蠕虫卵活力降低，但仍有相当强的感染力，此时的水质还是不可靠的。在末期，氮化物已进入硝化阶段的末期，硝酸盐氮含量明显增高，硫酸、总硬度（特别是重碳酸盐硬度）均增高，此时水无特殊臭气，但常伴有一定味道，病原微生物和寄生虫卵已失去感染能力，所以此期水的安全性增高。一般水体污染恶化经历溶解氧浓度下降、水生生态平衡破坏、低毒变高毒、低浓度向高浓度转换 3 个过程。

在进行污染关系的综合判定时，绝不应忽视水源的环境条件，如地形、水质以及周围环境状况等。因此，判定水质必须结合水源调查资料以及微生物污染指标来进行综合判定。要特别注意水质的污染性质和时期 2 种表现。当发现动物性有机物污染的初期表现时，应认为是危险性大的水，因为其有可能成为引起畜禽各种传染病和寄生虫病的客观条件。

（六）土壤环境质量评价

土壤主要由矿物质、有机质、水分和气体等组成，是人类环境、畜牧生产的重要组成部分，是地球陆地表面具有肥力、能生长植物的疏松表面。与畜禽的生活和生产密切相关，直接影响到养殖场及畜禽舍内的小气候，其化学组成可通过饲料、饮水等影响机体的生理功能。土壤环境质量是指土壤环境（土壤生态系统）的组成、结构、功能特性及其所处状态的综合体现与定性、定量的表述。土壤环境质量评价是指在研究土壤环境质量变化规律的基础上，按一定的原则、标准和方法，对土壤的污染程度进行评定。

由于土壤具有很强的吸水和贮备各种物质的能力，所以，当养殖生产的废弃物不断向其排放时，一旦超过其自净能力，就会成为病原微生物、寄生虫的滋生场所，从而给环境带来污染。

1. 评价标准　按照《土壤环境质量标准》（GB 15618—1995）《绿色食品　产地环境质量标准》（NY/T 391—2000）、《畜禽养殖产地环境评价规范》（HJ 568—2010）等执行。土壤环境质量评价必须具有整体性、相关性、主导性、动态性和随机性的原则。对土壤环境质量进行评价时，除了土壤质量标准规定的标准值外，对于其他污染指标多选用具有不同含义的土壤环境背景值作为评价标准。如以养殖场区域土壤环境背景值为标准，规定在一定区域内，远离工矿、城镇和道路，无明显“三废”污染，也无群众反映有过“三废”影响的土壤中有毒物质在一定保证率下的含量。

2. 评价指标 通常与畜禽生产密切相关的内容的土壤评价指标有重金属，如汞、铅、铬、铜、钼、锌、钴等；非金属有毒物质，如砷、硒、硼、碘、氟、氰等；化学农药，如有机磷、有机氯、酚类等；生物指标，如大肠杆菌等。

技能训练

养殖场环境卫生评价

【实训目的】

（1）能正确地评价养殖场周围的卫生。

（2）能正确地对养殖场的土壤和水质进行监测并进行评价。

（3）能正确分析和解决养殖场环境卫生评价过程中出现的问题。

【设备与材料】选择当地一养殖场，水源、土壤、空气监测设备，测量工具。

【方法与步骤】分成若干小组，按下列步骤进行观察、测量和评价，最后综合评价分析并作出卫生评价结论。

（一）养殖场及周边环境情况评价

1. 养殖场的周边卫生状况 观察和了解养殖场周围的卫生情况，并注意其周围的交通运输情况、居民点及与其他企业等的距离和位置。

2. 土质监测

（1）布点。以能代表整个场区为原则，在造成污染的方位和地方布点来监测土壤环境质量。

（2）采样。土壤采样深度一般为 0～20cm，按采样面积、地形或差异性分 5～10 个样点采样，然后组成 1kg 左右的混合样进行监测。

（3）监测项目。包括总磷、总硬度、pH、生化需氧量、氨氮、粪大肠杆菌群、蛔虫卵、细菌总数、总硬度、溶解性总固体、砷、铅、铜、硒等。

3. 水质监测 水源种类及卫生防护条件、给水方式，水质与水量是否满足需要。按生活饮用水水质标准对养殖场水质进行监测。可根据水源种类、水质情况等确定具体监测次数及时间，若养殖场水源为深层地下水，因水质比较稳定，一年测 1～2 次即可；若是河流等地面水，每季或每月应定时监测 1 次。

（1）布点。水质监测点要有一定的准确性、代表性、合理性和科学性。养殖场水质监测点设置时要兼顾污染物的排放总量监测和养殖场废弃物对当地水环境的影响。一般在附近的饮用水源、农田灌溉水源、渔业养殖水体、地下水井等处设监测点位。

（2）采样。地方环境监测站对养殖生产企业的监督性监测每年至少 1 次，若被国家或地方环境保护行政主管部门列为年度监测的重点排污单位，应增加到每年 2～4 次；若是生产企业进行自我监测，则按照生产周期和生产特点确定监测频率，通常每周 1 次。养殖场若有污水处理设施并能正常运行、能稳定排放污水，监督监测可采瞬时样，对于排放曲线有明显变化的不稳定的排放污水，要根据曲线情况分时间单元再组成混合样品。要求混合单元采样不能少于 2 次。若排放污水的流量、浓度甚至组分都有明显变化，则在各单元采样时的采样量应与当时污水流量成比例，以使混合样品更有代表性。

采样时采样数量要适当增加2～3倍的余量；采样容器应先用采样点的水冲洗3次，然后再装入水样；采样结束前要仔细检查采样记录和水样，若有漏采或不符合规定者，应立即补采和重新采样。

(3) 监测项目。包括水温、总磷、总硬度、pH、生化需氧量、氨氮、粪大肠杆菌群、蛔虫卵、细菌总数、总硬度、溶解性总固体、砷、铅、铜、硒等。

4. 畜禽舍卫生质量　以畜禽舍空气质量监测为代表。空气监测中常存在同一地点、不同时刻或同一时刻、不同空间位置所测定的污染物浓度不同的现象。一年四季各进行1次定期监测，每次至少连续监测5d，每天至少连续监测5d，每天采样3次以上。

(1) 布点。采样点应具有代表性。主要根据现状分析结论、生产特点、当地主导风向来确定监测位点。设置采样位点的数量时还应根据空气质量稳定性及污染物对动植物及人体的影响程度来适当增减。

(2) 采样。采样方法的合理与否是获得正确监测结果的一个重要因素，选择合理采样方法的依据有：污染物在大气中存在的状态；污染物浓度的高低；污染物的理化性质；分析方法的灵敏度。气体采样方法可分为直接采样、浓缩采样（采取溶液吸收、固体阻留、低温冷凝及静电沉降等方法）和无动力采样3种。

(3) 监测项目。以氨气、二氧化碳、硫化氢为主，若为无窗畜禽舍或饲料间，还需测粉尘和噪声等。

5. 固体废弃物监测　养殖场的固体废弃物主要包括畜禽粪便、畜禽舍污泥、畜禽尸体、死胎、蛋壳、羽毛等。

(1) 采样。对于堆存、运输中的固态废物和池坑中的液态废物，可按对角线、棋盘形、蛇形、梅花形等点分布确定采样位置；对于容器中的固体废物，可按上部、中部、底部确定采样位置；要求采样的工具、设备、所用材料不能和待采固体废物有任何反应，不能使待采固体废物污染分层和损失，采样工具应干燥、清洁。

(2) 监测项目。总磷、总氮、水分含量、pH、粪大肠杆菌群、蛔虫卵、细菌总数、砷、铅、铜、硒等。

(二) 养殖场监测质量评价的控制

监测过程中要实施严格的质量控制确保监测数据的准确性和可靠性，达到控制监测质量的目的。

1. 监测人员　监测人员要有一定的文化素质和专业技能，有高度的责任心和工作热情，懂得协作与沟通，具有大局观念，工作认真细致，能胜任监测工作。

2. 采样科学合理　采样时要严格按照不同监测对象和分析方法的标准、要求来进行采样。采样时要认真、规范，并按规定填写采样记录，如养殖企业名称、样品类别、采样目的、采样地点、采样时间、样品编号、监测项目和所加保存剂的名称、污染物表观特征描述、养殖企业生产状况和采样人等。防止在采样过程中样品受人为因素污染，样品也要在规定的时间内送交监测实验室。

3. 监测实验室　环境卫生质量一定要保证。各种计量仪器按照要求定期进行检测和维护；分析测试时应优先使用国家标准方法和最新版本的环境监测分析方法，若采用其他方法，必须进行等效实验，并报省级或国家级的监测站批准备案；凡能做平行样、质控样的分析样品，质控人员在采样或样品加工分装时应编入10%～15%的密码平行样或质控样。样品数不足 10 个时，应做 50%～100%密码平行样或质控样。

(三) 养殖场卫生评价报告

主要根据养殖场的周边卫生状况，所监测的土质、水质、舍内卫生、固体废弃物等项目作出正确的评价，并提出切合实际的整改意见或措施。

【考核标准】 考核标准见表 4-3-3。

表 4-3-3　养殖场环境卫生评价考核标准

考核项目	考核要点	考核标准	等级分值			备注
			A	B	C	
过程	合作及态度	态度端正，有合作精神，与小组成员共同完成任务	30～25	24～18	<18	可按实际情况进行调整
	评价指标的合理性	评价指标全面，详尽，记录认真、详细	30～25	24～18	<18	
结果	实训报告和工作记录	实训报告内容翔实、标准、正确并及时上交；有完成整个技能训练的工作记录	40～35	34～28	<28	

项目5　养殖场污物治理技术

任务1　养殖污染物排泄量估算及环境效应

知识目标

1. 了解畜禽养殖主要固体污染物产生量及其污染物含量。
2. 掌握粪便对大气、水域、土壤的污染及危害。
3. 熟知畜禽养殖业污染防治的基本原则。

能力目标

1. 能够依据畜禽养殖业污染防治的基本原则，制定粪污处理措施。
2. 能够根据养殖规模、性质，制定相应的粪污处理工艺方案。

随着我国畜禽养殖业的飞速发展，其生产规模化、集约化和机械化程度不断提高，在为市场提供大量畜产品和带动农村经济发展的同时，也产生了大量畜禽粪尿、污水等畜禽生产废弃物。年出栏1万头育肥猪场每天排放粪污可达100～150t，而饲养量为1 000头的奶牛场，年产粪尿约1.1万t，1个20万只蛋鸡场每天产粪近20t。我国畜禽养殖业年平均产生粪便量约是工业废弃物的2倍；有机污染物中仅化学需氧量（COD）约是工业和生活废弃物中COD的总和。畜禽粪尿已成为最严重、最突出的环境污染源之一，同时也严重制约着畜牧业的可持续发展。

一、养殖污染物排泄量估算

1. 几种主要畜禽的粪尿产量（鲜量）　畜禽生产过程中产生的粪便的数量因畜禽的种类、畜体大小等不同而异，大致数量如表5-1-1所示。

表5-1-1　主要畜禽的粪尿产量（鲜量）

种类	体重（kg）	每头（只）每天排泄量（kg）			平均每头（只）每年排泄量（t）		
		粪　量	尿　量	粪尿合计	粪量	尿量	粪尿合计
泌乳牛	500～600	30～50	15～25	45～75	14.6	7.3	21.9

（续）

种类	体重（kg）	每头（只）每天排泄量（kg）			平均每头（只）每年排泄量（t）		
		粪 量	尿 量	粪尿合计	粪量	尿量	粪尿合计
成年牛	400～600	20～35	10～17	30～32	10.6	4.9	15.5
育成牛	200～300	10～20	5～10	15～30	5.3	2.7	8.2
犊牛	100～200	3～7	2～5	5～12	1.8	1.3	3.1
种公猪	200～300	2.0～3.0	4.0～7.0	6.～10.0	0.9	2.0	2.9
空怀、妊娠母猪	160～300	2.1～2.8	4.0～7.0	6.1～9.8	0.9	2.0	2.9
哺乳母猪	—	2.5～4.2	4.0～7.0	6.～11.2	1.2	2.0	3.2
培育仔猪	30	1.1～1.6	1.0～3.0	2.1～4.6	0.5	0.7	1.2
育成猪	60	1.9～2.7	2.0～5.0	3.9～7.7	0.8	1.3	2.1
育肥猪	90	2.3～3.2	3.0～7.0	5.～10.2	1.0	1.8	2.8
产蛋鸡	1.4～1.8			0.14～0.16			55kg
肉用仔鸡	0.04～2.8			0.13			9.0kg（到10周龄）

2. 畜禽养殖主要固体污染物产生量及其污染物含量 见表5-1-2。

表5-1-2 畜禽养殖主要固体污染物产生量及其污染物含量

养殖种类	日排泄量（kg/头）	COD（mg/kg）	NH_3—N（mg/kg）	总磷（TP）（mg/kg）	总氮（TN）（mg/kg）	总固体（TS）（mg/kg）
猪	2.0～3.0	52 000	3 100	3 400	5 900	9 400
奶牛	20～30	31 000	1 700	1 200	4 400	4 700
肉牛	15～20					
鸡	0.10～0.15	45 000	4 800	5 400	9 800	16 300

注：畜禽粪污的排泄量因畜种、饲养管理水平、气候、季节等情况会有很大差异，不同统计资料提供的数值不尽相同。表中数据为统计均值。

3. 畜禽养殖污水产生量及其污染物含量（干清粪） 见表5-1-3。

表5-1-3 畜禽养殖污水产生量及其污染物含量（干清粪）

养殖种类	日产生量（kg/头）	COD_{Cr}（mg/L）	NH_3—N（mg/L）	总磷（TP）（mg/L）	总氮（TN）（mg/L）	pH
猪	8	2 500～2 770	35～50	230～290	320～420	6.3～7.5
奶牛	50	920～1 050	40～60	16～20	57～80	7.1～7.5
肉牛	20	890*	22*	40*	5*	
鸡	0.25	2 740～10 500	70～600	13～60	100～750	6.5～8.5

注：带“*”为统计均值。

二、养殖污染物环境效应

畜禽生产过程中不可避免地产生废弃物，畜禽废弃物的产生量随着养殖和屠宰总量的增加而增多，尽管产业发展和科技进步使畜禽废弃物的处理和利用水平逐步提升，但是畜禽废弃物的环境污染问题依然突出。2014 年规模畜禽养殖化学需氧量和氨氮排放量分别为 1 049 万 t 和 58 万 t，占当年全国总排放量的 45%和 25%，占农业源排污总量的 95%和 76%，全国共有 24 个省份的畜禽养殖场（小区）和养殖专业户化学需氧量排放量占到本省农业源排放总量的 90%以上；全国每年产生 38 亿 t 畜禽粪污，综合利用率不到 60%。

由畜禽养殖业造成的环境污染主要有粪尿污染、产品中有毒有害物质的残留和养殖场的废弃物污染。如果这些污染源不经过处理，不仅会危害畜禽本身，也对大气、水体、土壤、人类健康及生态系统造成直接或间接的污染和威胁。为此，必须正确认识畜禽粪便对环境的污染及危害。养殖污染物对环境造成的污染主要有以下几个方面：

（一）对大气的污染及危害

大气污染就是指空气的正常成分之外又增加了新的成分，或者原有某种成分骤然增加，以至对人、畜禽和其他生物的健康产生了不良的影响，甚至会引起自然界的某些异常变化。养殖场每天产生的大量排泄物，在堆放过程中对环境造成的危害是多方面的。

1. 恶臭气味的产生　粪便中所含有机物大体可分为含氮化合物和糖类。这些物质在有氧或无氧条件下分解出不同的物质。含氮化合物主要是蛋白质，在酶的作用下可分解成氨基酸，氨基酸在有氧条件下可继续分解，最终产物为硝酸盐类；而在无氧条件下分解成氨、硫酸、乙烯醇、二甲基硫醚、硫化氢等恶臭气味气体。而糖类在有氧条件下，分解时可释放热能，大部分解成二氧化碳和水；在无氧条件下，氧化反应不完全，可分解成甲烷、有机物和多种醇类，这些物质略带酸味和臭味，使人产生不愉快的感觉，如粪便中水分过多或堆放，使粪便内形成局部无氧环境时，往往会产生、释放恶臭气体。

恶臭是一种感觉公害，一般认为，散发臭气浓度的大小与粪便中的磷酸盐和氮的含量是成正比的，家禽粪便中磷酸盐含量比猪高，猪又比牛高。牛粪便中有 94 种、猪 100 种、鸡 150 种。因此，鸡场有害气味问题比猪、牛场都大得多。

2. 恶臭气味扩散的因素　恶臭气味扩散的程度与粪便的处理方法、距离的远近、周围的环境条件等有关。粪便堆积在静止状态时，无论固态或液态，其表面释放很少的有害气味，一般不被人所觉察，但在搅动粪水或翻动堆肥时，尤其是搅动粪水或运送粪便开始时，难闻气味的气体会迅速释放出来，且浓度很高，甚至有中毒的危险。粪便作为肥料，在施肥过程中，方法不同，恶臭气味扩散污染的程度也不同。如粪便深埋施肥比直接撒播气味小得多，而表面撒播时，粪臭味扩散的距离远且大。

粪便产生的恶臭气味与周围的环境条件有很大的关系，风向和风速对恶臭气味的扩散直接有关，下风向的恶臭气味浓度较大时，若风速越大，稀释得越快，下风向恶臭污物浓度越低；反之，风速越小，恶臭污染物扩散程度越慢，地面空气恶臭气味相对较高。但大风能翻动大的液体，使其中的恶臭气味大量地逸出，对局部区域的污染有显著的影响。

3. 产生的危害　具有恶臭的气体物质，不但会导致动物应激、生产性能下降，而且刺激人和畜禽嗅觉神经和三叉神经、对呼吸中枢发生作用，影响人和动物的呼吸功能。

恶臭对中枢神经系统的作用可引起呼吸抑制，使呼吸变浅变慢，肺活量减小。严重时导致呼吸困难，缺氧晕倒，由此造成的血液供氧不足，会使心血管系统代偿性功能加强，负担加重，引起心血管系统疾病，进而影响代谢功能。

恶臭对机体抵抗力和免疫力有直接影响。恶臭的刺激性和毒性作为化学刺激源，当其作用达到一定的强度时，可引起应激，使机体的抵抗力、免疫力下降，生产力降低，发病率和死亡率提高。如空气中氨气的浓度即使在 3.8mg/m^{3}以下，鸡的健康也会受到影响，导致对结核及其呼吸性传染病的抵抗力明显降低；15mg/m^{3}的浓度就可引起鸡的结膜、角膜炎症，并使新城疫发病率上升；38mg/m^{3}能使鸡的呼吸频率下降，食欲减退，产蛋量减少。

粪便中散发出的硫化氢是最具危害性的，对人和畜禽的眼睛、呼吸道影响最大。低浓度的硫化氢环境，会引起畜禽不舒适，不安静，胃肠炎和神经质等症状。例如猪在 30mg/m^{3}硫化氢的空气环境中，变得丧失食欲、神经质、畏光；在 76～300mg/m^{3}硫化氢的环境中会引起呕吐、腹泻等胃肠炎症状；而在高浓度的硫化氢环境中会引起呼吸中枢麻痹而窒息死亡，如猪在 900～1 200mg/m^{3}硫化氢环境中会突然呕吐失去知觉而死亡。

空气中硫化氢的浓度达到一定的程度，易造成畜禽中毒且中毒过程很快，即使脱离了硫化氢的毒害而恢复健康，但对肺炎和其他一些呼吸道疾病会很敏感。

总之，畜牧生产过程的大量粪便所排出的恶臭气体，对大气污染会因大气的水平流动而逐渐扩散，大气的对流则可形成垂直性扩散以达到净化目的，同时，也因太阳辐射量大，地面气温升高，大气中的污染物质也可随气流被送至高空，与上层空气交换进行自然净化。因此畜牧生产中所排散的恶臭气体，一般不会造成大的公害问题，只是对养殖场的周围环境、场内工作人员、畜禽造成一定的危害。

（二）对水体的污染及危害

水体污染是指污染物进入水体后改变了其他成分并使水质恶化，给人和畜禽带来危害。天然水体对排入的某些物质有一定的容纳限度，在此限度内，水体能够通过自净作用将排入物质的浓度自然降低或转化，不致引起危害。但若过量物质排入水体，超过了水体的自经能力，就会致使水质恶化。水体富营养化，特别是氮、磷含量过高，从而导致水体污染，水环境恶化。

粪便对水体的污染主要表现在以下方面：

1. 腐败有机物对水体的污染 畜禽粪便及污水都含有大量的糖类和含氮化合物等腐败性有机物，因畜禽粪便排出量大，如不处理直接排放，污染范围广且大。腐败性有机物在水中以悬浮或溶解状态存在，其污染过程为：首先使水质混浊，气味恶臭，同时消耗水中的氧，使水中溶解氧含量迅速下降。若水中污染物数量不多，水中氧充足，则好氧菌发挥作用，将糖类分解成二氧化碳和水；而有机氮被分解成氨、亚硝酸盐，最终转化为硝酸盐类的稳定无机物。若水中污染物量大，水中氧耗尽，有机物则进行厌氧分解，产物为硫化氢、氨、硫醇、甲烷之类的恶臭物，使水恶化，不适于饮用。

水中的腐败性有机物在转化过程中可产生氮、磷、钾等优质养分，这些富含氮、磷、钾的污水可使水生生物特别是藻类不断得到营养，大量繁殖，加大了水的混浊度、消耗水中的氧，从而威胁鱼类生存，最终藻类本身也会因缺氧而死亡，并腐败产生恶臭，使水域成为死水，此种现象称为水体的富营养化。

水体富营养化不但使水体恶臭，不能利用而且若作为农业灌溉用水，可使农作物受害，如水稻、小麦等植物徒长、倒伏、晚熟或不熟。因此，畜禽粪尿污染水体的一个重要标志，就是要求排放污水时，对其中氮、磷等物质含量给予一定限制。

畜禽粪尿污水污染水体程度的指标有：溶解氧（DO）、生化需氧量（BOD）、化学需氧量（COD）以及排放污水中的氮、磷等物质的含量。畜禽粪尿量大，腐败性有机物含量高，如处理不当，随意排放污染水体危害很大。为防止污染，一些国家制定了养殖场污水排放标准（表 5-1-4）。

表 5-1-4　一些国家的养殖场污水排放标准

国家	BOD_5 (mg/L)	CODcr (mg/L)	SS (mg/L)	NH_3—N (mg/L)	TP (mg/L)	100mL 饮用水中总大肠杆菌群（个）
德国	≤30	≤170		≤50		≤16
英国	≤20	≤30		≤30		
新加坡	≤250					≤5
韩国	≤150	≤150				
中国	≤150	≤400	≤200	≤80	≤8	≤1 000

DO 是指溶解于水中的氧，以每升毫克数（mg/L）表示。溶解氧的量和空气中的氧分压及水温有关。正常情况下，清洁地面水的溶解氧接近饱和，地下水含氧量很少。在水体被有机物污染时，有机物的有氧分解将消耗水中的溶解氧，导致水质恶化。因此，水体中溶解氧含量的多少，可以作为判定水体是否被有机物污染的间接指标。同时，DO 也是衡量水体自净能力的一项重要指标。天然水体中的 DO 在常温下，一般为 5～10mg/L。

BOD 是指水中有机物被需氧微生物分解所消耗的溶解氧量，以每升毫克数（mg/L）表示。水中有机物越多，BOD 就越大。有机物的生物氧化过程很复杂，这一过程全部完成需要较长时间。因此，测定时通常采用 20℃进行 5d 恒温培养，以 1L 水所消耗氧的量表示，称其为 5 日生化需氧量（BOD_5）。BOD 指标的缺点是测试时间长，当污水中难生物降解的物质含量过高时，测定出的 BOD 与实际的有机污染物含量误差较大，对毒性大的污水因微生物活动受到抑制，而难以测定。清洁地面水的 BOD_5 一般不超过 2mg/L。

COD 是指在一定条件下，水中有机物被化学氧化剂氧化所消耗的氧化剂的氧量，以每升毫克数（mg/L）表示。它是表示有机物污染质量浓度的相对指标。COD 越高，水中有机物可能越高。由于水中各种还原物质进行化学氧化的难易程度不同，COD 只能反映出水中易氧化的有机物含量，还有还原性无机物，而不包括稳定的有机物。测定时，完全脱离了有机物被水中微生物分解的条件，所以没有 BOD 准确。

目前，测定 COD 的方法主要有重铬酸钾（K_2Cr_7）法和高锰酸钾（$KMnO_4$）法 2 种。由于 2 种方法所用的氧化剂对有机物的氧化程度不同，所测的结果有差异，故其测定结果必须注明测定方法，我国规定利用前者，故化学需氧量以 COD_{Cr} 表示。COD 的优点是测定的时间短，不受水质的限制。

2. 病原微生物对水体的污染　天然水中常生存着各种病原微生物，其中主要是腐物寄生菌。水中微生物的数量，在很大程度上取决于水中有机物的含量，有机物含量越高，则微生物含量往往也越高。

水体受到污染后，水中微生物数量可大大增加，若含病原体的粪便污染了水源，畜禽饮用或接触被病原体污染的水后，可引起某些传染病的传播和流行，形成介水传染病，如猪丹毒、猪瘟、副伤寒、马鼻疽、布鲁氏菌病、炭疽病、钩端螺旋体病等。

在自然条件下，由于水的自净作用，污染水体的许多病原微生物和寄生虫等会很快死亡，因此，天然水体的偶然一次污染，通常不会引起持久性污染，但并不是污染水源对传播某些流行病不存在危险性。水源在受到大量的、长期的或经常性的污染时，很可能造成这些介水传染病的流行，例如，水禽的传染病常是急性传播，全群几乎同时发生。

（三）对土壤的污染及危害

人们总是把土壤看作处理废弃物的场所，将大量的废弃物向土壤堆放和倾倒。进入土壤的粪便及其分解产物或携带的污染物质，超过土壤本身的自净能力时，便会引起土壤的组成和性状发生改变，并破坏其原有的基本功能，从而，给人和畜禽的生活、健康造成危害，造成粪便对土壤的污染。

1. 粪便中有机物分解产物的污染 粪便中含有大量的蛋白质、脂肪、糖等有机物质，在土壤微生物的作用下进行分解，其中含氮有机物分解的最终产物以氨、胺、硝酸盐等形态进入土壤，但这些分解产物大多能转化，对土壤的危害不大。如氨易挥发，对土壤的影响较小；磷以磷酸盐形态、钾以无机钾的形态存在于土壤中。磷和钾大多富集在土壤表面；硝酸盐在土壤中移动性不大，而且大部分被植物所吸收利用，只有少量转变成亚硝酸盐，产生一定的危害。

2. 粪便中病原微生物的污染 土壤中的病原微生物和寄生虫最主要来源于人、畜禽的粪便，并可在土壤中长期生存、繁殖。土壤与水中的病原微生物的种类大多比较相似。常见的病原微生物主要有：细菌性的，如人的痢疾杆菌、伤寒杆菌、破伤风杆菌、炭疽杆菌芽孢；病毒性的，如猪瘟病毒、猪传染性胃肠炎病毒、鸡新城疫病毒、鸭瘟病毒等。进入土壤的粪便带进了病原微生物，其在土壤中能长期生存且扩大繁殖，因土壤具备病原微生物生长、发育、繁殖所必需的条件。种类不同生存的时间差异很大，如伤寒杆菌和布鲁氏菌能存活 3 个月；结核杆菌能存活 5 个月；巴氏杆菌一般能存活 6 个月；破伤风杆菌的芽孢可存活几年；炭疽杆菌的芽孢可存活 10 年。

一般来说，粪便中引起畜禽发病的病原微生物经过堆肥和沤肥处理后，即失去其致病力，但有些病仍可经过施肥而造成感染。因此，患过此类传染病的畜禽粪便，或者深埋，或者通过堆肥经过较长时间腐熟后，再施用到畜禽接触不到的土地上去。否则，就会成为疫病的病源。

粪污未经无害化处理直接进入土壤，当排放的量较少时，可以通过土壤的自然净化来化解污染物；如果污染物排放量超过了土壤的自净能力，便会出现降解不完全和厌氧分解，产生恶臭物质和亚硝酸盐等有害物质，引起土壤的组成和性状发生改变，破坏其原有的基本功能，导致土壤孔隙堵塞，造成土壤透气、透水性下降及板结，严重影响土壤质量。此外，土壤虽对各种病原微生物有一定的自净能力，但进程较慢，且有些微生物还可生成芽孢，更增加了净化的难度，故也常造成生物污染和疫病传播。

三、畜禽养殖业污染防治的基本原则

我国畜禽养殖业由于利润低、风险大，其污染防治不能走工业污染防治和城市污染防治的路子，不能简单地依靠单一的末端治理手段解决畜禽环境污染问题。应该加强宣传，树立新的环境保护理念，防治结合，综合治理，建立与现代化畜牧业相适应的符合国情的畜禽污染防治体系。

2001 年 5 月，国家环境保护总局在颁布的《畜禽养殖污染防治管理办法》（国家环境保护总局令第 9 号）中明确提出了“畜禽养殖污染防治实行综合利用优先，资源化、无害化和减量化的原则。”同年12月，又颁布了《畜禽养殖业污染物排放标准》(GB 18596—2001)，提出了畜禽养殖业应积极通过废水和粪便还田或其他措施对所排放的污染物进行综合利用。国家对养殖粪污实行严格管控并出台了一系列的政策规范，如《畜禽养殖业污染防治技术规范》(HJ/T 81—2001)、《畜禽粪便无害化处理技术规范》(NY/T 1168—2006)、《畜禽粪便安全使用规则》(NY/T 1334—2007)、《畜禽粪便检监测技术规范》(GB/T 25169—2010)、《畜禽养殖废弃物管理术语》(GB/T 25171—2010)、《畜禽粪便还田技术规范》(GB/T 25246—2010)。2017年7月，为深入开展畜禽粪污资源化利用行动，加快推进畜牧业绿色发展，农业部制定了关于印发《畜禽粪污资源化利用行动方案（2017—2020年）》的通知。到2020年，建立科学规范、权责清晰、约束有力的畜禽养殖废弃物资源化利用制度，构建种养循环发展机制，畜禽粪污资源化利用能力明显提升，全国畜禽粪污综合利用率达到75%以上，规模养殖场粪污处理设施装备配套率达到95%以上，大规模养殖场粪污处理设施装备配套率提前一年达到100%。畜牧大县、国家现代农业示范区、农业可持续发展试验示范区和现代农业产业园率先实现上述目标。

（一）减量化原则

根据我国畜禽养殖业污染物排放量大的特点，通过多种途径，采取清污分流、粪尿分离等手段削减污染物的排放总量。将雨水和清洗粪便的废水利用不同管道进行收集和传输，将畜禽的粪、尿分别以不同的方式和渠道收集、堆放和处置。

1. 采取农牧结合方式来收集、处理、消纳和控制养殖业的污染物 当地的畜牧兽医职能部门要合理地规划养殖结构，限制畜禽的饲养量，减少污染物的土壤负荷，减少营养素（氮、磷）或有毒残留物、病原体等对水体、土壤的污染。

2. 开展清洁生产，减少粪污产生与排放 清洁生产的思路与传统的不同之处在于，过去考虑对环境的影响时，把注意力集中在污染物产生之后怎样处理。而清洁生产则要求把污染物尽可能消除在它产生之前。其核心是从源头抓起，以预防为主来操作生产的全过程。对于养殖全过程来说，通过优化饲料配方，提高饲养技术，改造畜禽舍结构和通风供暖工艺，推行干清粪工艺，建立畜禽养殖场低投入、高产出、高品质的无公害畜产品清洁生产技术体系，这是提高畜禽产品品质，解决养殖场环境污染问题，保证畜牧业可持续发展的根本途径。

3. 环保饲料配方设计 饲料是导致畜禽粪尿污染和畜禽产品有毒有害物质残留的根源。一般日粮配合中，如果不注意饲料中微量的有毒有害物质在畜禽体内的富集和消化不完善物质的排出，它们将会通过食物链逐级富集，增强其毒性和危害；若有毒有害物质向环境排出则对环境造成污染；在畜禽产品中残留，危害人体健康，形成公害。同时，由于氮、磷、铜、锌及药物添加剂等物质排出后，一方面在土壤中日积月累地富集，造成集粪的表土层和地下水质恶化，另一方面消化不完全的营养物质发酵增加了臭气的浓度，恶化了人们的生活环境。因此，配制无臭味、消化吸收好、增重快、疾病少、磷及其他重金属元素排放少的生态营养饲料则是标本兼治的有效措施。其步骤：①选购符合生产绿色畜禽产品要求和消化率高的饲料原料；②尽可能准确估测畜禽对营养的需要量和营养物质的利用率；③采用营养平衡配方技术，饲料中各种营养物质之间保持平衡和适宜的比例关系对充分发挥各种营养物质在畜禽生产中的作用十分重要；④添加酶制剂、微生态制剂等促消化添加剂来提高饲料的利用率，如添加植酸酶、蛋白酶、聚合酶等能促进营养物质的消化吸收，添加微生态制剂通过调节胃肠道内的微生物群落，能促进有益菌的生长繁殖，对提高饲料利用率作用明显；⑤不使用高铜、高锌日粮；⑥使用除臭剂，减少畜禽粪便臭气的产生；⑦采用基因工程、细胞工程、酶工程和发酵工程等生物技术来消除饲料中的抗营养因子、毒素等。

（二）无害化原则

环境无害化技术（EST）是减少污染、合理利用资源、节约能源与环境相容的技术总称。环境无害化技术包括生产过程技术和末端治理技术，它涵盖了技术诀窍、生产过程、产品和服务、装备以及组织与管理的整个过程。无害化处理污染物符合资源短缺的现状；符合资源的再生利用的要求；符合环境污染治理与生态保护的要求；符合国际环境保护发展趋势的要求。

1. 有害微生物的无害化消毒技术 畜禽粪便污染物中包含大量的粪大肠菌群、蛔虫卵、细菌、病毒等对环境及人体健康有害的微生物种群，对畜禽粪便污物进行无害化处理时必须对这些微生物进行有效的无害化处理，以达到保护环境和人体健康的效果。

（1）厌氧消毒。厌氧消毒的原理是利用厌氧反应中厌氧菌生长、繁殖过程中或无氧呼吸分解其他污染物所释放的热量改变一些病原微生物的生活性状而杀死病原微生物或者使一些有毒有害物质降解失去或降低生理毒性的消毒过程，如厌氧发酵消毒。畜禽粪便沼气工程是厌氧发酵处理的核心技术，如在35～55℃厌氧条件下将粪水中的微生物降解为沼气和二氧化碳，达到产生能源和杀灭粪水中病原微生物的双重作用。

（2）紫外线消毒。紫外线能量较低，不能引起被照物体原子的电离，仅产生激发作用。紫外线照射使微生物诱变和致死的主要作用是引起核酸组成中胸腺嘧啶（T）发生化学转化作用，从而使微生物DNA失去应有的活性（转录、转译）功能，导致微生物的死亡。另外，不同类别的微生物对紫外线的抗力不同，其中细菌芽孢对紫外线抗力最强，革兰氏阳性菌较为适中，支原体、革兰氏阴性菌对紫外线抗力最弱。

（3）化学消毒。通常把用化学药物杀灭病原微生物的方法称化学消毒法。用于消毒的化学药物称为化学消毒剂。常用的高效消毒剂有过氧化物类（过氧乙酸、过氧化氢、臭氧等）、醛类（甲醛、戊二醛）、环氧乙烷、含氯消毒剂（有机氯类、无机氯类）等；中效消毒剂主要是能杀灭部分细菌繁殖体、真菌和病毒，不能杀灭细菌芽孢的消毒剂（乙醇、酚类）；低效消毒剂主要指只能杀灭部分细菌繁殖体、真菌和病毒，不能杀灭结核杆菌、细菌芽孢和抗力较强的真菌和病毒的消毒剂。

2. 畜禽粪便中重金属及抗生素的污染及防治 由畜禽饲料和添加剂带来的畜禽产品中重金属残留对人类的健康危害越来越严重。畜禽粪便中的重金属主要来源于含重金属的饲料，还有部分来源于人们将重金属作为微量元素来饲喂畜禽或治疗畜禽疾病。列入饲料污染物的重金属元素主要是指镉、铅、汞及类金属砷等生物毒性显著的元素。它们在常量甚至微量的接触条件下即可产生明显的生理毒害作用。

为了防治畜禽的疾病，促进幼畜禽生长和短期增肥，保证畜禽的健康和生产性能，多在饲料中添加抗生素以及其他药物。抗生素随饲料进入畜禽体内后有两个去向，一是大多数的抗生素经肾过滤后，随尿液排出体外，混合在粪便当中，若将其作为肥料施用，其中的抗生素排放到土壤中后，能毒害微生物和植物，破坏土壤的生态平衡；被植物吸收富集、浓缩，随食物链迁移，最终会对人和畜禽产生毒副作用，若被雨水冲刷入河流、湖泊或渗入地下水，进而造成水体污染，污染物又随水源进入人体，毒害人类。二是少量没被排出的抗生素残留在畜禽体内。残留在畜禽体内的抗生素失去抗菌作用，最终随着畜禽产品进入人体内，对人体有毒害作用。随着药物的经常性使用，微生物的耐药性增强。为了治好患病畜禽，药物的用量逐渐加大，药物在畜禽体内的积累与残留也逐渐加大，最终导致食用畜禽产品的人体受到一定程度的伤害。

（三）资源化原则

资源化利用是畜禽粪便污染防治的核心内容。畜禽粪便经过处理可作为肥料、饲料、燃料等，具有很大的经济价值。如畜禽粪便中含有农作物所必需的氮、磷、钾等多种营养成分，是很好的土壤肥料来源，尤其是在绿色食品生产中，科学使用有机肥更为适合。同时畜禽粪便中含有许多未被畜禽消化利用的营养成分，可以通过无害化处理后作为饲料，也可以作为发电厂、加工厂的燃料。

任务2　粪便的无害化处理与资源化利用

知识目标

1. 知道养殖场粪污无害化处理与资源化利用的主要方法。
2. 熟悉粪污肥料化处理的主要方法。
3. 熟悉腐熟堆肥处理法的原理、需要的条件、评判标准。
4. 掌握发酵床堆肥处理方法的工艺流程。
5. 掌握槽式堆肥发酵的处理方法及工艺。

能力目标

1. 能根据当地具体条件，选择合理的妥善处理畜禽粪便方法。
2. 会具体操作料槽式、好氧高温、机械翻堆粪便发酵技术。
3. 能对堆肥腐熟程度做出正确的判定。
4. 能合理制定养殖场防治粪污污染的控制措施。

随着我国养殖业快速发展，畜禽粪便已经成为我国环境的重要污染源之一。我国养殖粪污大多未经处理而直接排放，导致严重的环境污染，据预测2020年我国畜禽粪便每年排放总量将达到42.44亿t，随着我国养殖业的进一步发展，粪便造成的环境污染将会更加严重，因此，粪便的无害化处理与资源化利用是目前亟待解决的重大民生问题。

畜禽粪便无害化处理是指通过物理、化学、生物学及综合处理的方法，系统地处理养殖场的废弃物以达到净化的目的，并使这些废弃物做到物尽其用，有效地防止对人、畜禽健康造成的危害及对环境可能形成的污染。

粪便中含有丰富的有机物质，经过处理和加工可转化为肥料、饲料和燃料等资源，不仅可解决畜禽养殖场环境污染问题，而且具有显著的经济、社会和生态效益，对促进畜牧业可持续发展，实现农业生产的良性循环有重要意义。粪便的无害化处理与资源化利用有肥料化、饲料化和能源化三种主要方式。

一、畜禽粪便的肥料化

畜禽粪便中含有多种营养成分及大量的有机质，具有改良土壤的结构、提高土壤肥力和农作物产量的作用，在保持农业生产可持续发展及绿色食品生产方面有着重要意义。畜禽粪便无害化处理方法主要有物理法、化学法、生物法三种方法。主要畜禽粪便中的肥料成分含量见表 5-2-1。

表 5-2-1 主要畜禽粪便中的肥料成分含量（%）

类型	水分	有机物	氮（N）	磷（P_2O_5）	钾（K_2O）
猪粪	82.0	16.0	0.60	0.50	0.40
猪尿	94.0	2.5	0.40	0.05	1.00
牛粪	80.6	18.0	0.31	0.21	0.12
牛尿	92.6	3.1	1.10	0.10	1.50
鸡粪	50.0	25.5	1.63	0.54	0.85
鸭粪	56.6	26.2	1.10	1.40	0.62

（一）物理处理法

畜禽粪便的含水量一般为 60%～85%，干燥处理，可使畜粪中的水分迅速减少，含水量降到 15%以下，不仅能更好地保存其中的营养物质，且微生物数量大大减少，也便于运输和贮存。目前，干燥处理主要有日光干燥、高温快速干燥、烘干膨化干燥等方式。

1. 自然干燥 在露天或棚膜条件下，将新鲜畜禽粪便摊在水泥地面或塑料布上，利用太阳能进行干燥处理，粉碎过筛后贮存于阴凉干燥处备用。该方法具有操作简单方便、资金投入少等优点，但需占用较多场地，且阴雨雪天气下无法实施，因此仅适合农村畜禽散养户处理自家畜禽粪便，不能作为集约化养殖场的主要处理技术。

2. 高温快速干燥 采用煤、电产生的热能进行干燥，可在短时间内经 500～550℃或更高温度的作用，将含水量为 60%～85%鸡粪水分降至 18%以下。该法具有不受气候影响、干燥耗时少、能连续大批量生产、产品质量高等优点，但存在能耗较大，干燥过程散发出的氨气、硫化氢、吲哚等气体易造成二次污染等缺点，在当今倡导节能、环保趋势下，该项技术的应用前景不乐观。

（二）化学处理法

化学法包括化学消毒法和化学除臭技术。

1. 化学消毒 利用化学剂对畜禽粪污进行消毒、杀灭病原微生物等的无害化处理方法。此法的优点是操作简单、灵活，处理面积大，但容易引起二次污染。常用的化学消毒剂可分为低效消毒剂、中效消毒剂、高效消毒剂三种。

（1）低效消毒剂是指只能杀灭部分细菌繁殖体、真菌和病毒，但不能杀灭结核杆菌、细菌芽孢和抵抗力较强的真菌和病毒的一类消毒剂。

（2）中效消毒剂是指能杀灭细菌繁殖体、真菌和病毒，但不能杀灭细菌芽孢的一类消毒剂，如乙醇、醛类等。

（3）高效消毒剂又称灭菌剂，主要用于杀灭各种细菌、细菌芽孢、真菌及病毒。常用的药物有过氧化物类（过氧乙酸、过氧化氢、臭氧等）、醛类（甲醛、戊二醛）、环氧乙烷、含氯消毒剂（有机氯类、无机氯类）等。

2. 化学除臭　直接加入氧化性气体（如臭氧）或者通过添加除臭剂、遮蔽剂、中和剂、吸附剂的方法对粪便进行除臭处理，消除畜禽粪污臭气的方法。使用该除臭技术可以有效地达到氧化有害物质、消除臭气的目的，但运行成本偏高，在实践中无法大规模运用。

（三）生物处理法

1. 腐熟堆肥处理法　腐熟堆肥是一种好氧发酵处理粪便的方法。在堆肥发酵过程中，利用好氧微生物将复杂有机物分解为稳定的易被植物吸收的简单化合物（腐殖土），大量无机氮被转化为有机氮的形式并被固定下来，形成了比较稳定一致且无臭味的产物，形成高效有机肥料。

（1）腐熟堆肥原理。腐熟堆肥是将粪便与垫草等固体废弃物混合堆积起来，通过控制粪便的水分、pH、碳氮比、空气、温度等环境条件，使微生物大量生长繁殖，进而使畜禽粪便中复杂有机物降解为易被植物吸收的无机质和腐殖质的过程。此过程要经过生粪→半腐熟→腐熟→过熟 4 个阶段，即粪肥中有机物质在微生物作用下进行矿质化和腐质化的过程。

矿质化也就是速效养分释放的过程，是微生物将有机质变成无机氧分并释放能量的过程；腐殖化则是粪肥熟化的标志，也即是无机物再合成生物体的过程。各种畜禽粪肥种类不同，但所含有机物主要是糖类和含氮化合物。在堆肥的外层有机物进行有氧分解，含氮化合物经硝化细菌作用最终被氧化成硝酸，于是使粪肥达到矿质化；在堆肥内部由于水分过多或压紧形成局部厌氧条件，几乎没有硝酸盐产生，有机质变成腐殖质。所以此时粪肥既有大量速效氮被释放，能闻到臭味，又有腐烂黑色的腐殖质，这表明粪肥已腐熟，其腐熟度比较高。

一般而言，粪便堆肥腐熟初期，由于微生物对有机物的不断分解，温度由低向高发展。低于 50℃为中温阶段，堆肥内以中温微生物为主，主要分解水溶性有机物（淀粉和糖类）和蛋白质等含氮化合物。堆肥温度高于 50℃时为高温阶段，此时以高温好热纤维素分解菌分解半纤维素、纤维素等复杂糖类为主。当高温期持续一段时间后，易于分解的有机物已大部分分解，剩下的是木质素等难分解的有机物，这时微生物活动减弱，产热减少，温度下降。堆肥温度下降到 50℃以下，以中温微生物为主，腐殖化过程占优势，含氮化合物继续进行氨化作用，这时应采取盖土、泥封等保肥措施，防止养分损失。

（2）堆肥发酵需要的条件。堆肥发酵成功需要有足够的氧气、适宜的温度、最适含水率、微生物数量、适宜的 pH、堆肥时间等条件。

①氧气。为加速腐熟过程，需要提供足够的氧气，注意好氧环境，以有利于好氧腐生菌活动。一般要求在堆肥混合物中有 25%～30%的自由空间。因此，要求用蓬松的秸秆原料与粪便充分混合，并在发酵过程中经常翻动或留有一定的通气孔。

②温度。堆内温度应保持在 50～70℃，这是监测堆肥发酵过程正常进行的重要指标。粪便堆腐初期，温度由低到高发展。低于 50℃为中温阶段，堆肥内以中温微生物为主，主要分解水溶性有机物和蛋白质等含氮化合物。堆肥温度高于 50℃时为高温阶段，此时以高温好热纤维素分解半纤维素、纤维素等复杂糖类为主。在 65℃时纤维素、半纤维素分解最烈。若温度过低，表明微生物活动不够，分解作用缓慢，需检查其他条件是否适当，以保持发酵过程的顺利进行。

③含水率。堆肥发酵最适含水率 50%～65%，低于 30%微生物增殖受抑制，高于 75%空隙率低，氧气不足，好氧发酵不完全，所释放的能量不足以使温度上升到 50℃。

④碳氮比。堆肥中微生物的生长需要有碳，蛋白质的合成需要有氮，平均每利用 30 份碳需 1 份氮。适宜的堆肥物料碳氮比（C/N）为（26～35）：1。碳氮比大于 35：1 时，则分解效率低，需时长；低于 26 时，则过剩的氮会转变成氨气逸散于大气而损失。各种畜禽粪的碳氮比大致为：鸡粪为（7.9～10.7）：1，牛粪为 21.5：1，猪粪为 7.14：1，羊粪为 12.3：1，马粪为 13.4：1。由此可见，一般畜禽粪便的碳氮比均不足，制作时可加入杂草、秸秆等以提高碳氮比。

⑤微生物数量。堆肥发酵的有关微生物在畜禽粪便中有很多，主要包括丝状菌及放线菌。堆肥开始由中温性细菌、丝状菌先分解糖类、蛋白质后产生高温；其次，再由丝状菌及放线菌等分解；之后再经中温性微生物继续分解而腐熟。

⑥适宜 pH。堆肥微生物喜微碱性，即 pH 为 7.0～8.0 适宜。

⑦堆肥时间。堆肥时间主要影响粪肥的安全性、稳定性和无害化程度。猪粪、牛粪需3～4 周；鸡粪需 2 周，其有机质残留比较稳定，但达到完全腐熟需要更长时间（2～3 个月）。

（3）堆肥腐熟程度的判定。判定堆肥腐熟程度主要从测定堆肥温度、有机质分解、肥料质量 3 个方面指标来评价。

①测定堆肥温度：堆肥发酵过程产热，数天内温度急速上升。一般堆体温度应控制在 60℃左右，超过 70℃则会造成过熟。高温持续几天后下降，经过几次堆温上升、下降之后，堆温已不再上升，即可认为堆肥腐熟。

②有机质分解：堆肥处理过程，有机质因不断分解而减少。经过一段时间有机质残存率呈稳定不变时，可认为堆肥腐熟。

③肥料质量：外观呈暗褐色，松软无臭。首先是观察苍蝇滋生情况，如成蝇的密度、蝇蛆死亡和蝇蛹羽化率，其次是大肠杆菌值及蛔虫卵死亡率（表 5-2-2）。

表 5-2-2　高温堆肥法卫生评价标准（建议）

项　目	蛔虫卵死亡率（%）	大肠杆菌值（CFU/mL）	苍　蝇
卫生指标	95～100	10^{-2}～10^{-1}	有效地控制苍蝇滋生

堆肥作为传统的生物处理技术经过多年的改良，现正朝着机械化、商品化方向发展，设备效率也日益提高。在堆肥处理过程中产生的大量热量可使堆内温度达 60～70℃，并能持续较长一段时间，有效地杀灭了粪便中的各种致病菌和寄生虫卵，达到无害化的要求。消除了对作物生长及对人和畜禽健康的影响。例如新鲜猪粪中含有多种病原微生物，通过腐熟堆肥基本上都可以将它们杀死，堆肥化处理是国内外采用最多的固体粪便无害处理方法。

2. 发酵床堆肥处理　发酵床技术是好氧发酵堆肥技术的演变，畜禽在生长过程中，粪尿都排泄到垫料（秸秆、锯末、谷壳、米糠等）上，垫料里的有益微生物能够迅速有效地对粪尿进行降解消化，将其转化为有机物和水分，不产生任何有毒气体。它是一种无污染、零排放的有机农业技术（图 5-2-1、图 5-2-2）。垫料经进一步高温发酵无害化处理和腐熟后，可重复使用，一般垫料可以重复使用 3 年。清出的垫料可以生产有机肥，用于果树、农作物，达到循环利用、变废为宝的效果。

图 5-2-1　发酵床猪舍制作

图 5-2-2　发酵床猪舍

下面以养猪应用为例进行介绍。

（1）工艺流程。利用高效复合微生物菌剂（有效菌种），按一定比例与秸秆、锯末、稻壳等垫料以及一定量的辅助材料混合、发酵形成有机垫料，填充到经过特殊设计的圈舍里。猪长期生活在有机垫料上，由于猪的运动和人为翻动，其排泄物能够与有机垫料充分混合和充氧，并被好氧微生物迅速降解、消化、吸氨固氮而形成有机肥料。有机肥料可以直接施于果园、菜地或粮田，也可以进一步加工出售。工艺流程见图 5-2-3。

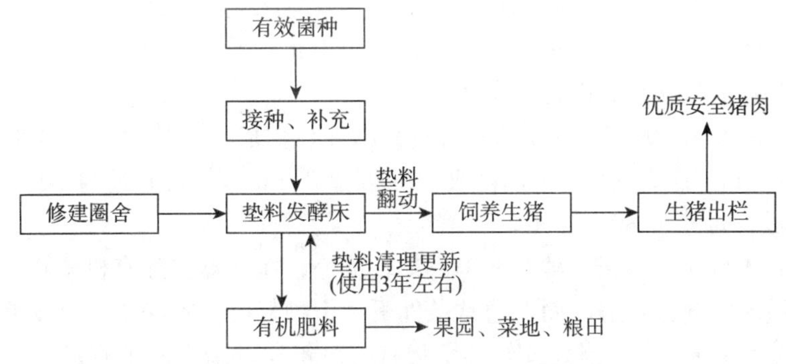

图 5-2-3　发酵床工艺流程（以养猪为例）

（2）发酵床猪舍的设计要求。发酵床养猪，猪排泄的粪便和尿液中的有机物和水分，通过垫料微生物发酵产生的热量和水蒸气而挥发掉，适合的猪舍是发酵床养猪技术取得成功的重要保障。因此，对发酵床猪舍设计有一些特殊要求。

①通风性能要良好。在设计发酵床猪舍时，要加强猪舍的通风设计，以便降温和除湿。猪舍净高应达到 3.5～4.0m；自然通风的猪舍要加大南、北墙窗户尺寸，增大过风面积和流量。当猪舍跨度大，自然通风无法满足要求时，一定要采取机械通风；采用密闭式猪舍（产房、保育舍），要设计好机械通风、降温设备。冬季，为了保温，猪舍需要关闭窗户，舍内的相对湿度就会增加，因此，发酵床猪舍还应安装换气排风机或在屋顶安装无动力风机。

②合理设计采食台。宽采食台，混凝土硬化地面，采食台宽度为 1.5～2.5m，面积占猪舍的 20%～30%，为猪采食、活动与休息的场所，适用于南方气温较高地区；条形采食台，猪采食时饲料掉在采食台上便于收集，采食台宽度为 0.15～0.25m，适用于北方寒冷地区。

③合理安装饮水器。饮水器安装在南侧采食台上，有利于冬季饮水保温。每 15～20 头猪安装 1 个，在饮水器下方设向外倾斜平台、排水沟，以便将猪在饮水过程中洒下的水排到猪舍外。

④垫料池设计应合理。垫料的厚度根据饲养的猪日龄不同而不同，一般为 0.5～0.9m，垫料池的挡墙高度应比垫料的表面高度高 0.2～0.3m；要防止猪舍外雨水和地下水渗透到垫料中；水泥池底要设计 1%～1.5%的坡度，并做好垫料池内、外排水设计；要有便于机械设备进入垫料池的通道，垫料在运行中要经常翻动，每个垫料池设计 2.5m 宽通道；可设计单个栏垫料池、多个栏垫料池。

此外，对垫料进出口，通气与渗滤液排放口，渗滤液收集池也要合理地设计。在靠发酵床的外墙设置垫料进出口、通气与渗滤液排放口，在猪舍外设置渗滤液收集池。垫料进出口主要是方便垫料进出和发酵床清理，一般宽度为 1.2～3.0m，数量依据猪舍大小设置，一般 10m 宽的猪舍设置 5～6 个即可。平时作为通气孔，当垫料水分过高时作为渗水孔。为保护猪舍外环境，在猪舍外墙挖 1.2～1.5m 深的收集池，渗滤液通过明沟流入收集池。收集池上要加盖防护，明沟及收集池均要高出地面 15cm，以免雨水倒灌。

（3）发酵床形式与厚度。发酵床有地上式、地下式和半地下式 3 种。地上式发酵床优点是能够保持猪舍干燥，防止高地下水位地区雨季返潮，但建设成本较高，适用于南方地区以及江、河、湖、海等地下水位较高的地区；地下式发酵床优点是建设成本相对较低、保温性能好，但透气性较差，且日常养护成本较高，适用于北方干燥或地下水位较低的地区（图 5-2-4）；半地下式则介于地上式和地下式之间。

地上式垫料高度为 50～100cm，保育舍舍 50cm，育成、母猪舍 80～100cm。地下式垫料高度为 40～80cm，保育舍 40cm，育成、母猪舍 80cm。半地下式为 50～90cm，保育舍 40～50cm，育成、母猪舍 80～90cm。

由于干燥的垫料（如稻壳、鲜锯末等）都较疏松，在计算实际有机垫料的用量时，必须多于预算的体积才能进行发酵。而在通常条件下，生物有机垫料经微生物发酵后，总体积高度就会自然下沉 10cm 左右，当发酵好的生物有机垫料经过猪多次地踩踏后，自身体积又将下沉 10～12cm。因此，在实际养殖操作过程中，在生物有机垫料发酵前计算制作体积时，

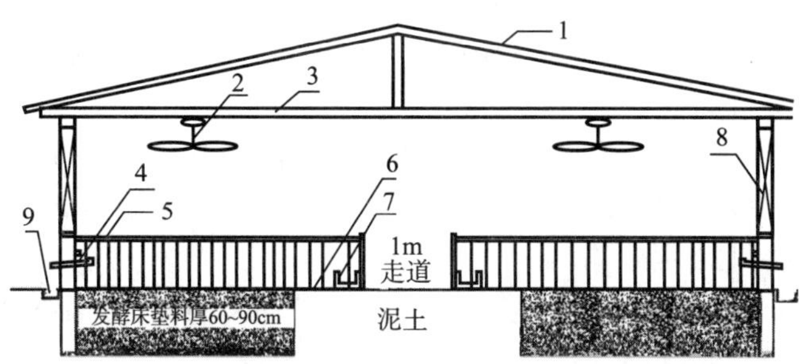

图 5-2-4　双列地下式发酵床猪舍剖面图

1. 采用透气瓦片，如不透气需设排气孔　2. 吊扇或壁扇　3. 天棚
4. 饮水器下的托盘　5. 猪栏，高 1m，长 4m，宽 3m
6. 猪栏内水泥地面，宽 1m　7. 猪食槽　8. 窗户　9. 排水沟

应当充分考虑到体积可能会减少的部分。各类猪所需生物发酵床垫料厚度、体积和面积参数详见表 5-2-3。

表 5-2-3　各类猪占用生物发酵垫料厚度、面积和体积

猪类别	垫料厚度（cm）	占垫料面积（m^2/头）	占垫料体积（m^3/头）	发酵前垫料厚度最小范围（cm）
妊娠母猪	70～85	1.3～1.5	1.0～1.2	100～114
哺乳母猪	60～65	2.7～3.0	1.5～2.0	80～85
种公猪	60～65	3.6～4.0	2.0～2.4	78～83
保育猪	60～65	0.3～0.5	0.2～0.3	78～83
生长猪	70～80	0.8～1.0	0.8～1.0	100～110
育肥猪	60～80	1.3～1.5	1.0～1.2	78～110
后备种猪（35～65kg）	60～80	0.8～1.0	0.8～1.0	78～110
后备种猪（65～130kg）	60～80	1.2～1.5	1.0～1.2	78～110

（4）发酵床制作与维护。垫料制作应该根据当地的资源状况首先确定主料，然后根据主料的性质选取辅料。原料来源广泛、供应稳定；主料必须为高碳原料；主料水分不宜过高，应便于临时贮存；不得选用已经腐烂霉变的原料；成本或价格低。

计算材料用量：根据不同夏冬季节、猪舍面积大小，以及与所需的垫料厚度计算出所需要的谷壳、锯末、米糠以及益生菌液的使用数量。

垫料堆积发酵步骤：（以谷壳、锯末垫料为例）将未发酵的谷壳、锯末各取 10%备用。第一步，首先按每平方米 2kg 米糠或麸皮加入 1kg 益生菌（液体）均匀搅拌，水分掌握在 30%左右（手握成团、一触即散为宜）。第二步，将搅拌好的原料打堆，四周用塑料布盖严厌氧发酵。室温尽量保持 20～25℃，夏季 2～3d，冬季 5～7d，发酵好的原料发出酸甜的酒曲香味发酵成功。第三步，将发酵好的米糠或麸皮和其余的谷壳和锯末充分混合搅拌均匀，在搅拌过程中，使垫料水分保持在 50%～60%（其中水分多少是关键，一般 50%～60%比较合适，现场实践是用手抓垫料来判断，即物料用手捏紧后松开，感觉蓬松且迎风有水汽说明水分掌握较为适宜），再均匀铺在圈舍内，最上面用干锯末覆盖 5cm 厚，3d 即可使用。第四步，发酵好的垫料摊开铺平，再用预留的谷壳、锯末各 10%混合后，覆盖在上面并整平，厚度约 10cm，然后等待 24h 后方可进猪。

垫料翻动：垫料每 6～9d 翻动 1 次，翻动深度保育猪为 15～20cm、育成猪 25～35cm，通常可以结合疏粪或补水将垫料翻匀，另外每隔一段时间（50～60d）要彻底地将垫料翻动 1 次，并且要将垫料层上下混合均匀。

调节水分：垫料合适的水分含量为 40%～50%，因季节或空气湿度的不同而略有差异，常规补水方式可以采用加湿喷雾补水，也可结合补菌时补水。

经常疏粪：保育猪 2～3d 疏粪 1 次，生长育肥猪和种猪 1～2d 疏粪 1 次。夏季每天都要进行粪便的掩埋，把新鲜的粪便掩埋到 20cm 以下，避免生蝇蛆。

及时补菌：定期补充益生菌液是维护发酵床正常微生态平衡，按 1∶（50～100）倍稀释喷洒，一边翻动猪床 20cm、一边喷洒。

补充垫料：垫料减少量达到 10%后就要及时补充，补充的新料要与发酵床上的垫料混合均匀，并调节好水分。

3. 好氧堆肥处理 好氧堆肥是指好氧微生物在与空气充分接触的条件下，使堆肥原料中的有机物经过分解代谢和合成代谢，同化作用和异化作用，最终使有机物转化为简单而稳定的水、二氧化碳、氨和腐殖质的过程。粪便通过好氧堆肥后还田，是养殖场固体粪便利用的效果较好、投资较少的一种模式。

（1）好氧堆肥的形式。在目前，常见的好氧堆肥系统有条垛式、静态垛式、槽式和反应器系统等形式。

①条垛式系统。将堆肥物料以条垛式、条堆状堆置，在好氧条件下进行发酵（图 5-2-5）。垛的剖面可以是梯形、不规则四边形或三角形。条垛式堆肥的特点是通过定期翻堆来实现堆体中的有氧状态。条垛式堆肥一次发酵周期为 1～3 个月。该堆肥过程由预处理、建堆、翻堆和贮存 4 个工序组成。

图 5-2-5　畜禽粪便条垛式堆肥发酵处理

优点：所需设备简单，投资相对较低；翻堆使堆肥易于干燥，填充剂易于筛分和回用；产品的稳定性相对较好。

缺点：占地面积大；堆腐周期长；需要大量的翻堆机械和人力；需要更频繁的监测，才能保证通气和温度要求；翻堆会造成臭味的散发，影响周围环境；运行操作受气候影响大，冬季则使堆体热量大量散失、温度降低。

②槽式堆肥系统。在静态条垛式堆肥系统上增加翻抛系统，就成为槽式堆肥系统。场地建槽，槽底有风道，槽的顶端有滑行轨道（图 5-2-6），它能更有效地确保高温和病原菌灭活。

优点：与条跺式堆肥系统相比，温度及通风条件得到更好的控制；堆腐时间短，一般为 10～15d；产品稳定性好，能更有效地杀灭病原菌及控制臭味；占地面积也较少；受寒冷气候的影响较小。

缺点：设备投资相对较高；运行成本也较高。

图 5-2-6　槽式堆肥机械翻堆发酵处理

③反应器堆肥系统。反应器堆肥系统是使堆肥物料在部分或全部密闭的反应器（即发酵装置，如发酵仓、发酵塔等）内，控制通风和水分条件，使物料进行生物降解和转化（图 5-2-7）。

特点：在一个或几个容器内进行，机械化和自动化程度较高。

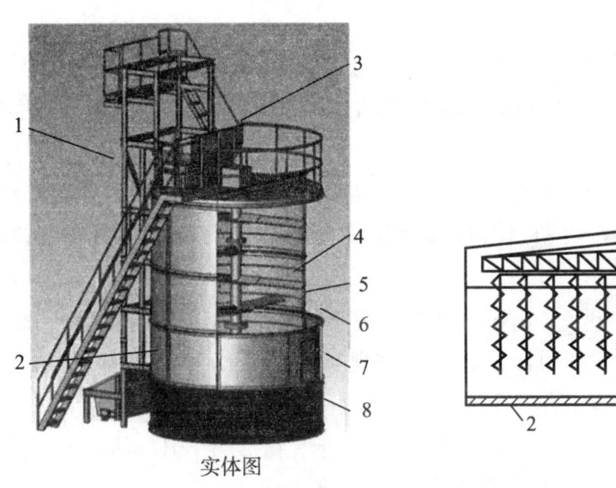

实体图

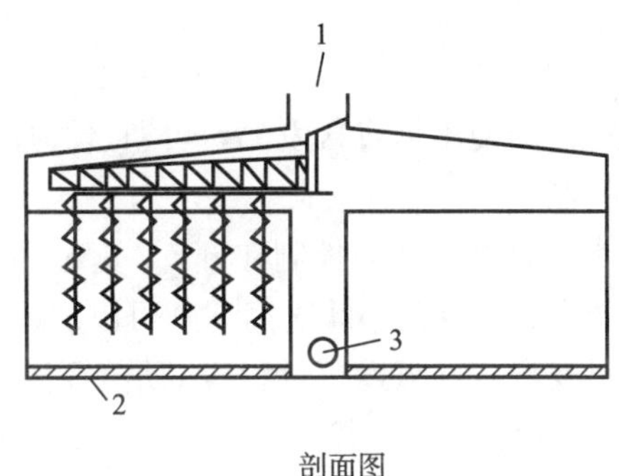

剖面图

图 5-2-7　反应器堆肥系统

1. 料斗升降机　2. 外壁（钢板）　3. 投料料斗　4. 搅拌叶片　5. 内壁（不锈钢）
6. 中间（断热材）　7. 检查口　8. 机器室（动力部）
1. 原料供给口　2. 空气吹出口　3. 排出口

（2）工艺流程。畜禽粪便堆肥通常包括前处理、好氧发酵、后处理和贮存等过程。发酵前需与发酵菌剂、秸秆混合，同时调节水分、碳氮比等指标，发酵过程中不断进行翻堆，从而促使其腐熟。粪便好氧堆肥有机肥生产模式基本工艺流程见图 5-2-8。

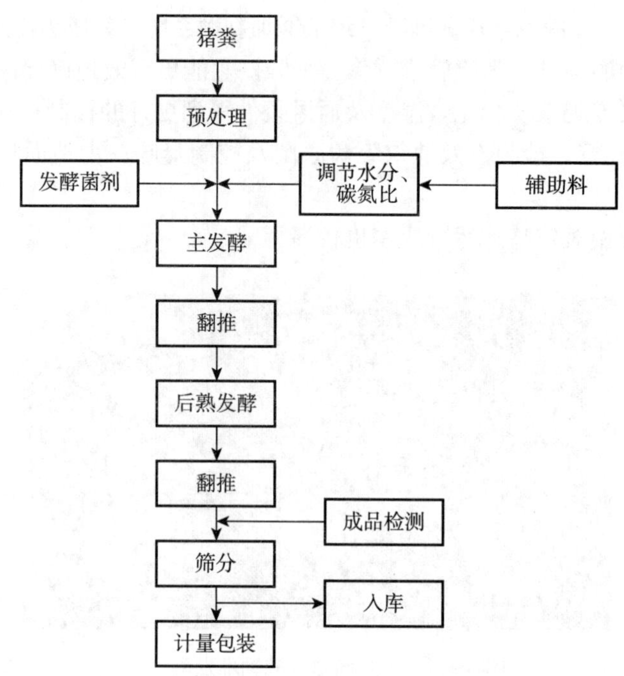

图 5-2-8 好氧堆肥有机肥生产模式工艺流程

一般畜禽粪便的好氧堆肥主要包括预处理、发酵、后处理等工序。

①预处理：畜禽粪便预处理主要是调整水分和碳氮比等条件，使之满足微生物发酵的条件，预处理后应达到下列要求：

a. 堆肥粪便的起始含水率应为40%～60%，水分含量过高，会使空气含量下降，堆温下降，形成发臭的中间产物；水分含量过低则不能满足微生物生长的需要，有机物难以分解，造成腐熟不完全。

b. 碳氮比应为（20～30）：1，一般猪粪的碳氮比为12.6：1，鸡粪的碳氮比为10：1，由此可见畜禽粪便不易直接发酵，可通过添加植物秸秆、稻壳等物料进行调节，必要时需添加菌剂和酶制剂。

c. 堆肥粪便的pH应控制在6.5～8.5，如果粪便pH偏低，可以向堆料中加入少量的熟石灰或碳酸钙；如果pH过高，则可以加入新鲜绿肥或青草，分解产生有机酸。

②好氧发酵：好氧发酵过程应满足下列要求：

a. 发酵过程温度宜控制在55～65℃，且持续时间不得少于5d，最高温度不宜高于75℃，温度过高时，可以通过翻堆、通风等方法进行调节。

b. 堆肥时间应根据碳氮比、湿度、天气条件、堆肥工艺类型及废物和添加剂种类确定。

c. 堆肥物料各测试点的氧气浓度不宜低于10%，氧气浓度过低时时，也可通过翻堆、通风等方法进行调节。

d. 发酵结束后，应符合下列条件：碳氮比不大于20：1；含水率为20%～35%；堆肥应符合《粪便无害化卫生要求》中关于无害化卫生要求的规定；耗氧速率趋于稳定；腐熟度应大于等于Ⅳ级。

③后处理：发酵结束后应对发酵物进行后处理，通常由再干燥、破碎、造粒、过筛、包

装至成品等工序组成，以确保堆肥制品的质量合格。按照《畜禽养殖业污染治理工程技术规范》的要求，堆肥制品应符合下列要求：堆肥产品存放时，含水率应不高于30%，袋装堆肥含水率应不高于20%；堆肥产品的含盐量应在1%～2%；成品堆肥外观应为茶褐色或黑褐色，无恶臭，质地松散，具有泥土气味。

（3）好氧堆肥的特点。其优点是能实现稳定化、无害化，可以避免或减轻粪便大面积堆积、散发臭气、传播疾病，从而避免和减轻对人体和环境造成危害；可以将固体粪便尽快地回归农田纳入自然循环系统，促进自然界物质循环与人类社会化物质循环的统一；能改善土壤的物理的、化学的和生物的性质，使土壤环境保持适于农作物生长的良好状态；另外，堆肥还具有增进肥效的作用。缺点：占地面积大、干燥时间长，且堆肥时产生臭味及环境污染。

该模式工艺适用于能源需求不大，且养殖场周围不具有足够配套土地面积来消纳固体粪便的情况；适用于有条件的大中型养殖企业，在生猪、家禽和奶牛规模化养殖中应用较多。

二、畜禽粪便的饲料化

畜禽粪便中含有多种营养物质，最有价值的营养物质是含氮化合物，合理利用畜禽粪便中含氮化合物，对解决蛋白质饲料资源不足问题有积极的意义。在畜禽粪便中，鸡粪含有较高的蛋白质和丰富的氨基酸种类，是最受关注的一种非常规饲料资源。因此，鸡粪经处理后饲喂牛、羊效果最好。而猪粪、牛粪、羊粪的营养价值不如鸡粪。这是由于牛、羊的消化能力强，而且它们的粪尿分别排泄，非蛋白氮从尿液排出体外，粪中蛋白质的含量很低。同时也是单胃动物和鱼类良好的饲料蛋白质来源。几种畜禽粪便的营养物质含量见表5-2-4。

表5-2-4　几种畜禽粪便的营养物质含量（干物质中）

营养成分	产蛋鸡粪	肉用仔鸡粪	犊牛粪	乳用牛粪	猪粪
粗蛋白质（%）	28	31.3	20.33	12.7	23.5
可消化蛋白质（%）	14.4	23.3	4.7	3.2	—
粗纤维（%）	12.7	16.8	31.4	37.5	14.78
总能（kJ/kg）	14 768	—	19 763	—	19 103
可消化能（kJ/kg）	7 838	10 199	—	—	—
代谢能（kJ/kg）	4 974	9 117	—	—	—
可消化养分总量（%）	52.3	72.5	48	4.5	48
灰分（%）	28	15	11.5	16.1	15.32
钙（mg/kg）	8.8	2.37	0.87	—	2.72
磷（mg/kg）	2.5	1.8	1.6	—	2.13
镁（mg/kg）	0.67	0.44	0.40	—	0.93
钠（mg/kg）	0.94	0.54	—	—	—
铁（mg/kg）	2 000	451	1 340	—	—
铜（mg/kg）	150	98	31	—	62.83
锰（mg/kg）	406	225	147	—	—
锌（mg/kg）	463	235	242	—	530

(一) 鸡粪用作饲料处理方法

鸡粪用作饲料的处理方法主要有干燥法、发酵法、青贮法、生物法等。

1. 高温干燥处理 通过高温、高压、热化、灭菌、脱臭等处理过程，将鲜鸡粪制成高温干燥处理干粉状饲料添加剂。用于粪便干燥的设备种类很多，我国采用微波烘干技术处理鸡粪，其工艺是将鲜鸡粪先脱水 20%，然后置于传送带上，通过微波加热器干燥，脱水效率高而速度快。国外的高温干燥技术是将热气通至鲜鸡粪，初期热气温度为 500～700℃，可使鸡粪表面水分迅速蒸发；中期热气温度降至 250～300℃，使鸡粪内水分不断分层蒸发；末期热气温度降至 150～200℃，使鸡粪中水分进一步减少。这种高温干燥处理安全可靠，能有效地防止疾病的传播。经检测，烘干鸡粪中有害物质铅、砷的含量分别为 25mg/kg、8mg/kg，低于国际规定的不超过 30mg/kg、10mg/kg 的标准。用干燥鸡粪喂牛、猪和鸡，可分别代替 25%～30%、10%～30%和 10%～15%的日粮，同时也可喂鱼。

2. 发酵处理 先配制混合料（按玉米粉 50%、棉粕或菜粕 50%、食盐 0.5%的比率混合均匀），然后将混合料加入鲜鸡粪中，混合料用量应根据鲜鸡粪的含水率来进行调整，调至用手紧握能成团、轻触即散开为度，混合后原料颗粒直径应不大于 1cm。

混合好的待发酵料可堆成梯形，高 60cm、宽 100cm、长度不限，堆积时不可踩压，让其保持松散状态，以保证好氧环境。上面覆盖透气性保温材料，如草帘、麻包等。利用鸡粪中的野生菌发酵产热，温度可达 55～65℃，可以杀灭绝大多数致病菌和寄生虫卵，并能将鸡粪中的非蛋白氮转化为菌体蛋白，同时还可产生其他一些有益的成分，如酶、B 族维生素等。发酵过程中如果温度下降，说明氧气已耗尽，应在堆积 36h 后进行 1 次翻堆增氧，并将表面和底层料翻到中间，以保证发酵均匀。翻堆后 24～36h，就可将发酵料在日光下暴晒干燥。干燥后的鸡粪粉碎后，筛除其中的鸡毛等杂质，装袋备用。

3. 青贮处理 以干燥的鸡粪 50%、青饲料 30%、麸皮 20%的比例，再加少许食盐，装入青贮池或窖中密封发酵，经 4～6 周后即可饲用。也可用秸秆粉 20%、麸皮 10%和鸡粪 70%混合，进行窖内发酵，3～7d 后即可饲用。青贮发酵的饲料，其适口性好、消化吸收率高，是牛羊等反刍动物的理想的饲料。

4. 生物处理 用畜禽粪培养蝇蛆和蚯蚓，再将其加工成粉或浆饲喂畜禽，是营养价值很高的蛋白质饲料。

(二) 鸡粪用作饲料的应用

1. 用鸡粪喂牛、羊 用鸡粪喂牛、羊等反刍动物时，比较好的处理方法是堆贮或窖贮，可以有效地改善饲料的适口性，提高饲料营养价值，且杀灭病原菌及寄生虫卵。这一处理方法类似于制作青贮饲料。因此，鸡粪可以和全株玉米一起做成青贮饲料。但在青贮时，加入的量不能过多，用含 30%（干物质基础）鸡粪的玉米青贮较好。

用鸡粪饲喂牛时，要注意日粮的能量和灰分的含量。因鸡粪能量含量低而灰分含量高，为解决这一问题，应加入高能量的饲料原料，如块根类、谷物、水果加工下脚料和糖蜜，同时增加富含糖类的原料比，可使鸡粪中的非蛋白氮得到充分利用，从而保证以鸡粪为基础的日粮营养成分平衡。

鸡粪喂牛的使用量：奶牛最大用量为 30%，即每天每头牛饲喂 4～6kg 干鸡粪；后备牛、越冬母牛最大用量为 70%；肉牛日粮中，最多可添加占干物质质量 40%的鸡粪。

用鸡粪喂羊时，与牛相似，可充分利用鸡粪中丰富的非蛋白氮。为提高日粮的能量水平，在日粮中补充糖蜜等糖类含量丰富的饲料原料，并满足矿物质需求量。但需特别注意的是：在确定鸡粪垫草的用量时，应以含铜量不超过允许含量为准，因鸡粪垫草中铜的含量较高，易产生毒性。

鸡粪喂羊的使用量：在羊的日粮中使用35%的鸡粪，可基本满足其蛋白质需要量和大部分的能量需要量。对种羊添加量可达50%；生长期的羔羊，在日粮中添加量最高可达70%。

2. 用鸡粪喂猪　国内外有不少试验表明，在猪日粮中加入少量的鲜鸡粪，不但没有什么副作用，而且还可明显地刺激食欲和生长。

利用鸡粪喂猪要注意以下问题：鸡粪所含能量对猪而言较低；鲜鸡粪中真蛋白含量较低（10%左右），且大量的非蛋白氮不能被猪利用。因此，在使用时，需对鸡粪进行适当地处理，并限制添加量。用笼养鲜鸡粪（不含垫料）喂猪，国内有不少资料报道，在日粮中的加入量为4%～7%时效果好；用发酵鸡粪喂猪，鸡粪经发酵处理后，真蛋白的比例提高，在猪饲料中添加发酵鸡粪是利用鸡粪的较好方法。在猪日粮中可加入50%以上的发酵鸡粪，但应注意鸡粪的能量低、矿物质含量高以及其对肉质可能产生影响，因此，一般在日粮中可添加20%以下；对于鲜鸡粪经自然干燥脱臭、过筛、粉碎后喂猪，可用20%的鸡粪代替10%的混合精饲料，饲养效果好。

3. 用鸡粪喂鱼　近年来用鸡粪养鱼的方法在许多发展中国家被迅速推广，利用鸡粪养鱼不但能扩大饲料来源，降低饲料成本，提高经济效益，而且还能减少环境污染，建立良性生态循环系统。

鸡粪为鱼提供了丰富而全面的营养成分，并且某些鱼类（如罗非鱼、鲶、鲢等）利用鸡粪的能力较强。传统上一般直接将鸡粪撒入鱼塘中喂鱼。但在使用时需注意的是：鸡粪进入水体后会对水产生一定程度的污染，特别是鸡粪中的耗氧物质会使水中的溶解氧含量降低。因此，必须对鸡粪进行适当的加工处理并控制其使用量。

随着养鱼业的发展，用鸡粪喂鱼越来越普遍。干燥处理，与其他饲料原料（如面粉、豆饼等）混合可配合成营养成分丰富的颗粒饲料。鸡粪的使用量可达30%，利用这种饲料养鱼，可加快鱼的增长速度，提高产量，降低成本，从而使养鱼生产的经济效益大大提高。

（三）注意的问题

畜禽粪便处理得当，用作饲料是安全可靠的，也具有一定的经济效益，但是，由于受传统观点的影响，人们对鸡粪用作饲料一直有所顾忌。所以畜粪虽然能安全地用作饲料，但使用范围仍然受到一定的限制。

用鸡粪作饲料时，必须注意鸡粪饲料的安全性。鸡粪是一种有害物质的潜在来源，畜禽粪便中不仅常常有许多病原微生物如细菌、病毒、真菌毒素、寄生虫等，而且还有药物（抗生素、磺胺类药物、抗球虫药物等）、激素、矿物元素（如铜、铅、汞、砷等）残留，如不在用作饲料利用之前进行无害化处理，极易造成重复感染或中毒现象；同时由于粪便异味不易完全去除，影响适口性。因此，鸡粪在用作饲料之前，要经过适当的加工处理，并根据鸡粪的营养成分合理控制用量，使日粮的组成尽可能平衡，从而避免鸡粪作饲料对畜禽健康造成影响。

三、畜禽粪便能源化

畜禽粪便作为能源的方式有两种：一种是将畜禽粪便直接焚烧，供应生产用热，这种方法只适用于草原牛、马类动物粪便；另一种是采用以厌氧发酵为核心的沼气能源环保工程，是畜禽粪便能源化利用的主要途径。沼气的主要成分是甲烷，它是一种发热量很高的可燃气体，其热值约为37.84kJ/L，可为生产、生活提供能源，同时沼渣和沼液又是很好的有机肥料。一般养猪场饲养规模在5 000头以上，奶牛场规模在100头以上，鸡场规模在20 000只以上可采用沼气工程来治理畜禽粪便（具体见养殖场污水处理与利用部分内容）。

任务3　养殖场污水处理与利用

知识目标

1. 理解养殖场污水处理的基本原则。
2. 了解污水物理处理法、化学处理法的基本原理。
3. 熟悉养殖场污水生物处理法的工艺流程及要求。
4. 掌握养殖污水发酵制沼的条件、工艺流程。
5. 熟知养殖场主要的污水综合处理与利用模式。

能力目标

1. 根据养殖场的规模和污水处理的基本原则，能选择对污水处理的可行性方案。
2. 能够初步设计人工湿地污水处理系统。
3. 会正确调整生产沼气所需的条件并能正常运行。
4. 能简单设计一种有效的污水综合处理利用模式。

养殖业集约化发展，畜禽的饲养密度和规模不断扩大，在生产过程中，产生的粪便污水不断增加。规模化商品猪场每生产1头肥猪（饲养期180d，体重100kg），约产生4t重的粪便污水；一个年出栏1万头的肥猪生产线，每天清洁地面、冲洗粪沟等而产生的污水总量为100～150m^3；污水中污染物的浓度也很高，其中COD平均在1 500mg/L左右，BOD_5为1 200～1 300mg/L。在当今水资源日趋紧缺，环保意识逐渐提高的情况下，为防止养殖场污水对周围环境水体造成污染，必须有效地加强对养殖场的管理，通过限制应用大量水冲洗畜禽粪、减少地表降水流入污水收集和处理系统等一系列措施，以减少污水产生量。同时，对其进行一定处理，除减少对环境的污染外，可再循环使用，节约用水。

养殖场污水处理的最终目的是将污水处理达到排放标准和可综合利用。污水处理的基本原则：

（1）走种养结合的道路。污水经处理后当作肥料来灌溉农田、果树、蔬菜及草地等，尽量减少畜禽养殖场的污水排放量。

（2）对于养殖场规模小且有土地的偏远地区，尽量采用自然生物处理法。即实行干清粪工艺后，其污水处理可利用当地的自然条件和地理优势，采用投资少、运行费用低的方式处理污水。

（3）对于大中型养殖场，特别是水冲粪养殖场，必须采用厌氧消化为主，配合好氧处理和其他生物处理的方法。

(4) 采用用水量少的清粪工艺——干清粪工艺。使干粪与尿污水分流，减少污水量及污水中污染物的浓度，从而降低污水的处理难度和成本。

(5) 对农村经济比较发达，农业生产已形成规模和专业化经营的地区，可以实施修建大中型沼气工程，使生态环境趋向良性循环。

养殖场污水处理的方法主要有物理处理法（固液分离）、化学处理法（化学沉淀和混凝技术）、生物处理法、生态化处理等方法。

一、物理处理

物理处理法也就是将养殖场产生的污水进行固液分离。一般养殖场排放出来的污水悬浮物（SS）含量很高，如猪场污水悬浮物含量高达160 000mg/L，其有机物含量也高，通过固液分离后，不仅可使液体部分污染物负荷降低，也可防止大的固体物进入后续处理环节，堵塞损坏设备等。固液分离技术主要有筛滤、沉淀等处理法。

（一）筛滤

筛滤是根据粪水中固体物颗粒尺寸的不同进行固液分离的一种方法。固体物的去除率取决于筛孔大小，筛孔大则去除率低，但不易堵塞，清洗次数少；筛孔小则去除率高，但易堵塞，清洗次数多。筛分机有很多类型，最常用的是斜板筛和振动筛。

1. 斜板筛　应用固体物自身的重力把粪水中的固体物分离的一种方法，其主要特点是筛板固定不动（图5-3-1）。斜板筛具有成本低、运行费用低、结构简单和维修方便等优点，但斜板筛固体物去除率低，分离后固体物含水量高达90%左右，不便于运输和深加工，最大的缺点是筛孔易堵塞，需要经常清洗，否则分离性能就会下降，对于放置30d以上的粪便污水几乎很难分离。

2. 振动筛　基本原理和斜板筛相同（图5-3-2），分离机装有高速振动的筛板，可有效地防止筛孔的堵塞，分离机的分离效率与筛孔的直径有关。当筛孔直径为0.75～1.5cm时，固体物的去除率为6%～27%，但对于总固体（TS）含量大于10%粪水，振动筛的分离性能下降。设备的分离性能取决于筛孔尺寸以及粪水的输送流量和粪水的物理特性（固体含量与固体颗粒的分布等）。当粪水的固体含量低于5%时，筛分效果明显。大输送量和大浓度往往堵塞筛孔，致使水分留在固体物内，分离效率降低。

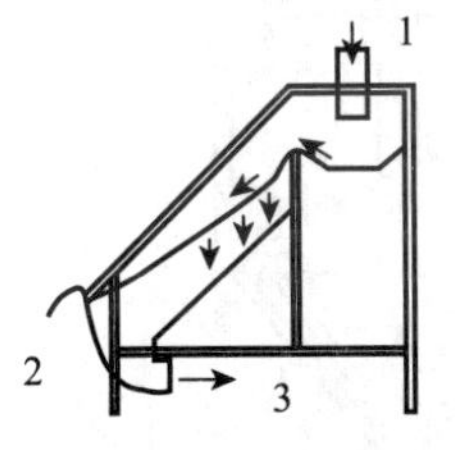

图5-3-1　斜板筛

1. 粪水　2. 固体物　3. 污水

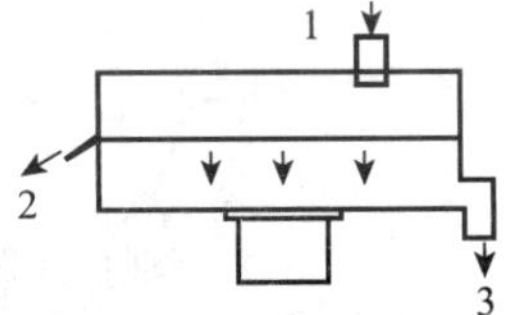

图5-3-2　振动筛

1. 粪水　2. 固体物　3. 污水

（二）沉淀分离

1. 原理　沉淀分离法是利用污水中各种物质密度不同进行固液分离的一种方法。可利用污水在沉淀池中静置时，其不溶性较大颗粒的重力作用，将粪水中的固体物沉淀而除去。

将鸡粪或牛粪以 3∶1 或 10∶1 的比例用水稀释，放置 24h 后，其中 80%～90%的固体物沉淀下来。

沉淀方法除用于固体分离外，还可用于处理液体和活性泥的分离。分离出的液体中有机物含量下降，可用于灌溉农田或排入鱼塘。若粪水中有机物含量仍高，有条件时，再进行生物处理，沉淀一段时间后，在沉淀池的底部，会有一些直径小于 10μm 较细小的固形颗粒沉降而成淤泥，从而进一步地除去污水中的固体颗粒，经沉淀后澄清的水便于下一步处理，减轻了生物降解的负担。

2. 设备 粪水沉淀池可采用平流式或竖流式 2 种。

(1) 平流式沉淀池。如图 5-3-3 所示，平流式沉淀池是长方形，池底呈 1%～2%的坡度，前部设一个粪斗，沉淀于池底的固体物可用刮板刮到粪斗内，然后将其提升到地面堆积。粪水经池一端的进水管进入，经挡板后，水流以水平方向流过池子，粪便颗粒沉于池底，澄清的水经挡板（便于挡住浮渣）再从位于池另一端的出水口流出。

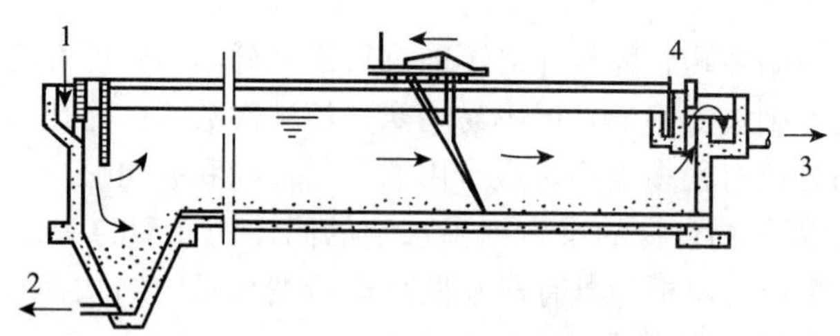

图 5-3-3 平流式沉淀池

1. 流入 2. 排泥 3. 浮渣去除槽 4. 流出

(2) 竖流式沉淀池。如图 5-3-4 所示，竖流式沉淀池为圆或方形，粪水从池内中心管下部流入池内，经挡板后，水流向上，粪便颗粒沉淀的速度大于上升水流速度，则沉落于池底的粪斗中，清水由出口流出。这种沉淀池处理粪水的方法，在我国目前各类养殖场中多采用。

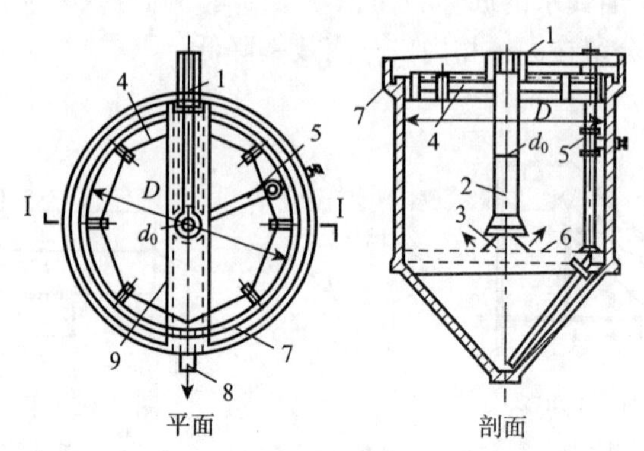

图 5-3-4 竖流式沉淀池

D. 中心管直径 d_0. 中心轴直径

1. 进水槽 2. 中心管 3. 反射板 4. 挡板 5. 排泥管 6. 排泥管

7. 集水管 8. 出水管 9. 桥

目前，养殖场为了有效地处理污水，减少对环境的污染，规模化的养殖场多使用分离机，将粪便固体物与液体分离。分离机的特点是粪水可直接流入进料口，筛孔不易堵塞，省电，管理简便，易于维修，能长期正常运转。通过螺旋挤压固液分离机处理后的干粪渣含水率在30%～60%，适合后续好氧发酵制有机肥，也可作为优质有机肥直接使用。高效绿色农业的快速发展对有机肥等绿色肥料的需求不断扩大，处理后的干粪渣越来越受到欢迎，干粪渣含水率较低，适合较长距离运输。一般规模养殖场都能当天处理当天销售，降低了养殖场粪便处理压力，提高了养殖场的经济效益。

二、化学处理

向污水中加入某些化学物质、利用化学方法对物料进行预处理，使物料中的微小悬浮物絮凝或聚沉，以改变粪水中固体颗粒的聚集状态和几何尺寸，来分离、回收污水中的污染物质，或将其转化为无害的物质。其处理的对象主要是污水中的溶解性或胶体性污染物。常见的混凝剂有石灰、硫酸铝、三氯化铁、碱式氯化铝、有机高分子化合物和聚丙烯酰胺等。具体方法如下：

1. 中和法　利用酸碱中和反应的原理，向水中加入酸性（碱性）物质以中和水体碱性（酸性）物质的过程。养殖场废水含有大量有机物，一般经微生物发酵产生酸性物质，因此，向废水中一般加入碱性物质即可。

2. 混凝法　向废水中投加混凝剂，在混凝剂作用下细小悬浮颗粒或胶粒聚集成较大的颗粒而沉淀，从而使细小颗粒或胶粒与水体分离，使水体得到净化。

用氯化铁和明矾处理粪便污水后，絮凝现象明显，分离速率和质量都显著提高，分离周期短，有效提高了固液分离效率。但目前还没有统一的使用标准，同时，值得注意的是，絮凝剂大部分是无机物，常常带有有毒化学元素，必须进一步中和处理，这成为制约絮凝剂在固液分离中广泛应用的主要因素。

三、生物处理

利用微生物生命过程中的代谢活动，将有机物分解为简单的无机物从而去除有机物的过程称为污水的生物处理。参与污水生物处理的微生物种类很多，包括细菌、真菌、藻类、原生动物等。其中，细菌起主要作用，繁殖力强、数量多、分解有机物的能力强，很容易将污水中溶解性、悬浮状、胶体状的有机物逐步降解为稳定性好的无机物。

根据处理过程中氧气的需求与否，可把微生物分为好氧微生物和厌氧微生物2类。高质量浓度的有机废水必须先行酸化水解厌氧处理之后方可进行好氧或其他处理。

（一）活性污泥法

活性污泥是由多种微生物类群组成的颗粒状絮绒物，好氧微生物是活性污泥中的主体生物，其中又以细菌最多，同时还有酵母菌、放线菌、霉菌以及原生动物和后生动物等，它们共同构成一个平衡的生态系统。

1. 工作原理　向污水中连续鼓入空气，经过一段时间后，污水便形成一种污泥状絮凝体，即活性污泥，活性污泥与废水充分接触混合后，由于活性污泥颗粒有较大的比表面积，其表面的黏液层能迅速吸附大量的有机或无机污染物，吸附过程约在30min内即可完成，可去除废水中70%以上的污染物。被吸附的有机或无机污染物又在微生物酶的作用下，进行分解或合成代谢作用，实现了物质的转化，从而使废水或污水得以净化。

2. 净化过程 活性污泥法由曝气池、沉淀池、污泥回流和剩余污泥排除系统所组成，具体污水净化过程如下：

（1）吸附和分解。曝气池是一个生物反应器，通过曝气设备通入空气，能使进入曝气池的污水和回流的污泥形成混合液并得到充分的搅拌而成悬浮状态。污水中的有机物首先被表面积巨大且表面上含有多糖类黏质层的微生物吸附和粘连，这些将被去除的有机物像一种备用的食物源一样，贮存在微生物细胞的表面，数小时后，这些被微生物吸附在表面的污水有机物进入微生物细胞体内被氧化分解，使细胞获得合成新细胞所需要的能量。污水有机物经氧化分解处理后的最终产物为二氧化碳和水等。当氧供应充足时，活性污泥的增长与有机物的去除是并行的。污泥增长的旺盛时期，也就是有机物去除的快速时期。

（2）凝聚、沉淀。经过曝气池处理的混合液流入沉淀池，活性污泥与污水分离，混合液中的悬浮固体在沉淀池中凝聚、沉淀，净化水流出沉淀池。沉淀池中的污泥大部分回流曝气池，称为回流污泥。从沉淀池中排除的污泥称剩余污泥。回流污泥能使曝气池保持一定的悬浮固体质量浓度，也就是保持一定的微生物质量浓度。剩余污泥中含有大量微生物，定期或不定期排放时应进行无害化处理，防止污染环境。

3. 工艺流程与运行方式 活性污泥法的基本工艺流程如图 5-3-5 所示。活性污泥法的运行方式很多，主要有传统活性污泥法、阶段曝气法、渐减曝气法、生物吸附法、完全混合法、延时曝气法等。

（1）传统活性污泥法。传统活性污泥法又称普通活性污泥法，工艺流程如图 5-3-5 所示。采用长方形廊道式曝气池，进水点设在池首，污水和回流污泥从池首端流入，呈推流式至池末端流出。污水净化过程的第一阶段吸附和第二阶段的微生物代谢是在一个统一的曝气池中连续进行的，进口有机物质量浓度高，沿池长逐渐降低，需氧量也是沿池长逐渐降低，随后污水即进入沉淀池，进行活性污泥与上清液的分离。回流污泥是为了使曝气池内维持足够高的活性污泥微生物质量浓度；曝气池中污泥质量浓度一般控制在 2～3g/L，污水质量浓度高时采用较高数值。污水在曝气池中的停留时间常采用 4～8h，视污水中有机物质量浓度而定。回流污泥量为进水流量的 25%～50%，视活性污泥的含水率而定。

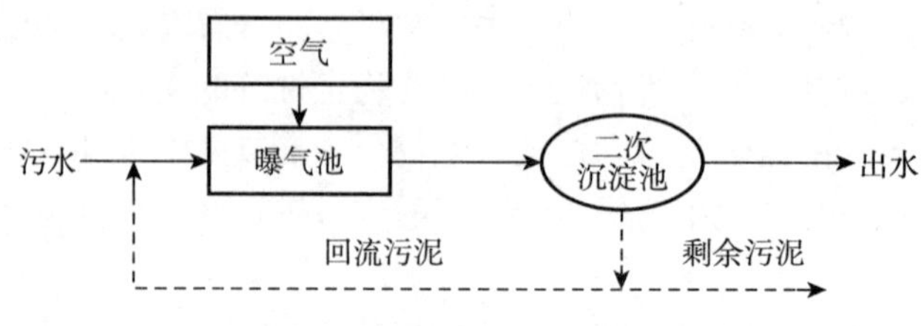

图 5-3-5 活性污泥法基本工艺流程

活性污泥法的 BOD 和悬浮物去除率都很高，可达 90%～95%，适用于处理要求高而水质稳定的污水。不足之处有：对水质变化的适应能力不强；曝气池的容积负荷率低，曝气池容积大，占地面积大，基建费用高。

（2）渐减曝气法。克服普通活性污泥法曝气池中供氧、需氧不平衡的另一种方法是将供气量沿池长方向递减，使供气量与需氧量基本一致，工艺流程如图 5-3-6 所示。

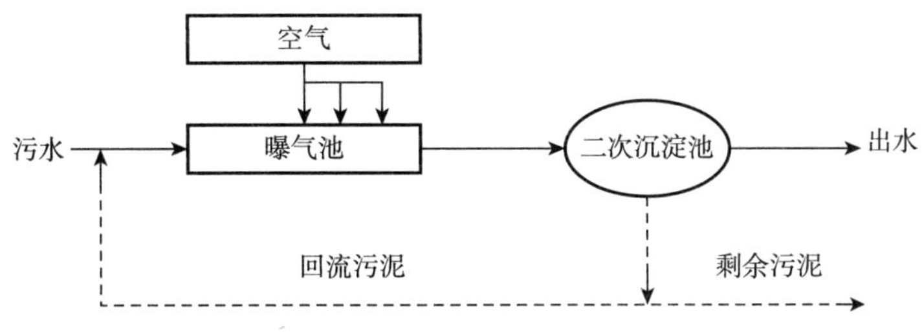

图 5-3-6　渐减曝气法的工艺流程

（3）生物吸附法。生物吸附法又称接触稳定法或吸附再生法。工艺流程如图 5-3-7 所示。生物吸附法的进水集中在池中央某一点，污水与活性污泥在吸附曝气池内混合接触15～60min，使污泥吸附大部分呈悬浮、胶体状的有机物和一部分溶解性有机物，然后混合液进入二次沉淀池。回流污泥先在再生曝气池里进行生物代谢，充分恢复活性后，再进入吸附曝气池同新进入的污水接触，并重复以上过程。吸附曝气池和再生曝气池在结构上可分建，也可合建。合建时前部为再生段，后部为吸附段，污水由吸附段进入池内。

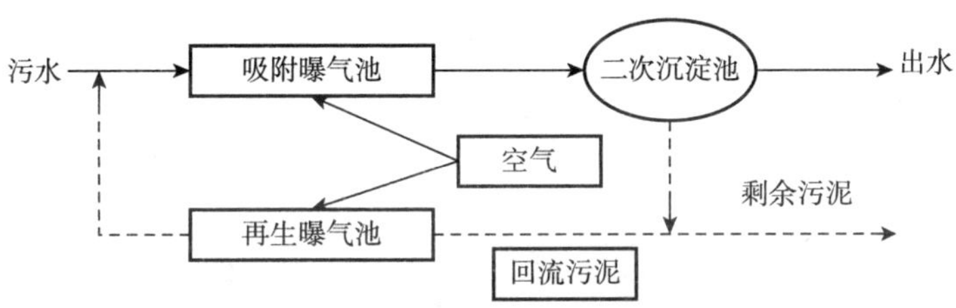

图 5-3-7　生物吸附法的工艺流程

（4）阶段曝气法。阶段曝气法又称逐步负荷法。进水点设在池子前端数米处，为多点进水，工艺流程如图 5-3-8 所示。污水沿池长多点进入，使有机物负荷分布较均匀，从而均化了需氧量，避免了前段供氧不足、后段供氧过剩的缺点，提高了空气的利用效率和曝气池的工作能力。

由于各个进水口的水量容易改变，阶段曝气法运行有较大的灵活性，适用于大型曝气池及质量浓度较高的污水。实践证明，曝气池容积与普通活性污泥法相比可以缩小 30%左右。

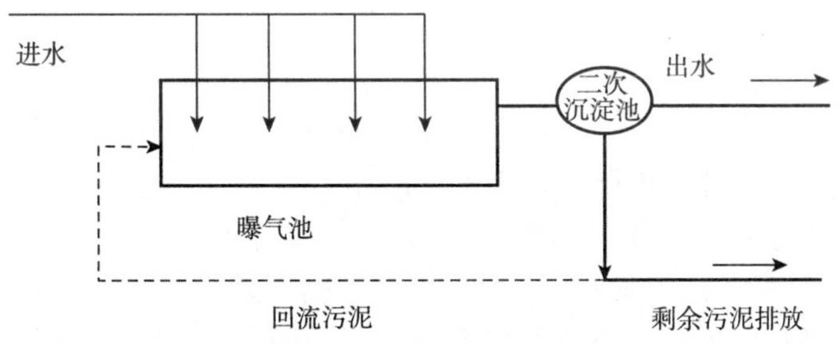

图 5-3-8　阶段曝气法的工艺流程

（5）完全混合法。与传统法的区别在于污水和回流污泥进入曝气池时，立即与池中原有混合液充分混合。完全混合法是目前采用较多的新型活性污泥法。

（6）延时曝气法。延时曝气法又称完全氧化法，即长时间曝气的活性污泥法。采用低负荷方式运行，所需池容积大。由于微生物长期处于内源呼吸阶段，此法既可去除水中的污染物，也氧化了合成的细胞物质，是污水处理和污泥好氧处理的综合构筑物。

该方法的优点是污泥氧化较彻底，脱水迅速且无臭气，出水稳定性高；池容积大，可适应进水变化，受低温影响较小。缺点是运行时曝气池内的活性污泥易产生部分老化现象，占地面积大，曝气量大。此法适应于要求较高而又不便于污泥处理的养殖场污水的处理。

（二）生物膜处理法

生物膜法又称生物过滤法，它是使污水通过一层表面充满生物膜的滤料，依靠生物膜上大量微生物的作用，并在氧气充足的条件下，氧化污水中的有机物。生物过滤的设施又分普通生物滤池、生物滤塔、生物转盘和生物膜接触氧化池等。

1. 普通生物滤池 如图 5-3-9 所示。生物滤池内设有用碎石、炉渣、焦炭或轻质塑料板等铺设的滤料层，污水进入后，其中的悬浮物和胶体物质被滤料截留，使微生物大量繁殖，逐渐形成菌胶团、真菌菌丝和部分原生动物组成的生物膜。生物膜的生物区系由酵母菌、放线菌、霉菌、藻类、原生动物、后生动物以及肉眼可见的其他生物等群落组成，是一个稳定平衡的生态系统。生物膜大量吸附污水中的有机物，并在通气良好的情况下进行氧化分解，达到污水净化的目的。

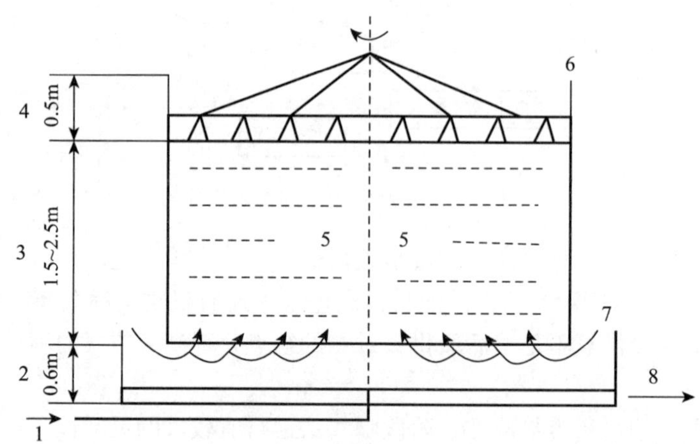

图 5-3-9 生物滤池的结构示意

1. 进水 2. 出水区 3. 净水区 4. 投料区 5. 滤床 6. 布水器 7. 通风 8. 出水

2. 生物滤塔 如图 5-3-10 所示。滤塔分层设置盛有滤料的格栅，污水在滤料表面形成生物膜，因塔身高，使污水与生物膜接触的时间延长，更有利于生物膜对有机物质的吸附和氧化分解。猪场污水经处理后，其 COD 由 5 300～32 500mg/L 降为 900～1 400mg/L。因此，生物滤塔具有效率高、占地面积少、造价低的优点。

3. 生物转盘 如图 5-3-11 所示。是由装在水平轴上的许多圆盘和氧化池槽组成的。盘片材料可用聚乙烯塑料、玻璃钢、金属板等制成。圆盘的下半浸在氧化槽内的污水中，上半部露在大气中。污水从氧化池中流过时，微生物即在盘表面形成生物膜，当圆盘缓慢转动时，生物膜交替接触空气和水，使污水中的有机物不断被微生物氧化分解，污水得以净化。据测定，污水 BOD_5 为 1 300mg/L 时，经一级转盘处理后，BOD_5 降为 310mg/L；经二级处理后，BOD_5只有33mg/L，去除率为90%。

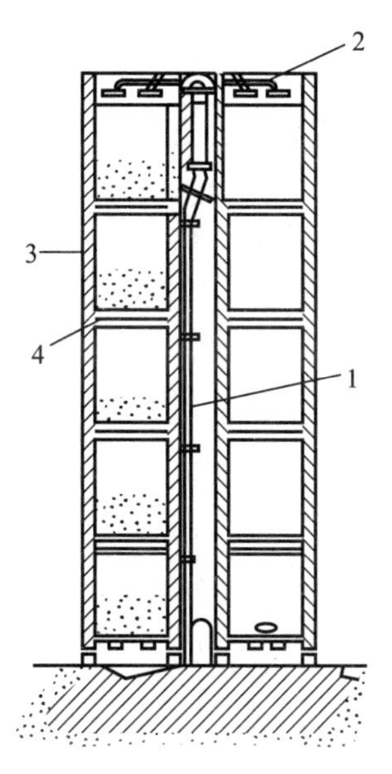

图5-3-10　生物滤塔

1. 进水管　2. 布水器　3. 隔板　4. 滤料

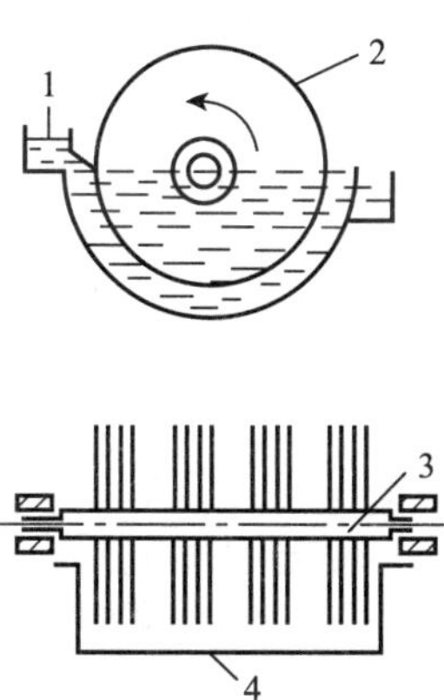

图5-3-11　生物转盘示意

1. 进水　2. 盘片　3. 转轴　4. 氧化塘

4. 生物膜接触氧化池　又称接触曝气法。是在生物氧化池内设置填料，经过充氧的污水以一定速度流经填料，使填料上长满生物膜，污水与生物膜接触，在生物膜的吸附和氧化分解下得以净化。接触氧化法具有生物膜法的基本特点，但又与上述一般生物膜法不尽相同。一是供微生物栖附的填料全部浸在污水中，所以这种生物滤池又称淹没式生物滤池。二是采用机械设备向污水中充氧，不同于一般生物滤池靠自然通风供氧。三是污水中同时存在2%～5%的悬浮态活性污泥，对污水也起净化作用。因此，接触氧化池是一种具有活性污泥特点的生物膜，兼有生物膜法和活性污泥法的优点，对污水的净化效果更好。

我国生产的接触氧化构筑物多为直流式。其特点是：直接在填料底部鼓风曝气，上升气流的强烈搅动，加速了生物膜的更新，使其经常保持较高的活性，而且能克服阻塞现象。图5-3-12为直流式接触氧化池示意。

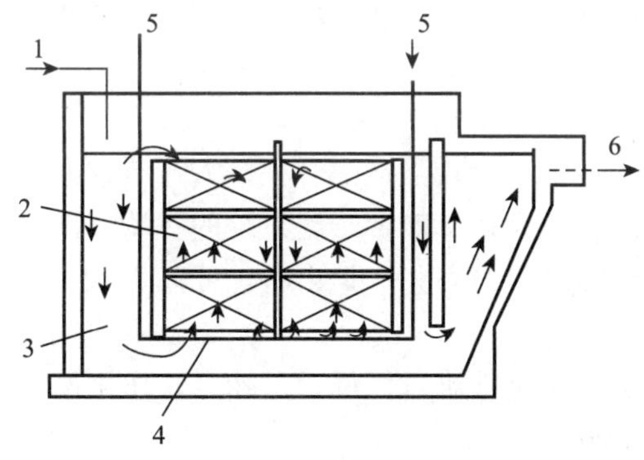

图5-3-12　直流式接触氧化池示意

1. 原水　2. 氧化区　3. 回流区　4. 曝气管　5. 空气　6. 处理水

（三）生物稳定塘处理法

又称氧化塘，它是一个菌藻共生的生态系统。是指污水中的污染物在池塘处理过程中反应速率和去除效果达到稳定的水平。其原理是污水或废水进入塘内后，在细菌、藻类等多种生物的作用下，发生物质转化反应，如分解反应、硝化反应和光合反应等，达到降低有机污染成分的目的。

稳定塘的深度为十几厘米到数米，能较好地去除有机污染成分（表 5-3-1）。通常是将数个稳定塘结合起来使用，稳定塘法处理污水、废水的最大特点是所需技术难度低、操作简便、维持运行费用少，但占地面积大是推广稳定塘技术的一大困难。

表 5-3-1　稳定塘的去污效果

参数项	好氧塘	兼性塘	厌氧塘	曝气塘
塘深（m）	10.5～0.5	0.9～2.4	2.4～3.0	1.8～4.5
BOD 负荷（g/m^3）	11.2～22.4	2.2～5.6	35.6～56.0	3.4～11.2
BOD 去除率（%）	80～95	75～95	50～70	60～80
停留时间（d）	2～3	7～50	30～50	7～20

稳定塘是粪液的一种简单易行的生物处理方法，是人工强化措施和自然净化功能相结合的新型技术，可用于各种规模的养殖场。根据稳定塘内溶解氧的来源和塘内有机污染物的降解形式可分为好氧塘、兼性塘、厌氧塘、曝气塘和水生植物塘等组合。

1. 曝气塘　是利用曝气机将氧气充入生物塘，使粪便中好氧微生物生长、繁殖，对其中有机物进行分解。曝气机运转时充气并与塘水混合，可使氧气遍布塘内，但较重的固体物仍沉积于塘底，进行厌氧分解。

生物塘的池深一般为 3～4m，池面上设置曝气机，曝气机的设置如下：

一种是浮在水面上的曝气机从塘中抽水向四周喷水携带氧入水内，也可由曝气机的顶端抽气，然后喷气入池的中层。另一种是在池的一侧安装空气压缩机，将空气压入池底的扩散管中，从管上孔眼充氧入池。充气塘的深度至少 3m，深些有利于水的混合，粪水在池中一般贮存 10d，结冰时为 20d。这种充气生物塘无臭味，较适用于经沉淀处理后的养殖场污水或稀释度较大的粪水。

2. 厌氧塘　如图 5-3-13 所示。厌氧塘的原理与其他厌氧处理过程一样，依靠厌氧菌的代谢功能，使有机物得到降解。反应分为两个阶段：首先由产酸菌将复杂的大分子有机物进行水解，转化成简单的有机物（有机酸、醇、醛等）；然后产甲烷菌将这些有机物作为营养物质，进行厌氧发酵反应，产生甲烷和二氧化碳等。

优点：有机负荷高，耐冲击负荷较强；池容积较大，节省占地面积；所需动力少，运转维护费用低；贮存污泥的容积较大；一般置于塘系统的首端，作为预处理设施，在其后再设兼性塘、好氧塘甚至深度处理塘，做进一步处理，可以大大减少后续兼性塘和好氧塘的容积。

缺点：温度无法控制，工作条件难以保证；臭味大；净化速率低、污水停留时间长，污水的水力停留时间为 30～50d。

3. 兼性塘　如图 5-3-14 所示。即生物塘表层为好氧层，底层为厌氧层，好氧菌与厌氧菌均对有机物进行分解发酵。在未结冰时期，塘内有一条界线分明的热分界线，可防止上下

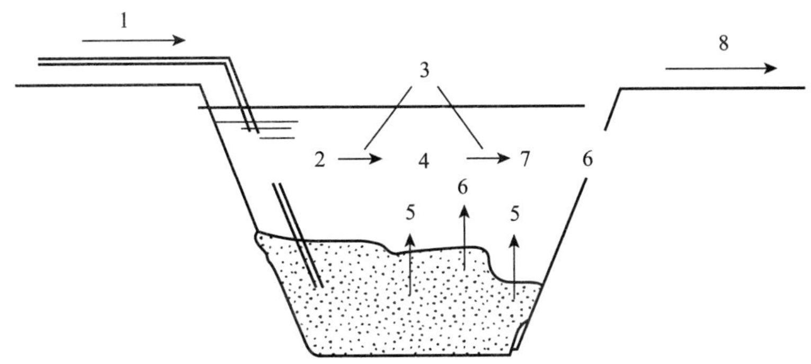

图 5-3-13　厌气塘作用机理示意

1. 进水　2. 有机物　3. 细菌　4. 有机酸　5. 氨气　6. 二氧化碳　7. 甲烷　8. 出水

塘水混合。好氧层中氧的含量随昼夜转换而变化，有阳光时可达饱和，夜间则为零，如好氧层不能维持，有时可能有气味散发。由于粪便固体物可同时进行好氧厌氧分解，因此，由塘中流出的水中没有细菌与藻类，这也是兼性塘的优点。兼性塘至少深 1m，一般为 2m，如表层设置动力机器，可增加表层水的混合，使兼性塘效能更好。

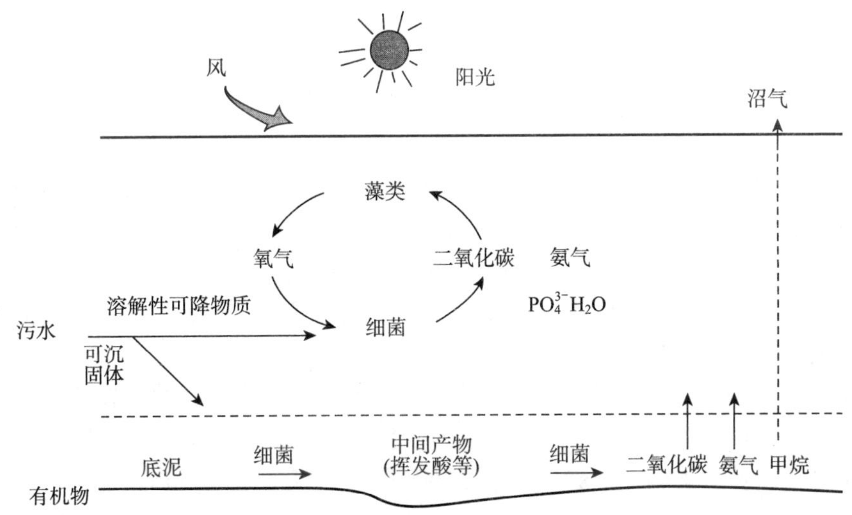

图 5-3-14　兼性塘作用机理示意

稳定塘上层藻类光合作用比较旺盛，溶解氧较为充足，呈好氧状态，氧气是由藻类和水生植物在光合作用中释放，而藻类光合作用所需的二氧化碳则由细菌在分解有机物的过程中产生。中层呈缺氧状态，污水中的可沉固体沉积于塘底构成污泥，呈厌氧状态，在产酸细菌的作用下分解为有机酸、醇、氨等，其中一部分可进入好氧层而被氧化分解，另一部分则被污泥中产甲烷菌分解成沼气。

稳定塘在设计时应注意以下几点：

(1) 进水口的设置。进水口应设置在水面以下，并应离开塘底一定高度，以避免冲起或带出底泥。进水管末端应安装在合适的混凝土防冲坝上，防冲坝的最小尺寸为：高 0.6m，宽 0.5m。

(2) 出水口的布局。稳定塘出水口的布局应考虑适应塘内水深的变化，宜在不同高度断面上设置可调节水流孔口或堰板。

(3) 进、出水口设计要求。稳定塘的进、出水口之间直线距离应尽可能大；在风向上应避开当地常年主导风向，最好与主导风向垂直，以避免短流。无论是进水口还是出水口，都应尽量使塘的横断面上配水或集水均匀。所以，一般采用扩散管或多点进水。

(4) 防护设施的要求。稳定塘的一些防护设施，如斜墙一般采用黏土、钢筋混凝土、沥青混凝土制成。斜墙铺设在迎水岸坡上，根据其变化特征可以是钢化的、塑性的和柔性的，也可根据需要做成单层的、双层的或组合式的。

(5) 堤坝防渗，包括岸坡、坝体和坝基。前述一些防护做法，如混凝土板、沥青砂浆胶结块石、水泥土、水泥砂浆等均兼有防渗作用，照此做成斜墙即可形成岸坡防渗面层。

稳定塘是一种简单、有效而经济的污水处理方法，但是，单个稳定塘的处理效果受到光线、温度、季节等因素的影响很大，一般不能保证全年达到处理要求，多级稳定塘处理，在养殖场污水处理中常作为强化出水水质的措施，能有效地去除氮、磷等有机物，提高了污水处理效果。

(四) 人工湿地处理系统法

人工湿地是 20 世纪 70 年代发展起来的一种污水处理技术，它是通过基质-土壤-微生物的综合作用实现对污染物去除，其中微生物是对污染物进行吸附和降解的主要生物群体和承担者，微生物在湿地基质中与其他动物和植物共生体的相互关系往往起着核心作用，由于其具有良好的污染物去除效果、可观的经济效益和广泛的适用性，已经引起世界各国研究者的重视。

1. 人工湿地的构造 该方法介于土地处理和水生生物处理之间。其构造为在一定长宽比及底面坡度的洼地中，底部填基料（如土壤、碎石、沙等），形成填料床，可以种植挺水植物如芦苇、菖蒲、茭白、水葱、灯芯草、香蒲等。进水后，可移植沉水植物（伊乐藻、金鱼藻、茨藻、黑藻等）和浮水植物（凤眼蓝、浮萍、睡莲等），以形成立体生态网，提高净化效率。水生植物应定期收割或打捞，用于造纸、编织或沤制绿肥等。

污水在湿地中按照一定的方向流动，经过湿地中填料、水生植物、微生物的多重作用，通过一系列物理、化学及生物过程实现污水的净化。人工湿地的总面积和单元数取决于养殖规模和污水量，这种人工湿地的规模可大可小，最小的仅为一家一户排放的废水处理服务，面积约 $40m^2$，大的可达 $5\ 000m^2$。按平均 3 个月的处理期计算，污水容量应为日污水产生量的 90 倍。

2. 处理工艺流程与净化机理 人工湿地一般作为二级处理，一级处理采用何种方法视废水的性质而定。对于生活污水，可采用化粪池，其他工业废水可采用沉淀池作为去除悬浮物的预处理。人工湿地视其规模大小可单一使用，或多种组合使用，还可与稳定塘结合使用。

(1) 处理工艺流程。污水—粪池—预（或初级）处理系统—人工湿地处理—后处理系统—排放。人工湿地按污水在湿地床中流动的方式不同分为地表流湿地、潜流湿地和垂直流湿地 3 种类型（图 5-3-15）。

(2) 净化机理。人工湿地对废水的处理综合了物理、化学和生物学 3 种作用。可通过沉淀、吸附、阻隔、微生物同化分解、硝化、反硝化以及植物吸收等途径去除废水中的悬浮

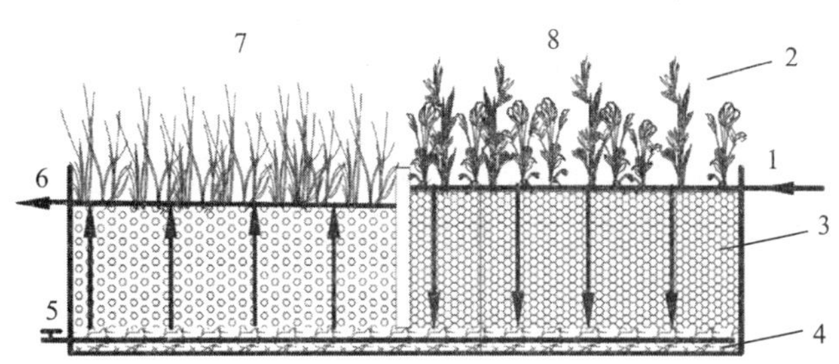

图 5-3-15　复合垂直流构建湿地系统结构示意
1. 进水　2. 湿地植物　3. 湿地填料　4. 卵石滤水层　5. 放空管
6. 出水　7. 上行流池　8. 下行流池

物、有机物、氮、磷和重金属等。

填料表面和植物根系中生长了大量的微生物形成生物膜，废水流经时，固态悬浮物被填料及根系阻挡截留，有机质通过生物膜的吸附及异化、同化作用而得以去除。污水中的有机物通过微生物降解，降解产物被植物经过光合作用吸取、利用，从而有效地去除了污水中的COD、BOD_5、氮、磷等化合物，同时植物的光合作用，提供了微生物的氧化反应所需的氧源。湿地床层中因植物根系对氧的传递释放，使其周围的微生物环境依次出现好氧、缺氧和厌氧状态，保证了废水中的氮、磷不仅能被植物和微生物作为营养成分直接吸收，还可以通过硝化、反硝化作用及微生物对磷的过量积累而从废水中去除，最后通过湿地基质的定期更换或收割，将污染物从系统中去除。

近年来，人工湿地的研究越来越受到重视，各种类型的人工湿地，随季节不同，对污染物的去除率不同，COD_{Cr}去除率可达 90%以上，BOD_5可达 80%以上。去除氮、磷能力强[对总氮（TN）和总磷（TP）的去除率可分别达 60%和 90%]，由于自然处理法投资少，运行费用低，在有足够土地可利用的条件下，它是一种较为经济的处理方法，特别适宜于小型养殖场的废水处理。

3. 设计及运行

（1）设计时要考虑不同水力负荷、有机负荷、结构形式、布水系统、进出水系统、工艺流程和布置方式等影响因素。如地表流湿地水力负荷宜为 2.4～5.8cm/d；潜流湿地水力负荷宜为 3.3～8.2cm/d；垂直流湿地水力负荷宜为 3.4～6.7cm/d。设置填料时，可适当提高水力负荷。

（2）要考虑所栽种的植物特点。人工湿地系统应根据污水性质及当地气候、地理实际状况，选择适宜的水生植物。如芦苇湿地系统，处理生活污水时，设计深度一般在 0.6～0.7m；处理较高质量浓度有机污水时，设计深度在 0.3～0.4m。

（3）湿地床的坡度一般在 1%或稍大些，最大可达 8%。具体设计时，应根据所选填料来确定。如对于以砾石为填料的湿地床，其底坡度为 2%。

（4）在湿地系统的设计工程中，应尽可能增加水流在填料床中的曲折性以增加系统的稳定性和处理能力，常将湿地多段串联、并联运行，或附加一些必要的预处理、后处理设施而构成完整的污水处理系统。

（5）为保证湿地深度的有效使用，在运行的初期应适当将水位降低以促进植物根系向填料床的深度方向生长。

(6) 应优化湿地结构设计，慎重选用潜流或垂直流湿地，选用时进水悬浮物宜控制为小于 500mg/L。

总之，在人工湿地系统的设计过程中，应考虑尽可能地增加湿地系统的生物多样性。生态系统的物种越多，其结构组成越复杂，则其系统稳定性越高，因而对外界干扰的抵抗力越强，这样可提高湿地系统的处理能力和使用寿命。

(五) 养殖污水发酵制沼法

污水发酵制沼是指将污水中大量有机物质经微生物厌氧发酵转化成为沼气的过程。其是一项低成本回收能源的厌氧发酵技术，不仅能提供清洁能源，解决农村燃料短缺的问题，还解决了大型养殖场对环境的污染问题。沼气发酵的残留物沼渣、沼液，不但是优质的有机肥，还可用于作物浸种、防治作物病虫害、提高作物产量和质量、农产品贮存保鲜等方面。粪尿发酵制沼是建立新的生态平衡，整体性良性循环的农业生产体系的发展方向（图 5-3-16）。

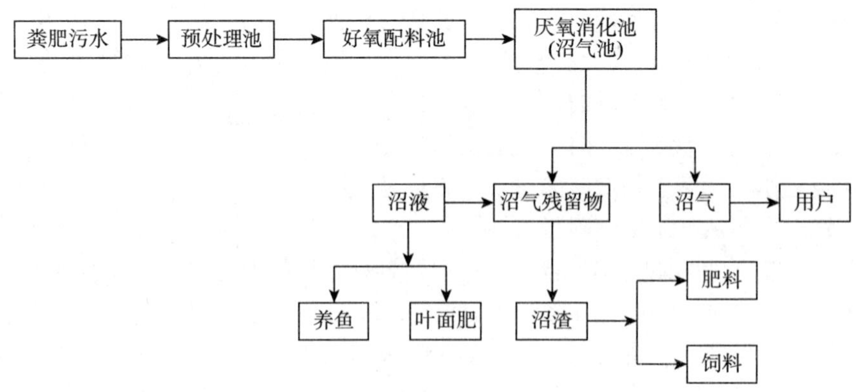

图 5-3-16　沼气工程的综合利用

1. 沼气的成分与理化特性　沼气是一种混合气体，其主要成分为甲烷、硫化氢、氢气、二氧化碳等气体。沼气中各种成分的理化特性见表 5-3-2。

表 5-3-2　沼气中各种成分的理化特性

特　　性	甲烷	二氧化碳	硫化氢	氢气	标准沼气 (60%甲烷，40%二氧化碳)
体积百分比（%）	54～80	20～45	0.0～0.07	0.0～10	100
热值（kJ/L）	37.65	—	—	12.13	22.59
爆炸范围（与空气混合的百分数）	5～15	—	4～46	6～71	6～12
密度（g/L，标准状态）	0.72	1.98	1.54	0.99	1.22
相对密度（与空气相比）	0.55	1.5	1.2	0.07	0.39
临界温度（℃）	−82.5	+31.1	+100.4	−239.9	
临界压力（$\times 10^5$Pa）	46.4	73.9	90	13	
气味	无	无	臭鸡蛋味	无	

2. 产生沼气的机理　在沼气发酵过程中，有5大类微生物参加沼气发酵，如发酵性细菌、产氢产乙酸菌、耗氧产乙酸菌、食氢产甲烷菌、食乙酸产甲烷菌等。根据它们在发酵过程中的作用及对生存条件的要求，分为以下3个阶段。

（1）水解阶段。在沼气发酵中首先是发酵性细菌群利用它所分泌的多种酶类，如纤维酶、淀粉酶、蛋白酶和脂肪酶等，对有机物进行体外分解，也就是把畜禽粪便、作物秸秆中大分子有机物分解成能溶于水的单糖、氨基酸、甘油和脂肪酸等小分子化合物。

（2）产酸阶段。该阶段是3个细菌群体的联合作用，这一阶段的特点就是发酵原料变酸。先由发酵性细菌将液化阶段产生的小分子化合物吸收进细胞内，并将其分解成短链脂肪酸（乙酸、丙酸、丁酸）、氢和二氧化碳等；再由产氢产乙酸菌把发酵性细菌产生的丙酸、丁酸转化为产甲烷菌可利用的乙酸、氢和二氧化碳。在此阶段副产物有硫化氢、吲哚、粪臭素和硫醇等，厌氧发酵产生的不良气味也源于此阶段。

液化阶段和产酸阶段是一个连续过程，统称不产甲烷阶段，是沼气发酵的必然过程。在这个过程中，不产甲烷的细菌种类繁多、数量巨大，其主要作用是为产甲烷菌提供营养和为产甲烷菌创造适宜的厌氧条件，消除部分有毒物质。

（3）产甲烷阶段。这个阶段必须具备严格的厌氧环境，在此阶段中，产甲烷菌群可以分为食氢产甲烷菌和食乙酸产甲烷菌二大类群。目前，产甲烷菌已有60多种，利用不产甲烷菌群所分解转化的甲酸、乙酸、氢和二氧化碳小分子化合物等氧化或还原成甲烷。

有机物变成沼气的过程，就如同工厂里生产一种产品的两道工序：首先是分解细菌将粪便、秸秆、杂草等复杂的有机物加工成半成品——结构简单的化合物；然后在产甲烷菌的作用下，将简单的化合物加工成产品——沼气。

3. 主要工艺条件及调节措施　自然条件下，沼气发酵的速度太慢，远远不能满足人们生产和生活的需要。因此，必须设法创造适宜的条件，加快沼气发酵的速度。

（1）严格的厌氧环境。沼气发酵微生物包括产酸菌和产甲烷菌两大类，其中，产生甲烷的甲烷菌对氧特别敏感，不能在有氧的环境中生存，即使有微量的氧存在，也会使发酵受阻。因此，建造一个严格的厌氧环境是人工制取沼气的关键。

（2）必要的发酵温度。沼气菌生存温度为5～60℃，最适温度为35℃。沼气发酵可划分3个温区，即低温区为20℃以下，中温区20～45℃，高温区45～60℃。

沼气发酵与温度有密切的关系，在一定温度范围内，温度越高，产气量也越高。沼气菌在35℃温度条件下活动最活跃，此时产气快且多，发酵期约为1个月；如池温在15℃时，则产生沼气少而慢，发酵期约为1年。冬季常因池温度低，产气少或不产气。为了提高沼气池温度使沼气池常年产气，在北方寒冷地区多把沼气池修建在日光温室内或太阳能畜禽舍内，使池温增高，目前科研人员已经培养出耐低温的沼气菌，在我国北方，寒冷的冬季仍然正常产气，从而达到常年产气。

（3）适宜的pH。沼气发酵的最适pH为6.5～7.5，当pH≤6或pH≥8时，细菌繁殖受到极大影响。在正常情况下沼气发酵的pH有一自然平衡过程，一般不需要进行人为的调节。但如果配料不适当，或缺乏正常操作管理，也可能使pH发生异常的变化。此时，便需要采取措施进行调节，使pH恢复正常。

偏酸时的调节措施：添加草木灰肥，稀释的氨水，也可用石灰水从进料口倒入池中并搅拌，使石灰澄清液与池中的料液充分接触进行调节，调节效果应可用pH试纸实测来判断。

偏碱时的调节措施：可用事先铡成 2～3cm 长的青杂草浇上猪或牛尿液并在池外堆沤处理 2～3d，再从进料口投入池中并搅拌均匀，使新加入的青杂草与池中料液充分接触，使其 pH 尽快恢复正常。

（4）适当的碳氮比。正常的沼气发酵要求一定的原料碳氮比。在发酵原料中，植物秸秆是主要碳源，畜禽粪便是主要氮源，单纯用粪尿或含氮量少的秸秆为原料进行沼气发酵时，由于碳氮比不合适，虽可以发酵，但产气率不高，只有二者比例合适才有利于正常产气，碳氮比一般以 25∶1 时产气系数较高，因此，在进料时必须适当搭配、综合进料。常用沼气发酵原料碳氮比见表 5-3-3。

表 5-3-3　常用沼气发酵原料碳氮比（近似值）

原　　料	碳素占原料质量（%）	氮素占原料质量（%）	碳氮比
花生茎叶	11	0.59	19∶1
野草	14	0.54	26∶1
大豆茎	41	1.30	32∶1
落叶	41	1.00	41∶1
玉米秸秆	40	0.75	53∶1
干稻草	42	0.63	67∶1
干麦草	46	0.53	87∶1
鲜羊粪	16	0.55	29∶1
鲜牛粪	7.3	0.29	25∶1
鲜马粪	10	0.42	24∶1
鲜猪粪	7.8	0.60	13∶1
鲜人粪	25	0.85	29∶1

（5）适宜的料液质量分数。为保证沼气菌等各微生物正常生长和大量繁殖，沼气发酵原料的固体物质量分数以 6%～10%为宜。一般认为每立方米发酵池容积，每天加入 1.6～4.8kg 固体物为宜。有机物过多，消化不完全会导致有机酸积累，pH 降低，使产气率下降；有机物过少，产气量也随之减少。原料除了水分外的物质总量称固体重，又称干物质重，用 TS 表示。常用沼气发酵原料的总固体含量（近似值）见表 5-3-4。

表 5-3-4　常用沼气发酵原料总固体含量（近似值）

原料名称	总固体含量（%）	含水量（%）
牛尿	0.6	99.4
猪尿	0.4	99.6
人尿	0.4	99.6
牛粪	17	83
猪粪	18	82
人粪	20	80
青草	24	76
玉米秸秆	80	20
干麦草	82	18
干稻草	83	17

（6）足够和优良的接种物。在沼气发酵过程中，加入足够的所需微生物作为接种物（亦称菌种）是极为重要的。

沼气微生物在自然界中分布很广，特别是在沼泽、粪池、污水池和各种有机污泥中极为丰富。对于粪便和其他发酵原料，沼气发酵微生物可由原料带入沼气池。原料经过一段时间沤制后，可起到富集菌种的作用。若原料经过沤制而又添加活性污泥作接种体，则产甲烷的速度更快。

对农村沼气发酵来说，采用下水道污泥作为接种物时，接种量一般为发酵料液的10%～15%；当采用老沼气池发酵液作为接种物时，接种量应占总发酵料液的30%以上；若采用底层沉渣作接种物，接种量应占总发酵料液的10%以上。使用较多秸秆作为发酵原料时，其接种量一般应大于秸秆重量。

（7）经常性地搅拌。对沼气池进行搅拌，可使池内温度均匀，使原料和接种物均匀分布于池内，增加微生物与原料的接触面积，加快发酵速度，缩短发酵时间，提高产气量，有利于沼气的释放。

搅拌的方法主要有3种，即机械搅拌、液体搅拌、气体搅拌等，搅拌可连续或间歇进行。其中液体搅拌和气体搅拌比较适合于大中型沼气工程。搅拌对产气有明显的影响，搅拌比不搅拌的总产气量可提高15%～35%。

总之，大规模甲烷生产就要对发酵过程中的温度、pH、振荡、发酵原料的输入及输出和平衡等参数进行严格控制以及需要较高深的生物技术，才能获得最大的甲烷生产量。

4. 沼气发酵装置　沼气发酵装置应用于农业生产中时称为沼气池，而应用于工业生产时则称厌氧发酵罐。

（1）水压式沼气池。水压式沼气池是我国推广最早、数量最多的池型，该池型的池体上部气室完全封闭，如图5-3-17、图5-3-18所示。水压式沼气池的基本结构主要由发酵间、贮气间、进料口、出料口、水压间、导气管和活动盖等部分组成。发酵间与贮气间联成一个整体，构成沼气池的主体，下部为发酵间，上部为贮气间。

图5-3-17　水压式沼气池

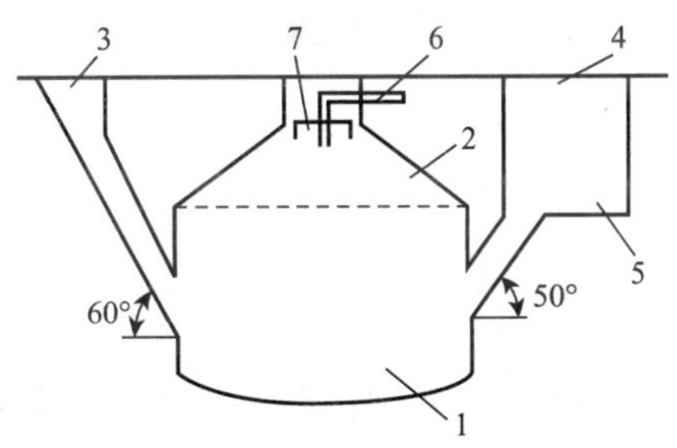

图5-3-18　水压式沼气结构简单示意
1. 发酵间　2. 贮气间　3. 进料口　4. 出料口　5. 水压间　6. 导气管　7. 活动盖

发酵时随着沼气的不断产生，沼气池内压力相应提高，迫使沼气池内的一部分料液进到与池体相通的水压间内，使得水压间内的液面升高。这样一来，水压间的液面与沼气池体内的液面就产生了一个水位差。用气时，沼气开关打开，沼气在水压下排出，当沼气减少时，水压间的料又返回池体内，使得水位差不断下降，导致沼气压力也随之相应降低。这样，随着气体的产生和被利用，水压间与发酵间的水位差也不断变化，并始终保持与池内气压处于平衡状态。沼气压力稳定，便可保证燃烧设备火力稳定。

水压式沼气池的形式主要有定拱盖水压式、中心吊管式、曲流布料水压式等。由于没有搅拌装置，池内浮渣容易结壳，又难于破碎，所以发酵原料的利用率不高，池容产气率偏低，一般产气率仅为 0.15m^3/（m^3 · d）左右。但在高温季节由于气温高，产气率可达 0.5m^3/（m^3 · d）以上。水压式沼气池便于和厕所、猪圈连通，使人、畜禽粪便可直接流入沼气池内，这不仅使沼气池可经常得到原料，同时也有利于改善环境卫生。但水压式沼气池施工技术要求较高，气压变化大而且频繁，日常进出固体池料较为困难。

（2）厌氧发酵罐。厌氧发酵罐有常规厌氧消化罐、厌氧接触消化器、厌氧滤器、上流式厌氧污泥床消化器等形式。其中常规厌氧消化罐是长期以来得到广泛应用的一种发酵装置，在我国大型沼气工程中占 80%以上，其最大的优点就是可以直接处理固体悬浮物含量较高或颗粒较大的料液。图 5-3-19、图 5-3-20 所示厌氧发酵罐和常规厌氧消化罐由 3 部分组成，即削球体、圆柱体和圆锥体，一般而言其直径和总高度之比取 1∶（1～1.3）；顶部削球形壳矢高与装置直径之比取 1∶（4～8）；底部圆锥形壳矢高与直径之比取 1∶（8～10）；顶与底若采用圆锥形壳，锥角取 90°。

图 5-3-19　厌氧发酵罐

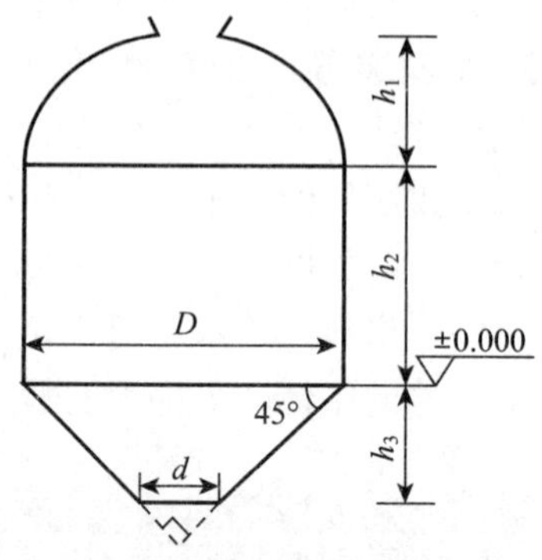

图 5-3-20　常规厌氧消化罐

h_1. 削球体矢高　h_2. 圆柱体高

h_3. 圆锥体高　D. 圆柱体直径　d. 圆锥体锥顶直径

5. 制沼工艺流程　污水发酵制沼工艺是指从发酵原料的采集到沼气产出的整个过程所采用的技术和方法。

（1）原料收集。原料的收集方式直接影响原料的质量，如一个猪场采用自动化冲洗，其污水总固体（TS）质量分数一般只有 1.5%～3.5%；若采用刮粪板刮出，则原料质量分数可达 5%～6%；如手工清运质量分数可达 20%左右。因此，在养殖场设计时就应当根据当地条件合理安排废弃物的收集方式和集中地点，以便就近进行沼气发酵处理。

收集到的原料一般要进入调节池贮存，因原料收集时间往往比较集中，而向发酵池进料常需在 1d 内均匀分配，所以调节池的大小应保证能贮存 24h 废物量。在温暖季节，调节池常兼有酸化作用，这对提高原料的可消化性和加速厌氧消化都有好处。若调节池内原料滞留期过长，会因好氧呼吸作用而损失沼气产量。

（2）污水的前处理。养殖场污水进行发酵制沼前，一定要进行前处理。前处理的对象是污水中的大颗粒物质或易沉降的物质，如牛和猪粪中的杂草、鸡粪中的鸡毛等，一般可采用固液分离技术，如过滤、离心、沉淀等方法来进行处理。前处理可防止大的固体或杂物进入后续处理环节，避免设备的堵塞或破坏。

（3）接种物的选择与富集。沼气发酵是在微生物的参与下进行的，在沼气池建成、投入原料之后必须选择富集接种物。新建沼气池或旧池大换料时，一般应加入占原料量30%以上的活性污泥或留下10%以上正常发酵的沼气池脚污泥，或10%～30%沼气池发酵料液作启动菌种。接种物可在各种有机物厌氧消化的地方采集，如下水道污泥、屠宰场、肉食品加工厂等地的阴沟污泥以及湖泊、塘堰等的沉积污泥，正常发酵的沼气池底污泥或发酵料液，以及陈年老粪坑底部粪便等，它们均含有大量沼气微生物，都可以采集为接种物。

（4）进料。进料方式可分为连续发酵、半连续发酵与批量发酵。

①连续式发酵是指沼气池加满料正常产气后，每天分几次或连续不断地加入预先设计的原料，同时也排走相同体积的发酵料液，其发酵过程能够长期连续进行。通常多应用于大型沼气工程，但该工艺往往要求较低的原料固体物质量分数。

②半连续发酵是在沼气池启动时一次性加入较多原料，正常产气后，不定期、不定量地添加新料。在发酵过程中，往往要根据其他因素不定量地出料；到一定阶段后，将大部分料液取走用作他用。我国广大农村由于原料特点和农村用肥集中等原因，主要采用这种发酵工艺。

③批量发酵是指将发酵原料和接种物一次装满沼气池，中途不再添加新料，产气结束后一次性出料。产气特点是初期少，以后逐渐增加，然后产气保持基本稳定，最后产气逐步减少，直到出料。该工艺的发酵产气是不均衡的，目前在农村很少应用。

（5）配料与投料。如以养殖场污水为原料，配料时只需将污水与接种物混合即可，投料的总量以达到沼气池容积的80%为度，接种物一般占发酵料液的15%～30%。

（6）加水封池。在池内堆沤过程中，当池内发酵原料温度上升到40～60℃时，即可分别从进出料口加水。加水量以保证池内发酵原料总固体质量分数为前提，夏季6%，冬季10%。加水后应检验发酵料液pH，若pH在6以上，即可封池；或pH低于6，加入适宜草木灰、氨水或澄清石灰水等碱性物质调整至pH为7左右后，再封池。

（7）放气试火。按上述工艺流程操作，如沼气发酵已开始正常运行，沼气压力表的水柱压力差首次达到40cm以上时，应先排气，将气体全部放掉，2～3d后，当沼气压力再升高时，沼气即可使用。

（8）出料方式。主要有建有活动盖的小沼气池出料方式、没有活动盖的小沼气池出料方式、中大型的沼气池的出料方式3种方式。

①建有活动盖的小沼气池出料方式：从活动盖处将浮渣捞出，浮渣一般应堆沤1个月后再使用。浮渣基本出尽后，再抽出粪液。

②没有活动盖的小沼气池出料方式：没有建活动盖的农户池，大出料前应先把能流动的粪液清理彻底（注意负压间距），此时浮渣已堆积在一起，进、出料口一般都已能通风，但还应采用人工鼓风或扇风，使池内有足够的氧气，方可从出料间清理出粪渣，粪渣应加入氨

水堆沤 7d 左右，使粪渣成为无有害病菌和活动虫卵的复合高效有机堆肥。

③中大型的沼气池的出料方式：大出料前应启开活动盖，从活动盖口清理浮渣，经堆沤后再使用。浮渣基本出尽后，可用液肥车或机动液肥泵抽取易流动的粪液，剩下的少量的残渣可用水冲，使之能够流动，然后再用液肥车或机动液肥泵抽取，如果抽取物质量浓度低，可用此低质量浓度粪液反复冲洗不流动的残渣，以减少用水和运肥量。

6. 发酵制沼的后处理 出料的后处理为大中型沼气工程所不可缺少的构成部分，为避免造成出料的二次污染，现多采用能源环保模式和能源生态模式等进行出料的后处理。

（1）能源环保模式。将出料进行沉淀后进行固液分离，固体残渣用作肥料或配合适量化肥做成适用于各种作物或花果的复合肥料；清液部分可经曝气池、氧化塘、人工湿地等处理设施进行深度处理，经处理后的出水，可用于灌溉或达标后排入水体。

（2）能源生态模式。直接用作肥料施入农田或鱼塘，如沼液浸种、沼液施肥、沼液沼渣鱼塘养鱼等。但施用有季节性，不能保证连续的后处理，应设置适当大小的贮液池，以调节产肥与用肥的矛盾。

（六）太阳能干发酵制沼气

沼气是一种可循环利用的再生能源，已成为我国广大地区日常生活的主要能源。但是由于建造沼气池技术要求高，成本也高，使用年限短，环境条件差，不易管理，存在一定的危险性，因此，影响到推广的力度。太阳能干发酵沼气罐（图 5-3-21），采用超导技术和高分子新材料制成。这种新技术的运用，彻底改变了沼气池“用半年闲半年”的现状。该设备增添了太阳能加热设备，在冬季利用太阳能增温，改善罐内发酵环境，从而实现在北方地区低温状态下仍能正常产气。体积小，功能齐全，产气快，产气多，一年四季都能正常产气，一个 $2m^3$ 的球罐体，只需加入适量的秸秆、草料或家畜排泄物，加入新型低温发酵剂，仅 10 多个小时的初发酵就可满足家庭炊事、洗澡、照明所需的能源（图 5-3-22）。

图 5-3-21 太阳能干发酵沼气罐

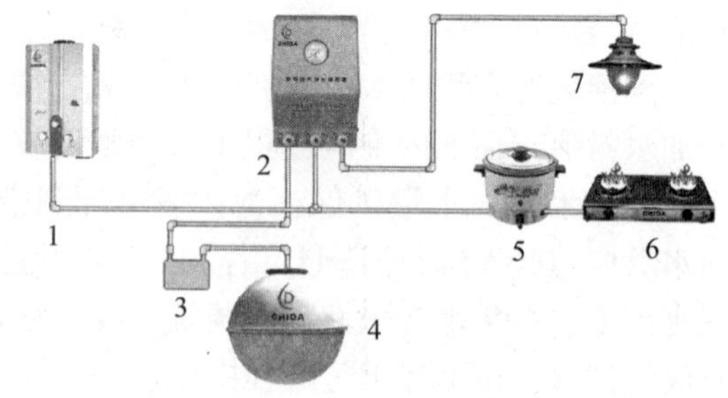

图 5-3-22 太阳能干发酵制沼气能源生态模式示意
1. 沼气热水器 2. 沼气净化调控器 3. 积水壶
4. 新型高效移动式太阳能沼气罐 5. 沼气饭煲
6. 沼气灶 7. 沼气灯

1. 厌氧干发酵机理 厌氧干发酵主要是在厌氧环境下分解有机物产生沼气的过程，包括水解、酸化、乙酰化和甲烷化等反应阶段。

2. 太阳能干发酵制沼气的优点 干发酵技术改变了传统的地下池水压式发酵只能靠增加池的体积来提高产气量的缺点；一年四季产气平衡；具有自动排气功能，使用十分安全；

甲烷纯度高，干净卫生无异味；方便使用，大大提高了产气率；大大缩小了体积，提高了产气量，同时也方便安置。

任务4　养殖污水综合处理与利用模式

知识目标

1. 了解养殖污水综合处理与利用模式方法。
2. 熟悉“能源生态型”处理与利用模式特点、适用范围。
3. 了解“能源环保型”处理与利用模式的工艺特点。
4. 掌握“种养结合循环生态型”处理与利用模式的条件、工艺流程。
5. 熟知“四级净化，五步利用”生态模式工艺流程。

能力目标

1. 能够初步设计“能源生态型”处理与利用模式。
2. 能够初步设计“能源环保型”处理与利用模式。
3. 能根据本地养殖情况，简单设计一种有效的污水综合处理与利用模式。

一、“能源生态型”处理与利用模式

“能源生态型”处理与利用模式是指通过干清粪工艺或干湿分离设备将固体粪便和尿液/废水分离开来，尿液、污水进行厌氧发酵生产沼气，沼渣沼液作为农田水肥利用的模式（图5-4-1）。干清粪工艺能够及时、有效地清除畜禽舍内的粪便、尿液，保持畜禽舍环境卫生，充分利用劳动力资源丰富的优势，减少粪污清理过程中的用水、用电，保持固体粪便的营养物，提高有机肥肥效，降低后续粪尿处理成本。粪便一经产生便分流，干粪由人工收集，并及时清扫，尿液、含有残余粪便的圈舍冲洗水则从排污管道排入污水处理站进行厌氧发酵。一般中小型养殖规模采用干清粪方法，一些大规模养殖企业采用干湿分离工艺。

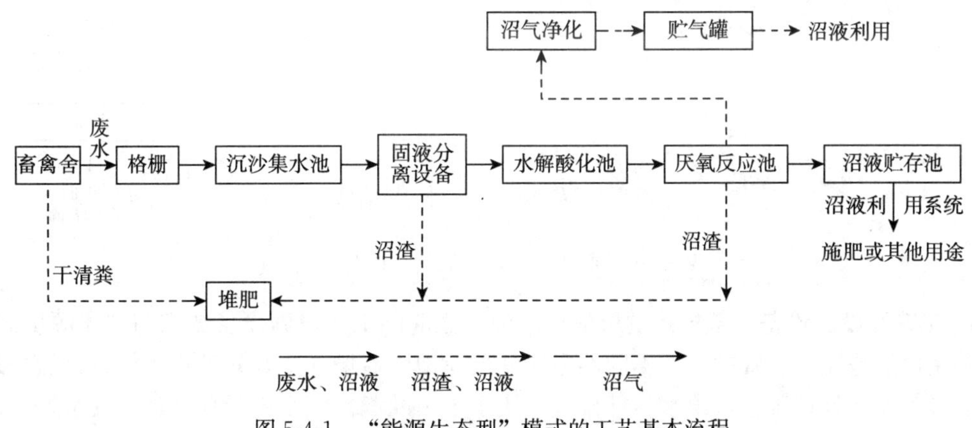

图5-4-1　“能源生态型”模式的工艺基本流程

1. 工艺及设施设备

（1）废水处理。干清粪所需设备简单；固液分离模式需要固液分离机。废水处理前应强化预处理，预处理包括格栅、沉沙池、集水池，厌氧处理后，要有贮液池。

（2）沼气净化、贮存及利用。厌氧处理产生的沼气需完全利用，不得直接向环境排放。经净化处理后通过输配气系统可用于居民生活用气、锅炉燃烧、沼气发电等。沼气的净化、贮存按照有关标准执行。

（3）沼液、沼渣处置与利用。沼渣应及时运至粪便堆肥场或其他无害化场所，进行妥善处理。沼液可作为农田、大棚蔬菜田、苗木基地、茶园等的有机肥，宜放置 2～3d 后再利用。沼渣、沼液应全部进行资源化利用，不得直接向环境排放。

2. 该模式特点 干清粪工艺一次性投资少，可以做到粪尿分离，固态粪污含水量低，粪中营养成分损失小，肥料价值高，便于高温堆肥或其他方式的处理利用，同时该工艺产生的污水量少，且其中的污染物含量低，易于净化处理。

3. 适宜推广范围 该模式工艺适用于能源需求不大，主要以进行污染物无害化处理、降低有机物浓度、减少沼液和沼渣消纳所需配套的土地面积为目的，且养殖场周围具有足够土地面积全部消纳低浓度沼液，并且有一定的土地轮作面积的情况。该模式在生猪、家禽和奶牛规模化养殖中应用较多。

二、“能源环保型”处理与利用模式

“能源环保型”处理与利用模式是指采用干清粪工艺或固液分离后的尿液废水经厌氧发酵后，厌氧出水再经好氧发酵、自然处理系统、消毒等处理，达到国家和地方排放标准，既可以达标排放，也可以作为灌溉用水或场区回用（图 5-4-2）。

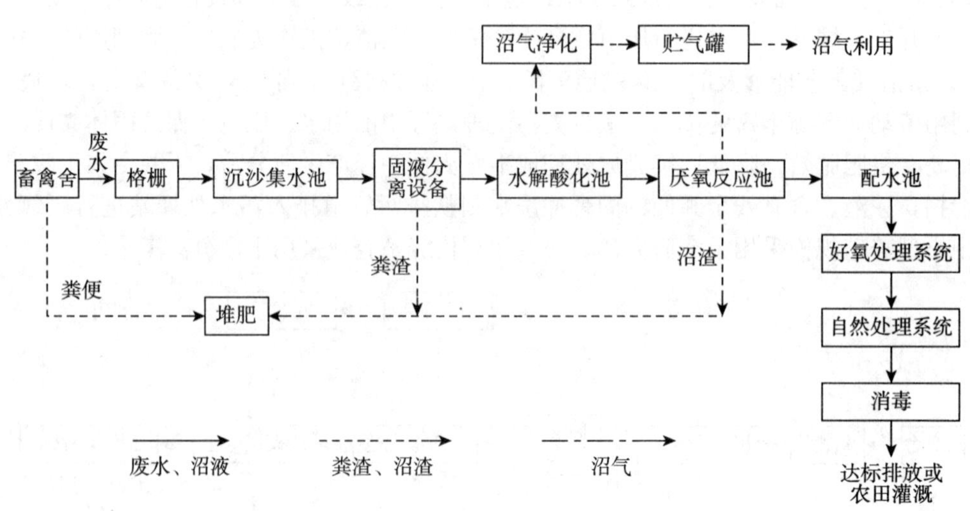

图 5-4-2 “能源环保型”模式的工艺基本流程

1. 工艺及设施设备 该模式“厌氧反应池”之前的工艺设施设备要求与“能源生态型”处理利用模式是完全一致的，所不同的是厌氧反应池之后增加了好氧处理系统、自然处理系统和消毒等深度处理工艺，出水达标排放或用于农田灌溉。废水进行预处理，废水处理前应强化预处理，预处理包括格栅、沉沙池、集水池、水解酸化池等。

要求达标排放的处理工艺，一般采取干清粪工艺或在厌氧反应器前设置固液分离设备，尽量降低污水浓度。

在对污水处理要求较高的地区，若经自然处理系统处理后的尾水仍达不到排放要求，就需要进行絮凝沉淀处理。

畜禽养殖废水经处理后向水体排放或回用的，应进行消毒处理。宜采用紫外线、臭氧、过氧化氢等非氯化的消毒处理措施，并不得产生二次污染。

2. 该模式特点 某牧业有限公司是一家集生猪养殖、种猪繁育、饲料生产、合作养殖于一体的大型农牧企业，其采用的污水处理技术主要是以厌氧＋好氧工艺使污水处理后达标排放方式为主、沼气能源回收利用为辅的能源环保型工艺模式。通过综合措施对养殖污水、粪渣进行无害化处理后，沼气可用于发电，职工和周边村民生活燃料，仔猪舍保温；沼液作为果园、农田生态园灌溉用肥；沼渣和浓缩的污泥等制成有机肥；处理后形成“猪-沼-果（林）”立体生态农业生产模式，实现能源回收、环境治理和废弃物综合利用。

这种处理方法占地面积少，适应性广，几乎不受地理位置、气候条件的限制，而且治理效果稳定，处理后的出水可达行业排放标准。缺点是投资大，能耗高，运行费用大，机械设备多，维护管理复杂，虽然大、小规模的养殖场都可以采用这种方法，但规模小的养殖场在经济上较难承受。

3. 适宜推广范围 主要适用于大型规模化养殖场；生态敏感地区以及土地紧张、没有足够的土地来消纳粪污的养殖场（小区）。

三、“种养结合循环生态型”处理与利用模式

“种养结合循环生态型”处理与利用模式即产业园区、配套循环模式，指畜牧产业园区内配套建设废弃物综合利用和污染治理设施，能够实现畜禽粪污产加销一体化，或养殖场（户）周边配套足够的土地能够消纳产生的粪污。

1. 工艺流程与模式特点 “种养结合循环生态型”工艺基本流程见图 5-4-3。

畜牧产业园区内，畜牧生产主产品（如肉、蛋、奶）产加销的一体化，副产品（如畜禽粪污有机肥）产加销的一体化，有废弃物综合利用和污染治理配套设施。在园区内形成农牧

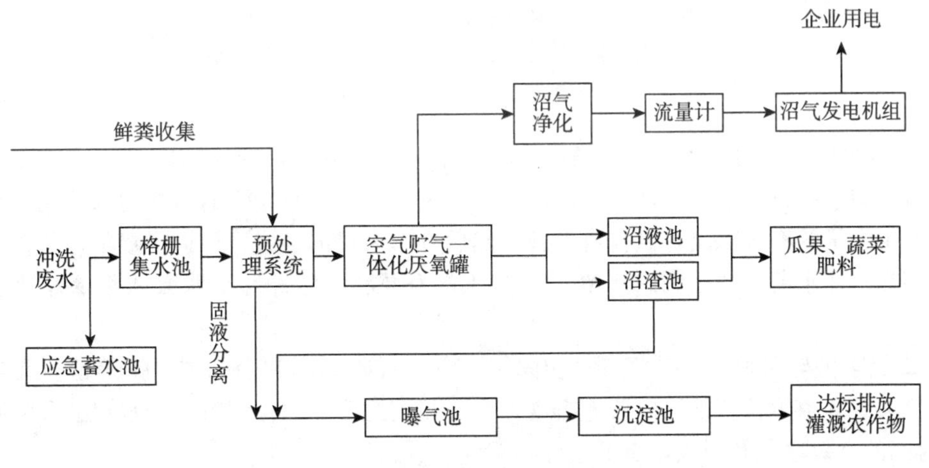

图 5-4-3 “种养结合循环生态型”工艺基本流程

结合循环利用模式："畜禽—粪便—肥田—作物—饲料"循环模式，以种促养，以养促种。通过种养结合，一方面，种植作物为畜禽养殖解决了粪便污染问题；另一方面，大量畜禽粪肥沃了农田，提高了作物产量和效益，使种植养殖共同发展。

2. 适宜推广范围 主要适用于养殖规模较大或周边消纳土地充足的养殖场。如养殖园区内配套建有机肥厂，将产生的畜禽粪便直接加工成有机肥销售；再如种养结合模式，养殖场（户）通过自行配套土地或者签订消纳利用协议等方式，采取自然发酵、沼气处理、生产有机肥等措施，将粪污处理后就近还田利用等，在产业园区内实现粪污处理及利用产加销一体化。

3. 模式应用实例 某农业生态园区占地 $80hm^2$，园区内有一个 1 000 头奶牛养殖场、有机奶制品生产车间；12 万 t 厌氧沼气及有机肥生产设施；$13.3hm^2$ 有机瓜果、蔬菜、茶叶种植的现代农业科技示范园区。该园区采用自己加工的生物肥料，封闭循环运行，不受外界环境干扰，能够确保生态园生产的产品是绿色有机产品。沼气产能 200 万 m^3，沼液有机肥产能 18 万 t，沼渣有机肥产能 2 万 t。沼渣、沼液自用后剩余部分将作为有机肥出售，真正实现了种养结合型生态农业循环经济模式。

四、"四级净化，五步利用"生态模式

在生态养殖场内，建有配套的污染物生态处理设施，如水葫芦（凤眼蓝）、细绿萍水生生物处理塘，养鱼池、水稻田等，构成一个简单可行的污染物生物生态处理循环体系。该体系将养殖产生的粪便污水进行有效的处理，即采取"四级净化，五步利用"生态模式，从而实现无污染清洁生产，提高经济效益的目的（图 5-4-4）。

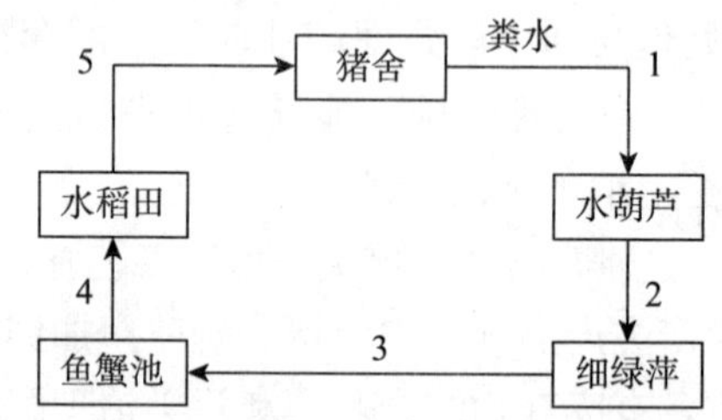

图 5-4-4 "四段净化，五步利用"生态模式

1. 一级净化与利用 2. 二级净化与利用 3. 三级净化与利用 4. 四级净化与利用 5. 五步利用

1. 一级净化与利用 畜禽养殖场产生的污水经固液分离，固体物则进行堆集发酵作为肥料，液体粪水则进入水葫芦池。水葫芦属于喜氮植物，具有较强的净化污水功能。水葫芦吸收污水中大量的有效态氮，供自身生长，然后可作为青饲料或青贮饲料喂猪，节省了饲料成本。猪粪水在水葫芦池里大约停留 7d，其末端有泵将一级净化粪水泵入细绿萍池进行二级净化。

2. 二级净化与利用 细绿萍自身能固氮，主要吸收利用剩余的磷、钾等营养元素，促进其自身大量繁殖生长。细绿萍营养丰富，是猪和鱼的很好的青饲料。粪水在细绿萍池又经过 7d 时间的有效净化和吸收，有的悬浮物沉淀，有的被分解转化。

3. 三级净化与利用 经过二级净化的污水达到渔业用水标准时，放入鱼蟹池，这时水

中的氮磷成分已经基本耗竭，悬浮物及 COD 也都达到灌溉水质标准，主要含有大量与细绿萍共生的浮游动物，成为鱼、蚌的天然饲料。

4. 四级净化与利用　污水水质最后达到农田灌溉水质标准时，将处理后的污水引入农田灌溉稻田使用。低浓度的氮、磷、钾等营养元素供作物生长吸收利用，进一步降低污染，实现污染物质的再生利用。

5. 五步利用　经过四级净化处理后的水进入稻田，再经过沉降、曝气，使水体进一步清澈，当水稻排水时，使之流回猪舍，再用作冲洗粪尿的水。

五步利用技术的核心是将污水中有效的营养成分进行转化和利用，实现污水的废物资源化，同时也满足了环境生态的无害化要求，保护了周边环境，实现了经济效益、环境生态效益、社会效益的协调统一。实验证明，污水经过四级净化后，COD、BOD 的净化率均达到 87.7%以上，有效氮和速效磷的去除率超过了 56%，总体处理效果优于同面积的生物氧化塘处理水平。

任务 5　病死畜禽无害化处理与利用

知识目标

1. 了解病死畜禽无害化处理与利用的方法。
2. 熟悉焚烧法处理畜禽尸体的工艺流程。
3. 熟知填埋法处理病死畜禽尸体的方法及注意事项。
4. 掌握高温生物降解处理病死畜禽尸体的方法。
5. 掌握发酵、湿化处理畜禽尸体的方法。

能力目标

1. 能根据养殖场的规模、性质和要求而正确选择病死畜禽无害化处理的方法。
2. 会正确操作焚烧处理病死畜禽尸体的方法。
3. 能运用发酵法正确处理病死畜禽尸体。

近年来，我国畜牧业正处于由传统养殖模式向标准化、规模化和集约化养殖模式转型时期，随着畜禽养殖规模化发展速度不断加快，在保证肉蛋奶供给的同时也产生了数量庞大的病死畜禽。病死畜禽携带病原体，若未经无害化处理便任意处置或处理不当，不仅会引起重大动物疫情，危害畜牧生产安全，还可能造成严重的环境污染，危及食品安全和生物安全，给畜牧业可持续发展、社会公共安全和乡村振兴造成严重威胁。2014 年 10 月 20 日，国务院办公厅发布了《关于建立病死畜禽无害化处理机制的意见》，为病死畜禽无害化处理工作提供了有力的组织保证。下面介绍几种主要的处理方法。

一、焚 烧 法

焚烧法是通过焚化炉燃烧器将死亡畜禽焚烧使其成为灰烬。这种方法能彻底消灭病菌、病毒，处理迅速、卫生。焚化炉由内衬耐火材料的炉体、燃油燃烧器、鼓风机和除尘除臭装置等组成。除尘除臭装置可除去焚化过程中产生的灰尘和臭气，在处理过程中减少对环境造成的污染。

1. 处理工艺流程 焚烧法是目前为止进行病死畜禽尸体无害化处理实现减量化最彻底的方法之一。国内外常用的焚烧设备主要有气熔炉、炉排炉、热解炉和回转窑炉等，可根据需要进行无害化处理的病死畜禽总重量、种类、含水量大小等进行合理选择。

目前进行病死畜禽无害化处理采用的往复炉排炉焚烧设备，经过十几年的实践验证和工艺改进，能较好地实现畜禽尸体的焚烧和排放要求，焚烧工艺比较成熟，而且运行成本较低，适用于所有动物和各种情况下的病死动物。

焚烧法（以往复炉排炉为例）工艺流程主要包括预处理系统、进料系统、焚烧炉系统、余热利用系统、烟气净化系统。

（1）预处理系统。预处理系统包括破碎机和干燥筒等设施，首先对病畜禽尸体进行破碎，破碎的目的是使产物具有较大的比表面积，有利于提高焚烧速度和焚烧效率；然后将破碎产物输送到干燥筒内进行预干燥。

（2）进料系统。进料系统由料筒、进料装置（翻板、推料机、闸板、动力液压装置）以及水冷却装置组成。预处理后产物进入进料系统，等待进行焚烧。

（3）焚烧炉系统。往复炉排炉燃烧焚烧炉系统包括干燥炉排、燃烧炉排和燃烬炉排。物料进入燃烧系统进行燃烧，燃室焚烧温度在850℃以上。为抑制烟气中有害有毒物质的生成以及消除二噁英类物质，焚烧后烟气至少停留2s时间。而后，产生的烟气进入余热利用系统，焚烧产生的炉渣从燃烬炉排落至出渣口，并通过除渣机排出。

（4）余热利用系统。烟气进入高温空气预热器，高温空气预热器利用辐射传热原理，通过间接换热降低烟气温度，产生的热空气作为干燥筒蒸发热源。

（5）烟气净化系统。高温空气预热器排出的烟气进入喷淋塔，烟气直接与喷淋塔中的水雾和碱液进行接触并瞬间急剧降温，从而，避免二噁英类物质的再生成，同时与烟气中的酸性物质发生化学反应，达到脱酸的目的。

喷淋塔排出的烟气进入干式反应器，进一步除有毒有害物质。其中烟气中的酸性气体与石灰发生中和作用得到去除；烟气中的重金属和二噁英类物质与活性炭发生吸附作用而得到去除。然后烟气进入袋式除尘器去除粉尘，净化后的烟气从除尘器排除，在引风机的作用下从烟囱达标排放，排放烟气氧含量为6%～10%。

2. 适用范围 适用于处理危害人类健康极为严重的患传染病畜禽尸体，如因患炭疽、恶性水肿、鸡禽流感、鸡新城疫、禽霍乱、犬瘟热、兔病毒性出血症等烈性传染病致死的畜禽尸体，应尽量采用焚烧法处理。发生高致病性禽流感时，不但要全群捕杀，且尸体、禽产品、粪便、污染的饲料等，都需要焚烧处理。这是彻底消灭病原的有效方法，尽管耗费较大，但在兽医防疫学上应是必要的。

二、高温生物降解法

生物降解是指将病死畜禽尸体投入降解反应器中，利用微生物的发酵降解原理，将病死畜禽尸体破碎、降解、灭菌的过程，其原理是利用生物热的方法将尸体发酵分解，以达到减量化、无害化处理的目的。高温生物降解法是处理产物资源化利用率较高的新型无害化处理方法，国内已有处理畜禽及畜禽产品应用实例，设计日处理量 12t 的处理费用每千克约 0.3 元。

1. 工艺流程

（1）上料系统。将畜禽尸体装入上料车，自动计重、上料；辅料及降解剂等通过自动升降机上料。上料前降解反应器自动开盖，上料完毕，自动关闭。

（2）降解灭菌系统。反应器工作 75℃以下 3h；140℃2～3h。

（3）有关气体的处理与环境消毒。降解处理过程中产生少量气体（主要为氨气、二氧化碳等），经系统设备冷凝、过滤、消毒。污染区定期消毒，装运畜禽的车辆喷雾消毒，车辆间紫外灯消毒。高温生物降解法工艺流程见图 5-5-1。

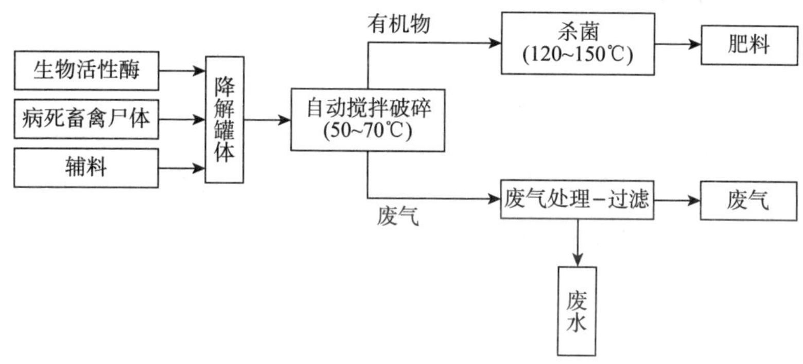

图 5-5-1　高温生物降解法工艺流程

2. 工艺特点

（1）微生物的作用。生物降解处理法巧妙地将病死畜禽尸体作为主要的氮源提供者，参与到有利于有益微生物生活繁衍的碳源和氮源环境中来，加快了有益微生物快速繁殖，使得尸体有机物快速矿质化和腐殖质化，达到分解的目的，生成微生物、二氧化碳和水等，同时释放能量，持续维持在 50℃以上，达到了杀灭病原微生物和虫卵的目的，实现了无害化。

（2）处理彻底无害。高温生物降解无害化处理过程分为降解、灭菌 2 个程序。在设备仓内温度达到 50～70℃时，生物活性酶发挥分解转化有机物的功能，对处理仓内畜禽尸体进行降解处理。处理完毕后，仓内温度上升到 150℃左右，持续 2h 对降解尸体进行高温杀菌消毒，彻底杀灭各种病原微生物。经过降解无害化处理后的处理物可以直接用作有机肥或锅炉燃料。同时，在处理过程中无味、无烟、无油、无水，清洁环保。

（3）工艺简单成本低。生物降解法可根据生产规模和需要，因地制宜就地取材，选取常用的锯末、稻壳、秸秆等农林副产物作为辅料，建设专用生物发酵池或购买专用处理设备，按照推荐的流程操作即可。据湖北宜昌市病死畜禽处理中心试验报道，采用高温生物降解无害化处理技术处理 1t 病害畜禽或畜禽产品需经费 300 元左右（每吨含生物降解酶、锯末等辅料 130 元，电费 170 元），与通过焚烧、深埋、化制等传统无害化处理技术相比，可节约处理成本 70%以上。

（4）处理方便快捷。高温生物降解无害化处理设备在操作中采用了电脑控制模式，投料、出料及设备运行全程实现自动化。同时被处理物无须肢解、搬运，省时省工，防止了死亡畜禽可能传播畜禽疫病的情况发生。

生物降解技术是一项对病死畜禽及其制品无害化处理的新型技术。该项技术不产生废水和烟气，无异味，同时具有节能、运行成本较低、操作简单的特点。病死畜禽经生物发酵处理后，尸体全部分解，与发酵原料充分混合，所生产的生物有机肥或生物蛋白粉是很好的有机肥料，可促进农牧业生产良性循环。

三、湿 化 法

湿化法是利用高压饱和蒸汽，直接与病死畜禽尸体组织接触，当蒸汽遇到畜禽尸体而凝结为水时，则放出大量热能，可使油脂溶化和蛋白质凝固，同时借助于高温与高压，将病原体完全杀灭，将物料（畜禽尸体、屠宰废弃物、孵化场废弃物）转化成肉骨粉及油。湿化法是一种实现微生物灭菌的常规方法，国内应用实例较多，技术也比较成熟。其工艺流程如图5-5-2所示。

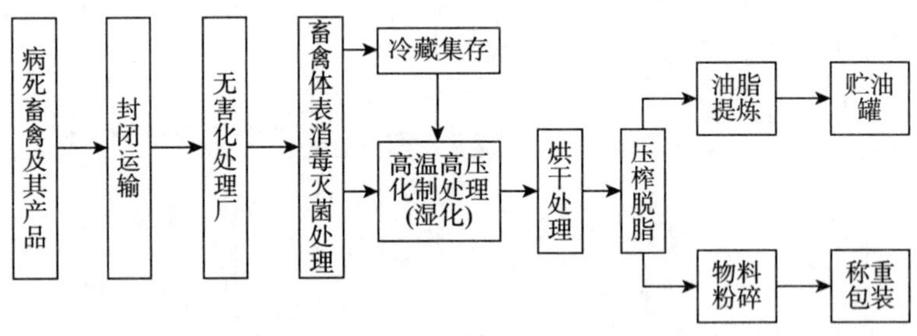

图5-5-2　湿化法处理工艺流程

1. 中控系统

（1）处理操作前，查看中控系统，检测各设备是否处于正常状态。

（2）对湿化机进行温度、时间、压力的设定。根据不同的待处理畜禽种类、是否冷冻、畜禽大小等（如待处理物为混合物，以混合物中对温度要求最高的动物种类为标准）设定参数。灭菌温度和时间应不低于规定的要求，如《大型蒸汽灭菌器技术要求自动控制型》（GB 8599—2008）。

（3）处理物料自动装入罐体。利用专用叉车将处理物装入料斗小车，由智能牵引车将待处理物料送入全自动高温高压灭菌罐，装载处理物的料斗小车完全进入罐体后，智能牵引车与之脱离并退出罐区范围，罐门自动关闭。

2. 预真空

（1）初始增压要求。在2～3min，将压强增至50～70kPa。

（2）处理温度和压强。温度150～190℃，压强600～1 200kPa，对处理物彻底消毒灭菌处理。

（3）处理时间。根据处理物的种类和数量，分别进行90～360min的高温高压消毒灭菌处理。

（4）蒸汽冷凝排放，冷凝水进入冷凝收集器，冷凝排放废水应当在系统检测其温度在70℃以下至少1h后，经检测达标后排放。

（5）罐门自动开启，智能牵引车将料斗小车依次送入液压提升系统，初次固液分离后，液体进入污水柜，提升系统将处理物送入料仓。

3. 固液分离

（1）烘干处理。处理物在料仓内进行二次固液分离，粉碎系统进行粉碎处理，产物经输送带送至干燥筒内进行烘干处理。

（2）固液分离。污水柜中的油水混合物初次萃取油脂后，排入污水池，动物油脂回收利用，污水池上层油水混合液进入油水分离系统进行油水分离，水安全排放，油脂回收利用。

（3）生产结束后，启动冲洗程序，对料斗仓、输送系统进行清洗后系统关闭。

病死畜禽经上述工艺流程，在高温和高压的条件下，动物油脂溶化和蛋白质凝固，病原微生物被杀灭。无害化处理产物经过进一步的处理，用作有机肥料、工业用油等，实现资源合理利用。

四、发 酵 法

建设专用的尸体池，将病死畜禽尸体投入加入益生菌的无害化发酵池内，利用微生物的发酵降解作用，对病死畜禽尸体进行破碎、降解、灭菌的过程。其原理是利用有益菌产生的生物热将畜禽尸体发酵分解，从而达到对病死畜禽的减量化、无害化处理。

1. 发酵池的设计　建设发酵池的要求是在远离畜禽舍，并且在场区的下风向，防渗、遮阳、避雨雪、保温，并便于人员操作。发酵池在养殖场的粪污处理区内可设计成长方形或正方形，按照地下水位的高低设计成地上式或半地下式。发酵池的大小要根据养殖场饲养畜禽的数量和场地面积而定，鸡场处理池一般宽 1.2～1.8m，深 1.2～1.48m，长度根据规模而定。万头猪场可建设一个 $100m^2$ 的无害化处理发酵池，处理池内深度以 1.2～1.5m 为宜，跨度以 7～15m 为宜。整个池子可以采用砖混结构，内面要光滑平整。

2. 发酵菌制剂的选择　有益微生物发酵菌制剂应选用有生产批准文号厂家生产的，其成分主要为酵母菌、枯草杆菌和芽孢杆菌等有益益生菌，这类微生物在适宜的温度、湿度、pH 和良好的通气条件下，迅速生长繁殖，可产生 60～70℃高温。有益微生物发酵菌制剂的使用按照生产厂家提供的说明进行添加。

3. 垫料的制作　垫料的主要成分为稻壳、锯末和细米糠或麦麸。垫料的一般配比具体见表 5-5-1。将锯末、稻壳、细米糠（麦麸）按一定比例放入发酵池内。先取 10%左右的锯末、稻壳与需要添加的全部发酵剂充分拌匀，然后放入全部发酵原料中反复搅拌，逐渐喷水至手握成团不出水，松开即散为宜（含水量在 60%～70%），直至拌匀，整平发酵备用。

表 5-5-1　垫料的主要成分及配比为

垫料种类	稻壳	锯末	细米糠（或麦麸）
垫料的配比（%）	6.5～7	4～3.5	1～0.5

4. 发酵处理　将病死畜禽尸体运至发酵设施处后，体重在 30kg 以下的个体可以直接投放池中发酵，30kg 以上的个体，要进行肢解，每块大小不得超过 30kg。对病死畜禽处理时从无害化处理池的一端开始填埋，依次循序使用，直至整个发酵池用完后，经翻耙后发酵后再进入下一个循环。池底铺 20～30cm 厚的事先准备好的发酵原料，放上病死畜禽尸体，上部覆盖 30cm 以上厚度的发酵原料即可发酵处理，发酵 7～15d 后人工翻耙 1 次，使发酵不彻底的尸体与发酵原料充分接触，达到快速发酵的目的。

5. 发酵池维护及注意事项

（1）发酵池的维护。该池第一轮填满用完后，返回无害化处理池初始点，继续用发酵过的原料进行第二轮发酵，如此循环往复利用，发酵原料可以连续使用 3 年左右。一般情况下，胎衣及小的畜禽尸体 7d 左右即可发酵降解完毕，30kg 左右的畜禽尸体需要 15d 左右的时间，病死畜禽经发酵降解后只剩部分大的骨骼。

待发酵原料出现变碎、变黑现象，说明碳氮比很低，发酵效果较差，不能继续使用，需要重新更换新的发酵原料。在池内处理病死畜禽时，如果发酵垫料湿度偏小，可以适量喷水，以增加湿度。

（2）注意事项。对病死畜禽进行无害化处理时，要严格遵守《病死及死因不明动物处置办法（试行）》《病害动物和病害动物产品生物安全处理规程》规范进行操作。要在场内技术人员的监督下，由场内主管人员对病死畜禽进行称重、编号、登记造册，拍照存档后处理。处理结束后，要及时清理现场。被病死畜禽污染过的场地、车辆、用具等，要及时进行清洗消毒，防止病原扩散，交叉感染。

6. 发酵处理技术的优点 使用发酵技术对病死畜禽进行无害化处理具有的优点在于：

（1）处理效果好，安全彻底无隐患。发酵处理的病畜禽尸体经高温发酵后，细菌、病毒等病原微生物全部被杀死，处理彻底，不留疫情隐患。而深埋法处理则会使某些难以灭活的炭疽等芽孢杆菌类疫病不能被彻底消灭，传播疫情，给养殖场和周围养殖户带来疫情隐患。

（2）省工省力，降低成本。常规处理病死猪用柴油焚烧，机械挖坑掩埋，处理一次一般需要 2～4h，耗费大量的人力、物力，费工费力，焚烧时油烟、气味污染环境。用发酵原料处理病死猪，只需将病死猪放在处理池中，用发酵原料盖好即可，省工省力，节约机械、人工成本和挖坑占地面积。

（3）建设发酵设施可根据养殖规模的大小进行合理的设计建造，因此简单方便，便于在各种规模养殖场推广使用。

（4）生态环保，良性循环。用发酵原料处理病死猪，较常规焚烧处理，不排放油烟和有害气体，生态环保，病死猪经发酵处理后，尸体全部分解，与发酵原料充分混合，变成腐殖质，是很好的有机肥料，可供给农户直接使用，促进农牧业生产良性循环。

（5）经济效益和生态效益显著。以猪场为例，生物发酵处理病死猪每头约需处理费用 65 元，较传统处理方式平均每头可节约处理费用 75 元左右，为养殖企业节约大量的养殖成本，提高了养殖效益。生物发酵处理病死猪无污染，处理及时，节能增效，生态环保，简单易行，适合大面积推广。

五、深 埋 法

在小型养殖场中，若暂时没有建毁尸池，对不是因为烈性传染病而死亡的畜禽可以采用深埋法进行处理。具体做法是：

（1）在远离养殖场的地方，挖 2m 以上的深坑。坑的长度和宽度以能容纳侧放的尸体为宜。

（2）地势要高燥，能避开洪水冲刷，因为有些病菌的存活期较长，如猪丹毒杆菌在掩埋的尸体内能存活 7 个多月，如果遭到洪水冲刷，病菌散播很容易，形成新的传染源。

（3）在坑底撒 2cm 厚的生石灰，放入死畜禽，在最上层死畜禽的上面再撒一层生石灰，最后用土埋实。

（4）病害畜禽尸体和病害畜禽产品上层应距地表1.5m以上。

（5）填埋后的地表环境使用有效消毒药喷洒消毒。

本法不适用于患有炭疽等芽孢杆菌类疫病，以及患牛海绵状脑病、痒病的染疫动物及产品、组织的处理。深埋法是传统的病死畜禽尸体处理方法，易造成环境污染，且存在一定的隐患。养殖场要尽量少用深埋法，若临时采用，也一定要选择远离水源、居民区的地方，且要在养殖场的下风向并保持一定的安全距离。

附录1 畜禽规模养殖污染防治条例

（2013年10月8日国务院第26次常务会议通过，自2014年1月1日起施行）

第一章 总 则

第一条 为了防治畜禽养殖污染，推进畜禽养殖废弃物的综合利用和无害化处理，保护和改善环境，保障公众身体健康，促进畜牧业持续健康发展，制定本条例。

第二条 本条例适用于畜禽养殖场、养殖小区的养殖污染防治。

畜禽养殖场、养殖小区的规模标准根据畜牧业发展状况和畜禽养殖污染防治要求确定。

牧区放牧养殖污染防治，不适用本条例。

第三条 畜禽养殖污染防治，应当统筹考虑保护环境与促进畜牧业发展的需要，坚持预防为主、防治结合的原则，实行统筹规划、合理布局、综合利用、激励引导。

第四条 各级人民政府应当加强对畜禽养殖污染防治工作的组织领导，采取有效措施，加大资金投入，扶持畜禽养殖污染防治以及畜禽养殖废弃物综合利用。

第五条 县级以上人民政府环境保护主管部门负责畜禽养殖污染防治的统一监督管理。

县级以上人民政府农牧主管部门负责畜禽养殖废弃物综合利用的指导和服务。

县级以上人民政府循环经济发展综合管理部门负责畜禽养殖循环经济工作的组织协调。

县级以上人民政府其他有关部门依照本条例规定和各自职责，负责畜禽养殖污染防治相关工作。

乡镇人民政府应当协助有关部门做好本行政区域的畜禽养殖污染防治工作。

第六条 从事畜禽养殖以及畜禽养殖废弃物综合利用和无害化处理活动，应当符合国家有关畜禽养殖污染防治的要求，并依法接受有关主管部门的监督检查。

第七条 国家鼓励和支持畜禽养殖污染防治以及畜禽养殖废弃物综合利用和无害化处理的科学技术研究和装备研发。各级人民政府应当支持先进适用技术的推广，促进畜禽养殖污染防治水平的提高。

第八条 任何单位和个人对违反本条例规定的行为，有权向县级以上人民政府环境保护等有关部门举报。接到举报的部门应当及时调查处理。

对在畜禽养殖污染防治中作出突出贡献的单位和个人，按照国家有关规定给予表彰和奖励。

第二章 预 防

第九条 县级以上人民政府农牧主管部门编制畜牧业发展规划，报本级人民政府或者其授权的部门批准实施。畜牧业发展规划应当统筹考虑环境承载能力以及畜禽养殖污染防治要求，合理布局，科学确定畜禽养殖的品种、规模、总量。

第十条　县级以上人民政府环境保护主管部门会同农牧主管部门编制畜禽养殖污染防治规划，报本级人民政府或者其授权的部门批准实施。畜禽养殖污染防治规划应当与畜牧业发展规划相衔接，统筹考虑畜禽养殖生产布局，明确畜禽养殖污染防治目标、任务、重点区域，明确污染治理重点设施建设，以及废弃物综合利用等污染防治措施。

第十一条　禁止在下列区域内建设畜禽养殖场、养殖小区：

（一）饮用水水源保护区，风景名胜区；

（二）自然保护区的核心区和缓冲区；

（三）城镇居民区、文化教育科学研究区等人口集中区域；

（四）法律、法规规定的其他禁止养殖区域。

第十二条　新建、改建、扩建畜禽养殖场、养殖小区，应当符合畜牧业发展规划、畜禽养殖污染防治规划，满足动物防疫条件，并进行环境影响评价。对环境可能造成重大影响的大型畜禽养殖场、养殖小区，应当编制环境影响报告书；其他畜禽养殖场、养殖小区应当填报环境影响登记表。大型畜禽养殖场、养殖小区的管理目录，由国务院环境保护主管部门商国务院农牧主管部门确定。

环境影响评价的重点应当包括：畜禽养殖产生的废弃物种类和数量，废弃物综合利用和无害化处理方案和措施，废弃物的消纳和处理情况以及向环境直接排放的情况，最终可能对水体、土壤等环境和人体健康产生的影响以及控制和减少影响的方案和措施等。

第十三条　畜禽养殖场、养殖小区应当根据养殖规模和污染防治需要，建设相应的畜禽粪便、污水与雨水分流设施，畜禽粪便、污水的贮存设施，粪污厌氧消化和堆沤、有机肥加工、制取沼气、沼渣沼液分离和输送、污水处理、畜禽尸体处理等综合利用和无害化处理设施。已经委托他人对畜禽养殖废弃物代为综合利用和无害化处理的，可以不自行建设综合利用和无害化处理设施。

未建设污染防治配套设施、自行建设的配套设施不合格，或者未委托他人对畜禽养殖废弃物进行综合利用和无害化处理的，畜禽养殖场、养殖小区不得投入生产或者使用。

畜禽养殖场、养殖小区自行建设污染防治配套设施的，应当确保其正常运行。

第十四条　从事畜禽养殖活动，应当采取科学的饲养方式和废弃物处理工艺等有效措施，减少畜禽养殖废弃物的产生量和向环境的排放量。

第三章　综合利用与治理

第十五条　国家鼓励和支持采取粪肥还田、制取沼气、制造有机肥等方法，对畜禽养殖废弃物进行综合利用。

第十六条　国家鼓励和支持采取种植和养殖相结合的方式消纳利用畜禽养殖废弃物，促进畜禽粪便、污水等废弃物就地就近利用。

第十七条　国家鼓励和支持沼气制取、有机肥生产等废弃物综合利用以及沼渣沼液输送和施用、沼气发电等相关配套设施建设。

第十八条　将畜禽粪便、污水、沼渣、沼液等用作肥料的，应当与土地的消纳能力相适应，并采取有效措施，消除可能引起传染病的微生物，防止污染环境和传播疫病。

第十九条 从事畜禽养殖活动和畜禽养殖废弃物处理活动，应当及时对畜禽粪便、畜禽尸体、污水等进行收集、贮存、清运，防止恶臭和畜禽养殖废弃物渗出、泄漏。

第二十条 向环境排放经过处理的畜禽养殖废弃物，应当符合国家和地方规定的污染物排放标准和总量控制指标。畜禽养殖废弃物未经处理，不得直接向环境排放。

第二十一条 染疫畜禽以及染疫畜禽排泄物、染疫畜禽产品、病死或者死因不明的畜禽尸体等病害畜禽养殖废弃物，应当按照有关法律、法规和国务院农牧主管部门的规定，进行深埋、化制、焚烧等无害化处理，不得随意处置。

第二十二条 畜禽养殖场、养殖小区应当定期将畜禽养殖品种、规模以及畜禽养殖废弃物的产生、排放和综合利用等情况，报县级人民政府环境保护主管部门备案。环境保护主管部门应当定期将备案情况抄送同级农牧主管部门。

第二十三条 县级以上人民政府环境保护主管部门应当依据职责对畜禽养殖污染防治情况进行监督检查，并加强对畜禽养殖环境污染的监测。

乡镇人民政府、基层群众自治组织发现畜禽养殖环境污染行为的，应当及时制止和报告。

第二十四条 对污染严重的畜禽养殖密集区域，市、县人民政府应当制定综合整治方案，采取组织建设畜禽养殖废弃物综合利用和无害化处理设施、有计划搬迁或者关闭畜禽养殖场所等措施，对畜禽养殖污染进行治理。

第二十五条 因畜牧业发展规划、土地利用总体规划、城乡规划调整以及划定禁止养殖区域，或者因对污染严重的畜禽养殖密集区域进行综合整治，确需关闭或者搬迁现有畜禽养殖场所，致使畜禽养殖者遭受经济损失的，由县级以上地方人民政府依法予以补偿。

第四章　激励措施

第二十六条 县级以上人民政府应当采取示范奖励等措施，扶持规模化、标准化畜禽养殖，支持畜禽养殖场、养殖小区进行标准化改造和污染防治设施建设与改造，鼓励分散饲养向集约饲养方式转变。

第二十七条 县级以上地方人民政府在组织编制土地利用总体规划过程中，应当统筹安排，将规模化畜禽养殖用地纳入规划，落实养殖用地。

国家鼓励利用废弃地和荒山、荒沟、荒丘、荒滩等未利用地开展规模化、标准化畜禽养殖。

畜禽养殖用地按农用地管理，并按照国家有关规定确定生产设施用地和必要的污染防治等附属设施用地。

第二十八条 建设和改造畜禽养殖污染防治设施，可以按照国家规定申请包括污染治理贷款贴息补助在内的环境保护等相关资金支持。

第二十九条 进行畜禽养殖污染防治，从事利用畜禽养殖废弃物进行有机肥产品生产经营等畜禽养殖废弃物综合利用活动的，享受国家规定的相关税收优惠政策。

第三十条 利用畜禽养殖废弃物生产有机肥产品的，享受国家关于化肥运力安排等支持政策；购买使用有机肥产品的，享受不低于国家关于化肥的使用补贴等优惠政策。

畜禽养殖场、养殖小区的畜禽养殖污染防治设施运行用电执行农业用电价格。

第三十一条 国家鼓励和支持利用畜禽养殖废弃物进行沼气发电，自发自用、多余电量接入电网。电网企业应当依照法律和国家有关规定为沼气发电提供无歧视的电网接入服务，并全额收购其电网覆盖范围内符合并网技术标准的多余电量。

利用畜禽养殖废弃物进行沼气发电的，依法享受国家规定的上网电价优惠政策。利用畜禽养殖废弃物制取沼气或进而制取天然气的，依法享受新能源优惠政策。

第三十二条　地方各级人民政府可以根据本地区实际，对畜禽养殖场、养殖小区支出的建设项目环境影响咨询费用给予补助。

第三十三条　国家鼓励和支持对染疫畜禽、病死或者死因不明畜禽尸体进行集中无害化处理，并按照国家有关规定对处理费用、养殖损失给予适当补助。

第三十四条　畜禽养殖场、养殖小区排放污染物符合国家和地方规定的污染物排放标准和总量控制指标，自愿与环境保护主管部门签订进一步削减污染物排放量协议的，由县级人民政府按照国家有关规定给予奖励，并优先列入县级以上人民政府安排的环境保护和畜禽养殖发展相关财政资金扶持范围。

第三十五条　畜禽养殖户自愿建设综合利用和无害化处理设施、采取措施减少污染物排放的，可以依照本条例规定享受相关激励和扶持政策。

第五章　法律责任

第三十六条　各级人民政府环境保护主管部门、农牧主管部门以及其他有关部门未依照本条例规定履行职责的，对直接负责的主管人员和其他直接责任人员依法给予处分；直接负责的主管人员和其他直接责任人员构成犯罪的，依法追究刑事责任。

第三十七条　违反本条例规定，在禁止养殖区域内建设畜禽养殖场、养殖小区的，由县级以上地方人民政府环境保护主管部门责令停止违法行为；拒不停止违法行为的，处 3 万元以上 10 万元以下的罚款，并报县级以上人民政府责令拆除或者关闭。在饮用水水源保护区建设畜禽养殖场、养殖小区的，由县级以上地方人民政府环境保护主管部门责令停止违法行为，处 10 万元以上 50 万元以下的罚款，并报经有批准权的人民政府批准，责令拆除或者关闭。

第三十八条　违反本条例规定，畜禽养殖场、养殖小区依法应当进行环境影响评价而未进行的，由有权审批该项目环境影响评价文件的环境保护主管部门责令停止建设，限期补办手续；逾期不补办手续的，处 5 万元以上 20 万元以下的罚款。

第三十九条　违反本条例规定，未建设污染防治配套设施或者自行建设的配套设施不合格，也未委托他人对畜禽养殖废弃物进行综合利用和无害化处理，畜禽养殖场、养殖小区即投入生产、使用，或者建设的污染防治配套设施未正常运行的，由县级以上人民政府环境保护主管部门责令停止生产或者使用，可以处 10 万元以下的罚款。

第四十条　违反本条例规定，有下列行为之一的，由县级以上地方人民政府环境保护主管部门责令停止违法行为，限期采取治理措施消除污染，依照《中华人民共和国水污染防治法》《中华人民共和国固体废物污染环境防治法》的有关规定予以处罚：

（一）将畜禽养殖废弃物用作肥料，超出土地消纳能力，造成环境污染的；

（二）从事畜禽养殖活动或者畜禽养殖废弃物处理活动，未采取有效措施，导致畜禽养殖废弃物渗出、泄漏的。

第四十一条　排放畜禽养殖废弃物不符合国家或者地方规定的污染物排放标准或者总量

控制指标，或者未经无害化处理直接向环境排放畜禽养殖废弃物的，由县级以上地方人民政府环境保护主管部门责令限期治理，可以处 5 万元以下的罚款。县级以上地方人民政府环境保护主管部门作出限期治理决定后，应当会同同级人民政府农牧等有关部门对整改措施的落实情况及时进行核查，并向社会公布核查结果。

第四十二条 未按照规定对染疫畜禽和病害畜禽养殖废弃物进行无害化处理的，由动物卫生监督机构责令无害化处理，所需处理费用由违法行为人承担，可以处 3 000 元以下的罚款。

第六章 附 则

第四十三条 畜禽养殖场、养殖小区的具体规模标准由省级人民政府确定，并报国务院环境保护主管部门和国务院农牧主管部门备案。

第四十四条 本条例自 2014 年 1 月 1 日起施行。

附录 2 畜禽规模养殖场粪污资源化利用设施建设规范（试行）

（农业部办公厅 2018 年 1 月 5 日）

第一条 本规范适用于畜禽规模养殖场粪污资源化利用设施建设的指导和评估。

第二条 畜禽粪污资源化利用是指在畜禽粪污处理过程中，通过生产沼气、堆肥、沤肥、沼肥、肥水、商品有机肥、垫料、基质等方式进行合理利用。

第三条 畜禽规模养殖场粪污资源化利用应坚持农牧结合、种养平衡，按照资源化、减量化、无害化的原则，对源头减量、过程控制和末端利用各环节进行全程管理，提高粪污综合利用率和设施装备配套率。

第四条 畜禽规模养殖场应根据养殖污染防治要求，建设与养殖规模相配套的粪污资源化利用设施设备，并确保正常运行。

第五条 畜禽规模养殖场宜采用干清粪工艺。采用水泡粪工艺的，要控制用水量，减少粪污产生总量。鼓励水冲粪工艺改造为干清粪或水泡粪。不同畜种不同清粪工艺最高允许排水量按照 GB 18596 执行。

第六条 畜禽规模养殖场应及时对粪污进行收集、贮存，粪污暂存池（场）应满足防渗、防雨、防溢流等要求。固体粪便暂存池（场）的设计按照 GB/T 27622 执行。污水暂存池的设计按照 GB/T 26624 执行。

第七条 畜禽规模养殖场应建设雨污分离设施，污水宜采用暗沟或管道输送。

第八条 规模养殖场干清粪或固液分离后的固体粪便可采用堆肥、沤肥、生产垫料等方式进行处理利用。固体粪便堆肥（生产垫料）宜采用条垛式、槽式、发酵仓、强制通风静态垛等好氧工艺，或其他适用技术，同时配套必要的混合、输送、搅拌、供氧等设施设备。猪场堆肥设施发酵容积不小于 0.002m^3×发酵周期（d）×设计存栏量（头），其他畜禽按 GB 18596 折算成猪的存栏量计算。

第九条 液体或全量粪污通过氧化塘、沉淀池等进行无害化处理的，氧化塘、贮存池容积不小于单位畜禽日粪污产生量（m^3）×贮存周期（d）×设计存栏量（头）。单位畜禽粪污日产生量推荐值为：生猪0.01m^3，奶牛0.045m^3，肉牛0.017m^3，家禽0.000 2m^3，具体可根据养殖场实际情况核定。

第十条　液体或全量粪污采用异位发酵床工艺处理的，每头存栏生猪粪污暂存池容积不小于0.2m^3，发酵床建设面积不小于0.2m^2，并有防渗防雨功能，配套搅拌设施。

第十一条　液体或全量粪污采用完全混合式厌氧反应器（CSTR）、上流式厌氧污泥床反应器（UASB）等处理的，配套调节池、厌氧发酵罐、固液分离机、贮气设施、沼渣沼液贮存池等设施设备，相关建设要求依据NY/T 1220执行。沼液贮存池容积依据第九条确定。

利用沼气发电或提纯生物天然气的，根据需要配套沼气发电和沼气提纯等设施设备。

第十二条　堆肥、沤肥、沼肥、肥水等还田利用的，依据畜禽养殖粪污土地承载力测算技术指南合理确定配套农田面积，并按GB/T 25246、NY/T 2065执行。

第十三条　委托第三方处理机构对畜禽粪污代为综合利用和无害化处理的，应依照第六条规定建设粪污暂存设施，可不自行建设综合利用和无害化处理设施。

第十四条　固体粪便、污水和沼液贮存设施建设要求按照GB/T 26622、GB/T 26624和NY/T 2374执行。

第十五条　第三方处理机构粪污收集、处理和利用相关设施设备要求，参照相关工程技术规范执行。

第十六条　各省（自治区、直辖市）可参照制定符合本地实际的畜禽规模养殖场粪污资源化利用设施建设规范。

附录3　畜禽场环境质量及卫生控制规范

（NY/T 1167—2006，2006-07-10发布，2006-10-01实施）

1　范围

本标准规定了畜禽场生态环境质量及卫生指针、空气环境质量及卫生标准、土壤环境质量及卫生指针、饮用水质量及卫生指针和相应的畜禽场质量及卫生控制措施。

本标准适用于规模化畜禽场的环境质量管理及环境卫生控制。

2　引用标准

下列文件中的条款通过本标准的引用而成为本标准的条款。凡是注日期的引用文件，其后所有的修改单（不包括勘误的内容）或修订版均不适用于本标准，然而，鼓励根据本标准达成协议的各方研究是否可使用这些文件的最新版本。凡是不注日期的引用文件，其最新版本适用于本标准。

GB 18596　畜禽养殖业污染物排放标准

GB/T 19525.2　畜禽场环境质量评价准则

NY/T 388　畜禽场环境质量标准

NY 5027　无公害食品　畜禽饮用水水质标准

3　术语和定义

下列术语和定义适用于本标准。

3.1　畜禽场　按养殖规模，本标准规定：鸡 5 000 只，母猪存栏≥75 头，牛≥25 头为畜禽场，该场应设置有舍区、场区和缓冲区。

3.2　舍区　畜禽所处的半封闭的生活区域，即畜禽直接的生活环境区。

3.3　场区　畜禽场围栏或院墙以内、舍区以外的区域。

3.4　缓冲区　在畜禽场外周围，沿场院向外≤500m 范围内的保护区，该区具有保护畜禽场免受外界污染的功能。

3.5　土壤　指畜禽场陆地表面能够生长绿色植物的疏松层。

3.6　恶臭污染物　指一切刺激嗅觉器官，引起人们不愉快及损害生活环境的气体物质。

3.7　环境质量及卫生控制　指为达到环境质量及卫生要求所采取的作业技术和活动。

4　畜禽场场址的选择和场内区域布局

4.1　正确选址　按照国标 GB 19525.2 的要求对畜禽养殖场环境质量和环境影响进行评价，摸清当地环境质量现状以及畜禽养殖场、养殖小区建成后对当地环境质量将产生的影响。

4.2　合理布局　住宅区、生活管理区、生产区、隔离区分开，且依次处于场区常年主导风向的上风向。

5　畜禽场生态环境质量及卫生控制

5.1　畜禽场舍区生态环境质量及卫生指针参见 NY/T 388。

5.2　畜禽场舍区生态环境质量及卫生控制措施

5.2.1　温度、湿度　在建设畜禽饲养场时，必须保证畜禽舍的保温隔热性能，同时合理设计通风和采光设施，可采用天窗或导风管，使畜禽舍温度、湿度满足上述标准的要求，也可采用喷淋与喷雾等方式降温。

5.2.2　风速　畜禽舍采用机械通风或自然通风，通风时保证气流均匀分布，尽量减少通风死角，舍外运动场上设凉棚，使舍内风速满足畜禽场环境质量标准的要求。

5.2.3　光照度　安装采光设施或设计天窗，并根据畜种、日龄和生产过程确定合理的光照时间和光照度。

5.2.4　噪声

5.2.4.1　正确选址，避免外界干扰；

5.2.4.2　选择、使用性能优良，噪声小的机械设备；

5.2.4.3　在场区、缓冲区植树种草，降低噪声。

5.2.5　细菌、微生物的控制措施

5.2.5.1　正确选址，远离细菌污染源；

5.2.5.2　定时通风换气，破坏细菌生存条件；

5.2.5.3　在畜禽舍门口设置消毒池，工作人员进入畜禽舍时必须穿戴消毒过的工作服、鞋、帽等，并通过装有紫外线灯的通道。

5.2.5.4　对舍区、场区环境定期消毒；

5.2.5.5　在疾病传播时，采用隔离、淘汰病畜禽，并进行应急消毒措施，以控制病原的扩散。

6　畜禽场空气环境质量及卫生控制

6.1　畜禽场空气环境质量及卫生指针参见 NY/T 388。

6.2　畜禽场舍内环境质量及卫生控制措施

6.2.1　舍内氨气、硫化氢、二氧化碳、恶臭的控制措施

6.2.1.1　采取固液分离与干清粪工艺相结合的设施，使粪尿、污水及时排出，减少有害气体产生；

6.2.1.2　采取科学的通风换气方法，保证气流均匀，及时排除舍内的有害气体；

6.2.1.3　在粪便、垫料中添加各种具有吸附功能的添加剂，减少有害气体产生；

6.2.1.4　合理搭配日粮和在饲料中使用添加剂，减少有害气体产生。

6.2.2　舍内总悬浮颗粒物、可吸入颗粒物的控制措施

6.2.2.1　饲料车间、干草车间远离畜禽舍且处于畜禽舍的下风向；

6.2.2.2　提倡使用颗粒饲料或者拌湿饲料；

6.2.2.3　禁止带畜干扫畜禽舍或刷拭畜禽，翻动垫料要轻，减少尘粒的产生；

6.2.2.4　适当进行通风换气，并在通风口设置过滤帘，保证舍内湿度，及时排出、减少颗粒物及有害气体。

6.3　畜禽场场区、缓冲区空气环境质量及卫生控制措施

6.3.1　绿化　在畜禽场的场区、缓冲区内种植环保型的树木、花草，减少尘粒的产生，净化空气。家畜畜禽场绿化覆盖率应在30%以上。

6.3.2　消毒　在场门和舍门处设置消毒池，人员和车辆进入时经过消毒池以杀死病原微生物。对工作人员的衣、帽、鞋等经常性地消毒，对圈舍及设备用具进行定期消毒。

7　畜禽场土壤环境质量及卫生控制

7.1　畜禽场土壤环境质量及卫生指标见表 7-1。

表 7-1　畜禽场土壤环境质量及卫生指标

序号	项目	单位	缓冲区	场区	舍区
1	镉	mg/kg	0.3	0.3	0.6
2	砷	mg/kg	30	25	20
3	铜	mg/kg	50	100	100
4	铅	mg/kg	250	300	350
5	铬	mg/kg	250	300	350
6	锌	mg/kg	200	250	300
7	细菌总数	万个/g	1	5	—
8	大肠杆菌	g/L	2	50	—

7.2 畜禽场土壤环境质量及卫生控制措施

7.2.1 土壤中镉、砷、铜、铅、铬、锌的控制措施

7.2.1.1 正确选址，使土壤背景值满足畜禽场土壤环境质量标准的要求；

7.2.1.2 科学合理选择和使用兽药、饲料，降低土壤中重金属元素的残留。

7.2.2 土壤中细菌总数、总大肠杆菌的控制措施

7.2.2.1 避免粪尿、污水排放及运送过程中的跑、冒、滴、漏；

7.2.2.2 采用紫外线等方式对排放、运送前的粪尿进行杀菌消毒，避免运输过程微生物污染土壤；

7.2.2.3 粪尿作为有机肥施予场内草、树地前，对其进行无害化处理，且根据植物的不同品种合理掌握使用量；

7.2.2.4 畜禽粪便堆场建在畜禽饲养场内部的，要做好防渗、防漏工作，避免粪污中镉、砷、铜、铅、铬、锌以及各种病原微生物污染场内的土壤环境。

8 畜禽饮用水质量及卫生控制

8.1 畜禽饮用水质量及卫生指针参见 NY 5027。

8.2 畜禽饮用水质量及卫生控制措施

8.2.1 自来水 定期清洗畜禽饮用水传送管道，保证水质传送途中无污染。

8.2.2 自备井 应建在畜禽场粪便堆放场等污染源的上方和地下水位的上游，水量丰富，水质良好，取水方便，避免在低洼沼泽或容易积水的地方打井。水井附近 30m 范围内，不得建有渗水的厕所、渗水坑、粪坑、垃圾场等污染源。

8.2.3 地表水 地面水是暴露在地表面的水源，受污染的机会多，含有较多的悬浮物和细菌，如果作为畜禽的饮用水，必须进行净化和消毒，使之满足畜禽饮用水水质标准。净化的方法有混凝沉淀法和过滤法；消毒方法有物理消毒法（如煮沸消毒）和化学消毒法（如氯化消毒）。

9 监测与评价

9.1 对畜禽场的生态环境、空气环境以及接受畜禽粪便和污水的土壤环境和畜禽饮用水进行定期监测，对环境质量现状进行定期评价，及时了解畜禽场环境质量及卫生状况，以便采取相应的措施控制畜禽场环境质量和卫生。

9.2 对畜禽场排放的污水进行定期监测，确保出水满足 GB 18596 的要求。

9.3 环境质量、环境影响评价 按照 GB/T 19525.2 的要求，根据监测结果，对畜禽场的环境质量、环境影响进行定期评价。

9.4 在畜禽场排污口设置国家环境保护总局统一规定的排污口标志。

9.5 监测分析方法 本规范项目的监测分析方法按表 7-2 执行。

表 7-2 畜禽场环境卫生控制规范选配监测分析方法

序号	项目	分析方法	方法来源
1	温度	温度计测定法	GB/T 13195—1991
2	相对湿度	湿度计测定法	①

（续）

序号	项目	分析方法	方法来源
3	风速	风速仪测定法	①
4	光照度	照度计测定法	①
5	噪声	声级计测定法	GB/T 14623
6	粪便含水率	重量法	GB/T 3543.2—1995
7	NH_3	纳氏试剂比色法	GB/T 14668—93
8	H_2S	碘量法	GB/T 11060.1—1998
9	CO_2	滴定法	②
10	PM_{10}	重量法	GB 6921—86
11	TSP	重量法	GB 15432—1995
12	空气　细菌总数	沉降法	GB 5750—85
13	恶臭	三点比较式嗅袋法	GB/T 14675—93
14	水质　细菌总数	平板法	GB 5750—85
15	水质　大肠杆菌	多管发酵法	GB 5750—85
16	pH	玻璃电极法	GB 6920—86
17	总硬度	EDTA 容量法	GB 7477—87
18	溶解性总固体	重量法	GB 5750—85
19	铅	原子吸收分光光度法	GB 7475—87
20	铬（六价）	二苯碳酰二肼分光光度法	GB 7467—87
21	生化需氧量	稀释与接种法	GB 7488—87
22	化学需氧量	重铬酸钾法	GB 11914—89
23	溶解氧	碘量法	GB 7489—87
24	蛔虫卵	堆肥蛔虫卵检查法	GB 7959—87
25	氟化物	离子选择电极法	GB 7484—87
26	总锌	原子吸收分光光度法	GB 7475—87
27	土壤　镉	石墨炉原子吸收分光光度法	GB/T 17141—1997
28	土壤　砷	二乙基二硫代氨基甲酸银分光光度法	GB/T 17134—1997
29	土壤　铜	火焰原子吸收分光光度法	GB/T 17138—1997
30	土壤　铅	石墨炉原子吸收分光光度法	GB/T 17141—1997
31	土壤　铬	火焰原子吸收分光光度法	GB/T 17137—1997
32	土壤　锌	火焰原子吸收分光光度法	GB/T 17138—1997
33	土壤　细菌总数	与水的卫生检验方法相同	③
34	土壤　大肠杆菌	与水的卫生检验方法相同	③

注：①、②和③暂采用下列方法，待国家标准发布后，执行国家标准。

①畜禽场相对湿度、光照度、风速的监测分析方法，是结合畜禽场环境监测现状，对国家气象局（地面气象观测）（1979）中相关内容进行改进形成的，经过农业部批准并且备案。

②暂采用国家环境保护总局《水和废水监测分析方法》（第三版），中国环境出版社，1989。

③土壤中细菌总数、大肠杆菌的检测分析方法与水的卫生检验方法相同，见中国环境科学出版社《环境工程微生物检验手册》，1990 年出版。

附录 4　畜禽场环境污染控制技术规范

（NY/T 1169—2006，2006-07-10 发布，2006-10-01 实施）

1　范围

本标准规定了畜禽场选址、场区布局、污染治理设施以及控制畜禽场恶臭污染、粪便污染、污水污染、病原微生物污染、药物污染、畜禽尸体污染等的基本技术要求和畜禽场环境污染监测控制技术。

本标准适用于目前正在运行生产的畜禽场和新建、改建、扩建畜禽场的环境污染控制。

2　引用标准

下列文件中的条款通过本标准的引用而成为本标准的条款。凡是注日期的引用文件，其随后所有的修改单（不包括勘误的内容）或修订版均不适用于本标准，然而，鼓励根据本标准达成协议的各方研究是否可使用这些文件的最新版本。凡是不注日期的引用文件，其最新版本适用于本标准。

GB 5084　农田灌溉水质标准

GB 7959　粪便无害化卫生标准

GB 13078　饲料卫生标准

GB 18596　畜禽养殖业污染物排放标准

GB/T 19525.2　畜禽场环境质量评价准则

农业部文件农牧发［2002］1 号《食品动物禁用的兽药及其他化合物清单》

农业部公告［2002］第 176 号《禁止在饲料和动物饮水中使用的药物品种目录》

3　术语和定义

下列术语和定义适用于本标准。

3.1　畜禽场　按养殖规模，本标准规定：鸡 5 000 只，母猪存栏≥75 头，牛≥25 头为畜禽场，该场应设置有舍区、场区和缓冲区。

3.2　环境污染　是指人类活动使环境要素或其状态发生变化，环境质量恶化，扰乱和破坏了生态系统的动态平衡和人类的正常生活条件的现象。本规范所指环境污染是以畜禽活动为主体所造成的污染即畜禽场环境污染，主要包括恶臭污染、粪便污染、污水污染、病原微生物污染、药物污染、畜禽尸体污染等。

3.3　恶臭污染物　指一切刺激嗅觉器官，引起人们不愉快及损害生活环境的气体物质。

3.4　环境质量评价　指依照一定的评价标准和评价方法对一定区域范围内的环境质量进行说明和评定。

3.5　环境影响评价　狭义地说是建设项目可行性研究工作的重要组成部分，是对特定建设项目预测其未来的环境影响，同时提出防治对策，为决策部门提供科学依据，为设计部门提供优化设计的建议。广义地讲是指人类进行某项重大活动（包括开发建设、规划、计划、政策、立法）之前，采用评价手段预测该项活动可能给环境带来的影响。

4 畜禽场环境污染控制技术要求

4.1 选址、布局要求

4.1.1 按照国标 GB/T 19525.2 对畜禽场环境质量进行评价，正确选址、合理布局。

4.1.2 按建设项目环境保护法律、法规的规定，进行环境影响评价，实施“三同时”制度。

4.2 污染治理设施的要求

已建、新建、改建及扩建畜禽场的排水、通风、粪便堆场和污水贮水池、绿化等满足如下要求，不符合要求者应予以改造。

4.2.1 畜禽场排水 畜禽舍地面应向排水沟方向做1%～3%的倾斜；排水沟沟底须有0.2%～0.5%的坡度，且每隔一定距离设一深 0.5m 的沉淀坑，保持排水通畅。

4.2.2 畜禽舍通风 根据畜禽舍内的养殖品种、养殖数量，配备适当的通风设施，使风速满足畜禽对风速的要求。

4.2.3 粪便堆场和污水贮水池 粪便堆场和污水贮水池应设在畜禽场生产及生活管理区常年主导风向的下风向或侧风向处，距离各类功能地表水源不得小于 400m，同时采取搭棚遮雨和水泥硬化等防渗漏措施。粪便堆场的地面应高出周围地面至少 30cm。

实行种养结合的畜禽场，其粪便存贮设施的总容积不得低于当地农林作物生产用肥的最大间隔时间内本畜禽场所产生粪便的总量。

4.2.4 绿化要求 在畜禽场周围和场区空闲地种植环保型树、花、草，绿化环境、净化空气，改善畜禽舍小气候，加强防疫，家畜养殖场场区绿化覆盖率达到 30%，并在场外缓冲区建 5～10m 的环境绿化带。

4.3 恶臭污染控制

4.3.1 采用配合饲料，调整饲料中氨基酸等各种营养成分的平衡，提高饲料养分的利用效率，减少粪尿中氨氮化合物、含硫化合物等恶臭气体的产生和排放；合理调整日粮中粗纤维的水平，控制吲哚和粪臭素的产生。

4.3.2 提倡在饲料中添加使用微生物制剂、酶制剂和植物提取液等活性物质以减少粪便恶臭气体的产生。

4.3.3 畜禽舍内的粪便、污物和污水及时清除和处理，以减少粪尿存贮过程中恶臭气体的产生和排放。

4.3.4 在畜禽粪便中添加沸石粉、丝兰属植物提取物等，达到除臭和抑制恶臭的扩散的目的。

4.3.5 畜禽场根据实际情况可适当增加垫料厚度，也可在垫料中选择添加沸石粉、丝兰属植物等材料达到除臭效果。

4.4 粪便污染控制

4.4.1 已建、新建、改建以及扩建的畜禽场必须同步建设相应的粪便处理设施。

4.4.2 采用种养结合的畜禽场，粪便还田前必须经过无害化处理，按照土壤质地以及种植作物的种类确定施肥数量。

4.4.3 施入农田后粪便应立即混合到土壤内，裸露时间不得超过 12h，不得在冻土或冰雪覆盖的土地上施粪。

4.4.4 提倡干清粪工艺收集粪便，减少污水量。实现清污分流，雨污分流，减少污水处理量。

4.4.5 对于没有足够土地消纳粪便的畜禽场，可根据本场的实际情况采用堆肥发酵、沼气发酵、粪便脱水干燥等方法对粪便进行处理。

4.5 污水污染控制

4.5.1 采用种养结合的畜禽场，可将污水无害化处理后用于农田灌溉，实现污水的循环利用，灌溉用水水质应达到 GB 5084 的要求。

4.5.2 对没有足够土地消纳污水的畜禽场，可根据当地实际情况选用下列综合利用措施：

4.5.2.1 经过生物发酵后，浓缩制成商品液体有机肥料。

4.5.2.2 进行沼气发酵，对沼渣、沼液实现农业综合利用，避免二次污染。沼渣及时运至粪便贮存场所，沼液尽量还田利用。

4.5.3 污水的处理提倡采用自然、生物处理的方法。经过处理的污水若排放到周围地表则应达到 GB 18596 要求。

4.5.4 污水运送方式

管道运送：定期检查、维修管道，避免出现跑、冒、滴、漏现象。

车辆运送：必须采用封闭运送车，避免运输过程中洒、漏。

4.5.5 污水的消毒

使用次氯酸钠消毒时其“余氯”灌溉旱作时应小于 1.5mg/L，灌溉蔬菜时应小于 1.0mg/L。

4.6 病原微生物污染控制

4.6.1 对畜禽粪尿中以及病死畜体中的病原微生物进行处理应分别达到 GB 7959 和 GB 16548 规定的要求。

4.6.2 饲料中病原微生物污染控制技术

4.6.2.1 不得使用传染病死畜禽或腐烂变质的畜禽、鱼类及其下脚料作为饲料原料。

4.6.2.2 饲料在加工过程中，应通过热处理有效去除病原微生物。

4.6.2.3 饲料贮存库必须通风、阴凉、干燥。防止苍蝇、蟑螂等害虫和鼠、猫、鸟类的侵入。

4.7 药物污染控制

4.7.1 科学合理使用药物。

4.7.1.1 饲料卫生符合 GB 13078。

4.7.1.2 饲料和添加剂严格执行《饲料和饲料添加剂管理条例》。

4.7.1.3 执行农业部文件农牧发［2002］1 号《食品动物禁用的兽药及其他化合物清单》。

4.7.1.4 执行农业部公告［2002］第 176 号《禁止在饲料和动物饮水中使用的药物品种目录》。

4.7.2 畜禽粪尿中有毒有害物质污染控制技术

4.7.2.1 当粪尿中有毒物质（重金属等）含量超标时，要进行回收，集中处理。避免由于其累积造成对环境的污染。

4.7.3 选择适用性广泛、杀菌力和稳定性强、不易挥发、不易变质、不易失效且对人畜危害小、不易在畜产品中残留、对畜舍和器具无腐蚀性的消毒剂对场内环境、畜体表面以及设施、器具等进行消毒。

4.8 畜禽尸体污染控制

畜禽尸体严格按照 GB 16548 进行处理，不得随意丢弃，更不许作为商品出售。

4.9 环境监测

4.9.1 对畜禽场舍区、场区、缓冲区的生态环境、空气环境以及水环境和接受畜禽粪便和污水的土壤进行定期监测，对环境质量进行定期评价，以便采取相应的措施控制畜禽场环境污染事件的发生。

4.9.2 对畜禽场排放的污水进行监测，掌握污水中各种污染物的浓度、排放量等，为选取适当工艺、技术、设备对其进行处理提供资料依据。对已有污水处理设施的畜禽场，要对处理后的出水进行定期监测，以对设备的运行情况进行调节，确保出水达到 GB 18596 的要求。

4.9.3 在畜禽场排污口设置国家环境保护总局统一规定的排污口标志。

参考文献

蔡长霞，2006. 畜禽环境卫生［M］. 北京：中国农业出版社.
胡延晨，2008. 畜禽养殖业污染状况及综合治理对策浅析［J］. 山东畜牧兽医，29（12）：41，44.
李保明，2004. 家畜环境与设施［M］. 北京：北京广播电视大学出版.
李如治，2003. 家畜环境卫生学［M］. 3 版. 北京：中国农业出版社.
李伟，尹红轩，张光辉，2009. 加强人畜互作　保证动物福利［J］. 中国家禽，31（7）：35-36.
李晓明，2017. 畜禽粪便无害化处理与资源化利用［J］. 畜牧兽医科学（1）：12.
辽宁省科学技术协会，2010. 沼气与生态农业实用技术［M］. 沈阳：辽宁科学技术出版社.
刘继军，贾永全，2008. 畜牧场规划设计［M］. 北京：中国农业出版社.
吕风三，2013. 畜禽福利待遇的意义与实施［J］. 畜禽业（6）：56-57.
宋建德，黄保续，袁丽萍，等，2013. 有关国家常用病死动物无害化处理方法应用情况研究［J］. 中国动物检疫，30（9）：11-15.
汪葵，吴奇，2013. 环境监测［M］. 上海：华东理工大学出版社.
王兴平，2011. 病死动物尸体处理的技术与政策探讨［J］. 甘肃畜牧兽医，41（6）：26-29.
肖光明，吴买生，2010. 发酵床养猪新技术［M］. 长沙：湖南科学技术出版社.
杨军香，黄萌萌，全勇，等，2016. 病死畜禽高温生物降解无害化处理技术研究与应用［J］. 中国家禽 38（8）：1-4.
俞美子，赵希彦，2011. 畜牧场规划与设计［M］. 北京：化学工业出版社.
赵希彦，郑翠芝，2009. 畜禽环境卫生［M］. 北京：化学工业出版社.
郑翠芝，李义，2012. 畜禽场设计及畜禽舍环境调控［M］. 北京：中国农业出版社.

读者意见反馈

亲爱的读者：

感谢您选用中国农业出版社出版的职业教育教材。为了提升我们的服务质量，为职业教育提供更加优质的教材，敬请您在百忙之中抽出时间对我们的教材提出宝贵意见。我们将根据您的反馈信息改进工作，以优质的服务和高质量的教材回报您的支持和爱护。

地　　址：北京市朝阳区麦子店街 18 号楼（100125）
中国农业出版社职业教育出版分社

联系方式：QQ（1492997993）

教材名称：　　　　　　　　　　　　ISBN：

个人资料

姓名：________________所在院校及所学专业：________________

通信地址：________________________________

联系电话：________________电子信箱：________________

您使用本教材是作为：□指定教材□选用教材□辅导教材□自学教材

您对本教材的总体满意度：

从内容质量角度看□很满意□满意□一般□不满意

改进意见：________________________________

从印装质量角度看□很满意□满意□一般□不满意

改进意见：________________________________

本教材最令您满意的是：

□指导明确□内容充实□讲解详尽□实例丰富□技术先进实用□其他________

您认为本教材在哪些方面需要改进？（可另附页）

□封面设计□版式设计□印装质量□内容□其他________________

您认为本教材在内容上哪些地方应进行修改？（可另附页）

____

____

本教材存在的错误：（可另附页）

第______页，第______行：____________应改为：____________

第______页，第______行：____________应改为：____________

第______页，第______行：____________应改为：____________

您提供的勘误信息可通过 QQ 发给我们，我们会安排编辑尽快核实改正，所提问题一经采纳，会有精美小礼品赠送。非常感谢您对我社工作的大力支持！

欢迎访问“全国农业教育教材网”http：//www.qgnyjc.com（此表可在网上下载）

欢迎登录“中国农业教育在线”http：//www.ccapedu.com 查看更多网络学习资源

图书在版编目（CIP）数据

养殖场环境控制与污物治理技术 / 李义主编．—北京：中国农业出版社，2019.8（2023.12 重印）
高等职业教育农业农村部“十三五”规划教材
ISBN 978-7-109-25822-8

Ⅰ．①养…　Ⅱ．①李…　Ⅲ．①养殖场－环境控制－高等职业教育－教材 ②养殖场－污染防治－高等职业教育－教材　Ⅳ．①X713

中国版本图书馆 CIP 数据核字（2019）第 177312 号

中国农业出版社出版
地址：北京市朝阳区麦子店街 18 号楼
邮编：100125
责任编辑：徐　芳　　文字编辑：张庆琼
版式设计：王　晨　　责任校对：巴洪菊
印刷：北京中兴印刷有限公司
版次：2019 年 8 月第 1 版
印次：2023 年 12 月北京第 6 次印刷
发行：新华书店北京发行所
开本：787mm×1092mm　1/16
印张：16.75
字数：410 千字
定价：43.50 元
